W0263617

Dietrich Paul

Was ist an Mathematik schon lustig?

Dietrich Paul

Was ist an Mathematik schon lustig?

Ein Lesebuch rund um Mathematik und Kabarett, Musik und Humor.

Mit 7 mathematischen Zwischenspielen

POPULÄR

Bibliografische Information der Deutschen Nationalbibliothek
Die Deutsche Nationalbibliothek verzeichnet diese Publikation in der
Deutschen Nationalbibliografie; detaillierte bibliografische Daten sind im Internet über
<http://dnb.d-nb.de> abrufbar.

Dr. Dietrich Paul
info@roland-forster.de
www.piano-paul.de

1. Auflage 2011

Alle Rechte vorbehalten
© Vieweg+Teubner Verlag | Springer Fachmedien Wiesbaden GmbH 2011

Lektorat: Ulrike Schmickler-Hirzebruch

Vieweg+Teubner Verlag ist eine Marke von Springer Fachmedien.
Springer Fachmedien ist Teil der Fachverlagsgruppe Springer Science+Business Media.
www.viewegteubner.de

Satz und Redaktion: Karen Lippert, Leipzig
Umschlaggestaltung: KünkelLopka Medienentwicklung, Heidelberg
Druck und buchbinderische Verarbeitung: MercedesDruck, Berlin
Gedruckt auf säurefreiem und chlorfrei gebleichtem Papier

ISBN 978-3-8348-0466-2

Inhalt

Die mathematischen Zwischenspiele sind zwischen die eher formelfreien Kapitel in Teil 1 und Teil 2 eingestreut, um die prosaische Satire auch mal bisschen spielerisch und definitiv nicht-formelfrei aufzulockern. Sie sollten auch wirklich so gelesen werden, also einzeln und dazwischen. Insgesamt ergeben sie aber auch eine eigene Geschichte, nämlich:

Sieben heitere mathematische Zwischenspiele
oder
Brauchen wir wirklich so viele Primzahlen?

Mathematisches Zwischenspiel 1:
Von Zahlen und Zicken. Und eine sensationelle Entdeckung.

Mathematisches Zwischenspiel 2:
Erprits und Ziprirs Abenteuer oder die Entdeckung der Langsamkeit des Fortschritts.

Mathematisches Zwischenspiel 3:
Primzahlen und Klimakatastrophe, Durststrecken und Zwillinge.

Mathematisches Zwischenspiel 4:
Über Mathematik und Chemie, Gott und die Welt.
Nebst einiger Vorschläge zur Feinoptimierung der Schöpfung.

Mathematisches Zwischenspiel 5:
Zwei schöne alte Rechentricks.

Mathematisches Zwischenspiel 6:
Mathematics at its best: Eine Formel, zu nichts nutze, aber wunderschön!

Mathematisches Zwischenspiel 7:
Zum Schluss ein klassischer großer Satz – aber mit reiner Bierdeckel-Mathematik.

Vorwort und Gebrauchsanweisung

Wenn man gelernter Mathematiker ist, sein Geld als Kabarettist verdient und (nach sieben mathematik-freien Programmen) auch mal die geliebte Mathematik vergnüglich und selbstbewusst auf der Bühne vertritt, bekommt man von Kabarettkollegen, Kabarettfans, Veranstaltern (mündlich) und Kritikern (schriftlich; in mehrfacher Ausfertigung) die skeptische Frage gestellt: „Was ist an Mathematik schon lustig?" Meist mit dem verschärfenden Hilfsverb: „Was soll (damit unausgesprochen aber definitiv mitklingend: ausgerechnet – man beachte: „gerechnet") an Mathematik schon lustig sein?" Und wenn man dann auf der Bühne tatsächlich (nach der Maxime: wir brechen das letzte Tabu des deutschen Theaters und treiben jetzt auf der Bühne – das macht ja schon jedes Provinztheater – nicht Unzucht, sondern, viel schlimmer: Mathematik!) – und wenn man dann auf der Bühne tatsächlich mit Hilfe overheadprojizierter Formeln Mathematik getrieben hat und der Saal begeistert Zugaben erklatscht, kommt hinterher regelmäßig ein kopfschüttelndes: „Das hätt' ich jetzt aber nicht gedacht, dass der Abend noch so lustig wird." (Unausgesprochen aber definitiv mitklingend: Trotz der – und sogar beim bloßen daran denken kommt vielen das Wort „Formeln" ähnlich schmerzlich über die Lippen, wie etwa – ein anderes schlimmes F-Wort – Didaktikern das Wort „Frontalunterricht" – trotz der Formeln!)

Wenn aber der gelernte Mathematiker auch noch ganz passabel Klavier spielt (was unter Mathematikern nicht gerade die Regel ist, aber doch fast; manche spielen auch Geige), obendrein ganz witzige und gewitzte Klavierstücke schreiben kann und dementsprechend auch Kabarettprogramme mit und über Musik spielt, kommt hinterher, wenn man noch beim Italiener sitzt und mit Veranstaltern und Stammgästen, Pasta und Rotwein den schönen Abend feiert (das Tourneeleben ist aufregend und schön, aber nicht unbedingt gesund), dann kommt es dabei, mal gleich, mal erst nach dem zweiten Viertel Roten, aber unvermeidlich, zum Dialog: „Wo haben Sie eigentlich Musik studiert?" „Ich habe nicht Musik studiert." „Nicht? Aber in was haben Sie dann Ihren Doktor gemacht?" „Äh" – man versucht ohnehin durch Senken der Stimme und forcierte Beiläufigkeit den nunmehr folgenden Schock zu dämpfen – „äh, in Mathematik." „IN WAS?!" „Na ja, muss es auch geben." „Und da können Sie so lustig sein *und* so schön Klavier spielen?" Einmal kam auch: „Und auf der Bühne sind Sie so sympathisch!"

Also kurz und schlecht: Mathematik und amüsant, Mathematiker und schön Klavier spielen – das scheint wohl nicht zusammenzupassen. Jedenfalls für Menschen, die nicht selber Mathematiker sind und ein Instrument spielen. Und die sind ja auch nicht gerade die große Mehrheit. Jedenfalls nicht bei typischem Kabarettpublikum, in der Kabarettszene und in den Medien.

Aus dieser leidvollen Erfahrung heraus habe ich versucht (als mein ganz persönlicher Beitrag zum Jahr der Mathematik, in dem ich begann an diesem Buch zu schreiben) die Thematik Mathematik, Musik und Humor (dass Ma ∘ Thematik = Mathematik hat hier keine tiefere Bedeutung) na sagen wir mal, zu beleuchten. Doch ein Buch, in dessen Titel das Wort „lustig" vorkommt, aber in dem es dann nichts zu lachen gibt, gehört eindeutig in die Abteilung „nicht lustig". Wegen fälschlich geweckter Erwartungen. Und deswegen werden zweifelsohne tiefschürfend zu erörternde Relationen zwischen Mathematik, Humor und Musik hier nicht tiefschürfend erörtert. (Das hebe ich mir für mein Alterswerk auf.) Dieses Buch ist keine Abhandlung über „mathematischen Humor" (wie über „topologische Gruppen"), sondern einfach eine lockere Folge von Beispielen für Kabarett und Satire im Zusammenhang mit Mathematik, die zeigen sollen, dass Mathematik lustig sein kann. Und dass man als Kabarettist statt immer nur mit Politikern und Promis durchaus auch mal mit Pi und Primzahlen arbeiten darf.

Erst im letzten Teil rafft sich dieses Buch zu einem essayistischen Versuch auf – (Ja, der „essayistische Versuch" ist ein „weißer Schimmel". Der „Versuch eines Versuches" soll nur andeuten, dass hier jeglicher philosophisch zünftige Anspruch, den mathematisch geschulte Leser durchaus stellen könnten, von vornherein eher tief gehängt wird.) – zu einem essayistischen Versuch, die drei Bereiche Mathematik, Musik und Humor einander wechselseitig erhellend zusammenzuschauen. (Diese Formulierung klingt etwas altertümelnd, trifft aber den Nagel auf den Kopf.) Und damit das Ganze dann nicht zu sehr entschwebt, gibt es dann als komödiantischen Kontrapunkt auch musikkabarettistische Beispiele: Zum Lesen. Und über die Internetseite www.vieweg-teubner.de sogar zum Anhören! Über den Link pianopaul lassen sich die in den Musikkapiteln 3.1 und 3.3 angeführten Musikbeispiele MB01 bis MB40 anklicken und anhören. Am schönsten natürlich bei einem romantischen Musikabend mit gedämpften Licht, Kaminfeuer und einer guten Flasche Roten. Ganz intim: nur Sie und Ihr Laptop.

Sie dürfen die Musik auf der CD gerne auch ganz spätbürgerlich-unkritisch konsumieren. („Ach, ist dieser Bach/Mozart/Beethoven etc. nicht einfach himmlisch?") Aber, und auch deswegen müssen Sie sich zuvor erst mal einarbeiten und geistig warmlaufen: mit „mathematisch geschärftem Hören" wird musikkabarettistische Musik noch schöner. Das gilt übrigens für alle Musik. Auch von Bach/Mozart/Beethoven. Sogar für Schubert. Schöne Musik ist nicht nur schön, weil sie nur schön ist. Aber das klären wir später.

Bis dahin – ohne Fleiß kein Preis – müssen Sie aber erst mal ordentlich was weglesen. Schließlich ist das hier ein wissenschaftlicher Verlag. Da muss man schon bisschen was arbeiten, bis man sich im Sessel zurücklehnen und einfach Musik anhören darf.

Denn wenn man über Mathematik nur redet und nicht auch gleichzeitig ein bisschen Mathematik *treibt* (und sei es nur schlichtes Rechnen, was meist und völlig zu Unrecht als unzumutbare Tätigkeit betrachtet wird; wie Spargelstechen oder das Unterrichten an einer großstädtischen Hauptschule), dann erfährt man zwar einiges über Mathematik, aber eben nur kühl-distanziert und ohne jedes sinnliche Erlebnis. (Die Genüsse der modernern Haute Cuisine oder extravagant-sportiver Erotik erlebt man ja auch nicht wirklich, wenn man Bocuse-Kochbücher oder das Kamasutra *nur* liest.) Man muss auch schon mal irgendwie aktiv werden. Wenigstens ein bisschen.

Und damit man Mathematik auch mal unmittelbar und ungefiltert („ungeschützt und unplugged") sozusagen körperlich-sinnlich erfahren kann, bietet dieses Buch auch eine zwanglose Folge „mathematischer Intermezzi", in denen sich der Leser durch eine unbekannte, echte mathematische Wildnis seinen Weg bahnen darf. Und sei's auch nur mal mit einer kleinen Rechnung. Mit echten Zahlen! Denn auch wenn die moderne und sehr abstrakte Mathematik weit, weit über allen Zahlen schwebt: am Anfang aller Mathematik stehen die Zahlen. Und um ein Gefühl für Mathematik zu bekommen, muss man diese Zahlen auch mal wirklich „in die Hand nehmen".

Und darum geht es auch. Abzählen und elementares Rechnen kann nämlich auch jeder mathematisch Unvorbelastete. Und indem man sich auf diese Weise die Zahlen mal ganz aus der Nähe anschaut, kann auch ein Nichtmathematiker auf eigene Faust erstaunliche Dinge entdecken. Und dieses „Selbermachen" ist für ein konkretes Kennenlernen der Mathematik wichtig.

Man erfährt definitiv mehr als bei einem allgemein-unverbindlichen, zahlen- und formelfreien Fließtext. Auch wenn „selber machen" immer einen leicht lächerlichen Touch hat (Volkshochschule Reutlingen: „Wir basteln unseren Grabschmuck"), den der große Franz Hohler in seinem schönen Lied „Ab'r es ischt selb'r gemacht!" so schön persifliert hat. Aber wir stehen dazu: Selbermachen ist die Mutter aller Erkenntnis!

Insgesamt ergeben diese mathematischen Zwischenspiele eine ganz elementare Einführung in praktisch die ganze Mathematik. Das *ganz elementar* ist wörtlich zu nehmen. Denn dieses Buch wendet sich an nicht-mathematikphobe Nicht-Mathematiker und verwendet nur die vier Grundrechenarten aus der Grundschule. Selbst einfaches Bruchrechnen (den meisten vom Hörensagen bekannt aber mitunter nicht mehr vertraut) wird, wenn's denn mal benötigt wird, pädagogisch behutsam und didaktisch wohl aufbereitet, eigens kurz erklärt!

Die *ganze Mathematik* ist natürlich *nicht* wörtlich zu nehmen. Das ist auf einigen 50 Seiten nur mit +, -, · und : nicht zu schaffen. Aber man kann, zumindest wird das hier versucht, statt viele Dinge oberflächlich zu referieren, an einer Stelle etwas tiefer bohren und damit an *einem* Beispiel *ganz schön viel* davon vermitteln, was Mathematik ist, wie sie tickt, wie sie lebt. Und damit auch, warum es Spaß macht, sich solch seltsame Fragen zu stellen, komplizierte Überlegungen anzustellen, mühsam Lösungen zu suchen – und mitunter sogar zu finden.

Und da das Ganze nicht im zünftigen (d.h. der Mathematikerzunft gemäßen) Voraussetzung – Behauptung – Beweis – Dreisatz dargeboten wird, sondern als kabarettistische Plauderei über Gott, die Mathematik und die Welt (und mittendrin statt nur dabei: der Leser) sollten diese mathematischen Zwischenspiele im doppelten Sinn dem Titel dieses Buches genügen. Sie zeigen auf lustige Weise, dass das Mathematiktreiben eine Lust sein kann.

Diese mathematischen Zwischenspiele sind aber kein Potpourri mathematischer Denk- und Merkwürdigkeiten, sondern sie ergeben, ausgehend von der sensationellen Entdeckung, dass drei Primzahlen eigentlich völlig ausreichen würden, eine Art kabarettistische Einführung in die Welt der Primzahlen. Denn die Primzahlen sind nun mal (in einem gewissen Sinn) das Herzstück der Mathematik. Auch und gerade in der Hinsicht, dass Mathematik lustig ist. Die Primzahlen sorgen nämlich dafür, dass die natürlichen Zahlen mehr sind als eine langweilige Datenstruktur für die Buchhaltung. Sie sind das Salz in der Suppe, das Gelbe vom Ei und gleichzeitig der Zahlen Abgrund und Chimborasso. Man darf aber so ein Zwischenspiel, wenn man gerade keine Lust auf Zahlen hat, ruhig überspringen und ungeniert im Haupttext weiterlesen. Sie dürfen aber auch, wenn Sie die Spannung, wie's mit diesen Primzahlen weitergeht, nicht aushalten, alle Zwischenspiele hintereinander in einem Zug lesen!

A propos „in einem Zug lesen". Wer mein Buch „PISA, Bach, Pythagoras" kennt, dürfte meine Vorliebe für verschwenderisch eingestreute und die Handlung nur unnötig aufhaltende (aber: der Weg ist das Ziel, auch und gerade in Sachen Humor) Fußnoten bereits kennen und, ich hoffe doch, auch schätzen gelernt haben. Wer es nicht kennt, kann meine Vorliebe für verschwenderisch eingestreute und die-Handlung-Sie-wissen-schon-ist-das-Ziel-Fußnoten gerne auch in diesem Buch kennen (und gegebenenfalls auch schätzen) lernen. Die Reaktionen auf mein erstes vieweg-Buch stützen meinen Optimismus. Aber falls Sie eher fußnotenphob veranlagt sein sollten, darf ich meinen Rat wiederholen: Lesen Sie dieses Buch erst unter vollständiger Ignorierung sämtlicher Fußnoten.[1] Und dann, wenn Sie die spannende Haupthandlung schon kennen, arbeiten Sie in einem zweiten Durchlauf ganz entspannt und mit voller Konzentration die Fußnoten ab. Für eine gediegene, alte Programmiersprache (aus der Zeit vor dem JAVA-Menschen) wie zum Beispiel ADA (*muss* man nicht kennen, da praktisch nicht rezent;

aber der Tyrannosaurus rex ist auch nicht rezent, und man kennt ihn doch) brauchte der Compiler ja auch 2 Durchläufe (mindestens!). Somit haben Sie also, wenn wir die mathematischen Intermezzi auch noch als Buch im Buche nehmen, 3 (in Worten: drei!) Bücher plus 40 musikalische Internet-Intermezzi zum Preis von einem Buch erworben. Und das ist doch schon mal, selbst wenn Sie dieses Buch gar nicht mehr zu Ende lesen sollten, recht erfreulich!

Also, für systematisch veranlagte Leser:

- Viel Spaß beim ersten Durchlauf!
  (Nur der Fließtext. Mit ohne alles. Wie Pizza margherita.)

- Viel Spaß beim zweiten Durchlauf!
  (Die mathematischen Zwischenspiele)

- Viel Spaß beim dritten Durchlauf!
  (Die Fußnoten)

- Und schließlich: Viel Spaß beim Abhören der Musikbeispiele!

(Erledigtes bitte abhaken)

Man kann dieses Buch aber auch von vorne bis hinten, oder irgendwo mittendrin beginnend, mal kreuz, auch mal quer ganz einfach durchschmökern!

---

1 Um den ganzen Charme einer völlig überflüssigen, aber gerade deswegen für unsere Welt so notwendigen Fußnote zu demonstrieren, platziere ich gleich mal hier, im Vorwort, eine solche. Was nicht nur nicht üblich, sondern eigentlich ganz unmöglich ist. Aber wir vom Theater brechen nun mal gerne Tabus. Und nachdem die großen Tabus schon alle gebrochen sind (siehe oben), muss man sich, um originell zu sein, mittlerweile schon auf die kleinen Tabus dieser Gesellschaft werfen wie: „Keine Fußnoten in Vorworten!". Außerdem sollten Sie als Leser, wenigstens in einer Fußnote, auch mal von den wirklichen Problemen beim Verfassen eines Buches hören. Das Wichtigste an einem neuen Buch ist nämlich der Titel. Es ist völlig egal, was in einem Buch steht (sagt das Marketing), Hauptsache, der Titel ist knackig! Und mit dem Titel „PISA, Bach, Pythagoras" habe ich anscheinend, jedenfalls rein titeltechnisch, einen Volltreffer gelandet. Nun, der steht natürlich in der Tradition von Titeln wie „Menschen, Tiere, Sensationen" oder „Götter, Gräber und Gelehrte". Titel, die seinerzeit auch schon recht knackig waren. Und warum waren sie knackig? Weil sie Rhythmus haben! Wenn man sie ausspricht, labert man nicht irgendwie unstrukturiert von sich hin, sondern: Atmung, Kehlkopf und Zunge sind sportiv gespannt, wie bei einem Staatsschauspieler der schwungvoll-federnd Schillersche Jamben (oder schöner: Knittelverse) rezitiert. Hier ist der Rhythmus ein schlichtes aber wirkungsvolles

Dieser schöne Rhythmus ließ sich für "Was ist an Mathematik schon lustig" leider, auch mit Tricks, nicht erzielen. Aber wenn Sie's bitte so sprechen würden:

dann hat das Ganze plötzlich auch Kraft und Form. Um die provokative Potenz dieses Titels noch mehr herauszuarbeiten, könnte man das Ganze auch künstlerisch gestalten. Wie in den Kammerspielen.

Die erste Kunstpause (nach „Was ist") steigert die erste Verwirrung (wie: Was ist? Ist was?) und erzeugt eine unerträgliche Spannung, wie's mit dem Titel denn jetzt weitergeht. Die breiten Triolen-Viertel in „Ma-the-ma" steigern die latente Häme, die Sie, je nach Temperament, hintergründig-ironisch oder vordergründig-agressiv anlegen können. Jedenfalls mit breitem Mund zu sprechen. So wie der Breitmaulfrosch „Mar-me-la-de" sagt. Und nicht „Konfi-türe". Sie könnten sogar, die Inszenierung gestisch unterstützend, sich bei „Ma-the-ma-tik" viermal mit dem Finger an die Stirn tippen. Aber nur andeuten, sonst wird's schnell Provinztheater. Die zweite Kunstpause (nach „-tik") steigert die skeptische Wirkung des „schon". Und das eigentlich betonte „lus-" von „lustig" ausgerechnet auf dem schwachen 2. Achtel des 3. Viertels hebt implizit die Stimme zum Ende des Fragesatzes und das „lus-tig" kommt dadurch ganz spöttisch-kapriziös daher. Ja, das ist großes Sprechtheater! Aber so minutiös muss man die Feinstruktur eines Titels diskutieren. Und so sensibel ist im Kabarett die Sprache zu handhaben. Also beim Lesen insgesamt in den Text hineinlauschen, damit die Pointen nicht versemmelt oder vorzeitig erschlagen werden. Und – das Wichtigste ist der Titel – wenn Sie jemandem von diesem Buch berichten (begeistert – oder wie auch immer) faseln Sie bitte nicht schlaff vor sich hin, sondern sprechen Sie bitte, wie oben Variante 1 allegro vivace, straff und federnd (wie Gründgens als Mephisto). Oder Variante 2, diabolisch-hämisch (wie Klaus-Maria Brandauer als Jago). Der auch diskutierte Titel „Mathematik, Musik, Humor" wurde übrigens abgelehnt, da die Mathematik (auch silbentechnisch) zu sperrig und vor allem für Humor leider kein Synonym mit M auffindbar war. Mein Gegenargument, dafür klänge dieser Titel praktisch wie der berühmte schwungvolle Anfang von KV 466 3. Satz, wurde mit dem Gegengegenargument, auf so was solle man sich bei der Vermarktung eines neuen Titels besser nicht verlassen, umgehend verworfen. Wobei das mit KV 466 3. Satz jetzt natürlich ein schöner Anlass für eine weitere Fußnote wäre. Aber das wäre dann eine Fußnote *in* einer Fußnote. Und die Frage, ob auch Fußnoten Fußnoten haben dürfen, wurde zwischen mir und dem Verlag immer noch nicht abschließend geklärt. Dagegen spräche, dass so eine Fußnote nicht nur von der strukturellen Schichtung eher eine Fußnote 2. Ordnung wäre, sondern auch im Sinne der mathematischen Notation o^2 = „von 2. Ordnung" = nicht so wichtig. Denn kleine Dinge (Fußnoten) werden quadriert (Fußnote einer Fußnote) noch kleiner (z.B. ist $(1/2)^2$ = 1/4) und können deswegen tatsächlich als „nicht so wichtig" vernachlässigt werden. Und deswegen müssen Sie jetzt schon alleine rauskriegen, was das mit KV 466 3. Satz auf sich hat. Falls Sie's interessiert. Jetzt haben wir in nur einer Fußnote nicht nur wichtige Prinzipien des modernen Verlags-Marketings, Feinheiten kabarettistischer Sprechgestaltung und einige musikalische und mathematische Notationen kennengelernt, sondern wir haben obendrein noch 1 1/2 Tabus gebrochen (Tabubruch „Fußnote in Vorwort" vollzogen und Tabubruch „Fußnote in Fußnote" angedroht) und zusätzlich noch einen Denkanstoß gegeben (wie ist das mit KV 466 3. Satz?) Vier Sachinformationen, 1 1/2 Tabus und ein Denkanstoß! Das schafft manch modernes Theaterstück in vier Stunden nicht. Von wegen Fußnoten seien irrelevant.

Ich danke dem Verlag Schott Music (Mainz) für die freundliche Erlaubnis, die folgenden Stücke abzudrucken: Anfang von Mozart, Sonate in C (KV 545), Ausschnitt aus Bachs Fuga I (BWV 846) und Bachs Inventio 8 (BWV 779). Ich danke der Universal Edition (Wien) für die freundliche Erlaubnis, das im Vergleich zu Mozart und Bach unbekannte, aber wunderschöne Stück „His Humour" von Giles Farnaby (entnommen dem Band „Elizabethan Virginal Music") abzudrucken.

Für die Durchsicht diverser Manuskriptteile danke ich Herrn Prof. P. Gritzmann, Herrn R. Küffner, Herrn Prof. F. Lehmann, Frau A. Wimmer und Herrn P. Walchshäusl.

Für ihre Mitwirkung beim Einspielen der Musikbeispiele danke ich Frau Constanze Becher. Frau Ulrike Schmickler-Hirzebruch, Programmleiterin beim Vieweg+Teubner Verlag, danke ich für ihre grundsätzliche Ermutigung zu diesem Buch und ganz besonders für ihre unerschütterliche Geduld. (Eigentlich sollte das Manuskript schon viel früher abgeschlossen sein. Aus gesundheitlichen Gründen musste ich aber mein berufliches Dasein umkrempeln und hatte seitdem nur noch sehr rare und kurze zusammenhängende Zeiten, um dieses Buch voranzutreiben.)

Und schließlich bedanke ich mich bei Frau Dr. Karen Lippert, die das Manuskript redigiert hat: sie hat mich auf viele kleinere und etliche größere Fehler aufmerksam gemacht. Darüber hinaus hat sie als unbestechliche Mathematikerin und gewissenhafte ehemalige Brockhaus-Redakteurin unverdrossen versucht, aus meinem seltsamen Manuskript doch noch ein ordentliches Mathematikbuch zu machen. Das führte zu Identitätskrisen auf beiden Seiten. Denn von einem streng sachlichen Standpunkt aus ist mein Buch, das schnell und gut gelaunt hingeworfen, am Geplauder eines Kabarettauftritts orientiert und durchweg cum grano salis zu lesen ist, eine, na ja, teils alberne, teils verschwurbelte Schwadronage, jedenfalls kein ordentliches Mathematikbuch. Dank Frau Lipperts Engagement ist mein Manuskript deutlich bekömmlicher geworden, dank meines hinhaltenden Widerstands aber immer noch hinreichend verrückt, um erst gar nicht den Eindruck eines ordentlichen Mathematikbuches zu erwecken. (Als Mathematiker verehre ich die strenge Sachlichkeit eines Ludwig Wittgenstein. Als Kabarettist liebe ich aber auch die krause und barocke Fülle etwa eines Jean Paul.) Und für diese anstrengende aber auch schöne Zusammenarbeit, um nicht zu sagen coincidentia oppositorium, möchte ich mich bei Frau Lippert ganz besonders herzlich bedanken.

Teil 1

Mathematik und Kabarett

Mathematisches Kabarett gab es zum ersten Mal in den 70er-Jahren, das heißt, als korrekter Mathematiker muss ich natürlich korrekt sagen: Spätestens in den 70er-Jahren tauchte die Mathematik im Kabarett auf. Ich weiß zwar nichts von früheren Beispielen und bin über die Geschichte des Kabaretts leidlich informiert. Aber natürlich kann ich nicht ausschließen, dass in den 20er-Jahren in Berlin oder Wien oder vielleicht auch, wer weiß, in Shanghai oder Caracas irgendjemand mathematisches Kabarett getrieben hat. Könnte sein (einschlägige Leserbriefe oder E-Mails sind willkommen!). Ist aber eher unwahrscheinlich.

Jedenfalls gab es in den 70er-Jahren vom wunderbaren Emil ... Also, für die Jüngeren: „Emil" ist der Bühnenname des schweizer Kabarettisten Emil Steinberger, der in den 70er-Jahren in Deutschland so bekannt und beliebt war, wie heute die ganze 7-Tage-7-Köpfe-Comedy-Truppe zusammen. Und wunderbar war er, weil er blitzgescheit und pfiffig war und gleichzeitig auf der Bühne ganz bieder und treu-doof agierte. Was natürlich durch sein Schweizerdeutsch noch kräftig befördert wurde, gilt doch Schwyzerdüütsch in Deutschland nun mal vor allem als putzig. (Und natürlich auch Emils ARD- und ZDF-kompatibles entschärftes Schwyzerdüütsch.) Für einen Zürcher oder Schwyzer, Urner oder Glarner, Nid- oder gar Obwaldner klingt Schwyzerdüütsch nicht putzig.[1]

Aber letztlich sollten die Schweizer ganz gut damit leben können, dass ein Schweizer in Deutschland spontan ein gutmütiges Lächeln und die sprachlichen Assoziationen „Fränkli", „Verhüterli" und „Chüchechäschtli" auslöst.[2] Etwa im Gegensatz zum Deutschen in England, der dort, ganz gleich ob Rheinländer, Badener oder Sachse, erst mal als berlinerisch schnarrender Stabsfeldwebel betrachtet wird, behaftet mit typischen Wörtern wie „Panzer", „Blitzkrieg" oder (mit zusammenschlagenden Hacken) „Jawoll!".

Also: Vom biederen, pfiffigen Emil gibt es eine kurze Nummer, in der er dem Publikum die damals noch neue und allgemeine Aufregung verursachende Mengenlehre erklärt. Er steht dabei vor einer schwarzen Schiefertafel (didaktisches Hilfsmittel der Kreidezeit, früher Vorläufer des Beamers), malt (eben mit Kreide) einen großen Kreis und sagt: „Das sind die Hunde". Er malt noch einen Kreis an die Tafel und sagt: „Das ist die Polizei." Und dann schraffiert er die spindelförmige Schnittmenge der beiden Kreise und erklärt: „Und das sind die Polizeihunde!" Riesenlacher im Publikum. Zur Hälfte echt amüsiert, zur Hälfte erleichtert, dass die so schwierige neue und etwas unheimliche Mengenlehre anscheinend doch recht harmlos ist. Ist sie auch. Jedenfalls an der Schule. Und deswegen war diese kleine Nummer nicht nur „ulkig", sondern sogar richtiges kritisches Kabarett, da sie die Mengenlehre an der Schule als das zeigte, was sie war: eine sprachlich aufgeblasene Nichtigkeit. Was weder die Mengenlehre verdient hat, noch die armen Schulkinder, die das ausbaden mussten.[3]

---

[1] Höchstens Baseldüütsch für einen knorrigen Walser aus dem Goms.

[2] Es *soll* im Schweizerdeutsch auch wichtige und typische Wörter geben, die erstaunlicherweise *nicht* auf li enden, etwa „der Anken" (die Butter), „der Rank" (die Kurve) oder „der Stutz" (das Kleingeld). Chüchechäschtli ist das schweizer Pendant zum bairischen Oachkatzlschwoaf und bedeutet: kleiner Küchenschrank. Der wahre Prüfstein für Bairisch ist übrigens nicht der berühmte Eichhörnchenschwanz, sondern: „Na kö köa Greäspä ned nä" (Dann kann kein Grünspan nicht ran).

[3] Schade, dass nicht noch ein dritter Kreis („Kuchen") gezeichnet wurde mit anschließender Diskussion der gemeinsamen Schnittmenge aller drei Kreise: Polizei-Hundekuchen vs. Polizeihunde-Kuchen vs. schlicht Polizeihundekuchen – alle drei sprachlich differenziert aber gemäß Mengendiagramm absolut gleichwertig.

Und dann gab es damals einen Kabarettisten in Amerika. Was so häufig ja nicht vorkommt. Aus eigener Erfahrung weiß ich: Wenn man einem Amerikaner erklärt, als Kabarettist zu arbeiten, erntet man meist eher skeptische Blicke. Denn bei „Kabarett" denkt ein Amerikaner nicht an dicke, ältere Männer mit kurzen weißen Tennissocken (wie mich), sondern eher an schlanke junge Frauen in schwarzen langen Nylons (wie die junge Liza Minelli) und schreibt Kabarett deswegen auch lieber mit C.

Aber damals, in den 70er-Jahren, gab es tatsächlich einen amerikanischen Kabarettisten, nämlich den grandiosen Tom Lehrer. Tom Lehrers berühmte kabarettistische Songs klingen ein bisschen wie Georg Kreisler auf Englisch. Wobei Tom Lehrer das vermutlich umgekehrt formulieren würde.[4] Jedenfalls singen beide, der eine deutsch, der andere englisch, zu fröhlich-biederer, etwas altmodischer aber durchaus schmissiger Unterhaltungsmusik (etwa Walzer oder Polka) gut gelaunt und schwungvoll geschliffene und ziemlich bösartige Texte. Allein der Kontrast zwischen gemütlichem Schunkelwalzer und zynischem Text ist schon herzerfrischend komisch.

Das genaue Verhältnis beider Couplet-Œuevres ist ein juristisch leicht vermintes Feld. In der Tat gibt es von Lehrer den Text „Poisoning pigeons in the park", was jedem deutschen Kabarettfreund irgendwie bekannt vorkommen dürfte. Tom Lehrer meinte dazu, er freue sich, dass seine Texte dank Georg Kreisler auch in Deutschland bekannt würden, während Kreisler das letztlich für eine (natürlich auch mögliche) zufällige Gleichzeitigkeit hält. Die vergifteten Tauben lagen damals quasi in der Luft wie weiland das Periodensystem der Elemente, das ja auch gleichzeitig von Mendelejew und Meyer entdeckt wurde. (Sofern vergiftete Tauben überhaupt in der Luft liegen können.)

Aber Urheberrechtsstreitereien sind unter echten Künstlern (und das sind sie ja beide) kleinlich, unersprießlich und letztlich irrelevant. In der Kunst darf man nicht kleinlich sein. Keiner fängt ganz von vorne an, oder, wie's bei Tucholsky heißt: Es gibt keinen Neuschnee, immer hat irgendjemand schon seine Fußspuren hinterlassen.

Sagen wir's so: Falls Kreisler von Tom Lehrer angeregt worden sein sollte, so könnte man sagen, Kreisler habe dieses Genre nicht nur ins Deutsche übertragen, sondern weiterentwickelt und perfektioniert. (Er spielt auch noch ein bisschen virtuoser Klavier als Lehrer.) Insofern wäre Kreisler der Vollender des subversiven Schunkelwalzers und der sarkastischen Geschwind-Polka. Aber wer hat's erfunden? Nein, ausnahmsweise nicht die Schweizer. Sondern auch Tom Lehrer.

---

[4] Zunächst scheint „klingt wie" eine so genannte symmetrische Relation zu sein. Wenn A wie B klingt, klingt B auch wie A. Alles wunderbar. Wo liegt das Problem? Das Problem liegt darin, dass durch die Reihenfolge der Nennung von A und B doch noch eine Asymmetrie ins Spiel kommt. Zum Beispiel erschien im Mozart-Jahr 2006 ein von mir im Stile Mozarts geschriebener Sonatensatz für Klavier, von dem man sagen kann (zu Recht): Dieser Paul klingt wie Mozart. Hingegen wird nach einem Mozart-Abend (auch zu Recht) kaum jemand sagen: Also Mozart klingt doch eigentlich wie Paul. (Schade!) Dem in diesen Dingen besonders sensiblen Arnold Schönberg gelang es sogar, die Relation „ist Zeitgenosse von" nachhaltig zu asymmetrisieren. In Thomas Manns großem Dr.-Faustus-Roman verwendet der Tonsetzer Adrian Leverkühn Zwölftonreihen, was Schönberg prompt als Diebstahl an seinem geistigen Eigentum wertet. Nach unschönen, auch öffentlichen Streitereien fügt Thomas Mann in der zweiten Auflage versöhnlich ein Postskriptum an, in dem er ausdrücklich feststellt, dass die Zwölftontechnik das geistige Eigentum eines zeitgenössischen Komponisten, nämlich Arnold Schönbergs, ist. Darauf Schönberg noch erboster: Man werde später einmal schon noch sehen, *wer* hier *wessen* Zeitgenosse gewesen sei! Sprache ist doch noch empfindsamer als Mathematik.

An einen seiner Songs erinnere ich mich besonders gut. Es ging, zu den Klängen eines schmissigen Marsches, um die nahtlose Karriere des deutschen Raketeningenieurs Wernher von Braun: bis 1945 von Berlin gefördert in Peenemünde, ab 1945 von Washington gefördert in Cape Canaveral.[5] Ein Vers (mit schönem harten deutschen Akzent zu sprechen) ging so: „Once ssse rrrocket iss up, who cares where it comes down, sssäts not my department, says Wernher von Braun."

Was gibt's noch so von Tom Lehrer? Vieles. Insbesondere den Song „New Maths". „New Maths" ist das, was damals in Deutschland unter der Überschrift „Mengenlehre" veranstaltet wurde, eben – vergleiche Emil – die mit mengentheoretischer Terminologie reformierte Grundschulmathematik der 70er-Jahre. Die Mengenlehre in der Grundschule war, anscheinend auch in Amerika, ein erster großer Erfolg in der Reihe „Reformen die keiner braucht" (vergleiche auch die sogenannte Rechtschreibreform). Und „New Maths" löste in den USA ähnliche Begeisterung bei Eltern, Lehrern und Schülern aus wie die Mengenlehre in Deutschland, was Tom Lehrer in seinem Song aufgreift, indem er den ganzen begrifflichen Krimskrams herrlich persifliert.

So. Und was ist Tom Lehrer eigentlich von Beruf?[6] Mathematiker! Und aus kollegialem Mathematikerstolz heraus war es mir auch wichtig, Tom Lehrers Leistung hier zu würdigen. Mittlerweile ist er (nach meiner Kenntnis) auch wieder ausschließlich Mathematiker. Als in den 80er-Jahren ausgerechnet Henry Kissinger den Friedensnobelpreis erhielt, erklärte Lehrer, mit solchen realen Sarkasmen und Pointen als Kabarettist nicht mehr mithalten zu können und hing die Brettlbühne an den Nagel, sozusagen. Ein Mann mit klaren Prinzipien! (Bei welcher Nobelpreisvergabe müssten eigentlich wir deutschen Kabarettisten zurücktreten ...? Na ja, wird ihn schon nicht kriegen.)

Die Mengenlehre an der Schule war also, so scheint es jedenfalls, die Mutter des mathematischen Kabaretts. Aber erfreulicherweise hat sich das mit der Mengenlehre in der Schule mittlerweile so abgeschliffen, dass sie kabarettistisch kein großer Aufreger mehr ist. Überhaupt, geradezu *zwingende* Anlässe für mathematisches Kabarett *im Alltag* finden sich soo häufig ja nun auch wieder nicht. Aber manchmal doch!

---

5   Wernher von Braun steht in der Encyclopædia Brittanica, was natürlich Zufall ist, zwischen Otto Braun, dem sozialdemokratischen preußischen Ministerpräsidenten, der 1933 vor den Nazis flüchten musste, und – genau: Braunau, und zwar nicht im Sudetenland sondern am Inn. Jedenfalls sieht man: Wenn man was Ordentliches gelernt hatte, lief das damals alles ziemlich problemlos ab. Dafür wird jetzt, nach 75 Jahren, der damalige evangelische Bischof von München entnazifiziert. Raketen hätte er bauen sollen!

6   Kabarettist ist einer der letzten Berufe, für die es keine ordentliche Ausbildung mit staatlich anerkanntem Abschluss gibt (Dipl.-Kab. FH). Deswegen, das unterscheidet den Kabarettisten von anderen Künstlern, kann jeder Kabarettist immer noch irgendwas Ordentliches. Das reicht vom Mathematiker bis zum Hausmeister. „Kabarettist" lernt man also nicht. Zum Kabarettisten wird man durch das Leben berufen. Manchmal fühlt man sich als Kabarettist auch heideggersch geworfen.

1.1 Endlich in ihrer Bedeutung erkannt: Quadratwurzel oder Tod!

Im Sommer 2007 leitete die deutsche Ratspräsidentschaft[7] eine Brüsseler Konferenz der europäischen Regierungschefs zur Neuregelung der in zwei Referenden abgeschmetterten[8] europäischen Verfassung (*vormals* Verfassung; jetzt: europäischer Grundlagenvertrag oder auch „Verfassung light").

So weit, so nichts Besonderes. Aber neben den üblichen Querschüssen aus I-want-my-money-back-Great-Britain schlug damals die polnische Forderung nach einem neuen Stimmvergabe-Modus für das europäische Parlament hohe Wellen. Das Schlagwort hieß „Quadratwurzelregelung"[9] und wurde von der damaligen polnischen Führung, den legendären Kaczynski-Zwillingen[10], noch ein bisschen zugespitzt, nämlich zu der erfrischend emotionalen Formulierung: „Wir sind bereit für sie (die Quadratwurzel) zu sterben!"

In dieser mathematisch und emotional aufgeladenen Atmosphäre fuhr ich zu einem abendlichen Auftritt, kaufte mir unterwegs den gerade erschienenen SPIEGEL – und was sehen meine müden, alten Augen voll Freude und Überraschung? Auf dem SPIEGEL-Titel prangt die unschlagbar schlagende Parole: „Quadratwurzel oder Tod!"

Dass ich das noch einmal (so begann ich natürlich meinen abendlichen Auftritt) – dass ich das noch einmal erleben darf! Wovon man als kabarett-treibender Mathematiker ein Leben lang träumt (so heimlich wie vergeblich) – heute ist es wahr geworden: Endlich mal taucht die Mathematik in dem ihr gemäßen Rahmen auf, auf der Titelseite eines großen Nachrichtenmagazins.

Und endlich mal nicht nur als bloße, äußerliche Mitteilung (wie „Verrückter Mathematiker lehnt 1 Million Dollar Preisgeld ab"), sondern, wie sich's gehört, voll funktional, als sinnstiftender, ja geradezu (Vorsicht: mathematische Anspielung!) integraler Bestandteil eines für die Allgemeinheit bedeutsamen politischen Sachverhaltes.

---

[7] Die „Ratspräsidentschaft" ist ein herrlich altertümelnder Begriff, der der Europapolitik auch mal ein bisschen Gewicht und historische Würde verleiht. Es klingt jedenfalls ein bisschen barock, wie „Ihre Eminenz" oder „Ihre Großmächtigkeit". Das hat schon einen Hauch Byzantinismus. Bush und Putin hätten sich seinerzeit eigentlich immer vor „Ihrer Präsidentschaft" erstmal flach auf den Boden schmeißen müssen! Schön an „Ihre Präsidentschaft" ist auch, wenn dero Inkarnation dann einfach Angela (sprich: Ändschi) Merkel heißt und nicht byzantinisches Mittelgriechisch spricht, sondern leicht balinert.

[8] Frankreich und die Niederlande hatten die europäische Verfassung per Volksabstimmung abgelehnt. Die deutsche Regierung hatte sie einfach abgenickt und durchgewunken (Kanzler Schröder: „Die Deutschen wollen diese Verfassung!") aber sicherheitshalber lieber nicht abstimmen lassen. Merke: Wenn Politiker was sagen, ist das Demokratie. Wenn die Leute was sagen, ist das Populismus.

[9] Statt der für Demokratien üblichen und relativ transparenten Regelung „One man, one vote" (bis in die 90er-Jahre in Appenzell-Innerrhoden – wie der Kantonsname auch nahe legt – wörtlich zu nehmen) die Regelung „x men, $\sqrt{x}$ votes", die allgemein als unüblich und eher untransparent empfunden wird.

[10] Da freut man sich doch, dass aus Deutschland international nur die Kessler-Zwillinge bekannt wurden.

Und nicht einfach so nüchtern, trocken mitgeteilt, sondern mit theatralischem Auftritt: „Quadratwurzel oder Tod!". „Geld oder Leben" – das kennt man ja. Oder dass ein leidender Liebhaber seiner Angebeteten androht: „Wenn Du mich nicht erhörst, bring' ich mich um!" – soll auch schon vorgekommen sein. Aber die Mathematik als Option gegenüber dem Tod? Und dann ausgerechnet die Wurzel! Keine geheimnisvollen Begriffe der abstrakten Mathematik wie hyperbolische Geometrien oder freie Halbgruppen, Banach-Räume oder Groetendijk-Kategorien, keine ideologisch aufgeladenen Ideale oder Radikale, keine schillernden Begriffe der medienkompatiblen modernen Mathematik wie Chaos[11], Fraktale oder Apfelmännchen. Nein, ausgerechnet die gute alte, ganz prosaische, elementar-handwerkliche, allen aus der Schule noch (oder nicht mehr ganz) vertraute Quadratwurzel! Und Wurzel klingt einfach nicht geheimnisvoll und schillernd, sondern nach Rübe und Zahnarzt. Wunderbar!

Das war die erste kabarettistische Ebene. Noch lustiger war allerdings, wie betulich und tütterich die Medien dann mit der so rätselhaften, guten alten Wurzel umgingen.

Bei einer Diskussion genau über diese polnische Quadratwurzel-Forderung im Deutschlandfunk meinte der Moderator an die Hörer gewandt, das mit der Quadratwurzel (um die es ja expressis verbis ging) könne und wolle er hier nicht näher erklären. Aber Mathematiker hätten versichert (schade, dass er nicht gesagt hat: hätten gerade aufwendig erforscht), die Quadratwurzel sorge dafür, dass Länder mit großer Bevölkerungszahl irgendwie weniger Stimmen bekämen. Abends, im Fernsehen eine Diskussion zum selben Thema. Und wieder: Das mit der Quadratwurzel könne hier nicht genauer erläutert werden, aber Mathematiker hätten … na, Sie wissen schon.[12]

Und der SPIEGEL (genau der mit der Quadratwurzel-Titelgeschichte) wurde angesichts des Menschheitsrätsels Quadratwurzel so konfus, dass er tatsächlich in dieser Titelgeschichte schrieb, Polen fordere, die Bevölkerungszahl durch ihre Quadratwurzel zu teilen. Vielleicht wurde dem SPIEGEL ja tatsächlich ein polnisches Geheimpapier zugespielt, in dem verlangt wird, eine Zahl durch ihre Quadratwurzel zu teilen. Ist aber unwahrscheinlich. Denn auch polnische Mathematiker (aber vielleicht nicht alle polnischen Politiker?) wissen[13], *wenn* es etwas gibt, was sich nicht lohnt zu teilen, dann eine Zahl durch ihre Wurzel. Das ist ungefähr so, wie von einer Zahl erst die Hälfte zu berechnen, um sie dann umständlich zu subtrahieren. Nur, weil das Wurzelziehen nicht nur beim Zahnarzt ziemlich unangenehm sein kann, noch schlimmer.

---

[11] In der Hochzeit der populärwissenschaftlichen Präsentationen der damals neuen Chaostheorie gab es im Fernsehen im Rahmen eines Kulturmagazins eine einschlägige Diskussionsrunde. Es werden die berühmten wunderschönen und phantastischen Bilder von Fraktalen eingeblendet. Der eingeladene Fachmann erklärt die sich selbst ähnelnden und sich auf immer feineren Skalen wiederholenden Strukturen und spricht davon, dass hier „ein Muster gestrickt" würde. Die Moderatorin, beglückt (erstens weil sie das Wort „stricken" verstanden hat und zweitens ob ihres soeben gefassten kühnen Gedankens): „Kann das bedeuten, dass damit (mit dem Stricken) die traditionelle Vorherrschaft der Männer in der Mathematik endlich überwunden wird?"

[12] In diesen Tagen müssen in sämtlichen mathematischen Fakultäten die Telefone heißgelaufen sein, da vermutlich zahllose Zeitungs-, Radio- und Fernsehredaktionen Gutachten über die geheimnisvolle dämpfende Wirkung der Wurzel angefordert haben.

[13] Polen hat seit dem 19. Jahrhundert eine große Mathematik- und Logik-Tradition. Erwähnt seinen nur Stefan Banach, der Begründer der modernen Funktionalanalysis und der Mathematiker und Logiker Alfred Tarski.

Also ganz kurz: Die Wurzel einer Zahl z ist ja gerade so bestimmt, dass sie, mit sich selbst multipliziert, wieder diese Zahl z ergibt. Als knackige Formel: $\sqrt{z} \cdot \sqrt{z} = z$. So. Jetzt haben Sie also z und bestimmen (was bei $z = 9$ oder $z = 16$ einfach ist, aber das geht nicht immer so glatt) mühsam $\sqrt{z}$. Und jetzt teilen Sie z durch $\sqrt{z}$ und sehen

$$\frac{z}{\sqrt{z}} = \frac{\sqrt{z} \cdot \sqrt{z}}{\sqrt{z}} = \sqrt{z} \quad \text{oder: Das hätten wir auch gleich haben können.}$$

Dann folgt ein Verweis auf fünf Seiten weiter, wo aber (wie bei Funk und Fernsehen) auch nichts erklärt, sondern eine Grafik präsentiert wird, die die Stimmvergabe nach der neuen Quadratwurzelmethode und gemäß der alten Nizzafunktion[14] zeigt. (Die Grafikerstellung wurde wahrscheinlich – wegen der Wurzel – an die mathematische Fakultät der Uni Hamburg outgesourct.)

Mein lieber Herr Gesangverein! Wo leben wir eigentlich? Jeder weiß – na ja, wer schon um 10 Uhr vormittags statt den Deutschlandfunk zu hören mit seinem dritten Bier „Bei Inge" am Tresen steht, der vielleicht nicht – aber jeder, der sich politische Diskussionen anhört oder seinen SPIEGEL liest, weiß: wenn ein Zimmer 3 auf 3 Meter misst, dann ist es quadratisch und hat $3 \cdot 3 = 9$ Quadratmeter. Und jeder weiß auch, dass die Quadratwurzel (kurz: „Wurzel") die Umkehrung des Quadrierens darstellt. Aber nachdem die Wurzel nach der Schulzeit nicht mehr allzu oft in der real existierenden Lebenswirklichkeit auftaucht, könnte man's ja kurz erwähnen. Was aber die Leute *wirklich* interessiert, ist doch die Frage, warum und *wie* diese Quadratwurzelmethode für größere Staaten nachteilig und für kleinere Staaten vorteilhaft ist. Und das ist doch so ruck wie zuck, schnell und anschaulich erklärt!

Warum sagt kein Moderator einleitend: „Dass $3^2 = 9$ ist und $5^2 = 25$ wissen Sie. Und dass deswegen umgekehrt $\sqrt{9} = 3$ und $\sqrt{25} = 5$ ist, wissen Sie auch." (Immer schön höflich sein zum Publikum!) „Aber sicherheitshalber wollen wir's erwähnen. Das Wurzelziehen ist also die Umkehrung des Quadrierens. So. Und wenn wir jetzt etwa verabreden, pro 1 Million Einwohner gibt es eine Stimme, dann bekommt Deutschland mit 81 Millionen Einwohnern 81 Stimmen und Polen mit 36 Millionen Einwohnern bekommt 36 Stimmen. (Wobei man als Moderator, um Ärger zu vermeiden, noch unbedingt erwähnen muss, dass Polen natürlich viel mehr Einwohner hat, nämlich 38 Millionen. Bloß mit 36 rechnet sich's leichter. Vor allem bei der Wurzel.) Klar. Wenn wir aber die Wurzel ziehen, erhalten Deutschland und Polen wegen

---

[14] Die Nizzafunktion ordnet jeder der 27 Bevölkerungszahlen der europäischen Unionsstaaten eine gewisse Stimmenzahl zu, ziemlich unabhängig von der Bevölkerungszahl aber dafür gemäß damals aktuellen politischen Ränkespielen. So entbehrt diese Funktion mathematisch nicht einer gewissen Willkür und ist als geschlossene Formel nur durch eine ziemlich bizarre Polynombildung approximierbar. (Vergleichbar der unter Mathematikern berühmten Aufgabe, eine Formel für die völlig willkürlichen Pakettarife der amerikanischen Post zu finden.) Die Nizzafunktion gilt wegen der hinhaltenden polnischen Verhandlungsführung noch bis 2017 und wurde in der legendären Länger-als-48-Stunden-mit-Uhr-anhalten-Konferenz in Nizza beschlossen. Wahrscheinlich waren am Ende nur noch der polnische und der rumänische Vertreter wach. Insbesondere soll der damalige deutsche Kanzler Gerhard Schröder kurz vor der Abstimmung noch „Hol' mir mal 'ne Flasche Bier!" gerufen haben und dann am Tisch eingeschlafen sein. Zur Abstimmung wurde nur gefragt: „Wer dagegen ist, hebt die Hand!" Und so ungefähr muss die Nizzafunktion beschlossen worden sein.

$9 \cdot 9 = 81$ und $6 \cdot 6 = 36$ nicht mehr 81 und 36, sondern $\sqrt{81} = 9$ und $\sqrt{36} = 6$ Stimmen. Deutschland bekommt also auch bei der Wurzel immer noch mehr Stimmen als Polen, aber der Unterschied ist jetzt viel kleiner. 81 ist deutlich mehr als zweimal so groß wie 36. Und 9 nur noch 1½-mal so groß wie 6." Wenn Sie ein mutiger Moderator sind, könnten Sie jetzt noch was von 225% und 150% sagen. Aber: Vorsicht mit Prozenten! Jeder weiß, was Prozent bedeutet. Glaubt er jedenfalls. Aber 225% in den Medien ist riskant. Und jetzt noch als Zusammenfassung, Moral und Ausblick: „So wie das Quadrieren die Unterschiede vergrößert – aus 6 und 9 werden 36 und 81 – so staucht die Wurzel die Unterschiede: Aus 36 und 81 werden 6 und 9. Und deswegen ist die Quadratwurzel für kleinere Staaten natürlich vorteilhafter." Na, war das jetzt so schwer?!?

Und dass Moderatoren und Redakteure so was ihren Hörern und Lesern nicht zutrauen, sondern sich sofort reflexartig in Flucht-Floskeln wie „kann hier leider nicht näher erläutert werden" flüchten, das ist schon wieder tragikomisch. Vielleicht wäre es ehrlicher, einfach zu sagen: „Das mit der Quadratwurzelmethode sollte man am Anfang so einer Diskussion besser erst mal kurz erklären, aber ich (nicht die Hörer und Leser) bin da leider zu doof dafür." Und wenn's *wirklich* so wäre (was ich nicht glauben kann), wär's ja auch keine Katastrophe. Dann fragt man halt in Gottes Namen einen Kollegen. Oder den Azubi. Der ist frisch von der Schule. Der kennt noch so schwierige Sachen wie $9 \cdot 9 = 81$.

Wo man als Moderator allerdings bremsen sollte, wäre bei der Frage, wie mit wirklich kleinen Staaten (Luxemburg, Malta, Österreich[15]) mit zum Beispiel nur einer Viertelmillion Einwohnern zu verfahren wäre. Denn, dass die Wurzel aus ¼ gleich ½ ist, ist zwar auch nicht schwierig, aber Laien irgendwie unheimlich, selbst wenn sie gar nicht merkten, dass hier die dämpfende Wirkung der Wurzel plötzlich ins Gegenteil umschlägt.[16] Hier also besser keine schlafenden Hunde wecken und lieber einen gesicherten Rückzug einleiten mit „...führte jetzt wirklich zu weit ..." oder „... reicht die Zeit jetzt leider nicht mehr ...". Außerdem ist das mit $\sqrt{1/4} = ½$ sowieso alles Unfug. Weil's einfach keine halben Abgeordneten gibt.[17]

Das war jetzt die zweite kabarettistische Ebene. Kabarettistisch-sophisticated aber wird's bei einer der (zwei) großen deutschen Tageszeitungen. Hier wurden dem Thema Quadratwurzel nämlich gleich zwei Infokästen gewidmet!

Im ersten wird erklärt: „Die Quadratwurzel ist die Umkehrung des Quadrats und führt gewissermaßen dazu, dass Spitzen abflachen." Das ist gewissermaßen schon richtig. (Wobei eine

---

[15] Mathematisch interessierte Leser sind immer hochgebildet und wissen natürlich alle, dass Österreich viel bedeutender ist als Malta (zumindest einwohnerzahltechnisch). Aber damit unsere österreichischen Freunde weiter schöne Piefke-Witze erfinden können, muss man gelegentlich auch mal so was wie „Luxemburg, Malta, Österreich" (mit gut hörbarem decrescendo) beiläufig fallen lassen.

[16] Für Leute, die seit ihrer Schulzeit nichts mehr mit Mathematik zu tun hatten, gilt: Quadrieren ist okay (wegen der Wohnzimmer-Flächenberechnung). Prozentrechnung ist vertraut (aber nicht so ganz). Bruchrechnung ist vom Namen her bekannt (½ + ½ geht noch, aber ½ · ½ könnte schwierig werden). Also zur Auffrischung:

$$\frac{1}{2} \cdot \frac{1}{2} = \frac{1 \cdot 1}{2 \cdot 2} = \frac{1}{4}$$

Und da ½ größer als ¼ ist, wirkt hier die Wurzel sogar vergrößernd. Man muss für Bevölkerungszahlen kleiner als 1 Million einfach vorab eine bestimmte Stimmenzahl festlegen. Wie die Grundgebühr beim Taxi.

[17] Im Mittelalter wurden Leute auch gerne gevierteilt. Aber das ist eine andere Geschichte.

„Umkehrung des Quadrates" – mal so rein begrifflich-anschaulich – schon ein bisschen eine Quadratur des Kreises ist, nämlich sehr, sehr schwierig. Klarer wäre die „Umkehrung des Quadrierens", aber im Prinzip: gebongt.) Aber eine klare Erklärung der Art: 81 (für Deutschland) ist das 2¼-Fache von 36 (für Polen), aber 9 ist nur noch das 1½-Fache von 6, *das* zeigt die abflachende Wirkung der Wurzelbildung – eine klare Erklärung war das auch nicht. Eine gehobene Zeitung aber drückt sich nicht unmittelbar plump vor klarer Mathematik („ist jetzt zu schwierig") sondern mittelbar-ambitioniert: durch flankierende ideologische und theoretische Maßnahmen.

Als flankierende ideologische Maßnahme wird dieser Minimal-Erklärung vorausgeschickt: „Die Liebe zur Mathematik ist in Osteuropa ausgeprägt. Die harte Wissenschaft galt in kommunistischen Zeiten als unverdächtig, und Bleistift und Papier waren meist vorhanden. Ein paar Formeln lassen sich schnell hinschreiben und anwenden – so wie die von Polen vorgeschlagenen Quadratwurzel-Berechnung." Das sollte man noch mal ganz ruhig lesen und still auf sich wirken lassen. Was will uns der Dichter damit sagen? Liebe zur harten Mathematik in Osteuropa – kommunistisch unbedenklich – Papier und Bleistift meist vorhanden – Formeln lassen sich *leicht* hinschreiben – *und anwenden*! Tja, bei uns in Deutschland lassen sich Formeln scheint's nicht so leicht hinschreiben. (Oder gar anwenden!) Aber diese Osteuropäer sind nun mal etwas seltsam, wahrscheinlich genetisch bedingt: Liebe zur harten Mathematik! Ts, ts, ts. Und eben – der Kommunismus! Aber immerhin hatten sie (meistens wenigstens) Papier. Und was machen sie, wenn sie schon mal Papier haben? Sie schreiben Formeln drauf! Also nein, diese Osteuropäer.

Die bekannt guten Leistungen osteuropäischer Schüler in Mathematik und Physik (aber auch beim Klavier- oder Geigenspielen) liegen weder an einem osteuropäischen Mathe-Gen noch am Kommunismus[18]. Das liegt einfach daran, dass der Osten die seit den späten 60er-Jahren im Westen grassierende Mode nicht mitgemacht hat, alles, was ein bisschen Konzentration und Ausdauer verlangt (Mathematik, Physik, Klavier, Geige), als repressiv und bürgerlich in die reaktionäre, jedenfalls uncoole Ecke zu kehren, zugunsten einer ziemlich unrepressiven aber ganz toll wissenschaftlich klingenden soziologisch-kritisch-politologischen Phraseologie. Oder gleich einer schlichten Sex-and-Drugs-and-Rock'n-Roll-Philosophie. Denn wie kann man in derselben Zeitung lesen? „Der Bildungswert der Mathematik ist genauso wenig plausibel wie der der deutschen Rechtschreibung: Je sinnloser, desto anstrengender und furchterregender!" So ist es.[19]

Um aber den bildungswilligen Leser nicht im Regen stehen zu lassen, gab's gleich noch einen zweiten, von einem Universitätsmathematiker eigens bestellten und gelieferten Infokasten. Mit dort sonst nie benutztem Zweifarbdruck! Nämlich mit magenta-roten Formeln (rot = Vorsicht, beißt!). Der Universitätsmathematiker geht die Sache natürlich erst mal in voller Allgemeinheit an und verblüfft den (ohnehin unsicheren) Leser mit negativen Wurzeln und gebrochenen Exponenten (2 hoch ½). Und damit wird das Ganze langsam zur Comedy-Nummer. Prompt erscheint nämlich ein geharnischter Leserbrief eines Mathematiklehrers, der klarstellt:

---

[18] Wenn's planwirtschaftlich bedingt gerade wieder mal kein Papier gab, haben die Polen ihre Formeln sicher (wie Archimedes) mit Holzstöckchen in den feuchten Sand des Ostseestrandes geritzt.

[19] Dieser Infokasten trug auch die Überschrift: „Das Kreuz mit der Quadratwurzel." Was hätte diese Zeitung erst getitelt, wenn die Polen statt der schlichten Wurzel den Logarithmus vorgeschlagen hätten? (Der Logarithmus flacht Spitzen auch ganz schön ab.)

Die Wurzel von 4 ist 2. Basta. (Und nicht -2!) Und das mit dem gebrochenen Exponenten geht selbstverständlich in die Hosen (aber das ist in einer Zeitung so sicher wie die Benzinpreiserhöhung zu Ostern[20]), da statt $\sqrt{b} = b^{1/2}$ natürlich $\sqrt{b} = b\,½$ gedruckt wurde. (Hochstellungen sollen sogar in richtigen Mathematikbüchern gelegentlich in der falschen Etage landen!) Und was erfährt jetzt der verwirrte Leser? Die Wurzel aus 4 kann auch -2 sein. Jedenfalls streiten sich da die Mathematiker noch. Und $\sqrt{b}$ soll auch gleich b mal ½ sein?!

Wer mit der Quadratwurzel ohnehin Bescheid weiß, grinst sich eins. Wer aber so einen Infokasten wirklich bräuchte, denkt sich: „Alles irgendwie konfus und schwierig. Eben typisch Mathe. Und warum die Polen eigentlich unbedingt minus Bevölkerungszahl mal ½ wollen, versteh' ich immer noch nicht. Na ja, Mathe sollte man besser erst gar nicht erklären. Versteht eh keine Sau."

Wir fassen zusammen: Einmal taucht die Quadratwurzel im öffentlichen Diskurs auf und wie reagieren die Medien? Drei drücken sich direkt („Kann und soll hier nicht näher erklärt werden") und eines indirekt, indem es das Thema erst mit ziemlich spitzen Fingern anfasst („... ist was für exkommunistische Osteuropäer[21]...") und dann die so nahe liegende Erklärung anhand eines einfachen Beispiels mit magenta-roten Formeln, negativen Wurzeln und falsch platzierten gebrochenen Exponenten umtanzt, wie ein balzender Auerhahn seine Auerhenne.

Übrigens: Der Mathematiklehrer hat natürlich insofern Recht, als man in der Schule lernt: $\sqrt{16} = 4$. Basta. Deswegen spricht man auch eindeutig von der und nicht von einer Wurzel. Später lernt man, dass die Gleichung $x^2 = 16$ zwei Lösungen hat, nämlich die 4 und, da bekanntlich minus mal minus plus ergibt, auch noch die -4. Und wegen dieser zwei Lösungen einer Gleichung $x^2 = a$ spricht man auch verallgemeinernd von den „zwei Wurzeln" dieser Gleichung und hat plötzlich eine „negative Wurzel" $-\sqrt{a}$ (was ein bisschen verwirrend klingt, denn auch in $-\sqrt{a}$ ist $\sqrt{a}$ die eindeutige positive Wurzel von a, der eben noch ein Minuszeichen vorangestellt wird). Das ist für Mathematiker alles ganz klar, aber zunächst schon verwirrend (wegen der Bedeutungserweiterung Wurzel einer Gleichung = Wurzel bzw. Negative Wurzel einer Zahl). Jedenfalls, wenn man in einer normalen Tageszeitung normalen Menschen erklären will, wie das polnische Quadratwurzelmodell zur Stimmvergabe funktioniert, reicht die schlichte Schulweisheit „*die* Wurzel von 16 ist 4" vollkommen. Und der gebrochene Exponent, der ist wirklich nur schwer zu verstehen. Der gehört ins Mathebuch und wurde deswegen auch völlig zu Recht vom Computer um eine halbe Zeile tiefer gelegt.

Wenn man schon über „Wurzelziehen ist das Gegenteil von Quadrieren" hinaus Nicht-Mathematikern noch etwas betreffs Wurzel vermitteln will, dann doch etwa, dass das Wurzelziehen nicht nur für so schöne Zahlen wie 9, 16 und 25 klappt, sondern auch für Nicht-Quadratzahlen! Haben ja nicht alle Länder so schöne Einwohnerzahlen wie Deutschland mit seinen 81 Millionen. ($81 = 9 \cdot 9$ und $1.000.000 = 1.000 \cdot 1.000$). Aber was macht man mit einem Land mit, na sagen wir mal, 20 Millionen Einwohnern? Na, sehen Sie? Das sind doch die

---

[20] Sollte eigentlich heißen: „Wie das Amen in der Kirche." Aber man muss seine Vergleiche der Zeit anpassen. Und es gibt definitiv mehr Autofahrer als Kirchgänger.

[21] Falls sie gerade genug Papier haben.

Fragen, die sich ein geradeaus denkender Mensch stellt. (Und nicht, ob es negative Wurzeln und gebrochene Exponenten gibt.)

Und da könnte man jeden, der's nicht weiß (aber das sind heutzutage die meisten) damit verblüffen, dass man schon 2000 v. Chr. (mal nicht die alten Griechen sondern die alten Babylonier) wusste: Ist s ein Schätzwert für $\sqrt{a}$, dann ist

$$\bar{s} = \frac{1}{2}\left(\frac{a}{s} + s\right)$$

ein (noch viel) besserer Schätzwert für $\sqrt{a}$.

Beispiel: Wie groß ist $\sqrt{2}$? Da $1 \cdot 1 = 1$, ist die 1 zu klein; da $2 \cdot 2 = 4$, ist die 2 zu groß. Na, dann probieren wir's doch mal mit dem Wert genau dazwischen, also mit $1{,}5 = 3/2$.

Zunächst mal: $1{,}5 \cdot 1{,}5 = 2{,}25$. Das Ergebnis ist also um 25/100 zu hoch. Jetzt verbessern wir unseren Schätzwert:

$$\bar{s} = \frac{1}{2}\left(\frac{2}{3/2} + \frac{3}{2}\right) \;=\; \frac{17}{12} \;=\; 1{,}416\dots$$

Das sind schon drei richtige Stellen, und da $1{,}416 \cdot 1{,}416 = 2{,}005\dots$, ist der Fehler bereits kleiner als 6/1000. Noch genauer? Bitte:

$$\bar{s} = \frac{1}{2}\left(\frac{2}{17/12} + \frac{17}{12}\right) \;=\; \frac{577}{408} \;=\; 1{,}41421\dots$$

Das sind schon sechs richtige Stellen, und da $1{,}41421 \cdot 1{,}41421 = 1{,}99998\dots$, ist der Fehler bereits kleiner als 2/100000.

Wegen dieses famosen Verfahrens gilt: Das polnische Stimmermittlungsmodell klappt auch für Nichtquadratzahlbevölkerungsstaaten!! So was ist doch wichtig.[22]

Und um endlich auch die politische Diskussion des Quadratwurzelverfahrens abzuschließen: Natürlich wäre die dritte Wurzel[23] noch gerechter, macht sie doch aus 81 eine 4,33 und

---

[22] Unsere Computer sind natürlich alle ganz toll. Dass man aber schon vor 4000 Jahren (wenn es gerade genug Griffel und Tonplatten gab, versteht sich) diese Art, Wurzeln zu berechnen, beherrscht hat, das ist sogar noch ein bisschen toller! Dieser Rechentrick heißt „babylonisches Wurzelziehen" und war mal obligater Stoff der Schulmathematik. Heute lernt man so was nicht mehr, da's der Taschenrechner eh macht. (Wenn man ihn gerade findet und die Batterie nicht gerade leer ist). Rechnen mit dem Taschenrechner ist wie im Tunnel unter der Passhöhe durchzubrettern: Man bringt sich einfach um den echten Naturgenuss!

[23] Einem Leserbrief (von Prof. M. Zlokarnik aus Graz) entnehme ich (Leserbriefe sind immer das Beste an einer Zeitung): Laut Arno Schmidt ergäbe sich die Anzahl der Kulturträger einer Nation aus der Kubikwurzel ihrer Bevölkerungszahl. (Ob Arno Schmidt das statistisch signifikant erhärtet hat, da wäre ich mir allerdings nicht so sicher. Aber immerhin.) Das ergäbe für Deutschland: $\sqrt[3]{81}$ $\cdot$ $\sqrt[3]{1000000}$ $\approx$ $4{,}33 \cdot 10^2$ Kulturträger. So viele?? Prof. Zlokarnik schlägt dann vor, die Stimmen proportional der Anzahl der Nobelpreisträger zu vergeben. Dann hätten die USA in der UNO die absolute Mehrheit. Dann lieber doch die Quadratwurzel.

aus 36 eine 3,3. Noch gerechter wäre freilich die zehnte Wurzel. Zum Beispiel ist $\sqrt[10]{1024} = 2$, wonach Indien (mit knapp über 1000 Millionen Einwohnern) auch nur noch 2 Stimmen bekäme. Das ist leider aber immer noch mehr als Deutschland oder Polen bekämen. Aber es gibt eine Lösung. Die Regel:

Hat ein Land N Millionen Einwohner, dann stehen ihm $\lim\limits_{n \to \infty} \sqrt[n]{N}$ Stimmen zu.

beschert jedem Land, ganz gleich wie viele Einwohner es hat, genau eine Stimme. Und wir haben das mit der einen Stimme für alle nicht einfach irgendwie willkürlich festgelegt, sondern das ergibt sich ganz gerecht mit einer für alle gleichen, ganz objektiven mathematischen Formel!

Und eine deutlich einfachere, aber auch gerechtere Regelung wäre: Die Quadratwurzel wird einfach auf die Einwohnerzahl *und* auf die Überweisungsbeträge der Nettozahler an die EU angesetzt. (Das aber nur als kleiner konstruktiver Vorschlag, falls es in dieser Angelegenheit die nächsten Jahre in Brüssel doch noch mal klemmen sollte.)

Mathematisches Zwischenspiel 1:
Von Zahlen und Zicken. Und eine sensationelle Entdeckung

Jeder normale Mensch (das heißt hier: jeder, der nicht Mathematik studiert hat und sich auch als Schüler in Mathe nicht besonders hervorgetan hat) – jeder hat trotzdem (trotz seiner mathematischen Normalität) eine gewisse Vorstellung darüber, was eine Primzahl ist: Primzahlen sind unter den Zahlen die eher unerfreulichen Zeitgenossen. Was man etwa merkt, wenn man nur mal so im Kopf – herauskriegen will, ob eine bestimmte 15-stellige Zahl durch 17 (17 ist eine typische Primzahl) teilbar ist. 15-stellige Zahlen sind weder besonders selten – es gibt viel mehr 15-stellige Zahlen als zweistellige Zahlen, das wird nur gerne verdrängt – noch etwas besonders Exotisches. Als Telefonnummern sind sie geradezu abundant: zum Beispiel für München Netzbetreiber + Ortsvorwahl + Teilnehmer = 5 + 3 + 8 Stellen. Und da die Netzbetreibernummer mit einer 0 beginnt, gibt das genau 16 – 1 = 15 Stellen.

Noch schöner ist es natürlich, eine 15-stellige Zahl, die – wie's der Teufel gerade so will – selbst eine Primzahl ist (wovon man als harmloser, rechtschaffener Bürger natürlich wieder mal nichts ahnt), im Kopf durch 17 zu teilen. Aber wer teilt heute noch 15-stellige Zahlen. Gar durch 17. Und im Kopf. Aber versuchen Sie's mal! Etwa, wenn Sie nicht einschlafen können, mit diversen Telefonnummern Ihrer Lieben. Aber Vorsicht! So was kann auch einen tief in Ihrem Innersten schlummernden Ehrgeiz wecken, den Sie gar nicht in sich vermutet hätten. Und dann sind Sie hinterher putzmunter! Kopfrechnen ist Gehirnjogging, gut für's Antiaging und obendrein noch umsonst. Wer sportiv Telefonnummern durch 17 teilt (wenn Sie alle Telefonnummern durch 17 geteilt haben: die 19 kommt auch gut), der trainiert seine Konzentrationsfähigkeit und lernt wirklich, seine Großhirnrinde souverän zu beherrschen. Divide et impera, teile und herrsche, wie Cäsar schon so treffend bemerkte. Und Cäsar war bekanntlich ziemlich clever. (Vermutlich weil er immer nachts auf seinem Feldbett, wenn er nicht einschlafen konnte, Telefonnummern durch 17 teilte.[1])

---

[1] Für genaue Leser: Zu prüfen, ob eine Zahl durch 2, 3 oder 5 teilbar ist, ist bekanntlich ziemlich einfach. (Gerade? Quersumme durch 3 teilbar? Letzte Ziffer gleich 5 oder 0?) 2, 3 und 5 sind aber, wie 17, auch Primzahlen. Also ist die Primzahleigenschaft von 17 zunächst nicht notwendig der Grund für ihre Sprödigkeit beim Rechnen. Nur: 2, 3 und 5 sind so naheliegend und vertraut, dass sie erst gar nicht als querständig, schwierig oder irgendwie als was Besonderes und „prim" empfunden werden, 2, 3 und 5 sind keine *gefühlten Primzahlen*. (Aber prim. Im Gegensatz zu 91. 91 ist eine gefühlte Primzahl, aber lässt sich zum Beispiel durch 13 teilen.) 2, 3 und 5 sind also als Zahlen irgendwie ganz okay. Da es auch eine „Elf" beim Fußball und in Mainz auch einen lustigen Elferrat gibt und da 11 im großen Einmaleins erst mal die schönen Schnapszahlen 11, 22, 33, 44 ... liefert, ist die 11 auch irgendwie noch nett. Von der 13 weiß man ohnehin, dass sie Unglück bringt, und deswegen billigt man es ihr auch gerne zu, dass sie beim Rechnen Ärger macht. Und so gesehen ist die 17 tatsächlich die erste Primzahl, die auch wirklich eine gefühlte Primzahl ist (und wurde deswegen auch als Beispiel-Divisor gewählt). Was jetzt noch fehlt, ist die 7. Die 7 ist etwas problematisch. Denn trotz der 7 Wochentage, der 7 Todsünden (für jeden Tag eine) und der 14 = 2 x 7 Nothelfer (für jede Sünde zwei), trotz der 7 Berge und der 7 Zwerge, trotz „seiner 7 Sachen" und der 7 Brücken, über die man bekanntlich unbedingt gehen muss, trotz alledem weiß man: Beim Rechnen ist die magische 7 gar nicht zauberhaft. Es gibt in der Tat, im Gegensatz zu allen anderen Zahlen von 2 bis 12, kein einfaches Verfahren, um die Teilbarkeit durch 7 zu testen. Die 7 ist gewissermaßen die Naomi Campbell der einstelligen Primzahlen. Man weiß, eigentlich ist sie eine Zicke, aber man verzeiht ihr alles, weil sie so schön ist. (Das gilt natürlich nicht aus der Sicht eines geohrfeigten Dienstmädchens, sondern nur aus der Sicht aller Männer, die einiges einsteckten, nur um einmal im Leben in der Oper oder in der Lounge eines 5-Sterne-Hotels mit Naomi am Arm aufkreuzen zu können.) Jedenfalls – 7 hin, Naomi Campbell her – eine 15-stellige Zahl auf ihre Teilbarkeit etwa

Primzahlen sind also irgendwie schwierig. 15, da weiß man, was man hat: das ist 3 mal 5 Minuten und damit eine Viertelstunde. 16 ist 2 x 8 und deswegen die Anzahl der Tennisspieler im Achtelfinale von Wimbledon. 18 ist die Anzahl der Mannschaften in der Bundesliga und gleich 2 x 9 (die Zahl der Spiele an einem Bundesligawochenende). Und 20 = 4 x 5 ist die Anzahl der Flaschen in einem Biertragerl.[2] Aber 17 und 19? Zu nichts nutze und dann auch noch ausgesprochen spröde im Handling – das haben wir gerne.

Primzahlen sind, jetzt mal etwas genauer, Zahlen, die man durch nichts teilen kann. So würde man das etwa als Nicht-Mathematiker ganz unbekümmert sagen. Aber natürlich ist das mal wieder völlig naiv.[3] Denn die Zahlen sind nach zweieinhalb Jahrtausenden mathematischen Fortschritts mittlerweile so perfektioniert, dass sie heutzutage eigentlich alles durch alles teilen können.[4] Sie können nicht nur eine ordinäre Pizza Margherita durch 2 oder, bei einem Kindergeburtstag mit 12 Gastkindern, eine Super-Jumbo-Pizza-mit-Alles durch 13 teilen[5] – Sie könnten sogar π durch 2 teilen.[6] Man könnte aber auch $\sqrt{2}$ durch π teilen – ganz wie Sie wollen.[7] Ob man auch eine Pizza durch π teilen kann, darüber müsste man allerdings erst mal dis-

---

durch 25, 27 oder 30 zu prüfen, ist leicht, da 25 = 5 x 5, 27 = 3 x 3 x 3 und 30 = 2 x 3 x 5. (Durch 30 teilbar bedeutet durch 2, 3 und 5 teilbar. Und das bedeutet: letzte Ziffer = 0 und die Quersumme durch 3 teilbar. Fertig!) Die Teilbarkeit durch etwa 29 oder 31 zu prüfen, ist hingegen ein hartes Brot, weswegen man der 29 und der 31 auch durchaus zutraut – und das auch völlig zu Recht! – Primzahlen zu sein. Es bleibt also dabei: Große Primzahlen (also ab 17) machen Ärger.

2   Ich weiß auch nicht, wie ich jetzt von Fußball auf Bierflaschen komme. Jedenfalls ist „Tragerl" das bairische Diminutiv (Für Nicht-Baiern: Bayern als Staat mit y, als Stamm und Sprache mit i!) für hochdeutsch „Träger". Woraus folgt, dass in Bayern 20 Bierflaschen als nicht gerade viel empfunden werden. Zum „Tragerl" gibt es im Bairischen übrigens keine Grundform: der Trag, das Tragerl. Genauso wenig, wie es zum Gstanzl oder Schmankerl einen Gstanz oder einen Schmank gibt. Gibt es solche frei schwebenden Diminutive auch in anderen deutschen Dialekten?

3   Weil wir gerade in Bayern sind (fußnotentechnisch): In Bayern sagte man statt „völlig naiv" um Zehnerpotenzen plastischer „brunznaiv". Was in Bayern geht, weil kein Baier bei dieser verstärkenden Vorsilbe noch groß an die dazugehörige Tätigkeit dächte. Außerhalb Bayerns könnte das aber doch passieren. Andererseits kennt man dort vermutlich erst gar nicht das Wort. Aber sicherheitshalber haben wir diese plastische Formulierung dann doch in den Fußnoten versteckt. Auch hierfür sind Fußnoten sehr praktisch.

4   „Alles durch alles" ist hier natürlich nicht wörtlich gemeint. Aber wenn Sie's wörtlich nehmen wollen, bitte: Unabhängig von allen Feinheiten der Mengenlehre (die Mengenlehre wurde nicht für den Rechenunterricht der Grundschule entwickelt, sondern ist eine verdammt haarige Angelegenheit) – wenn Sie wirklich alles durch alles teilen, sollte nach menschlichem Ermessen eigentlich 1 rauskommen. Nur: was ist eigentlich „alles"?

5   Machen Sie's besser nicht mit Zirkel und Lineal. Eine praktikable Lösung wäre: Sie bestellen statt der einen Super-Jumbo-Pizza vier Singles. Eine teilen Sie sich mit Ihrem Kind. Die anderen drei teilen Sie je zweimal. Dann haben Sie zwölf gleich große Stücke für die Gastkinder. (Das reicht, da die Kinder schon den ganzen Nachmittag Süßigkeiten in sich hineingestopft haben.) Und Sie haben zwei größere Stücke. Eines für Ihr Kind, das ja immerhin Geburtstag hat und deswegen bisschen mehr essen darf. (Nach einem *guten* Kindergeburtstag ist dem Geburtstagskind *schlecht*.) Und eines für sich selbst, was auch in Ordnung ist. Schließlich haben Sie sich nach der Vorbereitung eines Kindergeburtstags mit dreizehn Kindern eine halbe Pizza redlich verdient. Und vor allem haben Sie damit das Problem „durch 13 teilen" erfolgreich *und* gerecht auf das deutlich einfachere Problem „halbieren" zurückgeführt. Das ist ein alter Trick der Mathematiker und letztlich auch eine Anwendung von Cäsars „divide et impera". (Auf Probleme, nicht auf Telefonnummern.) Wegen „Pizza-mit-alles" vergleiche auch Fußnote 4.

6   Aber das zieht sich.

7   Rechnen Sie's lieber nicht aus. Sowas wie $\sqrt{2} : \pi$ schreibt sich locker hin, ist aber, wenn's konkret wird, ziemlich haarig. Falls Sie aus Ihrer Schulzeit noch die Eulersche Zahl e (natürlicher Logarithmus) und die imaginäre Ein-

kutieren. Aber wenn Sie eine Pizza mit Radius 1 dm sauber halbieren, dann haben Sie mit so einem Stück π/2 in der Hand. Ein transzendente Zahl zum Aufessen – ein erhebendes Gefühl!

Wenn es um Primzahlen geht, beschränkt man sich bei der Teilbarkeit auf die Teilbarkeit innerhalb der natürlichen Zahlen. Und die natürlichen Zahlen sind die Zahlen: 1, 2, 3, … . Sollten Sie jetzt sagen: „Natürlich! Was sonst?", dann haben Sie natürlich völlig recht. Natürlich sind „die Zahlen" die Zahlen: 1, 2, 3, … . Deswegen heißen sie ja auch „natürliche Zahlen". Ein berühmter Mathematiker[8] hat einmal sehr weise erklärt, die natürlichen Zahlen habe der liebe Gott gemacht, der Rest sei Menschenwerk[9]. Und deswegen ist es auch völlig in der Ordnung, wenn normale Menschen bei „Zahlen" ganz selbstverständlich nur an 1, 2, 3, … denken und von rationalen, irrationalen, komplexen Zahlen und Quaternionen (sog. „unnatürliche Zahlen") nichts wissen. Und nichts wissen wollen. Wobei aber doch ein jeder weiß, dass es z.B. Brüche gibt. Aber Brüche, das sind für den normalen Menschen Dinge wie 4/5 oder, vielleicht gerade noch, 7 2/3. Und das sind dann eben Brüche (mit denen man mal vor langer Zeit in der sechsten und siebenten Jahrgangsstufe zu hantieren genötigt wurde), Brüche und keine Zahlen. 3 ist kein Bruch, sondern eine Zahl. Und 7/9 ist eben ein Bruch. Und keine Zahl.[10] Dass man 3

---

heit i (komplexe Zahlen der Gaußschen Zahlenebene) kennen sollten: $e^{i\pi}$ schreibt sich auch ganz locker hin. Und wenn Sie dann nach zwei Stunden Suchen in Ihrer Formelsammlung zehn Seiten in Ihrem Notizblock vollgerechnet haben, kriegen Sie schließlich als Ergebnis – wie zum Hohn – ein schlichtes − 1 heraus! Die Mathematik ist wahrhaft wunderbar. (Und manchmal geradezu sarkastisch.)

[8] Leopold Kronecker, geb. 1823 in Liegnitz (Schlesien), gest. 1891 in Berlin. Bedeutender Mathematiker, der auf vielen Gebieten arbeitete. Vor allem antizipierte er mit seiner Skepsis gegen nicht-konstruktive Existenzbeweise eine tiefgreifende mathematische Grundlagenfrage des 20. Jahrhunderts (Intuitionismus). Seine berühmte Aussage über die natürlichen Zahlen spiegelt das auch wider und ist deswegen nicht nur eine nettes Bonmot, sondern eine mathematische Grundlagentheorie in nuce.

[9] Damit sind die unnatürlichen Zahlen der Mathematiker (rational, irrational, komplex) gemeint. Und bei den natürlichen Zahlen genügte es eigentlich auch, dass der liebe Gott die 1 geschaffen hat. Denn nachdem der Mensch erst einmal seine erste Kerbe in sein erstes Kerbholz geritzt hatte, waren dank der Möglichkeit „noch eine Kerbe" einzuritzen die natürlichen Zahlen als solche potentiell existent. Das Problem war weniger, die Zahlen als solche zu erfinden (was zunächst so einfach natürlich auch wieder nicht war; man vergleiche die berühmte Zählweise: 1, 2, 3, viele), als vielmehr eine praktikable *Schreibweise* für diese Zahlen. In den römischen Ziffern steckt ja auch noch ziemlich viel Kerbholz (I, II, III) und erst mit der indisch-arabischen Stellenschreibweise konnte man endlich mal so richtig losrechnen. Also sagen wir's so: Im Anfang war die 1. Und der Mensch hat die göttlichen natürlichen Zahlen schnell entdeckt (jedenfalls die ersten paar, die man als homo habilis so braucht). Aber eine geschickte Schreibweise zu finden, *das* war wieder Menschenwerk, also harte Arbeit und hat dementsprechend auch einige Tausend Jahre gedauert. Und dass wir heute die Zehn nicht mit

$$\text{卌 卌}$$

(traditionelle Zahldarstellung im Knast) sondern mit „10" darstellen, das war eine Großtat der Menschheitsgeschichte, durchaus vergleichbar der Erfindung des Rades. Wir sollten uns ihrer gelegentlich in Dankbarkeit erinnern. (Und nachdem diese Stellenschreibweise in Indien erfunden wurde, ist es historisch durchaus konsistent, wenn Indien heute die Welt auch mit Computer-Software versorgt.)

[10] Für naive Taschenrechnerbenutzer sind „die Zahlen" alle natürlichen Zahlen mit höchstens 16 Ziffern, für geschulte Taschenrechnerbenutzer alle 16-stelligen Gleitkommazahlen. Wobei auch der geschulte Taschenrechnerbenutzer bei 2,125 nicht an dem Bruch 17/8 und auch nicht an die rationalen Zahlen als mathematische Erweiterung der natürlichen Zahlen denkt. 2,125 ist eine Art zweistufige natürliche Zahl, nämlich (grob) „2 und paar Zerquetschte" oder (fein) so was wie die Entfernungsangabe 2,125 km (also 2 km und 125 m) nur ohne die km. (Für Ingenieure alter Schule, d.h. mit einem Taschenrechenschieber in der Brusttasche, sind Zahlen alle Gebilde der Bauart $x, y_1 y_2 y_3 \cdot 10^z$, wobei x *immer* richtig ist, z dank gewissenhafter Größenordnungsbetrachtungen *meistens* richtig ist und die $y_1 y_2 y_3$ in Abhängigkeit von der Trennschärfe beim Ablesen des Rechenschiebers *mehr oder weniger* richtig

auch als 3/1 (gesprochen: drei Eintel) schreiben und deshalb auch als Bruch betrachten kann, das erweckt bei normalen Menschen Skepsis und verstockten Widerstand, weswegen wir's hier mit unseren Primzahlen auch mal so gut sein lassen wollen: Wir haben's jetzt erst mal nur mit ehrlichen, sympathischen natürlichen Zahlen zu tun (ohne Schnickschnack wie „drei Eintel").

Und dementsprechend bedeutet „teilbar", dass man eine natürliche Zahl durch eine andere natürliche Zahl teilt, und das Ergebnis ist dann auch wieder eine natürliche Zahl. Schüler (insbesondere der 6. und 7. Jahrgangsstufe), die um die Gebrochenheit des mathematischen Zahlbegriffs wissen, sagen auch, die zwei Zahlen ließen sich „glatt" teilen (was als Ergebnis einer Schulaufgaben-Aufgabe gerne als gutes Zeichen für die Richtigkeit der Lösung betrachtet wird[11]). Im Schwäbischen könnte man glatt sagen, 6 durch 2 ginge sauglatt. Und in der Schweiz wäre 60 eine glatte (= erfreulich, schön) Zahl, weil sie sich durch so viele Zahlen glatt teilen lässt. (Schon die Babylonier fanden die 60 glatt; vgl. unsere Zeitmessung). Jedenfalls werden im Folgenden keine krummen Hunde auftauchen, wie 17/13 oder $\sqrt{2}/\sqrt{3}$ oder π i/e. Versprochen. Ab sofort: nur noch natürliche Zahlen.

Es wir jetzt nämlich ohnehin gleich schwer genug! Die offizielle Definition der Primzahlen lautet nämlich so: Primzahlen sind die natürlichen Zahlen, die sich nur durch 1 und sich selbst teilen lassen.

Das ist natürlich mal wieder so eine typisch vertrackte mathematische Ausdrucksweise, in der der springende Punkt von hinten durch die Brust erschossen wird. Gemeint ist natürlich: Primzahlen sind die Zahlen, „die man durch nix teilen kann". Aber so schlicht sagt das ein Mathematiker nicht, sondern er stürzt sich, in seinem notorischen Hang zu absurden Randfällen[12] erst mal auf die zwei extremen Möglichkeiten, eine Zahl auch durch 1 oder durch sich selbst zu teilen. Etwas, das einem normalen Menschen nicht mal im Traum einfiele, weswegen man dies einem normalen Menschen auch gar nicht erst lang zu verbieten bräuchte. Aber, nachdem Mathematiker so seltsame Ausdrücke wie 3 : 1 oder gar 3 : 3 zulassen, müssen sie's bei der Primzahl-Definition auch gleich wieder ausschließen. (Das haben sie davon!) Also, man kann eine Zahl auch durch 1 oder durch sich selber teilen (es tut zwar keiner, denn 3 : 1 = 3 und 3 : 3 = 1 bringt wirklich nichts neues, aber man kann). Und wenn ich jetzt populistisch für normale Menschen ganz schlicht sagte, Primzahlen seien die Zahlen, die sich durch nichts teilen lassen, könnte sofort ein schlauer Mathematiker daherkommen und hämisch konstatieren: „Na, dann gibt's ja überhaupt keine Primzahlen mehr!" „Wieso?" „Weil man ja jede Zahl z.B. durch die 1 oder auch durch sich selbst teilen kann!" Und bloß um das auszuschließen, lautet die querulan-

---

sind. Aber der Ingenieur alter Schule weiß wenigstens um die Hinfälligkeit seiner Zahlen, während der Taschenrechnerbenutzer von heute seiner Digitalanzeige auch noch die sechzehnte Ziffer glaubt. Für naive Taschenrechnerbenutzer: Glauben Sie's nicht!)

[11] Muss aber nicht sein! Bei nicht-Schüler-empathischen Lehrern können auch mal krumme Ergebnisse herauskommen, was sensible Schüler in eine bis zur offiziellen Korrektur der Schularbeit anhaltende Panik versetzen kann.

[12] Mathematiker lieben sogenannte Randfälle (z.B. durch 1 oder durch sich selbst teilbar). Wenn Sie als Zauberer einen Gast aus dem Publikum auf die Bühne bitten und ihn auffordern. „Nennen Sie mir bitte eine Zahl zwischen 1 und 100!", dann nennt jeder normale Gast eine faire Zahl, etwa in der Mitte. Nicht gerade 50, aber vielleicht 52 oder 48. Wenn Sie Pech haben und einen Mathematiker erwischen, legt der seinen Kopf schief wie ein Eidechserl, das gerade seine Beute fixiert, und sagt dann hämisch: „Na, mit 0 oder 101 klappt Ihr famoser Trick wohl nicht?" Aber ansonsten sind Mathematiker sehr umgänglich.

17

ten-sichere Definition der Primzahlen eben so, wie sie nun mal leider lautet: ... nur durch 1 und sich selbst teilbar.[13]

So. Das hätten wir. War ja auch, wie angedroht, schwierig genug. Aber jetzt folgt in der offiziellen Primzahl-Definition noch ein zweiter Satz, der noch seltsamer klingt, nämlich, lakonisch und voller Rätsel: „1 ist keine Primzahl."

Was, um alles in der Welt, ist jetzt schon wieder kaputt? Ausgerechnet die 1? Wenn es eine erste, die primäre Zahl gibt, ist das natürlich die 1. Denn ausgehend von 1 können Sie allein mit „+1" alle anderen Zahlen erzeugen. Und die 1 ist zwar durch 1 und sich selber teilbar (Was jetzt allmählich aber wirklich albern wird, weil die betrachtete Zahl 1, der Teiler 1, und „durch sich selber" (also auch 1) glücklich zusammenfallen.[14] Und statt der obskuren Gleichungen $3 : 1 = 3$ und $3 : 3 = 1$ erhalten wir jetzt die beeindruckenden zwei Neuigkeiten $1 : 1 = 1$ und $1 : 1 = 1$.) also: die 1 ist zwar durch 1 und sich selber teilbar, aber ansonsten ist die 1 wirklich durch absolut nichts teilbar. Und um das festzustellen, muss man auch gar nicht lange grübeln wie bei 71 (sonst nicht teilbar) oder 91 (durch 7 und 13 teilbar) oder 1777.[15] Also ist die 1 primär und obendrein so was von prim, dass man sie geradezu als oberprim bezeichnen müsste.[16] Und ausgerechnet dieser primären oberprimen 1 soll durch einen demokratisch äußerst fragwürdig legitimierten Erlass per ordre de mufti die Primität aberkannt werden? Ausgerechnet die 1 soll keine Primzahl sein?!?

Nun, ganz ruhig: Zunächst ist das einfach mal ein schönes Beispiel für die Allmachtsphantasien von Mathematikern. Als Mathematiker darf man nämlich definieren, was immer man will. Sie könnten ein neues Mathematikbuch etwa mit der sperrigen und überraschenden Definition beginnen lassen: „Im Folgenden heiße jede durch 2 teilbare Zahl gerade. 2 ist keine gerade Zahl." Können Sie machen. Ob's was bringt, ist eine andere Frage. Und wenn sich aus dieser Definition nichts Gescheites herleiten lässt und der Rest des Buches aus leeren Seiten besteht, sollte man's auch besser bleiben lassen. Aber können dürften Sie's schon. (Die 2 per

---

[13] Natürlich hat es schon seinen Sinn, wenn Mathematiker zum Beispiel die 3 auch noch durch 1 oder 3 teilen wollen. Aber hier brauchen wir das nicht. Und um das „gesunde Definitionsempfinden" eines normalen Menschen nicht gleich madig zu machen, sondern umgekehrt sein meist nicht allzu ausgeprägtes mathematisches Selbstbewusstsein zu befördern, habe ich das so ironisch abgefasst. Mathematiker halten ironische Bemerkungen über ihr Fach gut aus, sintemal die hier ironisierte Übung, einen springenden Punkt von hinten durch die Brust zu erschießen, durchaus auch akrobatischen Charakter hat. Sie erregt wie „des Kängurus seitwärts gerichteter Sprung allseits die größte Bewunderung" (Frederike Kemptner).

[14] In Österreich sagte man hier: Es ist alles aans.

[15] Ist 1777 eine Primzahl? Jetzt wird's langsam schwierig. Aber, lassen Sie's gut sein. 1777 ist prim, was allein schon daraus folgt, dass 1777 das Geburtsjahr von Karl Friedrich Gauß ist. Und da Gauß der Fürst im Reich der Primzahlen ist, muss sein Geburtsjahr einfach prim sein! Leider ist 7771 nicht prim (7717 wäre prim!), dann wäre 1777 nämlich eine Mirp-Zahl. Eine Primzahl, die rückwärts gelesen auch prim ist, ist eine Mirp-Zahl (prim-mirp). 2, 3, 5 und 7 sind – no na – mirp. Bei 11 ist es auch kein Kunststück. 13 ist die erste nicht-triviale Mirp-Zahl, da 31 prim. Damit sind 11 und 13 Mirp-Zahl-Zwillinge. Kleine Übungsaufgabe für den interessierten Leser: Gibt es unendlich viele Mirp-Zahl-Zwillinge? Lösungen bitte unter Kennwort „Mirp-Zahl-Zwillinge" an den Verlag senden!

[16] „Oberprim" wie jugendsprachlich „obergeil". Die weibliche Form „Oberprima" war auch einmal ein Ausdruck der Jugendsprache, ist aber mittlerweile durch eine eher farblose „dreizehnte Jahrgangsstufe" (bzw. – „Zeit ist Geld", wie man in der Wirtschaft sagt – zwölfte Jahrgangsstufe) verdrängt worden.

definitionem aus den geraden Zahlen auszuschließen bringt wirklich nichts. Deswegen wurde so ein Buch auch noch nicht geschrieben.[17])

Der Grund für diesen Ausschlusserlass bei den Primzahlen – die 1 wäre zwar eigentlich ganz wunderbar prim, aber sie darf es nicht sein – ist der folgende. Man kann jede natürliche Zahl in ihre Primfaktoren zerlegen. Bei 29 und 31 macht das keinen Spaß. Eine 29 ist eine 29 ist eine 29. Und mit 31 ist's genauso. Aber die 30? $30 = 2 \cdot 3 \cdot 5$. Und die 60? $60 = 2 \cdot 2 \cdot 3 \cdot 5$. Oder gar $120 = 2 \cdot 2 \cdot 2 \cdot 3 \cdot 5$. Das flutscht geradezu![18] Man sieht auch: Es kommt nicht nur auf die unterschiedlichen Primzahlen an, sondern auch auf ihre jeweilige Anzahl. Je nachdem ob eine Zwei, zwei Zweier oder drei Zweier auftauchen, entsteht wiederum eine andere Zahl (nämlich 30, 60 oder 120).

Und – Achtung! – wäre jetzt die 1 auch eine Primzahl (was sie ja eigentlich ist, aber wir haben's ihr ja verboten, also doch: wäre), wäre jetzt also die 1 auch eine Primzahl, dann könnte man nicht nur $15 = 3 \cdot 5$ schreiben, sondern zum Beispiel auch $15 = 1 \cdot 3 \cdot 5$ oder $15 = 3 \cdot 5 \cdot 1$ oder $15 = 3 \cdot 1 \cdot 1 \cdot 5$ oder $15 = 1 \cdot 1 \cdot 1 \cdot 1 \cdot 1 \cdot 3 \cdot 1 \cdot 1 \cdot 1 \cdot 5 \cdot 1 \cdot 1 \cdot 1 \cdot 1 \cdot 1 \cdot 1 \cdot 1$ (das waren jetzt sinnigerweise 15 Einser) usw. ... und man hätte plötzlich keine eindeutige Primzahl-Faktorisierung mehr. Da also die 1 bei der Primzahl-Faktorisierung nicht nur nichts bringt (natürlich ist $3 \cdot 5 = 1 \cdot 3 \cdot 5$, so what?) sondern obendrein auch noch ein Riesenkuddelmuddel veranstaltete (man könnte an jeder Stelle beliebig viele Einser dazumultiplizieren), hat man die 1 aus den Primzahlen einfach rausgeschmissen. Das ist ungerecht (da die 1 ja, wie wir uns überzeugt haben, eigentlich oberprim wäre). Aber manchmal können Mathematiker auch richtig cool und effizient sein. Die 1 bringt nichts und macht obendrein noch Ärger? Weg damit. (Natürlich nur als Primzahl. Die 1 überhaupt abzuschaffen wäre unklug. Sie ist geradezu der Ast, auf dem die natürlichen Zahlen sitzen.)

Wir schreiben jetzt noch mal die ganze Definition auf, dann isses aber auch gut damit.

- Wir bewegen uns nur im Bereich der natürlichen Zahlen 1, 2, 3, … .
- Primzahlen sind die Zahlen, die sich nur durch 1 und sich selber teilen lassen.
- Die 1 ist keine Primzahl.

Jetzt wissen wir also, was eine Primzahl ist.

---

[17] In der Mathematik gibt es aber solch schräge Definitionen, die auch durchaus nützlich sind. Zum Beispiel die „charakteristische Funktion" zu irgendeiner Zahl, sagen wir 7. $\chi_7(x)$ (Sprich: Chisieben von x. „chi" ist griechisch und heißt anscheinend „charakteristische Funktion") ist dann fast überall (genauer für alle x, $x \neq 7$) gleich 0, nur nicht – eben – bei $x = 7$. Dort soll dann χ_7 den Wert $\chi_7(7) = 1$ haben. Klingt alles sehr seltsam, ist aber in der höheren Mathematik nützlich. Aber nachdem wir das im folgenden nicht benötigen, brauchen Sie jetzt nicht groß zu grübeln, sondern Sie können diese krause unterhaltsame Mitteilung ganz entspannt zur Kenntnis nehmen, unter der Rubrik „Handbuch des unnützen Wissens" verbuchen und auch gleich wieder vergessen.

[18] Man könnte geradezu definieren: Primzahlen sind *die* Zahlen, bei denen die Zerlegung in Primfaktoren keinen Spaß macht. Jetzt müsste man allerdings erst mal definieren, was ein Primfaktor ist, wodurch unsere Definition aber irgendwie uferlos würde. Und etwas Definiertes, also Abgegrenztes (Finis) sollte nicht uferlos sein. Da aber die Primfaktoren kleiner sind als die in diese Primzahlfaktoren zerlegte Zahl, könnte man das letztendlich doch begrenzen und diese so menschlich-heitere Definition der Primzahlen retten. (Ein Problem so lange vor sich herzuschieben, bis es sich irgendwie von selbst erledigt, diese geschickte Taktik nennt der Mathematiker „rekursiv".) Man könnte so eine Primzahl-Definition vielleicht mal für eine Faschingsausgabe der „Zahlentheoretischen Rundschau" ins Auge fassen.

Wissen wir's wirklich? Die Definition „Ein Franzose ist ein Mensch, der links des Rheins lebt" ist zwar richtig[19], bringt uns aber dem Französischsein an sich, dem Lebensgefühl und der Kultur in Frankreich nicht näher. Um zu verstehen, wie Primzahlen ihren Alltag verbringen, was sie so an Verrücktheiten anstellen und wovon sie so träumen, müssen wir ihnen schon ein bisschen Zuwendung schenken. Um das Französischsein zu verstehen, muss man ja auch erst mal Französisch lernen. (Französisch essen wäre auch schon ein guter Ansatz, der uns aber bei Primzahlen leider nicht weiterhilft.)

Nun, die beiden grundlegenden Charakterzüge der Primzahlen (die beiden grundlegenden Charakterzüge der Franzosen sind: ein strenger Rationalismus und, letztlich daraus folgend, eine hoch entwickelte Lebenskunst, weswegen etwa in Frankreich die Mathematik von allen in hohen Ehren gehalten wird) – die beiden grundlegenden Charakterzüge der Primzahlen sind: Sie werden immer seltener (nicht im Sinne einer demographischen Fehlentwicklung, sondern wenn man mit 1 beginnend die natürlichen Zahlen durchläuft und auf ihre Primität hin überprüft). Sie werden also immer seltener. *Trotzdem* gibt es unendlich viele! Und wie sich mit „immer seltener aber unendlich viele" schon andeutet: sie sind einfach unberechenbar.[20]

Zunächst mal widmen wir uns den unendlich vielen Primzahlen. Mag ja sein, dass es so viele sind. Aber sooo viele können's eigentlich auch wieder nicht sein. Denn: Die 2 ist zwar eine Primzahl. (Auch wenn ihr das viele von uns, weil sie so klein und harmlos ist, gar nicht zugetraut hätten. Aber okay, soll sie's sein!) Dann sind aber die durch 2 teilbaren Zahlen, also 2 4, 6, 8, 10 …, also jede zweite Zahl, also die Hälfte aller Zahlen (bis auf die 2 selbst) bestimmt nicht prim (da ja durch 2 teilbar). Auch die 3 ist prim. Soll sie's sein. Aber dann ist jede durch 3 teilbare Zahl also 3, 6, 9, 12, 15 …, also jede dritte Zahl, also ein Drittel aller Zahlen (bis auf die 3 selbst) bestimmt nicht prim (da ja durch 3 teilbar). Und schließlich nehmen wir noch die 5 dazu. Auch sie ist – wissen wir – prim. Soll sie's sein. Aber dann ist jede durch 5 teilbare Zahl, also 5, 10, 15, 20, 25 …, also jede fünfte Zahl, also ein Fünftel aller Zahlen (bis auf die 5 selbst) bestimmt nicht prim (da ja durch 5 teilbar). Damit wollen wir's jetzt auch mal gut sein lassen, denn das ist ohnehin schon eine Menge Holz, nämlich die Hälfte und ein Drittel und ein Fünftel aller Zahlen! Und sie sind alle garantiert keine Primzahlen. Das sind also wenn wir's ausrechnen wollen $1/2 + 1/3 + 1/5 = \ldots$

Aus ernüchternden Gesprächen weiß ich, dass für viele aufgeschlossene und intelligente Menschen, die sehr erfolgreich in angesehenen Berufen arbeiten, aber seit 20, 30 oder gar 40 Jahren nicht mehr genötigt wurden, Brüche zu addieren, dass für solche Menschen die Addition dreier ungleichnamiger Brüche (möglicherweise auch dreier gleichnamiger Brüche) eine echte Herausforderung darstellt.[21] Aber den entscheidenden Begriff, der hier weiterhilft, den

---

[19] Jedenfalls zwischen Basel und Karlsruhe. Und abgesehen davon, dass z.B. der protestantische Theologe und Bach-Spezialist Albert Schweitzer nicht unbedingt typisch für französisches Lebensgefühl war. Aber das abstrahieren wir jetzt weg und „links des Rheins" ist einfach Frankreich, compris? Übrigens bietet Microsoft seine Software auch auf Elsässisch an. Wann kommt endlich Windows auf Bairisch (statt „Windows 2000" dann „Fensterln Zwoatausendzehn")?

[20] Ein blöder Witz, aber immer wieder lustig: „Die Müllers haben sich scheiden lassen." „Sag bloß! Und warum?" „Er war Mathematiker und sie war unberechenbar." Aber Sie müssen da jetzt nicht lachen.

[21] Die Clevereren rechneten 1/2, 1/3 und 1/5 mit Hilfe des Taschenrechners und der Divisionstaste aus und addierten dann (auch mit dem Taschenrechner, der ja auch zwischenspeichern kann) die entstehenden Dezimalbrüche. Wenn sie auf diese Weise 2/3 + 1/3 berechneten und als Ergebnis ein imponierendes 0,999 … 99 (16 Stellen!) erhalten, kommentierten sie das mit einem souveränen: „Na, praktisch gleich 1!", was wahrer wäre, als sie glaubten.

kennt doch ein jeder. Es ist der auch außerhalb der Mathematik bekannte und beliebte (gerne etwa in Leitartikeln) „kleinste gemeinsame Nenner" (besonders gerne im Zusammenhang mit Koalitionsverhandelungen).[22]

---

[22] Der „kleinste gemeinsame Nenner" taucht gelegentlich auch als „kleinster gemeinsamer Teiler" oder „größter gemeinsamer Nenner" auf. (Beides ist in sich nicht schlüssig: Der kleinste gemeinsame Teiler ist, wie wir jetzt wissen, immer die 1 und das ist nicht viel. Und wenn x ein gemeinsamer Nenner ist, ist $2x$ auch einer. Weswegen es immer einen größeren und damit keinen größten gemeinsamen Nenner gibt.) Beide Varianten sind vermutlich Kollateralschäden der wieder korrekten und aus der Schulzeit auch noch latent bekannten Begriffe „größter gemeinsamer Teiler" und „kleinstes gemeinsames Vielfaches".

Also: „der kleinste gemeinsame Nenner". Als Metapher geht er schon in Ordnung, ist aber ein bisschen prätentiös. Denn wenn zwei Koalitionsparteien ihre Programme auf Gemeinsamkeiten hin abklopfen, kommt schlicht und einfach die größte gemeinsame *Teilmenge* heraus (mengentheoretisch auch kurz: der „Durchschnitt").

Auch das (ich glaube seit Willy Brandt) beliebte „auseinanderdividieren" (meist in der Wendung „sich nicht ~ lassen" auftretend) ist mathematisch betrachtet ein klein bisschen hochstaplerisch. Zuerst mal: Wenn ich $210 : 7 = 30$ rechne, habe ich da wirklich die 210 in 7 und 30 „auseinanderdividiert"? „Auseinanderdividieren" wäre allenfalls als plastische Umschreibung für eine vollständige, saubere Primfaktorzerlegung angebracht. Mit $210 = 2 \cdot 3 \cdot 5 \cdot 7$ haben wir vielleicht wirklich die 210 „auseinanderdividiert". Und dann: Wenn bei einem hitzigen Parteitag für die Wahl des neuen Vorsitzenden ein $250 : 250$-Ergebnis für die beiden Repräsentanten der verfeindeten Flügel droht und der Noch-Vorsitzende an seine 500 Delegierten appelliert, die Partei dürfe sich nicht auseinanderdividieren lassen, denkt da irgendjemand an die Division mit Dividend, Divisor und Quotient? Gemeint ist ein schlichtes „Teilen", ohne jede mathematische Überhöhung, sondern in dem schlichten Sinn, den schon jedes Kindergartenkind kennt, wenn etwa ein 5-Jähriger mit seiner 3-jährigen Schwester einen Schokoriegel „teilen" soll. Da wird nichts auseinanderdividiert sondern einfach ein Ding in zwei Teile gebrochen.

Die Frage, inwieweit die entstehenden zwei Hälften auch gleich groß sind, ließe sich in scholastischer Tiefe und vor allem Breite erörtern. Wir versuchen es möglichst kurz. Für den Nominalisten gilt: Die Hälfte ist die Hälfte ist die Hälfte und deswegen sind die beiden Hälften notwendigerweise gleich groß (universale post rem). Ich hingegen soll als Kind – so wird es in der Familie überliefert – immer darauf bestanden haben, dass mein großer Bruder teilen möge, mir aber dafür die „größere Hälfte" zustünde, was mir jedes Mal den Spott meiner (offensichtlich nominalistisch gesonnenen) Eltern einbrachte. Ich zeigte eben schon als Kind eine Neigung zur eher hemdsärmeligen, angewandten Mathematik. Denn für den Praktiker (scholastisch: ein begriffs-realistisches universale ante rem) sind zwei gleichgroße Hälften eines Schokoriegels, ein Ereignis der Wahrscheinlichkeit 0: Man kann's nicht ganz ausschließen, es kommt aber selten vor. Und aufgrund dieser tiefen Einsicht in unsere Welt als nur mangelhafte Individuation einer perfekten Weltidee stand mir dann auch die größere Hälfte zu.)

Vermutlich hat man sich, da „Teilen" eine konstruktiv-diplomatisch-positive Anmutung hat, an die Schulzeit erinnert (teilen = dividieren) und das schlichte „Teilen" durch das vornehmere und schmerzhaftere „Dividieren" ersetzt (die Division als die mit Abstand schwierigste Grundrechenart ist vielen in schmerzlicher Erinnerung). Um das Ganze noch etwas dramatischer zu gestalten, hat man ein „auseinander" davor gesetzt, was eigentlich auch Käse ist, weil man garantiert nichts zusammendividieren kann. Jedenfalls gäbe es plastische deutsche Ausdrücke wie zerbrechen oder spalten. Sollten sich gar drei Flügel befehden (oder allgemein n Flügel mit $n > 2$), müsste man, da „zerbrechen" und „spalten" meist auf zwei Teile abheben, je nach der Größenordnung von n variieren: auseinanderbrechen, zerbrechen (eine Kaffeekanne zerbricht i.A. in $n > 2$ Teile), aufspalten, aufsplittern, auseinandersprengen, atomisieren (schön auch mit der bairischen Vorsilbe der Vernichtung „der-": derbröseln).

Ich weiß: n Flügel mit $n \geq 3$ ist nicht unproblematisch. Es gibt Zweiflügler (aves) und Vierflügler (Libellen). Aber drei Flügel? Das Wörtlichnehmen bildhafter Begriffe ist jedenfalls ein nie versiegender Quell von Heiterkeit. Sehr schön auch in einem Zeitungsartikel: „Die beiden Frauen bildeten ein Triumvirat." Hier ist nicht nur die Zahl falsch. Hier ist alles falsch. Aber man weiß, was gemeint ist.

Schließlich ist außerhalb der Mathematik auch noch die mathematische Tätigkeit des „Integrierens" sehr beliebt. Zur Zeit wird überall integriert. Vorzugsweise ausländische Mitbürger (was auch wieder etwas seltsam ist, da ein Mitbürger eigentlich nicht integriert werden müsste). Jedenfalls hat die Vorstellung etwa eines „integrierten Türken" – wobei das nichts mit dem Türken als Türken zu tun hat – zumindest für Mathematiker etwas rätselhaftlauniges (wie ein „getürktes Integral"). Die möglichen Akkusativobjekte transitiver Verben benötigten offensicht-

Ein gemeinsamer Nenner unserer drei Brüche wäre natürlich $2 \cdot 3 \cdot 5$. (Das wäre auch gleich der notorische kleinste gemeinsame Nenner. Warum wir den so auf Anhieb erwischt haben, ist jetzt nicht so wichtig. Hauptsache – und das wird jetzt manche verblüffen, die glauben, man bräuchte partout immer den kleinsten – Hauptsache wir haben überhaupt einen gemeinsamen Nenner. Ob bisschen kleiner oder größer ist egal, solange man mit ihm schön addieren kann.) Und jetzt müssen wir unsere drei Brüche „auf einen (nämlich einen gemeinsamen) Nenner" bringen, wie es auch metaphorisch so schön heißt. Und das macht man, wenn man's mal nicht metaphorisch sondern ganz konkret machen muss (und das ist auch das, was viele seit der Schulzeit vergessen haben) durch geschicktes Erweitern:

$$\frac{1}{2} = \frac{1 \cdot 3 \cdot 5}{2 \cdot 3 \cdot 5} = \frac{15}{30} \qquad \frac{1}{3} = \frac{1 \cdot 2 \cdot 5}{3 \cdot 2 \cdot 5} = \frac{10}{30} \qquad \frac{1}{5} = \frac{1 \cdot 2 \cdot 3}{5 \cdot 2 \cdot 3} = \frac{6}{30}$$

Und schon haben wir:

$$\frac{1}{2} + \frac{1}{3} + \frac{1}{5} = \frac{15}{30} + \frac{10}{30} + \frac{6}{30} = \frac{31}{30}$$

Das sind 103,33 Prozent! (1/3 ist bekanntlich 0,333... und 1/30 ist ein Zehntel von 1/3 also 0,0333... = 3,33... Hundertstel also 3,33 Prozent).

Von wegen unendlich viele Primzahlen! Wir wissen jedenfalls: Mit nur 3 Primzahlen haben wir bereits 103,33 Prozent aller Zahlen als nicht-prim erkannt. Das ist eine phantastische Ausbeute!

---

lich kontextabhängige semantische Restriktionen. Schön auch aus einem Fußballländerspielfernsehkommentar: „Die Bulgaren wärmen gerade einen Mann auf."

So. Das war jetzt wirklich einmal eine längere Fußnote. Aber, das musste auch alles mal gesagt werden. Zu dieser Behauptung könnte man jetzt allerdings auch eine längere Fußnote ... ich möchte aber wenigstens erwähnt haben, dass ich viele hochinteressante Details heroisch unterdrückt habe, zum Beispiel bei den vier Flügeln, dass Libellen im Deutschen auch Schillebolde und die Libellula im engeren Sinn (Familie der Ordnung Libellen) Plattbäuche heißen. So wäre, rein systematisch, jeder Plattbauch ein Schillebold! *Nun isses aber gut!*

Die vornehmste Aufgabe eines mathematischen Kabaretts wäre selbstverständlich, die Ignoranz dieser schnöden Welt gegenüber der Mathematik zu geißeln! Na ja, da hätte man viel zu tun. Sagen wir bescheidener: Da, wo diese Ignoranz ins Lächerliche übergeht (wie etwa bei den Rätseln der geheimnisvollen Quadratwurzel), diese Lächerlichkeit derselben auch mal preiszugeben.

Aber natürlich kann die Mathematik selbst auch sehr komisch sein. Die meisten Mathematiker können sich auch, wenn sie mal zwei Schritte zurücktreten, über ihren doch sehr spezifischen, um nicht zu sagen schrägen Slang von Herzen amüsieren. Weswegen ein so vergnügliches Buch wie das über mathematischen Humor von Prof. Wille wohl im Bücherregal keines Mathematikers fehlen dürfte.

Allerdings sind mathematische Scherze für Nicht-Mathematiker meist nicht lustig. Nicht, dass sie mathematisch-handwerklich so schwierig wären und man etwa erst mühsam ein kompliziertes Integral berechnen müsste, bevor dann endlich der Lacher kommt. Nein, das ist es nicht. Die meisten Menschen sind einfach, bevor sie die Komik „mathematischer Scherze" goutieren können, allein schon wegen der Diktion leicht verstört und fragen sich, was das eigentlich bedeutet. Viele fragen sich auch, ob sie überhaupt wissen *wollen*, was das bedeutet. Und dann wird das einfach nichts mehr, mit dem Lacher.

So sage ich bei einer musikalischen Nummer auf der Bühne, so ganz locker-leichthin: „Für einen Mathematiker ist ein Sonatenhauptsatz natürlich einfach eine Abbildung von Mus Kreuz Mus nach Mus." (Auf der Overhead-Folie steht erläuternd: Mus = Menge aller endlichen Tonfolgen) ... und warte dann auf einen Lacher, keinen Brüller, nur auf ein leichtes, kurzes, amüsiertes Lachen. Meistens warte ich aber vergeblich, da das Publikum die für mich offen zutage liegende Komik von „Muskreuzmusnachmus" erst gar nicht goutiert, weil es geschlossen und völlig humorlos zu grübeln beginnt: *Was* ist mus kreuz *was*?! Wenn der kleine Lacher doch mal kommt (wie gesagt, eher selten), reagiere ich dann (und dafür *bräuchte* ich ja diesen kleinen Lacher) mit einem beleidigten „Mathematiker reden so!", was dann erst den richtigen Lacher im Publikum bewirkt, aber leider muss ich diesen schönen, selbstironischen Satz meist verschlucken. Und so bringt sich das Publikum selbst um die schönsten Lacher. Geschieht ihm nur recht! (Mittlerweile kann ich bereits am Anfang eines Auftritts bei jedem real existierenden Publikum ziemlich genau einschätzen, ob das mit dem provozierten Lacher klappen wird oder nicht – und lasse dementsprechend diesen schönen Muskreuzmusnachmus-Satz einfach weg.)

Auch mit der von Mathematikergeneration zu Mathematikergeneration weitergereichten, herrlich komischen Sammlung „Mathematische Methoden zur Löwenjagd" kann man beim Publikum leider nicht reüssieren. Als ich zum ersten Mal die „funktionentheoretische Methode" las, beginnend mit der lakonischen Voraussetzung „Sei $f(\zeta)$ (sprich: eff-von-zeta) eine löwenwertige Funktion auf der Wüste W", machte ich mir vor Lachen fast in die Hose, ob der Nonchalance und Chuzpe mit der da eine ganz spezielle Terminologie (komplexwertige Funktionen einer komplexen Veränderlichen) ganz cool und lässig der Sahara übergestülpt wird, was im Ergebnis einfach herrlich absurdes Theater ergibt: eine löwenwertige Funktion auf der Wüste W. (Nein, dass es in der Wüste üblicherweise keine Löwen gibt, ist nur ein sekundärer semantischer Fehler, hat aber mit der Komik dieses Satzes *nichts* zu tun!) Ich lief begeistert ins Wohnzimmer, um das sofort meiner Freundin zu erzählen – und was sagt sie? Löwenwertige Funktion – gibt's doch gar nicht." „Ja eben, das ist ja der Witz!" „Wieso?" Dann hab ich's aufgegeben. Dass hier der naturwissenschaftliche Impetus, alles passend ruck-zuck zu abstrahieren wunderbar blöd ad absurdum geführt und dann vergnüglich damit gespielt wird, das war anscheinend eine andere Welt. (Meine damalige Freundin war natürlich auch keine Mathematik-Studentin, sondern eine angehende Modern-Dance-Ballett-Tänzerin. Aber Modern-Dance-Ballett-Tänzerinnen haben auch wiederum einen sehr spezifischen Humor.)

Also besser keine mathematischen Insider-Witze im Kabarett, auch wenn sie noch so einfach wären. Aber man kann sich durchaus in klassisch-satirischen Stil auch einmal über Naturwissenschaften und Technik lustig machen. Denn auch im Bereich Naturwissenschaften und Technik wird (trotz der ihnen, dank der Mathematik, eigentlich inhärenten Lakonie und Nüchternheit) oft mächtig geschwafelt und heiße Luft erzeugt. Dies gilt besonders, wenn auch noch Politik und Wirtschaft mit im Spiel sind. Und ganz besonders, wenn es gilt, fürs eigene Institut die begehrten Förder- und Drittmittel anzuzapfen.

Während eines New-Technology-Hypes in den 80er-Jahren (solche Hypes treten periodisch auf; wie die zugehörigen phasenverschobenen Börsen-Crashs) habe ich mir einmal diesen fördermittel-befördernden dynamischen Heiße-Luft-Sprech im Spannungsfeld Technik-Wirtschaft-Politik in einer Kabarettnummer vorgenommen, die es dann bis in den damals weithin beachteten Scheibenwischer brachte. (Der damals *auch* deswegen bedeutender war, weil es damals noch keine Rund-um-die-Uhr-Bespaßung mit Comedy auf den Privatsendern gab.) Und ich glaube, so viel geballte (Nonsense-)Mathematik war nur selten auf dem Bildschirm zu sehen. Insbesondere scheint meine Formel zur effizienten Produktion wissenschaftlicher papers vielen aus dem Herzen gesprochen zu haben. (Noch heute werde ich nach Auftritten darauf angesprochen.) Da diese Formel einen Rekord an Mathematikhaltigkeit in einer Unterhaltungssendung darstellt und wegen ihrer zeitlosen Schönheit (*und* Wahrheit), sei sie hier kurz mitgeteilt, zusammen mit dem Text des Herrn Professors, der diese so erstaunliche wie praxisnahe Wunderformel dem staunenden Publikum präsentiert.

$$\frac{IO\left[\dfrac{id}{is}\right]}{PO\left[\dfrac{pub}{is}\right]} = \frac{1}{\left(\alpha S + \beta C^2\right)\psi_{TN}}\left[\frac{mid}{kpub}\right]$$

„Es gilt: Ai-Ou, der intelligence-overhead, gemessen in Ideen pro Institutssemester, Ai-Ou zu Pi-Ou, dem publication-output, gemessen in Publikationen pro Institutssemester, Ai-Ou zu Pi-Ou ist gleich 1 durch α mal S plus β mal C im Quadrat und das Ganze mal Psi-Te-En. Äh – S ist ein Maß für den Statistikaufwand, C für den Computereinsatz, geht quadratisch mit ein. Und … ach so … α und β sind lediglich fachgebietsspezifische Parameter. In den Sozialwissenschaften bzw. in der künstlichen Intelligenz – [ganz kurzes Auflachen] „artifical intelligence meets natural stupidity" wie der Angelsachse so schön sagt – da liegen α und β in der Größenordnung von zehn hoch sechs. Im Nenner. Und Psi-Te-En? Ach ja! Psi-Te-En misst den Glauben PSI an den arbeitsplatzschöpfenden Schub der neuen Technologien Te-En, in der Literatur auch als Blüm-Lambsdorff-Koeffizient[1] bekannt, aber außerhalb des Labors nur schwer nach-

---

[1] Der Blüm-Lambsdorff-Koeffizient kann natürlich nach Belieben variiert werden. Sehr schön etwa auch: der Blüm-Bangemann-Parameter, der Möller-Möllemann-Median, der Glos-Münte-Faktor, die Scholz-Guttenberg-Kon-

weisbar. Ach ja: [auf die Maßeinheiten „is" in der oberen Zeile deuten] die Institutssemester kürzen sich natürlich raus, ist ja logo, und man misst vorteilhafterweise, [auf die Maßeinheiten ganz rechts in der zweiten Zeile deuten] man misst vorteilhafterweise in milli-id pro kilo-pub."

Ein schönes Beispiel für mathematisches Denken in der realen Wirtschaft ist auch der Satz von den reziproken Lugaps (sic! siehe unten):

„Aber natürlich kenne ich auch das übliche Argument der üblichen Bedenkenträger, dass für fünf neue Computer-Arbeitsplätze zehn alte Arbeitsplätze draufgehen. Aber das darf man nicht so eindimensional sehen. Denn die neuen Arbeitsplätze sind ja alle viel schöner. Doch! Die Industrie sagt jedenfalls, es soll phantastisch sein. Sagen wir mal

$$
\begin{array}{rl}
\text{Schönheitsfaktor} \approx 3 & \\
\text{also:} & \\
3 \times 5 = & 15 \ (\text{alt}) \\
-2 \times 1 \times 5 = & \underline{-\ 10} \ (\text{neu}) \\
& 5 \ [\text{lugaps}]
\end{array}
$$

die neuen Arbeitsplätze sind – na, so ganz grob – dreimal so schön wie die alten. Dann macht das – bitte mitrechnen – drei mal fünf gleich fünfzehn minus – doppelt so viele gehen drauf – zwei mal fünf gleich zehn, also insgesamt fünfzehn minus zehn gleich – richtig, gleich fünf lugaps! Bitte? Ach so, lugap ist die Einheit Lustgewinn mal Arbeitsplatz. Nur

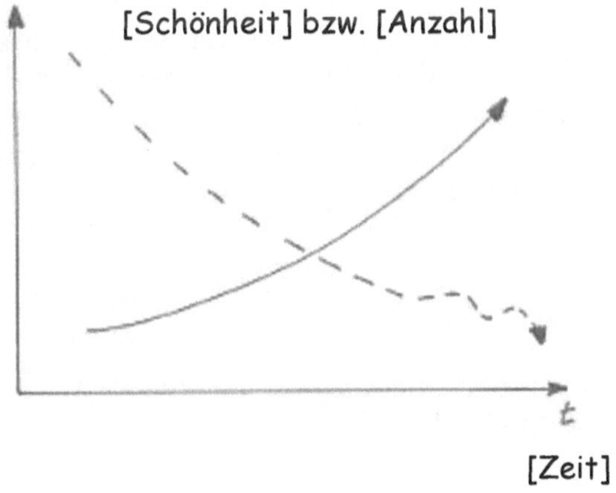

mit wachsendem t, t gleich Zeit, geht die Schönheit der Arbeitsplätze, das ist *die* Kurve, gegen unendlich. Unsere Jobs werden immer schöner! Aber die Anzahl, die Anzahl der Arbeitsplätze, das ist *die* Kurve, die geht unter periodischen Schwankungen zweiter Ordnung asymptotisch gegen Null. Und was

---

stante, die Brüderle-Sarrazin-Invariante etc.

$$\bullet \quad \text{Schönheit} \;\rightarrow\; \infty$$
$$\bullet \quad \text{Anzahl} \quad\;\rightarrow\; 0$$

$$0 \times \infty \;[\text{lugaps}] \;=\; ?$$

null mal unendlich lugaps sind, das haben wir noch nicht ganz im Griff."

Da diese Kabarettnummer insgesamt via Requisiten (ein Spielcomputer der nullten Generation mit 30 kg Gewicht) und Diktion („EDV" oder „Datentypistinnen") in der Anmutung die Computerwelt der 80er-Jahre widerspiegelt (was Leser unter 45 vermutlich nicht als anmutig empfinden), ist diese Nummer insgesamt etwas historisch. Deswegen soll's auch bei diesen beiden Highlights angewandter Kabarett-Mathematik bleiben.

Wenn man sich als Autor aber nicht ganz sicher ist, ob man einen Text drucken oder in den Papierkorb werfen soll, dann gibt es heute die famose, geradezu dialektische Ersatzhandlung: These = drucken, Anti-These = Papierkorb, Synthese = Wir stellen das mal ins Internet! Wer also unter den älteren Lesern einen Ausruf wie „Da stecken 200000 Mannjahre Assemblerprogrammierung drin!" versteht oder (wenn der Computer abstürzt und nur noch einen traurigen Netzbrummer von sich gibt) den Seufzer „Das, meine Damen und Herren, ist die Software-Krise!" nachfühlen kann – wer sich darüber also noch amüsieren kann, der sei auf die Internetpräsenz dieses Buchs bei Vieweg+Teubner und den Link miliidprokilopub verwiesen. Viel Vergnügen!

Um wieder voll in der Gegenwart weiter zu machen: Seit kurzem arbeite ich auch als Hilfslehrer in einem bayerischen Gymnasium. (Mathelehrer sind gesucht! Meine Promotion war für die Anstellung nicht besonders relevant. Wer unfallfrei bis 100 zählen kann *und* bei 100 nicht auf dem Baum ist, wird heute als Mathelehrer eingezogen.) Und wenn die Software-Krise auch bewältigt sein mag – die deutsche Schule ist immer in der Krise!

1.2 „Aber gegen den Uhrzeigersinn!" oder Über Irreales, Digitales und Para-Triviales an der Schule

Die letzten Monate boten ja wieder einiges an originellen Vorschlägen und unterhaltsamen Debatten zum Medien-Dauer-und-Lieblingsthema: Schule. Am schönsten war natürlich die glorreiche Idee von Frau Schavan, für gelegentliche Unterrichtsstunden mal wirklich bedeutende Persönlichkeiten aus Wissenschaft und Wirtschaft, am besten gleich echte VIPs, in die Schule zu holen.

Nun, würde Herr ... sagen wir gleich mal ... Herr Ackermann tatsächlich einmal mit seinem hauseigenen Deutsche-Bank-Hubschrauber auf dem Schul-Sportplatz landen, würde das die Kinder schon beeindrucken. (Denn das kennt man nur von wirklich wichtigen Menschen, wie Arnold Schwarzenegger, Victoria Beckham und Jens Lehmann.) Aber im Verlauf einer satten Doppelstunde (Über was eigentlich? Trigonometrie? Oder doch kompetenzspezifisch „Sorglos ins Alter mit Schrottimmobilien und toxischen Derivaten"?) bröckelte die Aufmerksamkeit nach einer höflichen Anfangsphase $t_{schnupp}$ (ca. zehn Minuten) doch ziemlich heftig und beschleunigt (sozusagen, um im Metier zu bleiben, wie Zinseszins, bloß abwärts) ab. Kindern kann man eben nicht so leicht imponieren wie leitenden Angestellten, die noch was werden wollen und deswegen, wenn der Chef spricht, nicht kippeln, schwätzen oder mit Papierkügelchen schmeißen. (Jedenfalls tun sie's nicht so offensichtlich.)

Aber Ackermann wurde ja wieder mal als Vorstandsvorsitzender bestätigt und hat jetzt keine Zeit ... Zumwinkel! Zumwinkel hat gerade viel Zeit. Etwa für eine Invited Lecture „Kreative Buchführung" für Wirtschaft in der Oberstufe. Damit die Kinder statt Infinitesimalrechnung mal wirklich was Nützliches lernen. Fürs Leben, wie man so schön sagt.

Ach ja, Mehdorn wäre auch gerade freigestellt und könnte als Quereinsteiger seine Rente als Studienrat im befristeten Angestelltenverhältnis noch ein bisschen aufbessern: „Die Deutsche Bahn als nicht-markoffsches Warteschlangensystem". Nein, das wär zu schwierig. Die Performance der Deutschen Bahn ist auch nicht berechenbar. Nicht mal näherungsweise (mit einem sogenannten „Fahrplan"). Vielleicht: „Fluch und Segen des Datenschutzes"? Jedenfalls wäre Mehdorn für einige Klassen (etwa meine 5c) genau der Richtige. Vor Mehdorn (der kann so schön grimmig schauen) hätten sie Respekt! Eine Woche lang. Er würde es auch schaffen, den Matheschnitt von 3,3 auf 2,2 anzuheben. Nachdem er zuvor zwei Drittel der Klasse wegen mangelnder Arbeitshaltung via Arbeitsgericht entlassen hätte. Und mit zehn Kindern (mit zentral überwachten Playstations, die nur noch Rechentrainings-Programme anbieten) könnte er dann einen tollen Unterricht hinlegen. Das könnten Andere dann aber auch. Aber Mehdorn würde dann noch alle guten, kleinen Klassen in eine Privatschule für betuchte Investoren überführen. Und an die Börse bringen!

Jedenfalls fürchte ich, nach kurzer Zeit wäre für die Kinder selbst ein VIP, und sei der VIP noch so hip – Hubschrauber hin, Managergehalt her – ein ganz normaler langweiliger Erwachsener, der auch nur über langweilige Dinge spricht. Die geistig regen Schüler würden sich noch, etwa bei Ackermann, für eine gewisse Übergangzeit skeptisch amüsierter Beobachtung t_{watch} (ca. zehn Minuten) über seinen schweizer Akzent und sein seltsames, edles Outfit wundern (sind sie doch von ihren Lehrern, wie wir alle wissen, nur Cordhosen und Norwegerpullis gewohnt), aber nach spätestens t_{VV} (VIP-Effekt – Verpuffungszeit) $= t_{schnupp} + t_{watch}$ Minuten würden alle Schüler (auch die geistig regen, erst recht die weniger regen) die üblichen Maß-

Maßnahmen zur Langeweilebekämpfung ergreifen wie (vergleiche oben) kippeln, schwätzen, Papierkügelchen schmeißen, mit offenen Augen schlafen (einige auch mit geschlossenen) etc. Wenn man den Kindern wirklich mit bedeutenden Persönlichkeiten imponieren will, muss man ihnen auch wirklich was bieten: Bushido für die Knaben, für die Mädchen Nicole Scherzinger. Und natürlich beide in voller Kampfmontur: also mit schwarzer Ledermaske und schwarzem Lederbustier.

Das eigentlich Blöde an dieser ganzen (pardon) schavanesken Schnapsidee (von Realisierungsversuchen hat man bisher auch nichts gehört) ist aber, dass durch ihre bloße Verkündung das gebotene und notwendige Normale, sprich der alltägliche Unterricht, zumindest implizit wieder mal abgewertet wird. Oder, um die Sache von der Anmutung her auszuspinnen: Schaustunden von wichtigen Menschen werden natürlich angemessen zelebriert ... der Herr Direktor hält eine kleine Ansprache, der Schulchor singt ein Willkommenslied und weiß gekleidete Ehrenjungfern (Unterstufe) halten Girlanden, die die Schüler in Werken und textiles Gestalten selbst gebastelt haben. Um so trostloser ist dann natürlich am nächsten Tag die Stunde des normalen Lehrers, der nicht mit dem Hubschrauber kommt, sondern mit dem Fahrrad. Und der vor allem überlegt, wie er die zwei Stunden, die ihm der VIP geklaut hat, jetzt wieder reinholen soll. Denn dass ein Gast-VIP sich mit dem Fachlehrer abstimmt und in der Stoffvermittlung fortfährt, ist eher unwahrscheinlich. Auch wird Ackermann nicht mit 63 Schulaufgaben in der Aktenmappe nach Frankfurt entschweben, um sie im obersten Stockwerk seines Towers gewissenhaft (mit halben Punkten!) zu korrigieren. Soo viel Zeit hat nicht mal ein Vorstandsvorsitzender!

Fazit: Der normale Unterricht, das tägliche Erklären, Ermahnen und Erstellen kleiner und großer, mündlicher und schriftlicher Noten (objektiv, transparent, wohl dokumentiert und juristisch belastbar) ist anscheinend eine trostlose Kärrnerarbeit für Bildungssklaven (sogenannte „Lehrer"), die durch gelegentliche Show-Einlagen aufgehübscht werden muss. Nein! Die *normale* Arbeit muss attraktiv sein. Und ist es meist auch. Ich kenne einen Haufen interessanter, quicklebendiger Lehrer, die auch einen interessanten, quicklebendigen Unterricht machen. Und zwar Tag für Tag. Ohne Sonderzulage! Und die sich unverdrossen im dreipoligen Hochspannungsfeld zwischen real existierenden Kindern, real existierenden Eltern und real existierenden kultusministeriellen Vorschriften und Zielvorgaben Tag für Tag mit viel Vorbereitungsarbeit, Schwung und guter Laune täglich in ihre überfüllten (#Kinder ≥ 30) Klassenzimmer stellen.

Im Übrigen findet man in den Weisheiten des Talmud den Rat: „Entlohne den Lehrer deines Kindes reichlich. Was du ihm Gutes tust, tust du auch für dein Kind." Das könnte man auch durchaus mal wörtlich nehmen. Aber ich mein's gar nicht besoldungstechnisch: Ein bisschen Respekt wäre auch schon mal eine sehr nette und angemessene Entlohnung.

Der schavansche Vorschlag bildete die Abteilung „irreal". Jetzt kommt die Abteilung „digital". Als allzeit hochmotivierter Mathelehrer bin ich nämlich allzeit ganz besonders um Anschaulichkeit bemüht. (Obwohl die Abstraktion ja eigentlich der Schlüssel zur Mathematik wäre, was man aber nicht mehr so gerne hört. Aber okay, man muss das Abstrahieren auch erst mal lernen.) Und so stelle ich als Pädogoge „mit brennender Sorge" fest, dass uns gerade durch fortschreitende Digitalisierung immer mehr analoge Anschaulichkeit verloren geht. Und damit meine ich jetzt gar nicht den alten Rechenschieber, obwohl der ein wirklich intelligentes und elegantes Werkzeug war. Im Gegensatz zum Taschenrechner. (Das wiederholte Eintippen sechzehnstelliger Zahlen ist Sklavenarbeit; die auf Dauer nur Polyarthritis in den Fingern erzeugt. Wegen der strapazierten Finger – digitus, lat. Finger – heißen Digitalrechner auch Digitalrechner.) Beim Rechenschieber musste man sich nur die Größenordnung klar machen (und war damit geistig stets Herr des Verfahrens) und vollzog dann mit einer einzigen kleinen Handbewegung die ganze Rechnung! (Und man wurde auf natürliche Weise davor bewahrt, irgendwelche vierzehnten Stellen hinterm Komma allzu ernst zu nehmen.)

Nein, nicht den Rechenschieber. Sondern ganz elementar: Jahrhundertelang konnte man etwa die Behandlung einer Gleichung mit dem Gleichgewicht einer Waage wunderbar erklären (wahlweise mit Modell Viktualienmarkt oder mit dem Modell Justitia). Heute kennen Kinder nur noch Digitalwaagen. Wenn überhaupt. (Oft hat Mama nicht mal eine Digitalwaage. Papa erst recht nicht. Fürs Kochen mit der Mikrowelle, also Bestrahlen, muss man nichts mehr abwiegen.)

Wobei die Digitalwaage ihren Zweck natürlich erfüllt. Sogar äußerst effektiv. Aber zweckmäßig ist nicht unbedingt anschaulich und verstehbar. Und so nehmen es Kinder als selbstverständlich hin, dass da eine Zahl aufleuchtet. (Erwachsene auch.) Dass das *nicht* selbstverständlich ist, realisieren sie nicht mehr. Und *wie* das funktionieren könnte, ist völlig egal, oder schlimmer: außerhalb jeglichen Diskurses. Die Digitalanzeige erstickt jede technische Neugier.

Oder: Wie misst man Temperaturen? Metalle dehnen sich beim Erwärmen aus und ziehen sich beim Abkühlen wieder zusammen. Besonders heftig geschieht das beim notorischen Quecksilber, das, wie der Name schon andeutet, für ein Metall ganz schön umtriebig, ja von geradezu quecksilbriger Quicklebendigkeit ist. Und auch noch flüssig! Also füllt man (vorsichtig!) in eine Glasröhre ein bisschen Quecksilber und kann dann beobachten, wie es sich je nach Temperatur ausdehnt oder zusammenzieht. Und um das noch alles ordentlich und verbindlich festzulegen, hält man das Röhrchen mit dem Quecksilber in Eiswasser und in siedendes Wasser (nacheinander), markiert jeweils die Höhe der Quecksilbersäule und teilt die Strecke dazwischen in 100 gleiche Teile. Fertig! Ein wunderschönes Beispiel für physikalisches Beobachten und Messen. Nur: kein Kind kennt mehr ein analoges Thermometer. Das heute übliche Fieberthermometer piepst nur und zeigt dann digital auf vier Stellen genau (oder auch nicht genau), dass man 37,51° hat und nicht in die Schule gehen muss. Wie das Piepsthermometer eigentlich zu dieser Zahl kommen könnte? Keine Ahnung! „Das macht der Computer!" – die naturwissenschaftliche Standarderklärung unserer Kinder, die jegliche Neugier, jegliches Verstehenkönnen und Verstehenwollen der Welt von vornherein abwürgt. Ob die implizierte optimistische Linearitätshypothese bei unserer Skalierung des Thermometers wirklich berechtigt ist, ob die Erwärmung eines Liters Wasser von 0° auf 1° dieselbe Energie erfordert wie die Erwärmung von 99° auf 100°, was und wie viel bitteschön genau ein Liter Wasser mit 0° bzw. mit 99° ist und wenn das alles klappen sollte, wer eigentlich den Quecksilbermolekülen sagt, dass sie sich beim Ausdehnen bitte auch schön linear benehmen sollten – solche schlafenden Hunde muss man bei einer Erklärung für die Unterstufe ja nicht wecken. In der Mittel- und Oberstufe wär's dann aber egal. Der schlafende Hund würde nur kurz ein Auge halb aufmachen – und gleich wieder weiterschlafen. *Wenn* Schüler neugierig sind, dann in der Unterstufe.

Noch gebräuchlich, aber auch schon auf dem Rückzug befindlich, ist die analoge Zeitdarstellung mit Ziffernblatt und Zeigern. Nicht zuletzt, da viele heute keine Uhr mehr tragen und bei Bedarf die Zeit vom digitalen Alleskönner Handy ablesen. (Das Handy entwickelt sich allmählich zur universellen Turing-Maschine des Alltags.) Vielleicht gibt's ja gegen Aufpreis, Seniorenhandys mit aufgepfropftem Digital-Analog-Wandler für die Zeitangabe, mit extra großen Tasten und mit extralautem Klingelton. (Das Gehör wird ja auch nicht besser.) Irgendwann wird sich jedenfalls auch bei der Zeit die bequemere und exaktere Digitalanzeige allgemein durchgesetzt haben. Und dann viel Spaß bei einer rein geometrischen Analoguhr-freien Definition von „gegen den Uhrzeigersinn".

Aber es gingen dadurch auch anschauliche Größenordnungen verloren, wie die Viertelstunde für 90° und die 5 Minuten für 30°. Auch ist die Erklärung: „Wenn der Minutenzeiger genau einmal rundum wandert, sind das 360°" deutlich griffiger als der statisch-spröde Vollkreis.

Letztendlich gingen auch die schönen Metaphern vom Rad der Zeit und vom Kreislauf des Lebens verschütt, die letztlich unserer sich um sich selbst drehenden Milchstraße oder dem 27500-jährigen Präzessionsumlauf (für die wirklich langen Perioden, wie sie die Brahmanen und die Maja schon kannten), unserer die Sonne umkreisenden und sich um sich selbst drehenden Erde und unserem die Erde umkreisenden Mond geschuldet sind. Und die sich ganz wunderbar in den großen und kleinen Rädern und Rädchen, Zahnkränzen und Zeigern unserer alten mechanischen Uhren widerspiegeln. (Händisch hergestellte mechanische Uhren mit Analoganzeige gibt es auch heute noch, allerdings nur mehr als Statussymbol für wirklich reiche Leute. Merkwürdig: Ein Jungsteinzeitler, der sich seinen Löffel schnitzen kann, verdiente heute bei Manufaktum mehr, als ein Facharbeiter bei WMF.)

Und auch hier blockiert die Digitalanzeige wieder jede sinnlich-erfahrbare Vorstellung und ingenieurwissenschaftliche Neugier. Wie misst man das eigentlich? Unsere Kinder leben auf der Benutzeroberfläche der gigantischen Black-Box Computer. „Doch wie's da drin aussieht" – um eine schöne alte Operettenschnulze zu zitieren – geht niemand was an!" (Beziehungsweise ist doch scheißegal.) Letztendlich auch ein Grund für die verbreitete Unlust an Metall- oder Elektrobaukästen, an der Physik und an Ingenieurberufen.

Wer jetzt aufkreischt: „Gott, wie spießig, Elektrobaukasten!" – nun, man versteht die Welt nur, wenn man sie wirklich be-greift. Wie etwa früher bei der heute so gern verspotteten Modelleisenbahn, bei der man, von der liebevollen Gestaltung der Landschaft bis zur präzisen Verkabelung der Signale, tatsächlich die „ganze Welt" mit den eigenen Händen nachbaute. Die virtuose Handhabung der Benutzeroberfläche einer Computersoftware ist natürlich auch eine „Leistung". Aber man flippt nur – eben – an der *Oberfläche* einer synthetischen (und völlig willkürlichen) Bildschirmwelt herum, die auch beeindruckend schrill, laut und schnell ist, aber – wirkliches Begreifen und Verstehen sehen anders aus.

Das *Allerschrecklichste* am Sieg der Digitaluhr aber wäre natürlich, dass wir Mathelehrer dann nicht mehr so wunderschöne Aufgaben stellen könnten wie: „Welchen Winkel bildet der Minuten- mit dem Stundenzeiger um 5 vor 12?" Eine wunderschöne Frage, auf die Schüler gerne mit der Gegenfrage reagieren: „ Woher soll ich das wissen?" Erwachsene übrigens auch. (Eine Mutter beschwerte sich, das sei so schwierig, die Antwort fände man nicht mal bei Google.)

Und auch eine wunderschöne Frage, die wieder mal zeigt: Mathematik hat erst mal gar nichts mit irgendeinem abgelegenen Spezialwissen oder irgendeiner seltsamen Sonderbegabung zu tun, sondern ist zunächst und zuförderst nichts anderes, als die schlichte Bereitschaft, genau hinzuschauen und für 30 Sekunden geradeaus zu denken. Nicht-Mathematiker (und Mathelehrer, die vielleicht schon lange nicht mehr in der Unterstufe unterrichtet haben) mögen also bitte kurz den kleinen Anhang „Das geheimnisvolle 5-vor-12-Rätsel" (mit Bildchen) konsultieren. Diese Frage nicht beantworten zu können, ist keine Bildungslücke und auch keine Blamage. Aber man kann's wirklich ruck-zuck, verbunden mit einem erquicklichen Aha-Erlebnis, verstehen. Also: Nur Mut! (Diese Frage gehört zu den erstaunlichen, ich würde sagen, para-trivialen Aufgaben, die mathematisch absolut trivial sind, aber für die meisten Menschen erst mal absolut nicht-trivial. Ein interessantes Forschungsgebiet!)

Vor allem aber ermöglicht es diese wunderschöne Aufgabe dem Mathelehrer schnell und zuverlässig bei seinen Schülern die Spreu vom Weizen zu trennen. Oh Gott – Spreu vom Weizen – das ist zwar aus der Bibel aber pädagogisch natürlich ab-so-lut unkorrekt! Denn es gibt an bayerischen Gymnasien natürlich nur noch Weizen (Übertrittsempfehlung) – die Spreu sind allenfalls wir Lehrer. Manchmal wünschte man sich allerdings als Lehrer, man könnte beim Korrigieren mal schlicht mit richtig/falsch arbeiten („Deine Rede sei Ja, ja oder Nein, nein. Was darüber ist, ist von übel"). Statt immer stundenlang alle Möglichkeiten zwischen null Punkten und voller Punktzahl (inklusive aller sich durch die Vergabe halber Punkte zusätzlich eröffnenden Möglichkeiten) zu erkunden. Aber als Lehrer sucht man ja hingebungsvoll noch nach *Spuren* von Gold im tauben Gestein einer schlechten Arbeit.

Also sagen wir es so: Eine wunderschöne Frage, die es dem erfahrenen Pädagogen erlaubt, die klassischen sechs Kompetenzstufen zwischen „sehr gut" (1) und „ungenügend" (6) schnell und zuverlässig zu eruieren.

Die renitent Unbedarften (6) antworten verstört und nölig: „Winkel? Was'n das?". Die kooperativ Unbedarften (5) können sich immerhin an das Wort Winkel erinnern, können den Begriff aber nicht quantitativ auf die physikalische Situation 5 vor 12 anwenden („Das ist halt der Winkel da!"). Die im Unterrichtsgespräch hartnäckig (sonst aber nicht) schweigende Mehrheit der eigentlich nicht schlechten, aber etwas trägen Schüler (4) antwortet prompt und zwiefach naiv: „5 Minuten, das sind – äh – das sind 30 Grad!". Die ganz-ordentlich-guten (3) registrieren hingegen, dass der Stundenzeiger um 5 vor 12 sehr nahe *an* der 12, aber noch nicht exakt *auf* der 12 steht, kriegen's aber nicht gebacken, wie man das jetzt auch noch ausrechnen könnte. (Antwort: „Bisschen weniger als 30 Grad!" – Aber das ist okay, also befriedigend.) Die Guten (2) können das dann ausrechnen und erhalten die 27,5° (siehe unten). Und die Überflieger (1) bemerken auch noch, dass der Winkel zwischen dem Minutenzeiger (sogenannter erster Schenkel) und dem Stundenzeiger (sogenannter zweiter Schenkel) im Gegenuhrzeigersinn (hier wirklich wörtlich) einen sehr stumpfen, genauer überstumpfen (> 180°), ja fast schon ultrastumpfen Winkel (360°) ergibt und berechnen korrekt: 332,5°. (Den Minutenzeiger vor dem Stundenzeiger zu nennen, ist natürlich eine typische Mathelehrer-Gemeinheit. Aber sorry: Definitiones sunt servandae!)

Quer zu dieser famosen Einteilung liegen allerdings immer einige Empiriker unter den Schülern, die sich hartnäckig weigern, etwas, das man durch Nachdenken exakt beantworten könnte, auch tatsächlich durch Nachdenken exakt zu beantworten. Nachdenken lehnen sie nämlich sicherheitshalber erst mal ab, malen stattdessen lieber eine Uhr mit zwei Zeigern in ihr Heft (nicht mit Zirkel und Lineal) und fangen dann fröhlich an zu messen. Die Ergebnisse streuen (wie zu erwarten) auch ziemlich heftig (und nicht notwendig um die 27,5°).

Die erkenntnistheoretische Potenz des Dreisatzes („Wenn der kleine Zeiger in 60 Minuten 30° schafft, dann schafft er in 5 Minuten?") und theoretische Feinheiten wie Drehsinn und überstumpfe Winkel interessieren einen echten Empiriker nun mal nicht. Und nachdem ich das mit den 360° − (30° − 2,5°) = 332,5° noch mal erklärt habe, will das ein besonders hartnäckiger unter meinen Empirikern nachmessen und meldet sich mit der bitteren Beschwerde, auf seinem Geodreieck gäbe es gar keine 332 Grad! Ich hab ihm dann mit Kant (natürlich pädagogisch aufbereitet) erklärt, hier sähe man mal wieder, dass Gedanken ohne Inhalte leer seien, Anschauungen ohne Begriffe aber blind. (Ein Kernsatz der modernen Didaktik, zu finden in: Kant

I., Kritik der reinen Vernunft, Kapitel „Von der Logik überhaupt") Aber ich bin mir sicher, er ist immer noch überzeugt: Winkel, die nicht auf dem Winkelmesser stehen, gibt's gar nicht.

Na ja, wir haben als Studenten ja auch gesagt: Eine Funktion ist dann und nur dann integrabel, wenn ihr Integral im Bronstein steht. (Der Bronstein ist eine berühmte Formelsammlung für Mathematiker.) Das ist sozusagen ein gesunder erkenntnistheoretischer Pragmatismus, der goldene Mittelweg zwischen Idealismus und Realismus. Und nachdem wir in der Schule ja fürs Leben lernen, gebe ich hier auch, ganz pragmatisch zwischen 1 und 6 mittelnd, eine $(1 + 6) : 2 = 3,5$. Nach dem Motto: Es ist zwar falsch, aber effizient. Denn mit dieser Haltung kommt man im Allgemeinen ganz gut durchs Leben. Und – seien wir ehrlich – mit einer 3,5 in Mathe auch.

Das ist ja nun auch alles wirklich nicht soo praxisrelevant. („Wie spät ist es?" „332,5 Grad vor 12!" hätte allerdings einen gewissen Charme.) Nein, man enträt sich nur des kleinen aber feinen Genusses, eine Sache, die man klar durchdenken kann, tatsächlich klar zu durchdenken. Die Eigernordwand wird ja auch nicht durchstiegen, weil es nützlich wäre. Sondern weil sie da ist. Und um diesen Spaß am geistigen Klettern zu befördern, bekommt der Empiriker einerseits eine milde 3,5, muss aber andererseits noch ohne Zeichnung herauskriegen: Welchen Winkel bildet der Stunden- mit dem Minutenzeiger (!!) um 10 nach halb 6?

Na? Natürlich $360° - (2 \cdot 30° + 4 \cdot 2,5°)$!

Das geheimnisvolle 5-vor-12-Rätsel

Eine Viertelstunde stellt genau einen rechten Winkel dar, also 90°. Damit überstreicht der *Minutenzeiger* in 5 Minuten genau ein Drittel von 90°, also 30° (Abbildung 1).

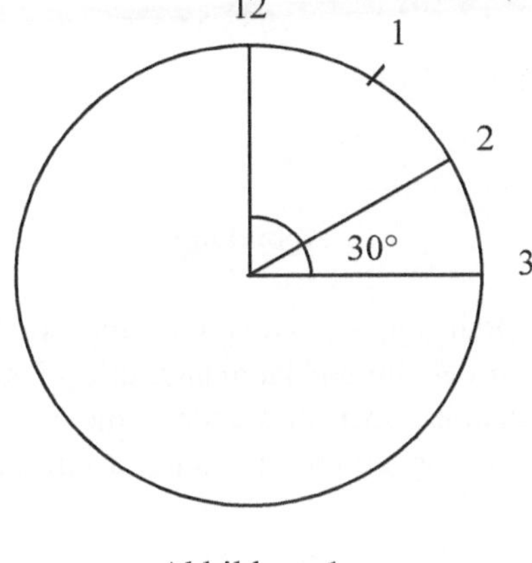

Abbildung 1

Der *Stundenzeiger* benötigt für die 30° zwischen der 11 und der 12 eine Stunde oder 60 Minuten. Er schafft also in 2 Minuten genau 1°. Um 5 vor 12 hat er noch 5 Minuten vor sich, also muss er noch 2,5° bis zur 12 wandern (5' = 2' + 2' + 1' = 1° + 1° + 0,5°). Damit beträgt der Winkel zwischen den Zeigern 30° − 2,5° = 27,5° (Abbildung 2).

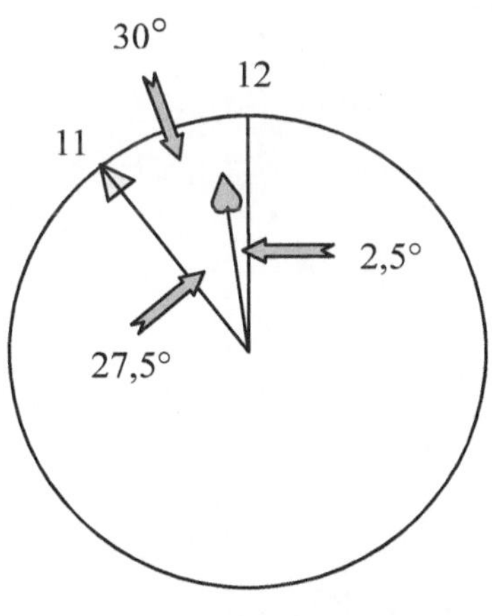

Abbildung 2

Nach der exakten Definition eines Winkels muss man allerdings den ersten Schenkel im Gegenuhrzeigersinn bis zum zweiten Schenkel drehen. Also bildet hier der Minutenzeiger (erster Schenkel) mit dem Stundenzeiger (zweiter Schenkel) den Winkel: ganzer Kreis − 27,5° = 360° − 27,5° = 332,5° (Abbildung 3).

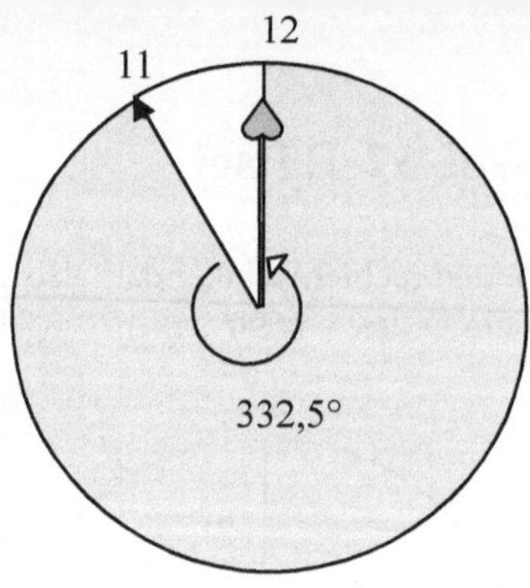

Abbildung 3

Das mit der Festlegung des Drehsinns – so was muss man wirklich gelernt haben. Jedenfalls als Gymnasiast. (Zumindest in der fünften Jahrgangsstufe.) Und so was später nicht mehr zu wissen, ist wirklich keine Schande. Aber alles andere, die 30° für den Minutenzeiger und die 2,5° für den Stundenzeiger, war eigentlich nur: hinschauen und kurz nachdenken. Und ganz sicher kein Geheimnis.

Mathematisches Zwischenspiel 2:
Erprits und Ziprirs Abenteuer oder die Entdeckung der Langsamkeit des Fortschritts

Bevor wir unsere Erkenntnis aus unserem ersten mathematischen Zwischenspiel, dass nämlich 103,33 % aller Zahlen bereits durch 2, 3 oder 5 teilbar sind, bevor wir diese Erkenntnis als Sensationsgeschichte an den Stern verkaufen (Überschrift: Die Geschichte der Primzahlen muss neu geschrieben werden!), sollten wir noch mal ganz ruhig darüber nachdenken. Denn 103,33 % ist mehr als 100 %. Und das sollte uns irgendwie stutzig machen, obwohl solche Ergebnisse auch durchaus gelegentlich in den Medien auftauchen.[1] 103,33 % ist mehr als 100 % und damit mehr als alles! Was stimmt hier nicht? Wir haben erst alle durch 2 teilbaren Zahlen als nicht-prim gezählt (bis auf die 2 selber). Das ist in Ordnung. Dann haben wir alle durch 3 teilbaren Zahlen als auch nicht-prim dazugezählt. Sie sind nicht-prim. Aber die geraden unter diesen durch 3 teilbaren Zahlen, also 6, 12, 18, 24 …, die hatten wir ja bereits bei den geraden, durch 2 teilbaren Zahlen berücksichtigt. Also tauchen die jetzt ein zweites Mal auf. Deswegen müssen wir sie von den dazuaddierten 1/3 abziehen. Aber gerade und durch 3 teilbar bedeutet einfach durch 6 teilbar. Es sind, wie schon festgestellt, die Zahlen des 6er-Einmaleins 6, 12, 18, 24 …, das heißt jede sechste Zahl, also 1/6 aller Zahlen (wobei das Sechser-Einmaleins hier natürlich deutlich über 60 hinausgeht; wir reden von allen durch 6 teilbaren Zahlen. Und das sind ziemlich viele.)

Wir müssen also statt unseres frisch-fröhlichen 1/2 + 1/3 etwas vorsichtiger 1/2 + (1/3 − 1/6) ansetzen. Was wirklich schade ist. Denn 1/6 = 5/30 und mit − 5/30 kommen wir wieder unter 30/30 = alles.

Und wenn wir noch alle durch 5 teilbaren Zahlen dazunehmen (+ 1/5), müssen wir jetzt genauso alle durch 5 und 2 bzw. alle durch 5 und 3 teilbaren Zahlen wieder abziehen, weil sie eben schon bei den durch 2 bzw. bei den durch 3 teilbaren Zahlen berücksichtigt wurden. Alle durch 5 und 2 teilbaren Zahlen sind alle durch 5 · 2 = 10 teilbaren Zahlen, also 10, 20, 30 … also jede zehnte Zahl, also 1/10 aller Zahlen. Und alle durch 5 und 3 teilbaren Zahlen sind alle durch 5 · 3 = 15 teilbaren Zahlen, also 15, 30, 45 …, also jede fünfzehnte Zahl, also 1/15 aller Zahlen. Damit haben wir jetzt unser korrigiertes Ergebnis:

---

[1] In der medialen Fußballsportberichterstattung werden anscheinend mit der, der medialen Fußballsportberichterstattung inhärenten Euphorie die spießig-kümmerlichen 100 % der klassischen Prozentrechnung besonders gerne auch mal überboten. „Das Tor gehört zu 70 % mir und zu 40 % dem Wilmots." „Jetzt stehen die Chancen 50 zu 50, oder sogar schon 60 zu 60." Oder eine rätselhafte Einblendung während eines Fußballländerspiels im Fernsehen: „Ballbesitz: Polen 69 % Ungarn 48 %." Aber vielleicht hat man auch nur zeitweise hinter dem Rücken des Schiedsrichters heimlich mit zwei Bällen gespielt. Laut Fokus (4/2007) werden aus russischen Wahlkreisen gelegentlich auch Wahlbeteiligungen von über 100 % gemeldet.

Anteil aller durch 2, 3 oder 5 teilbaren Zahlen =

$$1/2 + (1/3 - 1/6) + (1/5 - 1/10 - 1/15) =$$

$$\frac{1}{2} + \frac{1}{3} + \frac{1}{5} - \left(\frac{1}{6} + \frac{1}{10} + \frac{1}{15} \right) =$$

$$\frac{31}{30} - \left(\frac{1 \cdot 5}{6 \cdot 5} + \frac{1 \cdot 3}{10 \cdot 3} + \frac{1 \cdot 2}{15 \cdot 2} \right) =$$

$$\frac{31}{30} - \frac{5 + 3 + 2}{30} = \frac{31 - 10}{30} = \frac{21}{30}$$

Das ist jetzt wirklich deutlich weniger als 31/30, was, wie gesagt, ein bisschen schade ist, aber dafür auch deutlich glaubwürdiger (da wir ja irgendwie wissen, dass nach der 5 noch die eine oder andere Primzahl – zum Beispiel unsere schöne und auch als solche gefühlte Primzahl 17 – kommen muss.) Aber so schlecht ist das alles auch wieder nicht! Mit 21/30 haben wir mit Hilfe nur dreier Primzahlen (nämlich 2, 3 und 5) bereits mehr als zwei Drittel (= 20/30) aller Zahlen als nicht-prim erfasst. Das ist nicht alles, aber man kann eben im Leben nicht alles haben[2] und mit zwei Dritteln könnten Sie immerhin schon die Verfassung ändern!

Aber bevor wir mit unseren 21/30 gleich wieder an die Öffentlichkeit drängen, wollen wir das, gewitzt durch unseren Fehlschuss und Fehlschluss von vorhin, sicherheitshalber noch empirisch überprüfen. Das ist zwar nicht gerade das, was man sich unter genialer Mathematik so vorstellt (ein leeres Blatt, ein Genie mit mindestens einer Frisur wie der späte Einstein, ein Geistesblitz – und schon steht auf dem Papier eine Formel, die nicht nur wahnsinnig kompliziert ist, sondern obendrein auch noch richtig!), aber manchmal geht auch ein Mathematiker ganz hemdsärmlig-schlicht vor wie ein Experimentalphysiker[3]. Wir ziehen unsere Zahlen-Zählerei[4] einmal im Bereich, sagen wir von 1 bis 100, ganz konkret durch und markieren der Reihe nach (siehe Abbildung 4) erst alle durch 2, dann alle durch 3 und schließlich alle durch 5

---

2   Eine tiefgehende Einsicht, die wir im Folgenden nicht nur im Leben im Allgemeinen sondern auch und gerade mit unseren Primzahlen noch schmerzlich bestätigt sehen werden.

3   Das soll natürlich mitnichten heißen, die Experimentalphysik sei eine schlichte Disziplin. Der grundlegende Ansatz, präzise Fragen an die Natur zu stellen (das heißt mit messbaren Antworten), der ist „einfach", im großen Sinne dieses Wortes. Und wie alle einfachen Ideen, hat es lange gedauert, bis die Menschheit darauf kam und es musste dazu erst ein Galilei geboren werden. Die Experimentalphysik, wie sie konkret betrieben wird, ist alles andere als einfach. Das reicht von Teilchenbeschleunigern mit mehreren Kilometern Durchmesser (auch auf die Gefahr hin, mich bei Experimentalphysikern endgültig um Kopf und Kragen zu schreiben: bei dem Wort *Teilchen*-beschleuniger habe ich immer sofort das Bild vor Augen, wie mit fast Lichtgeschwindigkeit Nusshörnchen und Quarks(!)-Taschen um die Kurve geflitzt kommen) bis hin zu einem kompletten freien Nachmittag, den ein engagierter Physiklehrer schon investieren muss, um seine medial abgebrühten Schüler wenigstens ein bisschen zu beeindrucken. Im Vergleich zu Trickeffekten in modernen Filmen, vom Jurassic Park 2 über Shrek 3 und Fluch der Karibik 4 bis zu Harry Potter 5, haben's etwa Chladnische Klangfiguren schwer. Obwohl dahinter nicht mal ein Trick steckt, sondern ein Wunder.

4   Ein schönes Wort! (Hausaufgabe: Zählt die Zahlen von 1 bis 500!) Aber was es tatsächlich gibt, ist ein „Alphabetisches Verzeichnis aller Zahlen von 0 bis 1000". Ob es schon eine deutsche Übersetzung gibt, weiß ich nicht. Jedenfalls beginnt das amerikanische Original mit den Einträgen „eight, eighthundredandeight, eighthundredandeighty" und endet natürlich mit einem lakonischen „zero". Ein zuverlässiges Nachschlagewerk, das auf keinem Schreibtisch fehlen sollte!

teilbaren Zahlen, indem wir sie durchstreichen bzw. unterstreichen bzw. mit einem grauen Hintergrund versehen. So und jetzt: Ärmel hoch und zählen!

1	2	3	4	5	6	7	8	9	10
11	12	13	14	15	16	17	18	19	20
21	22	23	24	25	26	27	28	29	30
31	32	33	34	35	36	37	38	39	40
41	42	43	44	45	46	47	48	49	50
51	52	53	54	55	56	57	58	59	60
61	62	63	64	65	66	67	68	69	70
71	72	73	74	75	76	77	78	79	80
81	82	83	84	85	86	87	88	89	90
91	92	93	94	95	96	97	98	99	100

Abbildung 4

Alle durch 2 oder 3 oder 5 teilbaren Zahlen, das sind alle, die (wenigstens einmal) markiert wurden und das sind – bitte nachzählen – oder – zählen Sie noch? – Entschuldigung, wenn ich Sie unterbreche: Einfacher wäre es natürlich, Sie zählten die nichtmarkierten Zahlen und zögen das dann einfach von 100 ab[5] – wie auch immer – und das sind dann (und sollte auch bei beiden Methoden herauskommen):

Anzahl (durch 2 oder 3 oder 5 teilbar) = 74

Jetzt zählen wir separat die durch 2, 3 und 5 teilbaren (also die durchgestrichenen, unterstrichenen bzw. grau unterlegten) Zahlen und erhalten:

Anzahl (durch 2 teilbar) = 50
Anzahl (durch 3 teilbar) = 33
Anzahl (durch 5 teilbar) = 20

Ach ja, das hätte man auch wieder einfacher haben können, sorry. Statt zu zählen[6], einfach rechnen: Durch 2 teilbar ist jede zweite Zahl, also 100 : 2 = 50, durch 3 teilbar ist jede dritte Zahl bis 99 (die 100 ist sicher nicht durch 3 teilbar), also 99 : 3 = 33 und durch 5 teilbar ist jede fünfte Zahl, also 100 : 5 = 20. Zusammen ergibt das jedenfalls

---

[5] Kleiner Scherz. Ich bin mir sicher, dass kein Leser anfängt, die markierten Zahlen abzuzählen. So was überlässt man dem Autor und verlässt sich im übrigen darauf, dass ja wenigstens der Lektor nachgezählt haben wird. (Hat er?) Wenn ein Leser doch die markierten Zahlen abgezählt hat – meine Hochachtung, ganz ehrlich. Mathematik muss man aktiv betreiben und Abzählen ist eine elementare, sinnlich erlebbare Handlung der Urmathematik, die durchaus Befriedigung verschaffen kann. (Außer man verzählt sich.)

[6] Vergleiche Fußnote 5.

$$50 + 33 + 20 = 103$$

Und wir erkennen jetzt, da wir's glücklich hinter uns haben, souverän lächelnd unsere alten 103 Prozent wieder. So leicht kann's passieren, mit einem Fehler. Und deswegen jetzt gleich die Korrekturmengen! Die durch 2 und 3 bzw. durch 2 und 5 bzw. durch 3 und 5 teilbaren Zahlen sind die, die durchgestrichen und unterstrichen bzw. durchgestrichen und grau unterlegt bzw. mit unterstrichen und grau unterlegt wurden und wenn man die jeweils durchzählt, erhält man:

Anzahl (durch 2 und 3 teilbar) = 16
Anzahl (durch 2 und 5 teilbar) = 10
Anzahl (durch 3 und 5 teilbar) =   6

(Spätestens bei den mit durchgestrichenen und grau unterlegten Zahlen merkt man, dass man das auch wieder einfacher hätte haben können, nämlich mit $96 : 6 = 16$, $100 : 10 = 10$ und $90 : 15 = 6$.)

Aber egal, jetzt haben wir alles beisammen. 74 soll, empirisch bestimmt, herauskommen und unser theoretisch vorhergesagter Wert ist

$$103 - (16 + 10 + 6) = 103 - 32 = 71$$

Und damit … ?!? Was ist jetzt schon wieder kaputt? Es sollte doch 74 herauskommen!

Der erste Schritt wäre jetzt, alles noch mal nachzuzählen. Ich habe das für Sie schon erledigt. Wir haben richtig gezählt. Der Fehler sitzt also tiefer.

Beim Abzählen sind Ihnen sicher die Zahlen 30, 60 und 90 aufgefallen … Tja, jetzt rächt es sich, dass Sie gar nicht abgezählt, sondern sich auf mich verlassen haben. Bei aktiv betriebener empirischer Mathematik ist man gezwungen, die Zahlen auch mal richtig „in die Hand zu nehmen". Und dabei sieht man dann auch, wo der Hund (bzw. die fehlenden drei Zahlen) begraben liegt (bzw. liegen).

Also: Wenn Sie sich diese drei Zahlen mal genau ansähen, sähen Sie, dass genau diese Zahlen je dreimal markiert wurden, da sie alle 3 durch alle 3 Primzahlen teilbar sind.[7] Und deswegen haben wir die 30, die 60 und die 90 dreimal gezählt (durch 2 teilbar, durch 3 teilbar, durch 5 teilbar) und wieder drei Mal rausgeschmissen, da 30, 60 und die 90 auch alle durch 2 und 3, durch 2 und 5 und durch 3 und 5 teilbar sind. Die 30, die 60 und die 90 tauchen als jeweils + 1 in der Summe $103 = 50 + 33 + 20$ auf und als jeweils - 1 in - 16 - 10 - 6. Damit haben wir ausgerechnet unsere drei erfolgreichsten Kandidaten, die, die durch 2, 3 *und* 5 teilbar sind, dreimal mitgezählt und wieder dreimal rausgeschmissen und damit, da $+3 - 3 = 0$, unterm Strich vergessen. Und deswegen müssen wir nach der Korrektur $- (16 + 10 + 6)$ noch die Korrektur zweiten Grades $+ 3$ anfügen. Aber jetzt erhalten wir mit

---

7   Drei-drei-drei bei Issos Keilerei. Diese Bemerkung bietet sich hier in natürlicher Weise an, ist aber nicht besonders zielführend.

$$103 - (16 + 10 + 6) + 3 = 103 - 32 + 3 = 74$$

auch endlich das richtige Ergebnis.

Um unsere Erkenntnisse abschließend noch mal ordentlich anzuschreiben, benutzen wir als Abkürzungen

$A(2)$ = Anzahl aller durch 2 teilbaren Zahlen
$A(2, 3)$ = Anzahl aller durch 2 und 3 teilbaren Zahlen
$A(2, 3, 5)$ = Anzahl aller durch 2, 3 und 5 teilbaren Zahlen etc.

Damit können wir jetzt festhalten (da empirisch erhärtet auch für die Öffentlichkeit geeignet):

Anzahl aller durch 2, 3 oder 5 teilbaren Zahlen =

$$A(2) + A(3) + A(5)$$
$$- \; A(2, 3) - A(2, 5) - A(3, 5)$$
$$+ \; A(2, 3, 5)$$

Damit können wir natürlich nur endlich große Zahlbereiche, wie etwa von 1 bis 100, behandeln. Wenn wir über alle Zahlen reden, können wir die Anteile nicht mehr abzählen (da es natürlich immer unendlich viele Zahlen gibt, die durch 2 oder 2 und 3 usw. teilbar sind). Aber wir können die Anteile als Brüche schreiben und erhalten den Anteil aller durch 2, 3 oder 5 teilbaren Zahlen:

$$\frac{1}{2} + \frac{1}{3} + \frac{1}{5} \; - \; \frac{1}{2 \cdot 3} \; - \; \frac{1}{2 \cdot 5} \; - \; \frac{1}{3 \cdot 5} \; + \; \frac{1}{2 \cdot 3 \cdot 5}$$

Bis auf die letzte Korrektur hatten wir das ja schon einmal. Die Zahlen, die durch 2, 3 und 5 teilbar sind, sind alle durch $2 \cdot 3 \cdot 5 = 30$ teilbare Zahlen, also 30, 60, 90, 120, 150 ... und das ist natürlich wieder jede dreißigste Zahl, also $\frac{1}{2 \cdot 3 \cdot 5} = \frac{1}{30}$.

$\frac{1}{2} + \frac{1}{3} + \frac{1}{5} - \left(\frac{1}{6} + \frac{1}{10} + \frac{1}{15} \right)$ hatten wir ja schon ausgerechnet. Das waren 21/30. Jetzt

müssen wir noch mit + 1/30 korrigieren und erhalten schließlich

$$\text{Anteil der durch 2, 3 oder 5 teilbaren Zahlen} = \frac{22}{30} = 73{,}33\,\%$$

Lassen Sie das Ganze noch mal ruhig auf sich wirken. Man sieht jetzt: Der Grund für den ganzen Ärger (mit erster und zweiter Korrektur) ist letztlich, dass wir eine sehr weit gefasste „oder"-Größe (Anteil aller durch 2 oder 3 oder 5 teilbaren Zahlen) durch viele sehr eng gefasste „und"-Größen (Anteil der durch 2 und 3 bzw. durch 2 und 3 und 5 etc. teilbaren Zahlen) ausdrücken müssen. Das ist die schlechte Nachricht. Die gute Nachricht ist, dass die entspre-

chenden Brüche ganz einfach mit „1 durch das Produkt der entsprechenden Primzahl-Teiler",
zu bilden sind:

$$A(2) \rightarrow \frac{1}{2} \qquad A(2,3) \rightarrow \frac{1}{2 \cdot 3} \qquad A(2, 3, 5) \rightarrow \frac{1}{2 \cdot 3 \cdot 5}$$

Man kann sich das alles auch an einem Bild klar machen. Dazu schreibt man alle Zahlen (wobei das „alle" natürlich nur rhetorisch ist) wie in Abbildung 5 dargestellt in ein Schema von 30 Spalten: von der 1 in der ersten Spalte bis zur 30 in der 30. Spalte, dann wieder zurück von der 31 in der ersten Spalte bis zur 60 in der dreißigsten Spalte usw.

*						*			
1	2	3	4	5	6	7	8	9	10
31	32	33	34	35	36	37	38	39	40
61	62	63	64	65	66	67	68	69	70
91	92	93	94	95	96	97	98	99	100
:	:	:	:	:	:	:	:	:	:

*		*				*		*	
11	12	13	14	15	16	17	18	19	20
41	42	43	44	45	46	47	48	49	50
71	72	73	74	75	76	77	78	79	80
101	102	103	104	105	106	107	108	109	110
:	:	:	:	:	:	:	:	:	:

		*						*	
21	22	23	24	25	26	27	28	29	30
51	52	53	54	55	56	57	58	59	60
81	82	83	84	85	86	87	88	89	90
111	112	113	114	115	116	117	118	119	120
:	:	:	:	:	:	:	:	:	:

Abbildung 5

Man sieht: In einer Spalte, deren oberste Zahl durch 2 bzw. durch 3 bzw. durch 5 teilbar ist, sind alle Zahlen durch 2 bzw. 3 bzw. 5 teilbar. Und in den Spalten, deren oberste Zahl weder durch 2 noch durch 3 noch durch 5 teilbar ist (mit * gekennzeichnet), sind alle Einträge durch keine dieser Zahlen teilbar. Man betrachte dazu etwa die vierte Spalte (alle durch 2 teilbar), die neunte Spalte (alle durch 3 teilbar), die zehnte Spalte (alle durch 5 teilbar) und die siebente Spalte (alle weder durch 2 noch 3 noch 5 teilbar). Das klappt alles, weil eben $2 \cdot 3 \cdot 5 = 30$.[8]

Wir haben also die natürlichen Zahlen in nur 30 Spalten (die aber, zugegeben, dafür auch alle ziemlich lang sind) angeordnet. Die Spalten 1, 7, 11, 13, 17, 19, 23 und 29 – das sind 8 Spalten – sind alle komplett nicht durch 2, 3 oder 5 teilbar. Die restlichen $30 - 8 = 22$ Spalten sind es. Also ist der Anteil der durch 2, 3 oder 5 teilbaren Zahlen 22/30. Genau der Wert, den wir vorhin so elegant berechnet haben.

Diese famose Methode, die natürlichen Zahlen in Spalten anzuschreiben, ist leider nur für die ersten drei Primzahlen praktikabel. Wenn wir noch die 7 oder gar die 7 und die 11 dazunähmen, dann kämen wir auf $2 \cdot 3 \cdot 5 \cdot 7 = 30 \cdot 7 = 210$ bzw. auf $2 \cdot 3 \cdot 5 \cdot 7 \cdot 11 = 210 \cdot 11 = 2310$ Spalten. Und bei aller Liebe, das sollte man dann besser wieder rechnen.

Aber diese durch die Zahlen 2, 3 und 5 strukturierte Anordnung der natürlichen Zahlen gewährt auch noch schnell einen ganz konkreten Blick auf den nicht durch 2, 3, 5 teilbaren Rest. Was taucht da so auf? Erste Spalte: 1, 31, 61, 91. Oder in der siebenten Spalte: 7, 37, 67, 97. Auch sehr hübsch ist die dreiundzwanzigste Spalte: 23, 53, 83, 113. Das ist alles wirklich nicht besonders einladend. Oder für alle, die das Besondere lieben, geradezu entzückend. Wenn wir uns anschauen, welche der Zahlen zwischen 1 und 120 Primzahlen sind (in Abbildung 5 durch Unterstreichung gekennzeichnet), sehen wir, dass wir uns mit dem guten Viertel (genauer $100\,\% - 73{,}33\,\% = 26{,}66\,\%$) der nicht durch 2, 3, 5 teilbaren Zahlen bereits in einem ziemlich primem Sumpf befinden. Fast alles prim! Und die einzigen nicht-primen Zahlen, nämlich 1, 49, 77, 91 und 119 sind ja auch nicht gerade das Gelbe vom Ei. (Die 119 ist eine typische gefühlte Primzahl, die sich aber in $7 \cdot 17$ zerlegen lässt.) Dass übrigens die 1 hier als nicht-prime Ausnahme genannt werden muss, obwohl ihre Spalte komplett zum primen Restsumpf gehört, erinnert wieder an die bereits diskutierte gewisse Willkür der Verordnung „Die 1 ist keine Primzahl!". Aber wir wollen jetzt keine alten Wunden aufreißen und stellen nur fest: Von den ersten 120 Zahlen sind nur 32 nicht durch 2, 3 oder 5 teilbar. Und von diesen 32 Zahlen sind 27 prim.

Und wir haben jetzt lediglich die ersten drei Primzahlen benutzt. Verwendet man etwa die ersten 10 Primzahlen, also 2, 3, 5, 7, 11, 13, 17, 19, 23 und die 29 (was angesichts der Tatsache, dass es unendlich viele Primzahlen geben soll, auch nicht soo viel ist), dann sieht das schon so aus: Der Rest, der nicht durch eine der ersten zehn Primzahlen teilbaren Zahlen, beginnt natürlich mit der unvermeidlichen 1, dann folgen erstmal 256 Primzahlen von der 31 bis zur 953. Dann kommt die zweite nicht-prime Zahl, nämlich 31^2 (was man wegen $(30 + 1)^2 = 30^2 + 2 \cdot 30 \cdot 1 + 1^2 = 961$ sehr schön im Kopf ausrechnen kann), dann folgen weitere 26 Prim-

---

8 Das stimmt schon alles so. Aber falls Sie das bloße Betrachten der genannten vier Spalten (samt dem apokryphen Hinweis auf die Primfaktorzerlegung der Zahl 30) noch nicht überzeugt – bitte schön: Weil wir alle 30 Zahlen eine neue Zeile beginnen, gilt für die Zahl y in Zeile z und Spalte s, dass $y = (z - 1) \cdot 30 + s$. (Das $z - 1$, weil ja erst in der zweiten Zeile zum ersten Mal die 30 dazuaddiert wird.) Ist nun s durch 2 teilbar, dann gilt dies auch für y. Denn $y = (z - 1) \cdot 30 + s = (z - 1) \cdot 15 \cdot 2 + s = $ gerade $+$ gerade $=$ gerade. Ist s nicht durch 2 teilbar, dann ist $y = (z - 1) \cdot 15 \cdot 2 + s = $ gerade $+$ ungerade $=$ ungerade und damit ist y auch nicht durch 2 teilbar. Das klappt für 3 und 5 genauso. Ist s durch 2, 3 oder 5 teilbar, dann ist es, wegen $30 = 2 \cdot 3 \cdot 5$ auch $y = (z - 1) \cdot 30 + s$. Lässt s durch 2, 3 oder 5 einen Rest, dann tut dies auch $y = (z - 1) \cdot 30 + s$. Der krumme Rest bleibt krumm. Da hilft auch nicht die schöne Teilbarkeit von $2 \cdot 3 \cdot 5 = 30$.

zahlen bis zur $31 \cdot 37 = 1147$ und dann noch mal 30 Primzahlen bis zur $37^2 = 1369$. Von den ersten (nicht durch eine der ersten zehn Primzahlen teilbaren) 312 Zahlen sind also $256 + 26 + 30 = 308$ prim und lediglich die vier Zahlen 1, 961, 1147 und 1369 nicht-prim.

Das mit den $308 = 256 + 26 + 30$ Primzahlen können Sie gerne überprüfen, indem Sie einfach für alle Zahlen bis 1369 überprüfen, ob sie prim sind. Oder, einfacher (aber so einfach auch wieder nicht), Sie schreiben alle Zahlen von 1 bis 1369 an und streichen der Reihe nach alle durch 2, durch 3, durch 5 usw. bis alle durch 29 teilbaren Zahlen, und zählen dann nach. Sie dürfen mir's aber auch einfach glauben. Ich habe das nämlich aus dem schönen Buch „List of Prime Numbers from 1 to 10 006 721" von Herrn D. N. Lehmer (Carnegie Institution of Washington, Washington D. C., 1914).[9] Ein wunderschönes Buch, in dem es dem Autor gelingt, wirklich von der ersten bis zur letzten Zeile einen nie nachlassenden Spannungsbogen durchzuhalten. (Was man selbst von preisgekrönten Romanen, Theaterstücken oder Kabarettprogrammen auch nicht immer so behaupten kann.[10]) Primzahlen sind *wirklich* spannend! Auch wenn Sie die ersten 10 Millionen Primzahlen kennen, wissen Sie nicht, wie die 10-Millionen-und-erste Primzahl ausschaut. Aber vielleicht erschließt sich diese Spannung nur Menschen, die ein emotionales Verhältnis zu Zahlen haben[11] und die wissen: Nicht nur jede Frau ist anders (bzw. jeder Mann ist anders). Auch jede Zahl ist anders. Und jede Primzahl ist ganz anders![12]

Wenn wir jetzt einmal Bilanz ziehen, können wir erst mal erfreut konstatieren: Mit den ersten drei Primzahlen haben wir schon fast drei Viertel aller Zahlen als nicht-prim erfasst. Und das verbleibende Viertel ist hochgradig primös. Um jetzt mehrere solcher Zahlenmengen zu vergleichen, führen wir die Abkürzungen ein:

ErPriT_n (sprich: „Erprit En") =

      alle Zahlen, die durch eine der ersten n Primzahlen teilbar sind

ZiPriR_n (sprich: „Ziprir En") =

      alle Zahlen, die durch keine der ersten n Primzahlen teilbar sind

---

[9] Das mit der 1 im Titel ist natürlich irgendwie falsch (und erfüllt mich persönlich mit diabolischer Freude). Aber wenn man die erste Seite aufschlägt, stellt man fest: Es handelt sich um kein revolutionäres Manifest. Die Liste fängt ganz brav mit der 2 an. Es sei aber auch noch expressis verbis auf das Erscheinungsjahr 1914 hingewiesen. Das war weit vor der Erfindung des Computers. Und für alle Zahlen von 1 bis 10 006 721 *ohne* Computer zu prüfen, ob sie prim sind? Respekt!

[10] Das ist ein weites Feld.

[11] Zum Beispiel Herr D. N. Lehmer.

[12] Das schönste (und unter Mathematikern natürlich berühmte) Beispiel für die Charaktere von Zahlen ist der Anfang einer Konversation zwischen zwei (unter Mathematikern) berühmten Mathematikern. Der eine, Srinivasa Ramanujan (richtig: kein deutscher, sondern ein indischer Mathematiker) liegt schwer erkrankt im Hospital. Sein Freund und Förderer, Godfrey Hardy, besucht ihn und beginnt die Konversation – ernsthafte Gespräche an einem Krankenlager sind zunächst mal schwierig – mit der leichthin hingeworfenen unverfänglichen Bemerkung, die Nummer des Taxis, mit dem er gerade gekommen ist, nämlich 1729, das sei doch mal eine wirklich langweilige, nichts sagende Zahl. Darauf, nach vier Sekunden, der kranke Ramanujan: „Wieso? 1729 ist die kleinste Zahl, die sich auf zwei Arten in zwei Kuben (das sind Zahlen, die sich als z^3 darstellen lassen) zerlegen lässt!" Stimmt. Es ist $12^3 + 1^3 = 1729 = 10^3 + 9^3$ und darunter läuft mit zweierlei kubistischen Zerlegungen nichts.

ErPriT$_n$ steht für „durch die *ersten n Primzahlen teilbar*", ZiPriR$_n$ für „den *ziemlich primen Rest*". (Aktuelle Untersuchungen der kommunikationstheoretischen Didaktik haben erwiesen, dass sich etwa „Ziprir" signifikant besser dem Gedächtnis einprägt als ein sachlich-spröde-nichtssagendes ZPR[13].)

Es ist klar, dass ErPriT$_n$ und ZiPriR$_n$ zusammen genommen immer die Gesamtmenge aller Zahlen bilden. Um noch über die Anteile dieser Mengen an dieser Gesamtmenge reden zu können, setzen wir noch das Nummernsymbol davor, so dass wir jetzt etwa statt

$$\text{Anteil der durch 2, 3 oder 5 teilbaren Zahlen} = \frac{22}{30} \quad \text{oder}$$

$$\text{Anteil der durch keine der Zahlen 2, 3, 5 teilbaren Zahlen} = \frac{8}{30}$$

kurz und bündig

$$\#\text{ErPriT}_3 = 22/30 \approx 73{,}33\,\% \quad \text{bzw.} \quad \#\text{ZiPriR}_3 = 8/30 \approx 26{,}67\,\%$$

schreiben können.

Mit den ersten drei Primzahlen 2, 3 und 5 haben wir uns ja gründlich beschäftigt und die möglichen Fallstricke bei der Berechnung von $\#\text{ErPriT}_3$ mit unseren zwei Korrekturen glorreich übersprungen. Deswegen sind wir da jetzt auch schon ziemlich abgebrüht und erkennen, quasi durch bloßes Hingucken:

Für die erste Primzahl 2 gilt

$$\#\text{ErPriT}_1 = 1/2 = 50\,\%$$

und für die ersten beiden Primzahlen 2 und 3 gilt

$$\#\text{ErPriT}_2 = \frac{1}{2} + \frac{1}{3} - \frac{1}{6} = \frac{2}{3} \approx 66{,}67\,\%$$

Das lässt sich natürlich auch sehr schön am jeweiligen Spaltenschema ablesen:

---

[13] Falls ein innovativer Schulbuchverlag diese meine wunderschöne Einführung in die Welt der Primzahlen als lustigen Comic für die Grundschule herauszugeben plant, beantrage ich hiermit schon mal Titelschutz für „Erprit und Ziprir – die lustigen Zahlen-Zwillinge" „Erprits und Ziprirs Abenteuer im Primzahl-Sumpf" etc. Die beiden Comicfiguren Erprit und Ziprir müssten von der Anmutung her etwa Dick und Doof, Asterix und Obelix oder R2D2 und CRP0 entsprechen.

1	2
3	4
5	6
7	8
⋮	⋮

1	2	3	4	5	6
7	8	9	10	11	12
13	14	15	16	17	18
19	20	21	22	23	24
⋮	⋮	⋮	⋮	⋮	⋮

Abbildung 6

Über $\#\text{ErPriT}_3$ wissen wir mittlerweile wirklich alles und für $\#\text{ErPriT}_4$ bzw. $\#\text{ErPriT}_5$ nehmen wir jetzt noch die 7 bzw. die 7 und die 11 hinzu. Genauso wie wir's für $\#\text{ErPriT}_3$ gemacht haben, nur mit bisschen mehr Summanden, erhalten wir:

$$\#\text{ErPriT}_4 =$$

$$\frac{1}{2}+\frac{1}{3}+\frac{1}{5}+\frac{1}{7}$$

$$-\frac{1}{2\cdot3}-\frac{1}{2\cdot5}-\frac{1}{2\cdot7}-\frac{1}{3\cdot5}-\frac{1}{3\cdot7}-\frac{1}{5\cdot7}$$

$$+\frac{1}{2\cdot3\cdot5}+\frac{1}{2\cdot3\cdot7}+\frac{1}{2\cdot5\cdot7}+\frac{1}{3\cdot5\cdot7}$$

$$-\frac{1}{2\cdot3\cdot5\cdot7}$$

$$= \quad \ldots$$

Sie dürfen es gerne selber rechnen. Tipp: Der gemeinsame Nenner ist 210. Viel Spaß beim Erweitern!

$$\ldots \approx 77{,}62\,\%$$

Für $\#\mathrm{ErPriT}_5$ erhält man – die Details (zum Beispiel kleinster gemeinsamer Nenner = 2310) wollen wir uns ersparen –

$$\#\mathrm{ErPriT}_5 \approx 79{,}22\ \%$$

Und für $\#\mathrm{ErPriT}_6$ hatte sogar ich keine Lust mehr. Und das will was heißen! Ich liebe Zahlen. Und 63 Brüche auf den gemeinsamen Nenner 30030 zu bringen (was für eine wieder einmal überraschende und schöne Zahl!), wäre eine echte Herausforderung. Aber irgendwann ist Schluss. Ich habe Familie!

Und eigentlich sind wir auch fertig. Wenn wir jetzt nämlich nicht wie ein theorielastiger Mathematiker an die Sache rangehen, sondern nur wie ein Ingenieur[14] (also fröhlich in die Hände gespuckt[15], die auf zwei Stellen gerundeten Messwerte irgendwie genau auf Millimeterpapier eintragen und optimistisch extrapolieren), dann ergibt das je eine gute und eine schlechte Nachricht.[16]

Die gute Nachricht: Wenn wir vernünftigerweise $\#\mathrm{ErPriT}_0 = 0\ \%$ ansetzen (wenn ich nur null Primzahlen habe, gibt es auch keine Zahlen, die sich durch meine null Primzahlen teilen ließen) und der Reihe nach unsere jetzt sechs Werte für $\#\mathrm{ErPriT}_n$ an den Stellen $n = 0, 1, \ldots, 5$ abtragen, erhalten wir zur Wertetabelle

n	0	1	2	3	4	5
$\#\mathrm{ErPriT}_n$	0 %	50 %	66,7 %	73,3 %	77,6 %	79,2 %

die Kurve:

---

[14] Das war ironisch. Ich verweise auf das deutsche Feuilleton mit der kernigen Sentenz: „Natur- und Ingenieurwissenschaften studiert man nicht, weil sie Spaß machen, sondern nur weil sie nützlich sind." In meiner Kindheit war der Ingenieur noch ein Traumberuf. Vergleiche „Dem Ingenieur ist nichts zu schwör" aus Düsentrieb, Daniel: Aphorismen zur Lebensweisheit, Entenhausen 1956. Man vergleiche auch Käpt'n Nemo, Scotty, Perry Rhodan oder, bei Max Frisch exemplarisch überhöht, der „Homo faber". Heute riecht Ingenieur irgendwie nach „schwierig" (Mathematik) und „konkreter Arbeit" (Montagehalle), was man gerne unseren ausländischen Mitbürgern aus Osteuropa und Asien überlässt. Deutsche Abiturienten bevorzugen Soziologie, Politologie, Kommunikations- und Theaterwissenschaften.

[15] „... wir steigern das Bruttosozialprodukt" wie es im deutschen Volkslied („Geier Sturzflug") heißt. Soziologie, Politologie, Kommunikations- und Theaterwissenschaften sind auch Fächer, denen man wenigstens nicht vorwerfen kann, nützlich zu sein. Merke: Das Bruttosozialprodukt wird immer noch von Ingenieuren erwirtschaftet.

[16] Diese dialektisch-duale Situation ist typisch für den wissenschaftlichen Fortschritt. Ein neues Problem – eine neue Erkenntnis. Eine neue Erkenntnis – ein neues Problem. Man vergleiche auch die Kurve in Abbildung 7: Wir werden immer schlauer! Aber nie schlau.

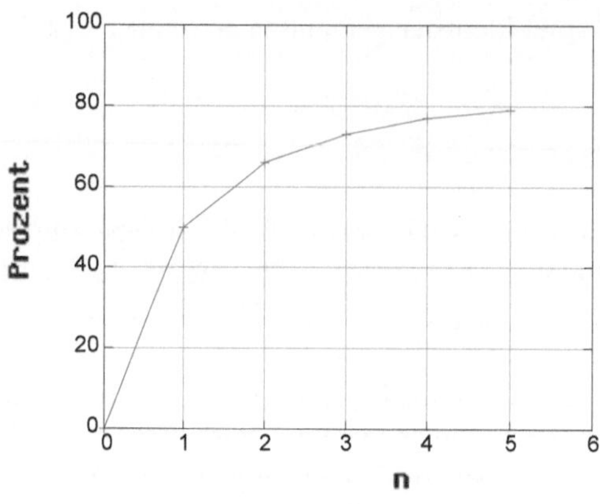

Abbildung 7

Das war die gute Nachricht: Es geht schnell aufwärts! Mit nur zwei Primzahlen ist man schon jenseits der 2/3, mit nur fünf Primzahlen fast bei 4/5. Wenn wir jetzt aber die Zuwächse von

$$\#\text{ErPriT}_1 - \#\text{ErPriT}_0 = 50\ \% - 0\ \% = 50\ \%$$

bis

$$\#\text{ErPriT}_5 - \#\text{ErPriT}_4 = 79{,}2\ \% - 77{,}6\ \% = 1{,}6\ \%$$

abtragen, erhalten wir zur Wertetabelle

bei Übergang zu n	1	2	3	4	5
Zuwachs in Prozentpunkten	50 %	16,6 %	6,7 %	4,3 %	1,6 %

die Kurve:

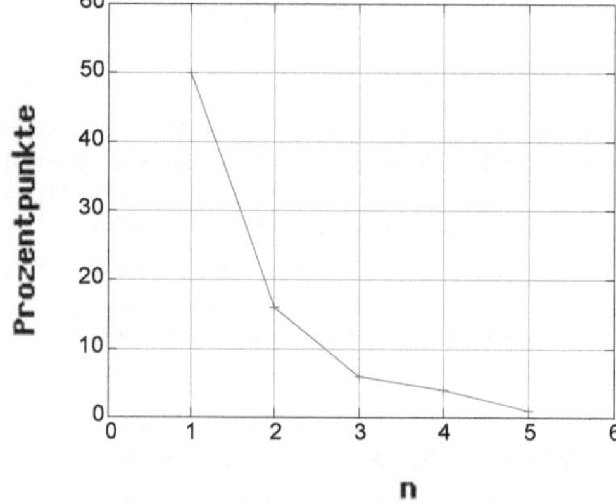

Abbildung 8

46

Wie gesagt: Man ist mit #ErPriT$_n$ ganz schnell jenseits der 2/3 und fast bei 4/5. Aber genauso schnell werden die Zuwächse quälend kleiner und kleiner. Bereits die Hinzunahme der fünften Primzahl 11 bringt nur noch einen Zuwachs von lausigen 2 %. Und die letzten drei Zuwächse 7 %, 4 %, 2 % lassen die Hoffnung, schnell, oder auch nur mittelfristig, endlich die erstrebten 100 % zu erreichen, schnöde dahinfahren. Das ist wie bei der deprimierenden Folge

$$\frac{1}{2}$$

$$\frac{1}{2}+\frac{1}{4} = \frac{3}{4}$$

$$\frac{1}{2}+\frac{1}{4}+\frac{1}{8} = \frac{7}{8}$$

$$\frac{1}{2}+\frac{1}{4}+\frac{1}{8}+\frac{1}{16} = \frac{15}{16}$$

$$\vdots$$

Es wird zwar in jedem Schritt ein bisschen mehr. Aber dieses „bisschen mehr" wird immer kleiner und kleiner, so dass die Folge zwar immer größer wird, aber nie oben ankommt. Das war die schlechte Nachricht.

1.3 Verstehen Sie Ihre Kinder? oder Subtrahieren schwer gemacht!

Kinder sind süß und lieb, treuherzig, ohne Arg und für Ihre Eltern wie ein offenes Buch. Jedenfalls am Anfang, da man seine Kinder liebt und versteht. So ungefähr ab Beendigung der Grundschule liebt man seine Kinder immer noch, aber man versteht sie nicht mehr. Vor allem in substantiellen Fragen des Lebens wie Kleidung („Diesen blöden Rock zieh' ich nicht an!"), Haartracht („Das hat man heute so!") oder Techniken der Körperverschönerung („Die anderen haben auch Tattoos und Piercings!").

Zu letzteren (Tattoos und Piercings) habe ich erfreulicherweise noch keine eigenen Erfahrungen gesammelt. Unter Berücksichtigung der Beobachtung, dass zeitabhängige Variablen aus dem Bereich Mode wellenförmig verlaufen, habe ich nämlich, gewitzt wie wir Mathematiker sind, meine Vaterschaft auf einem Piercing- und Tattoomaximum angetreten und konstatiere mit Befriedigung, dass sich die entsprechende Kurve jetzt, da meine Kleinen allmählich in das gefährdete Alter kommen, einem wunderschönen Wellental nähert. Hurra!

Womit ich *nicht* gerechnet habe ist: Zehnjährige lesen heute zunehmend, ja praktisch ausschließlich, dicke Schwarten sogenannter Fantasy- und Mystery-Literatur wie sieben dicke Bände Harry Potter (hoffentlich bleibt's bei den sieben!), drei sehr dicke Bände Herr der Ringe und zahllose, auch nicht gerade schlanke Hohlbein-Wälzer (leider nicht verwandt mit dem deutschen Maler Holbein, dessen Bilder ja auch, im Gegensatz zu Hohlbein-Wälzern, kühlsachlich und elegant-prägnant sind). Der Markt wird flächendeckend und systematisch gepflegt: erst gepuscht und dann bedient. Klassiker der Jugendliteratur, die ich meinen Kindern gerne vermitteln würde, wie die Schatzinsel, Robinson, Lederstrumpf, den Schatz im Silbersee oder Tom Sawyer und Huckleberry Finn gelten leider als uncool, phantasielos und vor allem: zu kurz.[1] Der Wert solcher Klassiker ist eine feste Größe und verläuft nicht wellenförmig. Aber anscheinend die Fähigkeit, diesen Wert auch wertzuschätzen. Jedenfalls: meine Kinder sind untattooed[2] und ungepierced (schön), lesen aber ausschließlich Fantasy- und Mysteryschmöker (weniger schön). Man müsste eben *alle* zeitabhängigen sinusartigen Modeverläufe berücksichtigen. Aber wahrscheinlich ist dann das Zeitfenster für ein antizyklisch-optimales Vaterschaftslaunching durchgehend geschlossen.[3]

---

[1] Werde meinem Sohn zum zwölften Geburtstag die vier Bände von Thomas Manns Josephsromanen schenken. Da kann er sich wenigstens nicht beschweren, dass das zu kurz sei.

[2] Gemäß Rechtschreibreform eigentlich untatut, was aber ein bisschen wie umtata aussieht und deswegen wieder verworfen wurde.

[3] Ein (finanziell durchaus spürbarer) Nebeneffekt der Mystery-Mode unter unseren Kindern ist das Phänomen der sogenannten Yu-Gi-Oh!-Karten. (So Sie Kinder oder Enkel haben, werden Sie's kennen. So nicht, seien Sie froh. Sie sparen sich viel Geld.) Schulbuben spielen gerne Karten. Das ist so und war schon immer so. Nur, wir haben als Fahrschüler Schafkopf und Watten gespielt (Watten ist ein sehr bayerisches, mit psychologischer Raffinesse zu spielendes Kartenspiel). Und das konnte man auch mit den allgemein verbreiteten bzw. billig zu erwerbenden 32-Blatt-Spielkarten überall problemlos bewerkstelligen (allerdings nur mit dem sogenannten altdeutschen Blatt, bei dem das Karo-Ass nicht Karo-Ass sondern Schelln-Sau heißt). Heute hat sich jedoch der internationale Industrieverband zur Abschöpfung der Kaufkraft von Kindern und Jugendlichen freudig und engagiert der kartenspielenden Jugend angenommen und die traditionellen Spielkarten durch eben diese Yu-Gi-Oh!-Karten verdrängt. (Das wird so geschrieben!) Diese haben den Vorteil, dass sie gesammelt werden (Buben sammeln gerne, aber nicht mehr schöne Kieselsteine, Murmeln, Briefmarken oder Fußballerbildchen aus der Wundertüte), dass sie also nicht all-

Also: Das wechselseitige Verständnis zwischen Kindern und Eltern ist eine subtile, delikate Angelegenheit und sollte von außen nicht unnötig belastet werden. Und was macht der Staat? Er macht nicht nur nichts. Viel schlimmer, er macht – weil er anscheinend sonst nichts zu tun hat – Reformen. Das war vor langer Zeit einmal die Mengenlehre, vor gar nicht so langer Zeit die Rechtschreibreform.[4] Und vor zwei Jahren (jedenfalls in Bayern) die Subtraktion. Mit dem Ergebnis, dass die Eltern nicht mehr verstehen, wie ihre Kinder rechnen.

Wenn Sie sich jetzt fragen: Die 30-Jährigen können alle klaglos subtrahieren, auch die heute 60-Jährigen sind flotte Subtrahierer und gar die 90-Jährigen (das sind die, die noch richtig lange Gedichte auswendig können und händisch wunderschöne und wunderbar leserliche Briefe schreiben) die können auch noch sehr gut subtrahieren (unsere Oma subtrahiert geradezu brillant![5]) – wozu also um Himmels Willen brauchen wir eine Reform der Subtraktion? Wenn Sie sich das jetzt fragen, haben Sie völlig recht. Aber, stellen wir das mal hintan. Vielleicht enthüllt uns diese Reform ja wirklich den Stein der Weisen betreffs Subtrahieren, den wir generationenlang nicht gefunden haben (da wir ihn gar nicht suchen mussten). Und deswegen (und damit Sie ihre Kinder wenigstens in diesem Punkt verstehen und mit ihnen künftig wieder Hausaufgaben machen und üben können) schauen wir uns diese reformierte Subtraktion erst mal näher an.

Zunächst die gute Nachricht: Es kommt immer noch dasselbe raus. (Der versierte Reformer spricht hier von einer sogenannten *ergebnisinvarianten* Reform.) Das ist doch schon mal nett.

Die zweite gute Nachricht: Wenn die Ziffern der oberen Zahl (sog. Subtrahend) größer sind als die Ziffern der unteren (sogenannter Minuend), dann ist alles ganz einfach, zum Beispiel:

```
 974
-851
 123
```

Aber das war's, wie Sie sich unschwer erinnern werden, früher auch schon.

---

gemein verfügbar sondern Privatbesitz sind und in unendlicher Vielfalt käuflich erworben werden können. Und müssen. Zum Beispiel als Booster-Pack mit neun Karten à 5,45 € oder als ganzes Deck mit 40 Karten à 14,99 €. Im Prinzip gilt zwar immer noch: Ober sticht Unter. Nur, dass der Eichel-Ober heute nicht mehr Eichel-Ober heißt, sondern „Horus, der Schwarzflammendrache LV6" aus der Gattung der Spezialeffektmonster mit Spezialbeschwörungsmöglichkeiten, so er auf dem Friedhof liegt. *Das* konnte der Eichel-Ober zugegebenermaßen nicht. Dafür war er aber auch deutlich billiger! (Horus der Schwarzflammendrache LV6 verhält sich zu einem Pokemon, wie Tyrannosaurus Rex zu einem süßen kleinen Procompsognathus.) Werde nächstes Wochenende meinem Sohn endlich Schafkopfen beibringen!

[4] Ist sie mittlerweile eigentlich verbindlich? Und wenn ja: in schwarz bzw. Schwarz, in rot bzw. Rot oder in gelb bzw. Gelb (die drei Varianten im Duden)?

[5] Diese Fußnote ist jetzt nicht besonders zielführend. Und gerade deswegen besonders wertvoll. Das Stichwort „brillant" erlaubt es nämlich, endlich einmal an die leider allmählich aussterbende Übung des Erstellens sogenannter Klapphornverse zu erinnern. Das war einmal eine volkstümliche Gattung der Unsinns-Literatur, in der man ein Paar Knittelverse, beginnend mit dem Standardvers „Zwei Knaben gingen durch das Korn", reimen und mit einem möglichst blödsinnigen Blödsinn (im Allgemeinen auch zwei Verse) beenden muss. Mein Lieblingsbeispiel (Quelle: traditionell): Zwei Knaben gingen durch das Korn / Sie waren beide Feger des Schorn / Der eine konnte gar nicht fegen / Der andre fog brillant hingegen. Na, hat sich diese Fußnote gelohnt?

Die schlechte Nachricht: Wenn die unteren Ziffern größer sind als die oberen[6], wird es ziemlich fürchterlich.

Aber zunächst einmal, um das nicht zu unterschlagen, der erste Unterschied zu früher ist, dass die Kinder heute angehalten werden (eigentlich gezwungen, aber das sagt man heute nicht mehr), immer strikt zu subtrahieren. Während man früher bei der obigen Rechnung sagte: „1 und 3 ist 4, 5 und 2 ist 7 und 8 und 1 ist 9" *muss* man heute sagen: „4 minus 1 ist 3, 7 minus 5 ist 2 und 9 minus 8 ist 1" (was aber erfreulicherweise dasselbe Ergebnis 123 liefert). Der Grund ist wohl eine beabsichtigte sprachliche Vereinheitlichung: Wenn 851 von 974 abgezogen werden soll, so möge man bitte auch 1 von 4, 5 von 7 und 8 von 9 abziehen. Das ist sicher gut gemeint. Aber im Grunde eine sprachliche Prinzipienreiterei, die nicht einmal aus der Definition der Subtraktion zwingend folgt. Denn wozu subtrahiert man denn? Um die Differenz zu bestimmen. Und die Differenz ist – der Unterschied! Der Unterschied, für den es keinen Unterschied macht, ob man ihn von oben nach unten oder von unten nach oben bestimmt.[7]

Wenn ein Schüler mit 10 € in die Schule kommt und seinem Kumpel, den er gestern auf dem Pausenhof angepumpt hat, 1 € zurückgibt, rechnet er, zur Freude unserer Didaktiker, den neuen Ausführungsbestimmungen zur Subtraktion entsprechend: $10 - 9 = 1$, also hab ich noch 9 €.

Wenn aber derselbe Schüler auf ein Playmobil-Zusatzteil für 20 € spart, schon 10 € hat und ihm die liebe Oma am Bahnhof heimlich (weil die pädagogisch-engagierten Eltern da immer so kleinlich sind) einen Fünfer zusteckt, dann rechnet er völlig korrekt $10 + 5 = 15$ und stellt dann völlig unkorrekt und die neuen Ausführungsbestimmungen zur Subtraktion konterkarierend fest: Jetzt fehlen mir nur noch 5 € auf 20 €. Und das ist nicht nur empörenderweise richtig. Er sieht das obendrein sofort, unmittelbar, ohne den vorgeschriebenen Weg ($10 + 5 = 15$, $20 - 15 = 5$ also ist die Differenz 5 und mir fehlen noch 5 €) einzuhalten. Kinder sind so schlau. Sogar noch heute!

Es gibt einfach zwei Arten, den Unterschied zu bestimmen: durch abziehen und durch ergänzen. Und das ist auch gut so. Denn beide Methoden werden ganz natürlich, je nach der aktuellen Zahlensituation, benutzt.

Aber wenn's denn der Ergebnisfindung dient[8], denken wir uns künftig still und heimlich „15 und 5 ist 20", sagen aber laut und deutlich, wenn jemand mithören kann: „20 minus 15 ist 5 *also* ist 15 und 5 gleich 20". Um so etwas lohnt es nicht zu streiten. Aber es fragt sich: Wenn's sich nicht mal lohnt zu streiten, lohnt sich dann eine Reform?

Das war aber nur das Vorprogramm: eine neue Festlegung der Sprechweise. Der zweite und wichtige Unterschied ist ernsthafter.[9] Bei

---

[6] Viele werden sich jetzt fragen: Ja, geht das überhaupt? Und diese Frage ist durchaus berechtigt. Es geht nämlich nicht. Höchstens irgendwo weiter links taucht oben einmal eine Ziffer auf, die größer ist als die untere. Zum Beispiel

$$\begin{array}{r} 9000000 \\ -\ 8999999 \end{array}$$

geht. (Aber nur ganz knapp!)

[7] Durch den „-schied" (von scheiden) ist der Unterschied schon per se und etymologisch ein symmetrischer Begriff.

[8] War mal (so ähnlich) eine berühmte Sentenz des legendären polit-kabarettistischen Aktivisten Fritz Teufel.

[9] Aber nicht ernst. Erstaunlicherweise sind ja die „Besserverdienenden" nicht unbedingt die, die wirklich gut Kohle machen. Deswegen ist „ernsthafter" auch weniger ernst als „ernsthaft". Schön auch (und insgesamt hier auch sehr

$$\begin{array}{r} 91 \\ -\ 32 \\ \hline ?\,? \end{array}$$

sagte man und sagt immer noch: „1 weniger 2 – geht nicht!" Und man ergriff und ergreift immer noch die Gegenmaßnahme: Wir nehmen uns von den neun Zehnern des Subtrahenden einen Zehner, müssen also von 9 eine 1 abziehen, haben damit 10 (der von den neun Zehnern geklaute Zehner) + 1 = 11 Einer zur Verfügung und können jetzt fröhlich 11 – 2 = 9 rechnen. (Wie rum ist jetzt wurst.) Also hat sich im Prinzip eigentlich gar nichts geändert. (Deswegen auch: ergebnisinvariant). Aber jetzt kommt die Notation und auch da lässt sich bekanntlich trefflich streiten. Namen sind nämlich nicht Schall und Rauch. Und eine gute Notation ist oft noch mehr als die halbe Miete.

Also, die Ärmel hochgekrempelt und hinein ins Missvergnügen! Früher sagte man: Ich nehme mir erstmal einen Zehner weg und merke mir[10] mit einer kleinen 1 neben der 3, dass ich dann nachher auch tatsächlich um eins mehr, also nicht nur 3 sondern 3 + 1, abziehen muss, weil ich ja für (10 + 1) – 2 = 9 einen der neun Zehner verbraten habe. *Heute* führt man das Verbraten dieses Zehners so stante pede wie expressis verbis aus, indem man die 9 durchstreicht, eine 8 darüber schreibt (9 – 1 = 8) und die so besorgte 10 in der Einerspalte anschreibt. Also

vorher: nachher:

$$\begin{array}{r} 9\ 1 \\ -\ \ 3\,_1 2 \\ \hline \end{array} \qquad\qquad \begin{array}{r} 8\ \ 10 \\ \cancel{9}\ \ 1 \\ -\ 3\ \ 2 \\ \hline \end{array}$$

Und dementsprechend wurde bzw. wird die Subtraktion dann so abgeschlossen:

vorher: nachher:

$$\begin{array}{r} 9\ 1 \\ -\ \ 3\,_1 2 \\ \hline 5\ 9 \end{array} \qquad\qquad \begin{array}{r} 8\ \ 10 \\ \cancel{9}\ \ 1 \\ -\ 3\ \ 2 \\ \hline 5\ \ 9 \end{array}$$

2 und 9 ist 11   11 minus 2 ist 9
4 und 5 ist 9   8 minus 3 ist 5

---

passend): Die Lage ist hoffnungslos aber nicht ernst. Das stammt nicht von Teufel. Sondern von Adenauer.

[10] Früher auch „eins gemerkt". Noch früher (und auch poetischer): „Eins im Sinn".

Beim alten Verfahren fasste man im ersten Schritt die beiden Einser praktischerweise zu einer 11 zusammen und las im zweiten Schritt die 3 und die kleine 1 gleich als $3 + 1 = 4$:

Natürlich ist das neue Verfahren beim ersten Mal klarer, aber, das ist der Preis der Klarheit, auch wesentlich aufwendiger:

1. Schritt:	Zehner bereitstellen
	das heißt 9 durchstreichen, $9 - 1 = 8$ anschreiben, 10 anschreiben
2. Schritt:	$11 - 2 = 9$
3. Schritt:	$8 - 3 = 5$

Im alten Verfahren reduziert sich das auf

1. Schritt:	Kleine 1 notieren und $11 - 2 = 9$
2. Schritt:	$9 - (3+1) = 5$

Damit ist das neue Verfahren hervorragend geeignet, die Subtraktion zu erklären. Und seit Generationen haben die Grundschullehrer das auch in der Art getan.

Aber für die praktische Anwendung ist die alte Methode, da wesentlich knapper, beim Anschreiben wie beim Rechnen, besser. Und da man im Laufe seines Lebens (vermutlich) mehr als ein Mal subtrahieren wird, sollte man die neue Methode genau *einmal*, (nämlich bei Einführung der Subtraktion in der dritten Jahrgangsstufe) in voller Pracht, in Breitwand und Farbe und mit 4-Kanal-Dolby-Sound verwenden. Und dann, den Rest des Lebens, die elegante, schnelle und schreibunaufwendige alte Methode benutzen.

Die Frage ist also: Kann man Kindern die Vereinfachung, den Übergang von

$$9 - 1 = 8 \quad \text{und} \quad 8 - 3 = 5$$

zu

$$9 - (1+3) = 5$$

zumuten? Und jetzt kommt die eingangs erwähnte Feststellung ins Spiel, dass die 30- und 60-Jährigen problemlos subtrahieren (und die 90-jährige Oma subtrahiert, wie gesagt, geradezu brillant). Ich glaube einfach nicht, dass die nach 1995 geborenen Kinder das nicht mehr packen würden. Die Kinder sind nicht so dumm, wie es Didaktiker anscheinend gerne glauben.

$9 - 1 - 3 = 9 - (1+3)$ *ist* (behutsam dargeboten und auf 15 Minuten gestreckt) vermittelbar. Vielleicht ist der tiefere Grund für unsere schröcklichen PISA-Resultate gar keine Über-, sondern eine seit Jahren grassierende Unterforderung unserer Kinder.

Und warum man die Kinder den Rest ihres Lebens so umständlich subtrahieren lässt, mit unübersichtlichen, oft unleserlichen Rechnungen (da ja viele Ziffern durchgestrichen werden), was da eigentlich besser sein soll, konnte mir kein einziger Lehrer (nicht mal der Herr Rektor) erklären. Aber man soll ja immer vom Guten im Menschen ausgehen. Und deswegen vermute ich mal (erklären konnte es mir, wie gesagt, niemand): Der tiefere Sinn dieser Reform war (wie auch einstmals bei der Mengenlehre an der Grundschule), die Kinder vom mechanischen Ausführen vorgefertigter Algorithmen zu befreien. Sie sollen nichts bloß mechanisch machen, sondern jederzeit durch eigenes Nachdenken das Problem (zum Beispiel 91 − 32) schrittweise lösen können. Auch das ist (hoffentlich) gut gemeint. Aber erstens ist 91 − 32 kein Problem (und die Schüler sollten ihre Kreativität an echte mathematische Probleme verschwenden) und zweitens zeugt das von einer naiven (vielleicht auch überheblichen) Missachtung des Wertes eines effizienten Verfahrens.

Natürlich muss man das alte Subtraktionsverfahren *einmal* gründlich erklären. Aber wenn man dann einmal weiß, wie und warum dieser Algorithmus funktioniert, verlässt man sich künftig einfach darauf, ohne jedes Mal beim Subtrahieren zu überlegen: Was tu' ich hier eigentlich? So wie man im Alltag auch sein Auto, seine Waschmaschine und seinen Computer (hoffentlich!) benutzt, ohne jedes Mal zu grübeln oder im Manual herumzublättern.

Das Tolle an der Dezimalschreibweise war ja gerade, dass sie ganz einfache Rechenverfahren ermöglicht. Rechnen Sie mal CXXIII x CDLVI! Na, fertig? Aber

$$
\begin{array}{r}
123 \cdot 456 \\
492 \\
615 \\
\underline{738} \\
56088
\end{array}
$$

rechnet man ruck, zuck, ohne sich groß Rechenschaft[11] darüber abzulegen, dass $1 \cdot 4$ Zehntausender liefert (weswegen beim ersten Zwischenergebnis $123 \cdot 4 = 492$ eigentlich noch zwei Nullen ergänzt werden müssten), während $1 \cdot 5 + 1 = 6$ in 615 nur Tausender liefert und deswegen um eine Stelle nach rechts eingerückt werden muss.[12] Das macht man alles automatisch und das sollte beim Subtrahieren genauso einfach gehen.[13]

---

[11] „Rechenschaft" ist hier besonders schön.

[12] Wenn Sie jetzt verunsichert sind, weil Ihnen das völlig neu ist, vergessen Sie's bitte ganz schnell. Sie müssen das nicht wissen. Sollten Sie aber momentan das Gefühl haben, nicht mehr multiplizieren zu können – keine Sorge. Spätestens morgen früh haben Sie das vergessen und multiplizieren wieder wie nichts!

[13] Der gut gemeinte Ehrgeiz, mechanisches Rechnen zu vermeiden und statt dessen immer die Dinge wirklich zu durchschauen, erinnert entfernt an die Mode, das, was man früher einmal Disziplin nannte, durch die Vorgabe allgemeiner ethischer Richtlinien und einen Appell an die Vernunft und Einsicht der Kinder zu ersetzen. Sozusagen statt 50 Mal schreiben: „Ich darf im Unterricht nicht schwätzen!" der Kantsche kategorische Imperativ. Das war, wieder einmal (und so wollen wir jedenfalls hoffen), gut gemeint. Aber mittlerweile hat sich realistischerweise rumgesprochen, dass Kinder klare, einfache und auch schlicht einzuübende Vorgaben und Regeln brauchen. Für die klassischen Fächer „Betragen" und „Fleiß", genauso wie fürs Multiplizieren und Subtrahieren. Natürlich sollen die Kinder wissen, warum sie den Unterricht nicht stören sollen und warum sie so multiplizieren und subtrahieren. Aber sie sollen's eben nicht nur wissen. Sie solln's auch tun. Und können.

Denn was ist das Ergebnis der Subtraktionsreform? Ich habe meinem Sohn (während der Grundschule immer mit einer 1 in Mathematik, jetzt gerade aufs Gymnasium gewechselt) samt seinem Kumpel die einfache Subtraktionsaufgabe 1764 - 887 gestellt. Erst mal Ausflüchte: „Eigentlich machen wir in Mathe gerade Primfaktorzerlegung – da muss man doch gar nicht subtrahieren!" Aus dem Stand können sie's also nicht mehr. Nach meinem eindringlichen Appell an ihre Ehre („Ihr seid doch jetzt Gymnasiasten!") brachten sie dann mit Müh und Not eine topologisch verformte Variante von

```
        1 0 1 0
          6  5 10
      ̶1̶ ̶7̶ ̶6̶ 4
    ─   8  8  7
          8  7  7
```

zustande. Bei der Aufgabe 100000 − 1 scheiterten sie.

Und da die Kinder durch die umständliche Notation eher verunsichert sind, erklären Mathematiklehrer am Gymnasium ihren frisch gebackenen Gymnasiasten gerne erst mal, wie man ordentlich subtrahiert und zweitens, dass sie auch künftig bitte so subtrahieren sollen (auch damit die Lehrer beim Korrigieren keine durchgestrichenen Zahlen rekonstruieren müssen). Es gab auch schon Anfragen (zum Beispiel bei der Zeitschrift „Eltern") wie es juristisch zu bewerten ist, wenn der Gymnasiallehrer nicht nach der reformierten Subtraktion subtrahiert.

Und als Elternsprecher habe ich auch hautnah mitbekommen, wie die Eltern reagieren. „Ich versteh das nicht!" „Du hast doch Mathematik studiert – kannst du uns mal erklären, wie die jetzt subtrahieren?" Bis hin zu einem pampigen „Ich mach den Schmarren nicht mit!". Was auch völlig in Ordnung ist. Warum sollte ein Nicht-Mathematiker einen einmal eingeübten Algorithmus, mit dem er sein Lebtag lang alles, was ihm das Schicksal zu subtrahieren beschied, erfolgreich und klaglos subtrahierte, warum soll er so ein Verfahren plötzlich „hinterfragen" und durch ein anderes ersetzen? Sein Autohersteller schickt ihm ja auch nicht plötzlich eine Mitteilung, der Rückwärtsgang liege künftig nicht mehr links vorne sondern hinten rechts! Wenn man etwas, das seit Generationen prima funktioniert, ohne Not und ohne dass sich irgendwas bessert, plötzlich per ordre de mufti ändert, steht der Staat in der Bringschuld, das den Eltern (und auch den Lehrern, die auch nicht gerade amused waren[14]) freundlich zu vermitteln. Aber Reformendverbraucher werden einfach als inkompetent, verstockt und letztlich nur störend betrachtet. (Sollen aber die Hausaufgaben kontrollieren und mit den Kindern üben.) 100000 − 1 rechnet sich übrigens so:

```
          9  9  9  9
    0 ̶1̶0̶1̶0̶1̶0̶1̶0̶ 1 0
      ̶1̶ 0  0  0  0  0
    ─                 1
          9  9  9  9  9
```

was immerhin lustig ist![15]

---

[14] Die Lehrer nahmen die Subtraktionsreform murrend hin, als eine weitere der laufend aus dem Kultusministerium abgesonderten Schikanen, die aber wenigstens keine zusätzlichen administrativen Schreibarbeiten nach sich zog.

[15] Gar nicht lustig ist es, wenn Schüler schriftlich dividieren. Die Division ist eine Folge von Subtraktionen. Und in

Und wenn Sie jetzt aufstöhnen: „Mein Gott, so ein Theater und ein ganzer böser Artikel wegen so einem Pipifax!", haben Sie schon recht.[16] Nur bin ich da die falsche Adresse. So etwas bundesweit flächendeckend mit entsprechendem Vorlauf in den Kultus-Bürokratien von 16 Ländern mit Informationen *für* und Abstimmung *mit* sämtlichen Schulbuchverlagen und mit Anordnungen und Durchführungsbestimmungen für alle Grundschulen und die Lehrerschaft durchzuziehen[17] – das alles war organisatorisch ganz bestimmt *kein* Pipifax. Die Reform selbst, da haben Sie recht, schon.

---

diesem Zahlendschungel dann auch noch Zahlen durchstreichen und andere darüber schreiben (darüber ist kein Platz) – das gibt ein Tohuwabohu, das weder der Schüler noch der korrigierende Lehrer durchschaut. Aber vielleicht sind die Reformer in Mathematik nur bis zur schriftlichen Subtraktion gekommen und wissen gar nicht, dass es auch eine schriftliche Division gibt? Ich kenne jedenfalls keinen Grundschul- und keinen Gymnasiallehrer, der nicht auf diese Subtraktionsreform schimpfen würde.

[16] Das ursprünglich rein spielerische Scherzwort „Pipifax" hat mittlerweile auch eine realistische Bedeutung. Jedenfalls spätestens seitdem laufend irgendwelche Ergebnisse von Dopingtests an die zuständigen Stellen und Nachrichtenagenturen gefaxt werden.

[17] Ganz Deutschland subtrahiert nach der neuen Methode. Ganz Deutschland? Nein, ein Land leistet heldenhaft Widerstand … Also, nach meinem Kenntnisstand gibt es mindestens ein Land, nämlich Sachsen, das noch konventionell subtrahiert. Kann man nur gratulieren: glückliches Sachsen. Ob man aber einem Staat gratulieren kann, der subtraktionstechnisch in unterschiedliche Regionen zerfällt, ist eher fraglich.

Mathematisches Zwischenspiel 3:
Primzahlen und Klimakatastrophe, Durststrecken und Zwillinge

Wir wissen jetzt schon einiges über Primzahlen. Und wenn man nun noch wissen will, wie denn die Primzahlen unter den natürlichen Zahlen so verteilt sind, genügt schon ein Blick auf die, sagen wir mal, ersten 300 Zahlen (siehe Abbildung 9). Man sieht, mit größer werdenden Zahlen nimmt die Dichte der Primzahlen ganz allmählich ab. Zum Beispiel treten erst in der 21. Zeile, für die Zahlen 201 bis 210, zum ersten Mal 0 Primzahlen auf; die Primzahl-Anzahl in den Bereichen 1 bis 100, 101 bis 200 und 201 bis 300 sinkt gemächlich von 25 über 21 bis 16. Im Bereich 10001 bis 10100 sind es übrigens immer noch 11 Stück, usw. Schmeißen Sie Ihren Fernseher durchs Fenster (vorher öffnen) zur Sperrmüllsammlung, kaufen Sie sich das schöne Buch von D.N. Lehmer: „List of Prime Numbers from 1 to 10006721" und Sie werden sich abends nie mehr langweilen!

Dass die Dichte der Primzahlen abnimmt, war auch nicht anders zu erwarten. Mit der ersten Primzahl als Teiler sind bereits 50 % aller Zahlen nicht-prim, mit den fünf ersten Primzahlen sind wir schon bei 80 %. Mit jeder neuen Primzahl, die wir als Teiler dazunehmen, wird das Netz der Nicht-Primzahlen dichter, die Primzahlen seltener. Aber die Primzahldichte nimmt sehr langsam ab. Und schon gar nicht gleichmäßig!

Wenn man die Anzahl der Nicht-Primzahlen zwischen zwei benachbarten Primzahlen als Durststrecke bezeichnet (wobei sich hinter dem „Durst" natürlich ein primzahlozentrisches Weltbild verbirgt; wer gerne im Kopf rechnet und zerlegbare Zahlen bevorzugt, findet solch qualvolle nicht-prime „Durst"-Strecken ganz prima: ein geradezu dialektisches Wortspiel!), dann stellt man fest (siehe Abbildung 10): Die Durststrecken fangen schön brav mit der kürzestmöglichen Durststrecke 0 an[1], dann kommt zweimal die 1, dann eine Zeit lang abwechselnd die 3 und die 1, dann wird mit 23 bis 29 zum ersten Mal die 5 erreicht, die auch lange Zeit nicht mehr überboten, dafür aber mehrmals mit 3 und 1 unterboten wird. Dann wird endlich die 7 geknackt, aber stante pede[2] kommt wieder ein Absturz auf 3 und 1. Jetzt aber: 13! Absturz. Eine beachtliche 10 und so wie es aussieht kann es dauern, bis die 13 zum ersten Mal überboten wird. Aber sie wird.

---

[1] Nämlich zwischen 2 und 3. Und das ist wirklich die allerkürzestmögliche Durststrecke. Denn da alle geraden Zahlen nach der 2 nicht-prim sind und von zwei benachbarten Zahlen wenigstens eine gerade ist, können jenseits von 2,3 keine unmittelbar benachbarten Primzahlen auftreten. Die kürzestmögliche Durststrecke *nach* 2,3 ist also die 1 (d.h. eine gerade Zahl zwischen zwei Primzahlen wie etwa zwischen 11 und 13 oder 17 und 19 oder zwischen 22271 und 22273).

[2] Lateinisch, entsprechend auch veraltet, für: stehenden Fußes. Wobei der „stehende Fuß" (klingt ein bisschen wie der Name eines nicht besonders flinken Indianerhäuptlings) auch schon, obschon nicht lateinisch, veraltet ist. Erst recht kraft des archaischen Genitivs: stehenden Fußes. Man könnte auch „unmittelbar darauf" schreiben. Das ist nicht veraltet. Aber lang nicht so schön. (Und eine „Fußnote" über einen „Fuß" ist für einen strukturalistisch geprägten Autor natürlich ein Moment puren strukturellen Glückes.)

			1	2	3	4	5	6	7	8	9	10
1	bis	10		×	×		×		×			
11	bis	20	×		×				×		×	
21	bis	30			×						×	
31	bis	40	×						×			
41	bis	50	×		×				×			
51	bis	60			×						×	
61	bis	70	×						×			
71	bis	80	×		×						×	
81	bis	90			×						×	
91	bis	100							×			
101	bis	110	×		×				×		×	
111	bis	120			×							
121	bis	130							×			
131	bis	140	×						×		×	
141	bis	150									×	
151	bis	160	×						×			
161	bis	170			×				×			
171	bis	180			×						×	
181	bis	190	×									
191	bis	200	×		×				×		×	
201	bis	210										
211	bis	220	×									
221	bis	230			×				×		×	
231	bis	240			×						×	
241	bis	250	×									
251	bis	260	×						×			
261	bis	270			×						×	
271	bis	280	×						×			
281	bis	290	×		×							
291	bis	300			×							

Abbildung 9

57

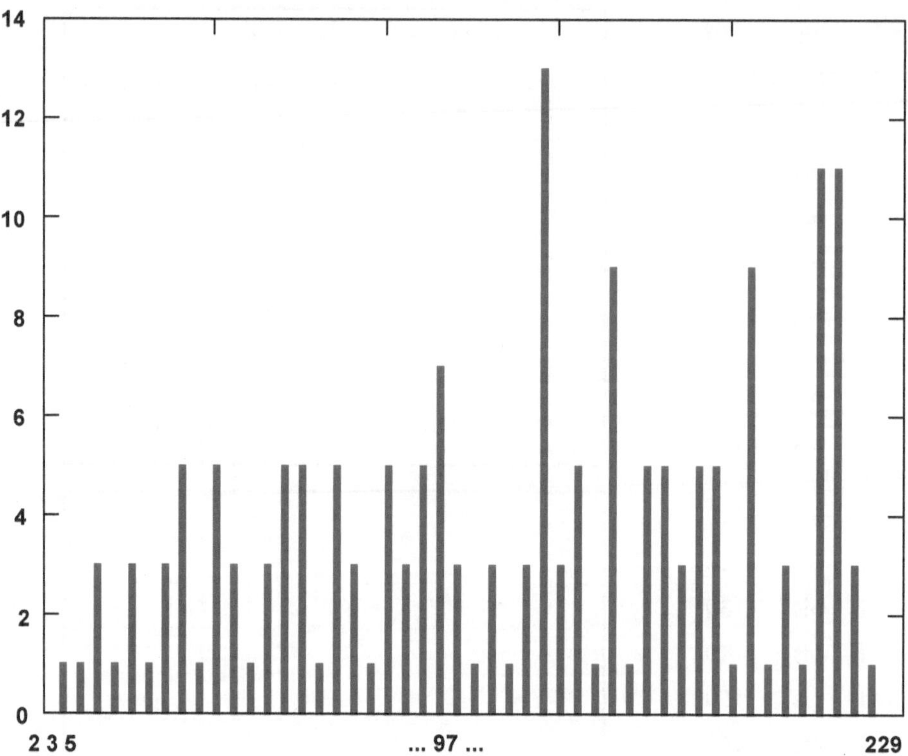

Abbildung 10: Die „Durststreckenlängen" zwischen den ersten 50 Primzahlen

Primzahlen sind wie die Klimakatastrophe: eine ganz allmähliche Zunahme der Temperatur bzw. der Durststreckenlänge, aber natürlich gibt es auch immer wieder mal kältere oder gar kalte Tage bzw. kürzere Durststrecken. Und die Voraussage, ob die nächste Zahl eine Primzahl ist und die laufende Durststrecke beendet, gleicht der Wettervorhersage für den nächsten Tag. Mit hoher Wahrscheinlichkeit ist die nächste Zahl keine Primzahl (wie schon mehrfach erwähnt: 80 % aller Zahlen sind bereits durch eine der ersten fünf Primzahlen teilbar) und mit großer Wahrscheinlichkeit ist auch das Wetter morgen so wie heute. Aber ganz sicher sein kann man sich da nie. Weder beim Wetter. Und schon gar nicht bei den Primzahlen. Und wenn man wirklich absolute Sicherheit will, dann muss man in Gottes Namen den morgigen Tag abwarten (dann weiß man abends ganz genau, wie das Wetter am nächsten Tag war) bzw. man muss die nächste Zahl durch sämtliche Primzahlen darunter zu teilen versuchen (dann weiß man hinterher auch ganz genau, ob sie wirklich unteilbar ist). Beide Vorgehensweisen sind für einen rechten Wissenschaftler nicht gerade ruhmreich. Aber so ist es.

Einen Unterschied zwischen Primzahlen und Klima gibt es aber. Die konkreten Temperaturwerte (etwa täglich um 1200 und um 2400) schwanken innerhalb einer gewissen Bandbreite um die Verbindungslinien etwa der Monatsmittel. Aber bei den Primzahlen kreuzt, auch wenn man sich schon längst jenseits der ersten Milliarde bewegt, immer wieder mal der kleinstmögliche Wert 1 auf, was ja auch schon bei den allerersten Durststreckenwerten, etwa nach den Durststrecken der Länge 7 oder 13 leicht irritierte. Wenn wir die Temperaturen, sagen wir, ab

1900 aufzeichneten, wäre das, als ob noch in den Hochzeiten der Erderwärmung, etwa in den Jahren 2050, 2100, 2150 nach jedem noch so heißen Tag nicht nur ein kühlerer Tag käme (das wird es wohl, bei aller Klimakatastrophe, auch in Zukunft noch geben), sondern als ob dann immer wieder mal die kältestmögliche Temperatur aufträte, etwa die legendären -29° vom 20. Februar 1900[3].

Im Wesentlichen ergibt unser Vergleich[4] also starke Ähnlichkeiten: global steigende Tendenz mit starken lokalen Schwankungen und Unvorhersagbarkeit im Detail. In einem Punkt, nämlich beschränkte Bandbreite versus Totalabsturz, verhalten sich Primzahlen und Klimakatastrophe aber völlig unterschiedlich.

Und diese Totalabstürze auf die minimale Durststrecke der Länge 1 sind wirklich eine harte Nuss! Diese Durststrecken der Länge 1, d.h. zwei Primzahlen mit nur einer einzigen Nichtprimzahl dazwischen, sind die berühmten Primzahl-Zwillinge. 3,5 und 5,7 wären die ersten. Aber die gelten noch nicht so richtig, weil die Primzahlen ja auch erst mal in die Gänge kommen müssen. 11, 13 und 17, 19 sind ziemlich populär. 20981, 20983 (und das kurz nachdem schon eine Durststrecke der Länge 40 auftrat) dürften weniger bekannt sein. Wie auch 22271 und 22273. Im Ernst, so weit man auch die Frontier der bekannten Primzahlen vorangetrieben hat[5], es tauchen immer wieder mal, auch wenn man schon im Milliardenbereich eine mittlere Durststrecke von 1000 erreicht hat, solche Primzahl-Zwillinge mit der minimalen Durststrecke 1 auf. Das ist so befremdlich wie, eben, wenn mitten in der schönsten Klimakatastrophe, wenn in Deutschland schon längst Tropenklima herrscht, das Thermometer immer wieder mal von +40° auf klirrende -29° abstürzte. Aber so ist es. Anscheinend sind solche Zwillinge, auch noch in astronomischen Zahlbereichen, für den Aufbau der natürlichen Zahlen notwendig. Warum, weiß man letztlich nicht. Jedenfalls ist es der modernen Mathematik noch nicht gelungen (der alten auch nicht) zu beweisen, dass es unendlich viele solche Primzahl-Zwillinge geben muss. (Aber leider auch nicht, dass irgendwann Schluss ist.) Das ist eines jener wunderbaren Probleme, die man jedem ganz normalen Menschen in drei Zeilen erklären kann, und deren Lösung auch den genialsten Mathematikern der letzten zweieinhalb Jahrtausende noch nicht gelungen ist. Ist das nicht phantastisch?

Aber dafür gibt es einen recht erstaunlichen mathematischen Satz, den man auch jedem ganz normalen Menschen in drei Zeilen erklären und obendrein auch noch beweisen kann!

---

3   Das war jetzt nur mal so dahingesagt. Vielleicht war's am 20.2.1900 gar nicht so kalt? Es geht hier nur um den kältesten Messwert seit dem 1.1.1900. Wichtig ist, *dass* es ihn gibt. Weniger wichtig ist, ob es jetzt -29° am 20.2.1900 oder -39° am 13.1.1903 waren. Aber dann können wir auch gleich „-29° am 20.2.1900" schreiben.

4   Eine verbreitete Floskel lautet, dass man irgendwas (zum Beispiel Primzahlen und die Klimakatastrophe) nicht vergleichen könne. Das ist Unsinn. Es gibt Vergleiche mit wenig Informationszuwachs. Wenn Sie etwa die autochtone Küche der Rottaler Bauern mit der autochtonen Küche der Vilstaler Bauern (20 km nördlich) vergleichen, werden sie feststellen, dass sich der Rottaler Bauer vorwiegend von Knödeln und Kraut, der Vilstaler hingegen vorwiegend von Kraut und Knödeln ernährte. Und wenn Sie den Tag mit der Nacht vergleichen, werden Sie merken, dass es am Tag eher hell, dunkel aber in der Nacht ist. Es gibt mehr oder weniger erhellende Vergleiche. Aber, solange Sie nichts ungeprüft gleich*setzen*, *ver*gleichen können Sie was Sie lustig sind.

5   Mittlerweile ist man deutlich weiter als Herr Lehmer.

Passen Sie auf. Sie wollen eine Durststrecke an Nicht-Primzahlen der Länge, na sagen wir mal, mindestens zehn? Also mindestens zehn Zahlen hintereinander, die alle durch irgendwas (irgendwas anderes als 1 oder sie selbst natürlich) teilbar sind? Null problemo![6]

Sie basteln sich erst eine Zahl, die durch zehn verschiedene Zahlen teilbar ist, am einfachsten gleich die Zahl $2 \cdot 3 \cdot 4 \cdot 5 \cdot 6 \cdot 7 \cdot 8 \cdot 9 \cdot 10 \cdot 11$. Wir nennen dieses Monster mal P (groß P wie großes Produkt) und P ist jetzt durch jede der zehn Zahlen 2 bis 11 teilbar. Und jetzt bilden Sie der Reihe nach die Zahlen $P + 2$, $P + 3$, $P + 4$ usw. bis $P + 11$. $P + 2$ ist durch 2 teilbar, da ja P durch 2 teilbar ist und damit auch $P + 2$; $P + 3$ ist durch 3 teilbar, da ja P durch 3 teilbar ist und damit auch $P + 3$ usw. bis $P + 11$, das natürlich durch 11 teilbar ist. Voilà! Das sind jetzt zehn Zahlen hintereinander, die alle durch irgendwas teilbar und damit nicht prim sind. Fertig!

Na gut, drei Zeilen waren's jetzt ja nicht gerade. Aber das mit den drei Zeilen war vorhin auch nur bildlich gemeint und drei metaphorische Zeilen entsprechen in etwa sieben Zeilen realiter. Aber in jedem Fall war dieser Beweis erfreulich kurz. Und erfreulich einfach.

Ach ja: dass wir als erste Zahl nicht die $1 \cdot 2 \cdot 3 \cdot 4 \cdot 5 \cdot 6 \cdot 7 \cdot 8 \cdot 9 \cdot 10 + 1$ gewählt haben, liegt daran, dass wir dann erst wortreich bewiesen hätten, dass diese Zahl durch 1 teilbar ist, dann aber gemerkt hätten, dass sie das ohnehin ist (auch ohne unseren Beweis) und dass uns das vor allem nichts nützt: denn wenn eine Zahl durch 1 teilbar ist, kann sie deswegen immer noch eine Primzahl sein. Wir suchten aber Zahlen, die garantiert nicht-prim sein sollten. Deswegen benutzt man also die Zahlen 2 bis 11 und nicht die Zahlen 1 bis 10, wie man's als ordentlicher Mensch eigentlich gerne täte. Sie sehen: Beim Kontrollieren eines Beweises muss man ganz ordentlich vorgehen. Wenn man sich einen Beweis ausdenkt, ist es oft besser, nicht ganz so ordentlich, sondern ganz locker an die Sache ranzugehen.

Aber nachdem wir jetzt doch eine geschlagene halbe Seite damit beschäftigt waren, diese zehn Zahlen zusammenzubasteln, wollen Sie sich diese zehn aufeinanderfolgenden Nicht-Primzahlen auch sicher mal angucken. Also schön. Ich rechne es mal schnell für Sie aus! (Siehe Abbildung 11)

Rechnen macht vor allem dadurch Spaß, dass man versucht, ordentliches Rechnen (zum Beispiel schriftliches Multiplizieren) möglichst lang herauszuzögern. Oder besser, wie hier, ganz zu vermeiden. Hier wurden nur die Zwischenschritte notiert, aber ansonsten wurde alles im Kopf gerechnet. Ob das jetzt wirklich schneller war, als stur heil von links nach rechts hochzumultiplizieren, da will ich mich gar nicht mit Ihnen streiten. Aber so macht es auf jeden Fall mehr Spaß!

---

[6] Falls sich jemand fragt: was soll dieses alberne Kauderwelsch aus Deutsch und falschem Italienisch? „Null problemo" war eine allgemein übliche Redewendung (die zurück geht auf Alf, den Protagonisten einer relativ sophisticated soap gleichen Namens) und ist, glaube ich zumindest, immer noch allgemein üblich, auch unter jenen, die Alf gar nicht mehr kennen. Ist „stante pede" noch in unserem Thesaurus oder „null problemo" schon wieder draußen? Das sind wirkliche sprachliche Fragen und nicht, ob es Filosof oder Stängel heißt oder ob man Betttuch mit 2 oder 4 t schreiben muss!

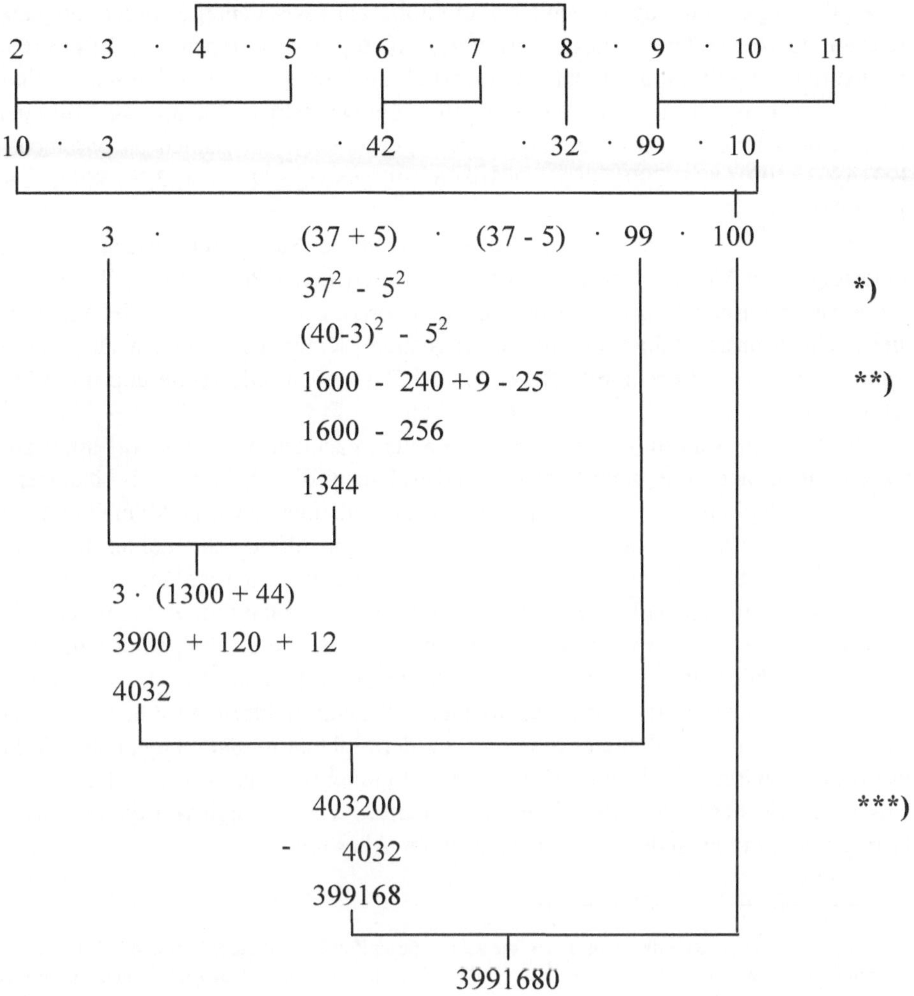

*) Nur für Geübte! $(a + b)(a - b) = a^2 - b^2$.
Also $(6 \cdot 7) \cdot (4 \cdot 8) = 42 \cdot 32 = (37 + 5)(37 - 5) = 37^2 - 5^2$

**) $(a - b)^2 = a^2 - 2ab + b^2$. Also $37^2 = (40 - 3)^2 = 40^2 - 2 \cdot 40 \cdot 3 + 3^2$

***) $99 \cdot 4032 = 100 \cdot 4032 - 4032$

Abbildung 11

Egal! Ob ganz im Kopf, ob im Kopf mit notierten Zwischenergebnissen, ob ganz schriftlich oder mit Taschenrechner – dieses abwegige, auf stupides Eintippen von Ziffern reduzierte Primitivverfahren will ich gar nicht grundsätzlich ausschließen – es sollte jedenfalls immer dasselbe herauskommen, nämlich diese ziemlich üppige Zahl von knapp 40 Millionen. Und mit ihrer Hilfe können wir jetzt endlich unsere gesuchten zehn Zahlen anschreiben: 39916802, 39916803, 39916804, 39916805, 39916806, 39916807, 39916808, 39916809, 39916810 und die 39916811.

Und jetzt kommt erst das eigentlich Famose an der Sache. Wir wissen: diese zehn aufeinanderfolgenden Monster-Zahlen sind alle garantiert keine Primzahlen[7]. Wir wissen das ganz allein wegen unserer fundierten Überlegungen vorab. Und wir brauchen jetzt nicht anzufangen, diese zehn Monster-Zahlen durch alle möglichen kleineren Primzahlen zu teilen, um irgendwann empirisch und erschöpft[8] festzustellen: Tatsächlich, alle zehne unprim! Wir wussten es schon.

Der Wunsch, sich diese zehn riesigen Zahlen, nachdem wir sie so raffiniert zusammengebastelt haben, auch mal ganz leibhaftig anzuschauen, dieser Wunsch ist sehr menschlich und auch völlig legitim, aber doch ein bisschen unmathematisch. Ein Mathematiker ist nämlich völlig glücklich und zufrieden, wenn er weiß: Es gibt diese zehn Zahlen und ich könnte sie auch jederzeit ausrechnen, wenn ich Zeit habe. Und wenn ich wollte. Er will aber gar nicht. Die bloße Erkenntnis der bloßen Existenz dieser Zahlen reicht ihm vollkommen.[9] Darüber hinaus lässt er sich nicht verrückt machen und weiß, dass diese Folge nur eine Folge von mindestens zehn Nicht-Primzahlen hintereinander darstellt. Es könnte auch weit vor diesen Zahlen eine weitere solche Folge mit durchaus mehr als zehn nichtprimen Zahlen hintereinander geben. (In unserem Fall könnte es nicht nur, sondern gibt es so eine Folge, nämlich die 13 Nicht-Primzahlen zwischen 113 und 127. Und 114 ist ja nun wirklich deutlich kleiner als 39916802.) Unser Beweis sichert nur, dass irgendwo *mindestens* eine Folge von *mindestens* zehn Nicht-Primzahlen hintereinander existiert. Mehr nicht. Aber immerhin!

---

[7] Wir wüssten sogar, dass die sechste bzw. die zehnte dieser Zahlen glatt durch 7 bzw. durch 11 teilbar ist. Wenn Sie jetzt sagen: „Wer will schon wissen, dass 39916811 durch 11 teilbar ist?" haben Sie auch wieder recht. Aber es ist schön zu wissen, dass wir es wissen.

[8] Wär' aber gar nicht so schlimm. Denn vermutlich fängt wohl kein Mensch damit an zu prüfen, ob eine dieser zehn Zahlen durch die Primzahl, na sagen wir, 97 teilbar ist. Sondern man beginnt ganz systematisch mit 2, 3, 5 usw. Und nachdem die größte Primzahl, die in diesen zehn Zahlen steckt, die 11 ist (alle zehn gehören also unserer 80 %-Menge ErPriT5an), verliefen die zehn Tests so: achtmal sieht man sofort, dass die Zahl durch 2, 3 oder 5 teilbar ist. Es bleiben die sechste und die zehnte Zahl. Man muss jetzt ernsthaft durch 7, 11, 13, 17, 19 etc. dividieren. Aber bei der sechsten Zahl wäre man gleich im ersten Versuch erfolgreich (: 7), bei der zehnten Zahl im zweiten Versuch (: 11). Also ergibt sich insgesamt der Aufwand: achtmal hingucken, dreimal teilen. Und das ist ja wirklich nicht zu viel verlangt.

[9] Das ist nicht immer so. Wenn er erfährt, dass bei der Vernissage heute Abend auch das unverschämt gut aussehende, berühmte Model XY eingeladen ist und wieder der großartige alte Bordeaux angeboten werden soll, wird sich auch ein Mathematiker nicht mit dem bloßen Wissen um die bloße Existenz dieser Phänomene begnügen, sondern er wird sich wie jeder andere in Schale werfen, hingehen und die Dinge verifizieren. Und es ist hier schwierig, den Kalauer zu unterdrücken, dass Mathematiker durchaus zwischen algebraisch und nicht-algebraisch zu unterscheiden wissen. Bei algebraischen Körpern (zum Beispiel dem Körper der rationalen Zahlen) genügt ihm die bloße Existenz aller Quotienten. Bei nicht-algebraischen Körpern (zum Beispiel bei reichen Models mit schönem Körper oder bei schönen Weinen mit reichem Körper) sieht er das eher konstruktivistisch. Aber vielleicht sollte man diesen Kalauer besser doch unterdrücken.

Und der springende Punkt ist: Wir haben das eben für zehn aufeinanderfolgende Nicht-Primzahlen gemacht. Das ginge natürlich genauso auch für elf aufeinanderfolgende Nicht-Primzahlen. Oder zwölf. Oder zwanzig. Oder auch 20 Millionen. Das ist der Witz dabei! Für jede noch so große Zahl gibt es, irgendwo in astronomisch weit entfernten Bereichen der natürlichen Zahlen, die noch keines Sterblichen Fuß je betrat, eine Durststrecke dieser Länge. Wenn Sie wollen, auch der Länge 20 Milliarden. Oder 20 Billionen. So viel Sie sich vorstellen können.[10] Und es darf auch noch ein bisschen mehr sein.

Das unterstreicht noch mal dramatisch unsere Beobachtung, dass die Abstände zwischen den Primzahlen immer größer werden. Im Allgemeinen. Im Besonderen kann uns aber selbst wenn wir uns gerade, zwischen Hunderttrilliarden und Hunderttrilliardenundeinemillion, durch eine primzahlfreie Durststrecke der Länge 1000001 hindurchgekämpft und die erste Primzahl nach 1000001 Nicht-Primzahl erreicht haben, gleich die nächste Primzahl (nach einer primzahlfreien Durststrecke der Länge 1) ganz ungeniert und fröhlich zuwinken: Hallo, da bin ich schon! Aber ich will mich hier nicht festlegen, ob Hunderttrilliardeneinemillionundeins und Hunderttrilliardeneinemillionunddrei wirklich Primzahl-Zwillinge sind. Das war nur so als prinzipiell mögliches Beispiel gemeint. (Und überhaupt: Was ist eigentlich eine Trilliarde?)

---

[10] Die Konstruktion eines primzahlfreien Zahlenabschnitts der Länge 20 Billionen ist jetzt definitiv etwas, bei dem man glücklich sein kann, dass es im Prinzip geht, und keinen falschen Ehrgeiz entwickeln sollte, diese Zahlen auch auszurechnen.

Das nächste Beispiel für „mathematisches Kabarett" stammt wieder aus einem Programm für die Kabarettbühne. In diesem Programm ging es um das Thema Auto und Autofahren. Und in einer Nummer wird diese Thematik eben auch einmal „wissenschaftlich" behandelt.

Solch eine wissenschaftliche Nummer im Kabarett ist natürlich auch immer eine Klamotte, in der der „Wissenschaftler" karikiert wird. Und diese Karikatur entspricht zur Hälfte dem Bild, das man sich so von Wissenschaftlern macht (von Daniel Düsentrieb über Professor Bienlein in den Tim-und-Struppi-Comics bis zu Dr. Mabuse und Dr. Frankenstein). Und zur Hälfte dem, was man tatsächlich so von Fernsehinterviews, Volkshochschulvorträgen, Fortbildungsseminaren und Vorlesungen in Erinnerung hat. Und das ist ja nicht immer *nur* brillant, temperamentvoll, witzig und hinreißend.

Die nun auftretende Figur ist also eine – im Theater würde man sagen – Knallcharge, allerdings mit Understatement zu spielen (sozusagen eine Knallcharge mit Schalldämpfer), sagen wir: der frisch gebackene C2-Professor Dr. Droege vom Verkehrswissenschaftlichen Institut der neu gegründeten Gesamtfachhochschuluniversität (das ist natürlich ein Pilotprojekt gefördert mit Mitteln des Kultusministeriums des Landes Nordrhein-Westfalen) Delmenhorst.[1]

Und natürlich ist Dr. Droege mit den üblichen Requisiten ausgestattet: eine randlose Brille, die man dramaturgisch wirkungsvoll immer wieder abnehmen kann (bedeutet: ist jetzt besonders wichtig, gut zuhören!) oder wieder aufsetzen (jetzt geht's wieder normal weiter, Sie können ruhig wieder ein bisschen schlafen), weißer Kittel (ist bei einem Mathematiker natürlich Quatsch, aber es schaut gut aus), fünf verschiedenfarbige Stifte in der Brusttasche und natürlich ein Overhead-Projektor samt einem schicken Zeigestab (mit Teleskoptechnik)[2].

Aber was dieser schräge Vogel („schräg" im Kontext Kabarett; in der Forschungs- und Entwicklungsabteilung einer großen Firma fiele er vermutlich gar nicht so auf) da so erzählt, ist gar nicht so blöd. Wie es sich für einen Naturwissenschaftler und Techniker auch gehört. Die von ihm vorgeschlagene Lösung ist nämlich eine Anwendung ganz elementarer Erkenntnisse einer mathematischen Theorie, die es trotz ihres seltsamen Namens wirklich gibt. Und die sogar (was ja nicht gerade selbstverständlich ist) praktisch angewandt werden kann!

---

[1] Oder Gummersbach. Oder Neu-Isenburg. Oder Neheim-Hüsten. Delmenhorst ist überall. („Delmenhorst" kann man überall finden, sogar in München. Womit ich mich auch gleich bei allen eventuellen Lesern aus Delmenhorst, Gummersbach, Neu-Isenburg und Neheim-Hüsten vorbeugend entschuldigen möchte.)

[2] Das ginge natürlich auch alles mit Beamer und Laser-Pointer. Aber der Overhead-Projektor ist einfach lustiger und komödiantischer. Der Beamer hat hingegen einen abgründigeren Humor: Es gibt etwa die Theorie, dass der Crash der New Economy letztlich eine Folge des Beamers war. Der war nämlich in den 90ern noch neu, teuer und selten. Und die Anleger waren durch die ersten Powerpoint-Präsentationen so geplättet, dass sie alles geglaubt haben. Wenn man wirklich was zu sagen hat, reicht der alte Overhead-Projektor. Der Beamer dient vor allem dazu, die Leute zu beeindrucken, insbesondere aber ihnen Dinge einzureden, die sie besser nicht kaufen sollten. Die Hedgefonds, Schrottimmobilien und toxischen Derivate, die uns zur Zeit so viel Ärger machen, mussten ja auch an den Mann gebracht werden. Ich würde mal sagen: Mit Overhead-Projektor wär das nicht passiert. Und dass Schüler bei ihren Referaten 90 % ihrer Energie in die Powerpoint-Präsentation stecken und mit den restlichen 10 % ihr Material zusammengoogeln, ist ein weiterer Punkt. (Eine kleine Nebenrechnung ergibt dann den Energieanteil für die gedankliche Durchdringung des Stoffes.)

Diese Theorie heißt tatsächlich Warteschlangentheorie, ein Begriff der bei Nicht-Mathematikern immer ungläubiges Staunen oder auch ein amüsiertes Lächeln hervorruft.[3] Denn Warteschlangen sind ja zunächst einmal ein alltägliches, banales und vor allem lästiges Phänomen, vorzugsweise bei Post, Bahn, Banken, Supermärkten und Tankstellen anzutreffen.[4] Durch konsequenten Personalabbau werfen diese Institutionen nämlich wieder ordentliche Gewinne ab, während man sich in seiner ohnehin knapp bemessenen Freizeit bei Post, Bahn, Banken, Supermärkten und Tankstellen seine Beine in den Bauch steht.[5] Jüngere Leser halten allgegenwärtige Warteschlangen für gottgegeben oder, um diesen Ausdruck zu säkularisieren, systemimmanent. Ältere wissen: Es ginge auch anders![6]

Jedenfalls erscheint es Nicht-Mathematikern befremdlich, so etwas Banalem wie Warteschlangen eine eigene mathematische Theorie zu widmen. Aber die Warteschlangentheorie ist eine schöne, durchgearbeitete und schon lange etablierte Spezialtheorie der Wahrscheinlichkeitsrechnung mit durchaus praktischen Anwendungen.[7] Bevor man nämlich große Verkehrs-

---

[3] Die englische Bezeichnung „queueing theory" ist noch interessanter, schafft sie es doch, fünf unmittelbar aufeinander folgende Vokale zusammenzuballen (von denen natürlich wieder mal nur zwei ordentlich ausgesprochen werden – aber diese ganze englische Rechtschreibung gehört ja ohnehin schon längst mal von einer deutschen Expertenkommission überarbeitet). Vokalhäufungen, bei denen alle Vokale ordentlich ausgesprochen werden, können sehr schön klingen, etwa „guardarsi ai buorsaioli" (italienisch, hüten Sie sich vor den Taschendieben). Häufiger sind jedoch Konsonantenballungen. So isst der Russe weitaus häufiger Schtschi (typisch russischer Eintopf auf Weißkohl-Basis mit sieben konsekutiven Konsonanten) denn Borschtsch (Eintopf auf Rote-Rüben-Basis, der eher typisch für die Ukraine ist, dafür aber auch acht konsekutive Konsonanten bietet).

[4] Neben diesen short-term-Warteschlangen gibt es im Leben auch etliche long-term-Warteschlangen, z.B. das Warten auf einen Kinderkrippen- oder Hortplatz, eine Ausbildungsstelle oder einen Studienplatz, eine bezahlbare 5-Zimmer-Wohnung, angemessene Beförderung, Karten für Bayreuth, die Genehmigung eines neuen Hüftgelenks durch die Krankenkasse und (in naher Zukunft) auf ein schön gelegenes freies Grab auf dem Friedhof. Zusammen mit den obigen short-term-Schlangen könnte man das ganze Leben als das Durchlaufen eines komplexen Warteschlangensystems modellieren. (Für Buddhisten ergäbe sich mit einer zusätzlichen Warteschlange „Warten auf die Wiedergeburt" sogar ein mathematisch besonders interessantes geschlossenes System.)

[5] Vorschlag: Die arbeitslosen freigesetzten Post-, Bahn-, Bank-, Supermarkt- und Tankstellenangestellten könnten ja als sogenannte Ich-AGs mit Bauchläden an den Warteschlangen ihrer ehemaligen Arbeitsplätze Erfrischungsgetränke und kleine Snacks anbieten. (So wie man nur noch von Senioren und Raumpflegerinnen spricht, sagt man mittlerweile auch nicht mehr Ich-AGs, sondern Existenzgründer. „Ich-AG" ist aber schöner. Und ehrlicher.)

[6] Nachdem bereits völlig personalfreie Supermärkte in Betrieb gegangen sind, wird es bald auch kabarettistenfreie Kabaretts geben. Die Gäste erzählen sich gegenseitig Witze (so wie sie gelernt haben, im Supermarkt selbst die Ware über den Scanner zu ziehen, ihre Kontoauszüge oder Pakete selbst abzuholen, ihre Bücher oder DVDs allein auszuleihen und sich ihre Fahrkarten am Bildschirm, im Bahnhof oder zu Hause, selbst auszustellen; Ältere kennen sogar noch den Beruf des Tankwarts). Der Veranstalter kassiert (über EC-Karte) den Eintritt, stellt dafür aber ein gepflegtes Ambiente zur Verfügung und spielt (automatisch) alle 30 Sekunden einen kräftigen Lacher vom Band ein.

[7] Aber nicht, wenn am Freitagabend im Supermarkt nur eine Kasse besetzt ist. Da kann sich der Warteschlangentheoretiker die Finger wund rechnen, es wird nichts besser. Dafür kann man, wenn man als Mathematiker selbst ganz hinten in der Schlange steht, durch Beobachtung von Zu- und Abfluss versuchen, seine zu erwartende Wartezeit abzuschätzen; das macht die Zeit vergehen. Und wenn man dann schließlich doch mal drankommt (im Englischen: eventually; eventually heißt „schließlich", lässt aber den schönen ironischen Oberton „eventuell" mitschwingen") freut man sich über die gelungene Berechnung und schnauzt nicht gleich die arme Kassiererin an. Sie kann ja nichts dafür und wäre dankbar, wenn ihr die Geschäftsführung wenigstens eine Kollegin gönnte. Aber bald muss sie nicht mehr alleine arbeiten, bald braucht sie (vergleiche Fußnote 5) gar nicht mehr zu arbeiten. Schön wäre, wenn in solchen personalfreien Supermärkten am Platz der früheren Kassiererin ein androider Com-

systeme, Produktionsanlagen, Abfertigungssysteme (am Flughafen: für Mensch, Maschine und Gepäck) oder Computeranlagen konkret zusammenbaut, ist es sinnvoll, sie erst mal auf einem Blatt Papier (oder auch auf zwei) durchzurechnen, um festzustellen, ob und wo sich ein Flaschenhals bildet, wie lang dort die Warteschlange so wird und vor allem, wie lange man in ihr wohl schmoren mag etc. Dass man aber auch schon mit ganz elementaren Erkenntnissen der Warteschlangentheorie diese Welt verbessern könnte, zeigt der nun folgende Vortrag, sozusagen ein Beispiel für „anwendungsorientiertes mathematisches Kabarett".

---

puter säße, den man anschnauzen kann, etwa: „Ich finde personalfreie Supermärkte beschissen!" und der dann etwa mit künstlicher Stimme antwortet (zerknirscht): „Sie haben ja so recht! Früher war's hier echt gemütlicher."

1.4 Dem Ingeniör ist nichts zu schwör oder Triumph der angewandten Mathematik

Der Leser kann den nun folgenden Vortrag je nach Laune laut dozierend (als aktiver Referent) oder einfach still-ergriffen lesend (als wehrloser Rezipient) gestalten. Im ersten Fall den Referenten, um das noch mal zu betonen, nicht wie in alten Lustspielfilmen (etwa den Chemie-Lehrer Dr. Crey aus der „Feuerzangenbowle") oder in modernen Fernseh-Sketchen liebenswert-vertrottelt anlegen, sondern modern-zeitgemäß, also dynamisch-vertrottelt: ganz sachlich und absolut trocken.[8]

Das Bühnenbild, wie angedeutet: Overhead-Projektor, daneben ein kleiner, mit diversen Papieren übersäter Tisch, davor sitzend Prof. Dr. Droege, im weißen Kittel und mit randloser Brille. Sehr wirkungsvoll ist es, wenn bei einer Theaterbühne dieses Bühnenbild vorab in der Versenkung aufgebaut wird und der Kabarettist sich bereits dort an sein Tischchen setzt. Das Publikum sieht zunächst nur die leere große Bühne. (Nur ein bisschen am Boden wabernder Trockeneis-Nebel, in mystisches Blau- und Rotlicht getaucht.) Dann fährt zu den Klängen seltsamer avantgardistischer Musik – die Nebelmaschine jetzt abschalten! – die Versenkung ganz langsam nach oben. Wenn sie endlich das Bühnenniveau erreicht hat: schlagartig ganz helles weißes Neonlicht. Der Referent blickt zum ersten (und vorläufig auch letzten) Mal ins Auditorium und beginnt mit einem monumentalen:

„Äh? Jja."

[Dann legt er die erste Folie auf, um sie einfach laut abzulesen:]

<u>Auto wohin?</u>

<u>Taxonomie, Paradigmen und Tendenzen</u>
<u>Moderner Verkehrsgestaltung</u>
(>traffic-engineering<)

Dr. Droege
Vks.Wiss.Inst. d. GHU
Neugummershorst-Hüsten

Version 08.15

[Er legt die zweite Folie auf]

---

[8] Die Komik solch einer Nummer funktioniert auch dadurch, dass der Saal kichert und lacht, während die Figur auf der Bühne (fast) völlig ungerührt von äußeren oder inneren Ereignissen ihren Vortrag abspult. Die Württemberger bezeichnen einen besonders trockenen Wein übrigens als furztrocken.

$$
\boxed{
\begin{array}{l}
\textbf{\underline{Definition 1}} \\[1em]
\text{FVS} = \text{F}_{\text{STEH}} \times \text{PSI}_{\text{MOB}} \qquad\qquad (1)
\end{array}
}
$$

[und beginnt:]

„Sei Ef-Vau-Es[9] die Fläche aller Verkehrs-Subjekte. Also anschaulich könnte man etwa sagen – äh – die Fläche aller Autos. Ef-Vau-Es – bitte wie? – Ja, auch Busse, die Busse auch, aber darauf kommen wir noch. Also wo waren wir? Ja, Ef-Vau-Es setzt sich zusammen aus einem konstanten Faktor F-Steh, das kriegen wir auch noch, und einem – äh – sogenannten Mobilitätskoeffizienten Psi-Mob. [Zeigt mit Zeigestab auf das groß an die Leinwand geworfene PSI-MOB. Dann, mit dem Unterton: Haben Sie das kapiert? Das ist wichtig:] Psi-Mob, ja? Der Wert von Psi-Mob ist nun – äh – führt nun, also jedenfalls eine erbitterte Glaubensfrage [das ist sprachlich etwas daneben, aber so was kommt vor] und reicht von [Folie auflegen]

$$
\boxed{
\text{PSI}_{\text{MOB}} = \left\{
\begin{array}{ll}
1 & \text{gem. Fu.Fu. bzw. Ra.Ra.} \\[0.5em]
+\ \infty & \text{gem. Frei}^2\text{-Postl.}
\end{array}
\right.
}
$$

Psi-Mob gleich 1, also das minimiert dann Ef-Vau-Es weil F-Steh mal 1 natürlich gleich F-Steh ist, was anschaulich bedeutet, dass – äh – dass die zunächst mal nur so herumstehenden Autos am besten einfach gleich stehen bleiben sollten [hier eine wirklich nur minimale Andeutung eines schadenfrohen Lächelns, aber sofort ganz sachlich weiterfahren] – insbesondere befürwortet von fundamentalistischen Fußgängern [mit dem Zeigestab auf Fu.Fu deuten] und radikalen Radfahrern [mit dem Zeigestab auf Ra.Ra deuten]. Bis hin zu F-Steh gleich Plus Unendlich, insbesondere befürwortet von der freien Wirtschaft, dem gesunden Volksempfinden und deren gemeinsamen Dachverband, dem Ah-Deh-Ah- [Stimme leicht anheben und etwas gedehnt] -Zeh, [wieder normaler Tonfall] gemäß dem [mit dem Zeigestab auf Frei²-Postl deuten] Postulat von der quadratischen Freiheit: Freie Fahrt für freie Bürger![10]

Der Wert von F-Steh berechnet sich nun wie folgt, [Folie auflegen]

---

9 Wenn Sie Spaß an lustiger Schauspielerei haben, können Sie im Folgenden jedes auslautende s als sch sprechen, also etwa statt Ef-Vau-Es immer Ef-Vau-Esch. Unser Referent (nobody is perfect und kein Mensch spricht wirklich völlig korrekt) neigt nämlich dazu, ein bisschen zu hölzeln. (Aber man gewöhnt sich dran. Weswegen ich es auch nicht im Schriftbild festhalte.) Der Vortrag gewönne dadurch jedenfalls deutlich an Farbe und Persönlichkeit.

10 Rätselhafte Formulierungen auf den Vortragsunterlagen halten das Publikum wach (weil es sich zum Beispiel fragt: Was um Himmels Willen mag Fu.Fu. oder Frei-Quadrat-Postl sein?).

$$
\begin{aligned}
F_{STEH}(BRD07) \quad &= \quad ANZ_{PKW} \quad &\times \quad FL\ddot{A}_{PKW} \\
&+ \quad ANZ_{BUS} \quad &\times \quad FL\ddot{A}_{BUS} \\
&+ \quad ANZ_{LKW} \quad &\times \quad FL\ddot{A}_{LKW} \\
&+ \quad ANZ_{L\ddot{A}ND.ZUGM.} \quad &\times \quad FL\ddot{A}_{L\ddot{A}NDL.ZUGM.}
\end{aligned}
$$

F-Steh-BRD07 ist gleich Anz-PKW, das ist die Anzahl aller PKW, mal Flä-PKW, das ist die durchschnittliche Fläche eines PKWs, plus Anz-BUS, Sie sehen, Busse sind auch dabei, also die Anzahl aller Busse mal na ja, und so weiter und so weiter. Ach so, Anz-Ländl-Zugm das ist die Anzahl aller – äh – ländlichen Zugmaschinen, oder auch Traktors, aber auch selbstfahrende Mähdrescher usw. mal Flä-Ländl-Zugm, also die durchschnittliche Fläche einer ländlichen Zugmaschine respektive eines Traktors respektive [Stimme erschöpft senken] Mähdreschers.

Und mit den offiziellen Daten des Bundesministeriums für Verkehr erhalten wir: [Folie auflegen]

$$
\begin{aligned}
&= \quad 29\ 755\ 000 \quad \times \quad 6 \quad &(PKW) \\
&+ \quad 70\ 000 \quad \times \quad 36 \quad &(BUS) \\
&+ \quad 1\ 345\ 000 \quad \times \quad 40 \quad &(LKW) \\
&+ \quad 1\ 749\ 000 \quad \times \quad 9 \ [m^2] \quad &(L\ddot{A}NDL.ZUGM.)
\end{aligned}
$$

Neunundzwanzigmillionensiebenhundertfünfundfünfzigtausend mal sechs plus siebzigtausend[11] mal sechsunddreißig plus einemilliondreihundertfünfundvierzigtausend mal vierzig plus einemillionsiebenhundertneunundvierzigtausend mal neun. Meter zum Quadrat, natürlich.

Aufgabe 1! [Folie auflegen]

---

[11] Als Autofahrer hat man das Gefühl, es müsse mehr Busse geben. Das liegt daran, dass Busse gerne in Rudeln auftreten, insbesondere am Sonntagabend vor verkehrsgünstig gelegenen Gastronomiebetrieben. Wenn der Wirt gute Kontakte mit Busfahrern pflegt, auch vor nicht günstig gelegenen Gastronomiebetrieben.

>

Aufgabe 1

a) $F_{STEH}(BRD07) = ?$

b)   **Wie viele KG, PH, GPP?**

c)   **1 KS/Jahr $\rightarrow$ 533,3 [Kiwis]**

   Kiwis($F_{STEH}(BRD07)$)   = ?

a)   Berechne F-Steh-BRD07!
b)   Wie viele Kleingärten, Ponyhöfe und Großparkplätze passen da hinein?
c)   Wenn *ein* Kiwistrauch[12] KS pro Jahr 533,3 Kiwis Jahresernte produziert und auf einen Quadratmeter 0,204 Kiwisträucher passen, wie viele Kiwis könnte die Bundesrepublik Deutschland jährlich allein auf F-Steh-BRD07 produzieren? [Folie auflegen]

27 493 271 824   [Kiwis]

[fröhlich]   Siebenundzwanzigmilliardenvierhundertunddreiundneunzigmillionenzweihunderteinundsiebzigtausendachthundertundvierundzwanzig.[13] Ja.[14]

[Neue Folie auflegen]

<u>Definition 2</u>

FVO = <u>F</u>läche aller <u>V</u>erkehrs-<u>O</u>bjekte

Sei nun Ef-Vau-Oh die Fläche aller Verkehrsobjekte, also etwa wieder anschaulich: Die Fläche aller Straßen. Ef-Vau-Oh berechnet sich gemäß der Gleichung [Folie]

---

[12]   Hier bahnt sich eine sogenannte Dreisatz-Aufgabe an („Wie alt ist der Kapitän?"). Für Lösungsstrategien vergleiche etwa dtv-Lexikon, Band 4, Cuc-Eis. Tipp: Fügen Sie im Lexikonbeispiel besser zwei Klammern ein, also statt 5 : 75 x 30 besser (5 : 75) x 30.

[13]   Die Weltkiwiproduktion beträgt jährlich etwa 2,55 Milliarden. Nicht Kilo. Kiwis.

[14]   Die Aufgaben a) und b) werden dem Leser zur Übung überlassen.

$$FVO^{BRD07} \quad = \quad LNG_{BAB} \quad \times \quad BREI_{BAB}$$

$$+ \quad LNG_{BUSTR} \quad \times \quad BREI_{BUSTR}$$

$$+ \quad LNG_{SCHLEICH} \quad \times \quad BREI_{SCHLEICH}$$

Wobei LNG-Bab die Länge aller Bundesautobahnen darstellt, BREI-Bab deren durchschnittliche Breite usw. LNG-Bustr ist die Länge aller Bundesstraßen und LNG-Schleich ist – äh – LNG-Schleich? – [kurzes Suchen in den auf dem Tisch liegenden Papieren] – ist die Länge aller sonstigen Verkehrswege – und mit den offiziellen Daten des Bundesministeriums für Verkehr erhalten wir: [Folie auflegen]

$$= \quad 8\ 350\ 000 \quad \times \quad 20$$

$$+ \quad 31\ 372\ 000 \quad \times \quad 10$$

$$+ \quad 457\ 000\ 000 \quad \times \quad 5 \quad [m^2]$$

Achtmillionendreihundertfünfzigtausend mal zwanzig plus einunddreißigmillionendreihundertzweiundsiebzigtausend mal zehn plus vierhundertsiebenundfünfzigmillionen mal fünf. Meter zum Quadrat, natürlich.

Aufgabe zwei! [Folie auflegen]

Aufgabe 2

a) FVO^{BRD07} = ?

b) Wie viele KG, PH, GPP?

c) 1 KS/Jahr $\rightarrow$ 533,3 [Kiwis]

Kiwis(FVO^{BRD07}) = ?

a) Berechne FVO-BRD07!

b) Wie viele Kleingärten, Ponyhöfe und Großparkplätze passen da hinein?

c) Wenn *ein* Kiwistrauch KS pro Jahr 533,3 Kiwis Jahresernte produziert und auf einen Quadratmeter immer noch nur 0,204 Kiwisträucher passen, wie viele Kiwis könnte die Bundesrepublik Deutschland jährlich allein auf FVO-BRD07 produzieren?[15]

Damit ist unsere gegebene Verkehrssituation quantitativ erfasst, und wir können nun den *Staugrad* eines Verkehrssystems oder auch seine *Völle* Vau-Öh definieren. Sei [Folie auflegen] ...

$$\text{VÖ} = \text{FVS} / \text{VFO} \quad [\%] \qquad\qquad (2)$$

... sei Vau-Öh gleich Ef-Vau-Es durch Ef-Vau-O, also anschaulich etwa Autos pro Straßen. Sowohl die Quadratmeter (als auch die Kiwis) kürzen sich heraus, wir erhalten eine dimensionslose Prozentzahl – Nein! Die Kiwis sind jetzt weg! – eine dimensionslose Prozentzahl zwischen 0 und 100 und kommen nun zur: [Folie auflegen und ablesen]

Grundlage der Theorie der Autostatik

Ein modernes Verkehrssystem VS ist folgender Zu-Stände fähig: [Folie auflegen]

Zu-Stände eines Verkehrssystems VS

ganz schön zu	< = >	**VÖ**	**> 90%**
ziemlich zu	< = >	**VÖ**	**> 95%**
schlechthin zu	< = >	**VÖ**	**= 100%**

(kurz: zu)

Wir sagen, unser Verkehrssystem VS sei mal wieder *ganz schön zu*, wenn seine Völle Vau-Öh größer als 90 % ist. Wir sagen, es sei mal wieder *ziemlich zu*, wenn Vau-Öh größer als 95 % ist. Und wir sagen, es sei *schlechthin zu*, kurz „zu" – deswegen ja auch „Zu-Stand" – wenn Vau-Öh gleich 100 % beträgt. Und schließlich sagen wir noch, VS sei *total zu*, wenn VS permanent

---

[15] 292 984 279 132 [Kiwis]. Damit könnte die BRD auf der Fläche ihrer Autos und Straßen zusammen jährlich 320 Milliarden Kiwis produzieren, was aber praktisch nur schwer zu realisieren sein dürfte, weil ja auf den Straßen bereits die ganzen Autos stehen und Garagen für Kiwisträucher einfach zu dunkel sind. Trotzdem! (Die Aufgaben a) und b) werden dem Leser zur Übung überlassen.)

schlechthin zu ist. Hinweis für Besitzer eines Heimcomputers, eines Bordrechners oder einer programmierbaren Waschmaschine: In Turbo Pascal mit Assembler-Erweiterung schreiben wir: [Folie auflegen und ablesen]

```
BEGIN
      IF always zu THEN GOTO Ende;
      Ende = 2050:  CANCEL Auto;
                    GOTO Fuß;
END
```

Und Beispiele aus dem täglichen Leben sind ja allgemein bekannt. So registrierte der ADAC allein von Juni bis September auf den Bundesdeutschen Autobahnen 3363 Staus mit über 8000 Stau-Stunden, woraus mit einer kleinen Nebenrechnung[16] folgt: Im Sommer gibt es auf den deutschen Autobahnen im Mittel täglich 28 Staus à 2,3 Stunden, oder kurz [mit erster aufkeimender Begeisterung]: [Folie auflegen und ablesen.]

Zwischenergebnis:

☺ **Die Bundesrepublik Deutschland ist staumäßig bereits partiell total zu!** ☺

Schön. Wir kommen nun zurück auf unsere Formel 1[17], die ist auf ... [heftiges Wühlen in dem Haufen der bereits benutzten Folien, dann stolz:] ... hier, Formel 1 auf Folie 2 [das wäre die Folie auf Seite 68 oben]: Ef-Vau-Es gleich F-Steh mal Psi-Mob [Folie wieder zurück auf den großen Haufen]. Und wenn wir jetzt einmal davon ausgehen, dass es beim Verkehr zunächst mal nur darum geht, Menschen zu bewegen und nicht unbedingt Autos, und obendrein experimentell feststellen, dass ein stehendes Auto etwa 6 qm benötigt,[18] ein stehender Mensch hingegen nur ca. 0,1 qm,[19] so sehen wir, dass ein Auto schon mal stehend allein das Sechzigfache

---

[16] $3363 : (30 + 31 + 31 + 30) \approx 28$

$8000 : (30 + 31 + 31 + 30) \approx 66$

$66 : 28 \approx 2,3$

[17] „Formel 1" im Kontext Auto wäre natürlich ein schöner Anlass für einen launigen Scherz zur Auflockerung dieses doch etwas zähen Vortrags. Unser Referent liest aber weder den Sportteil der BILD noch guckt er RTL und so ist für ihn die Formel 1 einfach die Formel mit der Nummer 1. Basta.

[18] Gehen Sie in Ihre Garage und umschreiten Sie mit großen Schritten rechtwinklig Ihr Auto. Wenn Ihre Garage dafür zu klein ist, umschreiten Sie bitte rechtwinklig Ihre Garage.

[19] Als Referentendarsteller können Sie hier Ihren Vortrag etwas auflockern, indem Sie an dieser Stelle unerwartet das 30-cm-Schullineal Ihres Sohnes zücken, sich bücken um es einmal neben und einmal vor Ihren nebeneinander stehenden Füßen anzulegen, und dabei verkünden: „Sie sehen: 30 mal 30 Zentimeter genügen!" Wenn Ihr Embonpoint diese Standfläche überragt, können Sie noch launig, wobei Sie Ihre linke Hand auf denselben legen, anfü-

an Platz benötigt wie ein stehender Mensch und wir erhalten bereits den: [Folie auflegen und ablesen]

<u>1. Hauptsatz der Auto-Statik</u>

Das Problem am Autoverkehr ist nicht unbedingt der Verkehr.

Andererseits gilt aber, wenn wir Formel 1 – Moment [erneutes Fahnden im Folienhaufen nach Folie 2] – hier: Ef-Vau-Es gleich Ef-Steh mal Psi-Mob – wenn wir das in Formel 2 einsetzen … äh, Formel 2 – [neues Durchwühlen des Folienhaufens auf der Suche nach der Folie mit Formel 2, es wäre die auf Seite 72 oben, schließlich stolz:] – da haben wir sie: [das Publikum hat mittlerweile jede Orientierung verloren] Vau-Öh gleich Ef-Vau-Es durch Ef-Vau - Öh – äh – O, Ef-Vau-O natürlich [da er sich völlig in seiner Formel verheddert hat, versucht er freundlich, das Auditorium wieder einzubeziehen:] nicht wahr? [niemand widerspricht] – dann sehen wir sofort: Je kleiner Psi-Mob, desto kleiner auch Vau-Öh und wir erhalten auch schon den [Folie auflegen und ablesen]

<u>2. Hauptsatz der Auto-Statik</u>

Je kleiner PSI_{MOB}, desto kleiner VÖ

oder

Je mehr gefahren wird, desto mehr Stau

– ein fundamentaler und bestechend einfach einzusehender Lehrsatz, den aber hierzulande keiner zu glauben scheint. WAS KÖNNEN WIR TUN? Nun, die optimale Ausnutzung der Verkehrsfläche wird also, wie wir gerade gesehen haben, erreicht, wenn sich die Autos erst gar nicht bewegen. Merke: [Folie auflegen und ablesen]

Nur ein stehendes Auto ist ein gutes Auto!

Dies kann man leicht durch geeignete steuerliche Maßnahmen – äh – steuern [kurzes zufriedenes Lächeln wegen des tollen Wortspiels „steuerlich steuern"], etwa durch massive Steuer-

---

gen: „Da es Männer gibt, die, wenn sie senkrecht nach unten blicken Ihre Zehen nicht sehen [das gibt einen sicheren Lacher; manche lachen da sogar zweimal], runden wir das Mittel auf 0,1 auf." 10 Mann/m^2 sind natürlich sehr dicht gepackt (vgl.: Wie viele Studenten passen in eine Telefonzelle?), aber wenn man zügig vorträgt, merkt das keiner und es erhöht die Drastik der folgenden Argumentation.

Erleichterungen für Neuwagen mit plombiertem Getriebe oder computergestütztem Kolbenfraß bei Erstzündung. Aber es gibt *noch* eine Möglichkeit. Die Verkehrsfläche wird nämlich genauso optimal genutzt, wenn sich die Autos bewegen, allerdings ... [Es folgt die Demonstration der nachfolgenden Demonstrations- und Schaufolie gemäß der nachstehenden Gebrauchsanweisung.]

Dies ist eine Demonstrations- oder auch Schaufolie. Es handelt sich dabei zunächst um eine vollgeparkte Ringstraße in schematischer Darstellung, etwa der Münchner Mittlere Ring um 7 Uhr morgens. Gebrauchsanleitung:

a) Ausschneiden
b) Man fixiere mit dem linken Zeigefinger den Drehpunkt M
c) Und nun drehe man mit der rechten Hand langsam und gleichmäßig die Autos in Richtung der Pfeile. (Gleichmäßig nur, soweit das Ihr immer noch M fixierender linker Zeigefinger zulässt. Vorführexperimente erfordern immer eine gewisse Abstraktion.)

... allerdings nur, wenn sich die Autos alle gleich schnell bewegen. Sie sehen [als Referentendarsteller die Demonstrationsfolie drehen]: Dieselben vielen Autos, die stehend auf die Straße passen, passen genauso darauf, wenn sie sich bewegen, selbst wenn sie schnell fahren [schneller drehen, achten Sie auf Ihren fixierenden linken Zeigefinger], oder langsam fahren [langsam drehen], das gälte sogar, wenn die Wagen alle [mit leicht aufkeimender Begeisterung wegen der Allgemeinheit der Konzeption] im Rückwärtsgang führen! [Demonstrationsscheibe gegen den Uhrzeigersinn drehen] Das funktioniert aber nur, solange sich *alle mit derselben Geschwindigkeit* bewegen. Wir sprechen hier von einer sogenannten „Richtgeschwindigkeit" [einige im Publikum, die noch nicht eingeschlafen sind, zucken erschrocken zusammen], aber wir wollen jetzt nicht zu theoretisch werden.

Jedenfalls gibt es für die praktische Anwendung dieser Erkenntnis bereits sehr kühne Konstruktionspläne. [In den Folien wühlend] Ich habe hier einige CAD-erzeugte Konstruktionsentwürfe – ist natürlich alles noch ganz utopisch – also erst mal, ganz normal, wie wir's heute alle kennen: Autos auf der Straße [Folie auflegen]

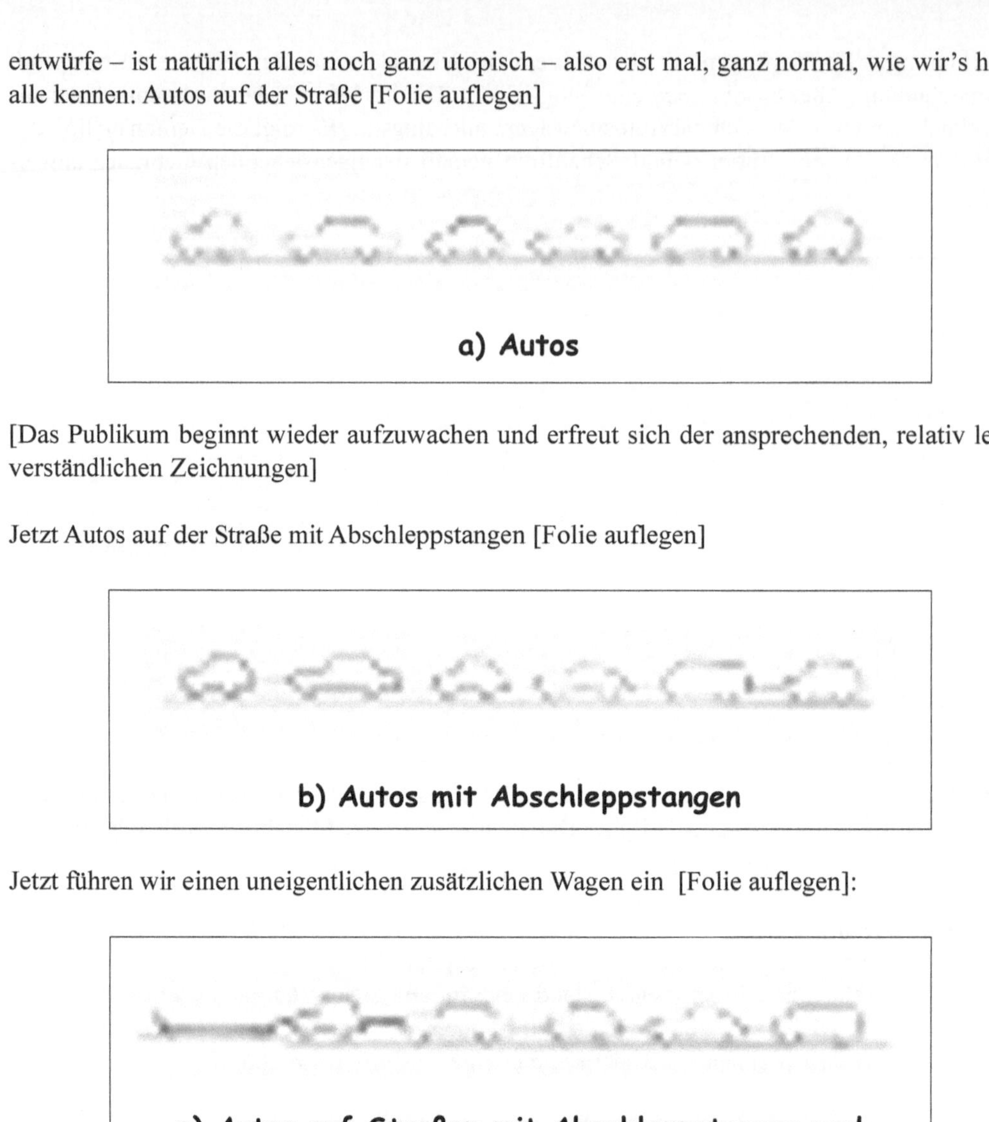

[Das Publikum beginnt wieder aufzuwachen und erfreut sich der ansprechenden, relativ leicht verständlichen Zeichnungen]

Jetzt Autos auf der Straße mit Abschleppstangen [Folie auflegen]

Jetzt führen wir einen uneigentlichen zusätzlichen Wagen ein [Folie auflegen]:

Mit Hilfe einer Translationsabbildung verlagern wir alle Motoren in diesen uneigentlichen Wagen und vereinigen sie wegen der Synergieeffekte zu einem neuen Supermotor [Folie auflegen]:

Und jetzt benötigen wir, für die praktische Anwendbarkeit, nur noch einige Details, zum Beispiel einen großen Auspuff, eine erhöhte Steuerungszelle, wegen der billigeren Herstellung im Design genormte motorfreie Einzelwagen usw. [Folie auflegen]:

Das ist für unsere gegenwärtige Verkehrspolitik natürlich noch alles völlig irreal, aber, wie unsere Überlegungen gezeigt haben, die einzige wirklich rationale Lösung. Und somit erhalten wir abschließend den dritten oder auch [Folie auflegen und ablesen]:

<u>Fundamentalsatz der Auto-Statik</u>

- Das Auto hat nichts mit Vernunft zu tun

- Der Verbrennungsmotor ist Physik

- Das Auto ist Metaphysik

Woraus schon mal rein wissenschaftlich folgt, [für besonders motivierte Referentendarsteller oder Method-Actor-Anhänger: hier den latenten Wahnsinn, der allem wissenschaftlichen Streben, diese Welt geschlossen rational zu erklären oder gar zu verändern, innewohnt, durch eine erste Gemütsbewegung, etwa ein leichtes Funkeln der Augen, andeuten] dass diese derzeit bereits partiell total zue Republik bald auch [begeistert] total total zu sein – äh – wird. [wieder ganz sachlich und sotto voce] Vielen Dank!"

[Für Dozentenmitspieler: den mittlerweile glühend heißen Projektor endlich ausschalten. Für Zuhörermitspieler: nicht klatschen, sondern wie in der Wissenschaft üblich, mit den Fingermittelgelenksknöcheln kurz (drei- bis viermal) beeindruckt auf den nächsten Ihnen erreichbaren Tisch klopfen.]

Mathematisches Zwischenspiel 4:
Über Mathematik und Chemie, Gott und die Welt.
Nebst einiger Vorschläge zur Feinoptimierung der Schöpfung.

Wir haben gesehen, dass die nicht-primen Durststrecken zwischen zwei Primzahlen immer länger werden, dass es sogar zu jeder noch so großen Zahl irgendwo (ganz weit hinten) eine Durststrecke dieser Länge geben *muss*. Aber auch, dass diese Durststreckenlängen nicht gleichmäßig wachsen, auch mal wieder kleiner werden und immer wieder auf die Länge 1 abstürzen können. Um jetzt mal in Ruhe (das soll heißen: ungestört von dauernden Schwankungen und immer wieder mal dazwischenfunkenden Primzahl-Zwillingen) überlegen zu können, was diese (im Allgemeinen) immer größer werdenden Abstände bedeuten, basteln wir uns schnell mal eine Folge von Zahlen, deren Abstände (wie bei den Primzahlen) immer größer werden, aber (ganz konträr zu den Primzahlen) auf eine ganz regelmäßige und erfreulich vorhersagbare Weise. Am einfachsten ist, wir fangen mit 0 an und schalten der Reihe nach Durststrecken der Länge 0, 1, 2, 3, 4 … dazwischen. Das ergibt

$$0, 1, 3, 6, 10, 15, 21, 28, 36, 45, 55, 66 \dots$$

– eine Folge, die nur schwer in die Gänge zu kommen scheint. Aber warten Sie's ab. Und vor allem eine Folge ohne alle, bei den Primzahlen so beliebten, Fisimatenten und Schrullen. Weswegen sie auch ein bisschen langweilig ist und im Vergleich zu den Primzahlen nur wenig Veröffentlichungen gezeitigt hat.[1]

Wir nennen diese Zahlen w_n ($n = 0, 1, 2, 3, \dots$), w wie <u>w</u>achsende Durststrecken oder <u>w</u>eniger dicht, und vergleichen sie mit einer Folge von Zahlen, die – das ist sogar *noch* langweiliger – ganz gleichmäßig mit einer festen Durststrecke verteilt sind. Mit der konstanten Durststrecke 4 ergeben sich, mit 0 beginnend, die Zahlen des 5er-Einmaleinses 0, 5, 10, 15, … die wir jetzt g_n ($n = 0, 1, 2, 3, \dots$) nennen (g wie <u>g</u>leichmäßig oder ganz langweilig).

Übereinander gelegt sieht das dann so aus wie in Abbildung 12. Die w_n wetzen los, mit kleinen Schritten wie ein Sprinter, während die g_n überlegen mit gleichmäßig raumgreifenden Schritten sofort die Führung übernehmen. Doch die w_n kommen! Langsam, aber gewaltig – wie man so schön sagt. Beim neunten Schritt holen die w_n die g_n ein ($w_9 = 45 = g_9$) und im zehnten Schritt bereits über ($w_{10} = 55$, $g_{10} = 50$). Gewonnen! Und im Gegensatz zu Sprintern fallen die w_n nach 100 Metern auch nicht einfach erschöpft um,[2] sondern sie vergrößern ungerührt ihre Schrittlänge und bauen ihre Führung souverän aus.

---

[1] Ehrlich gesagt: gar keine. Aber so langweilig ist sie nun auch wieder nicht und wir widmen dieser bisher eher vernachlässigten Folge im Folgenden unsere Aufmerksamkeit. Warum immer nur die Promis wie die Prim- und Fibonacci-Zahlen?

[2] Die schnellsten Sprinter sind aber gar nicht die (nach 100 Metern umfallenden) 100-Meter-, sondern die 200-Meter-Läufer. Die Taktik des 200-Meter-Läufers ist nämlich: Erst alles geben und einen perfekten 100-Meter-Lauf abliefern. Und dann zum Endspurt ansetzen. So sind auch die Zeiten von 200-Meter-Siegern ein bisschen kleiner als das Doppelte der Zeit eines 100-Meter-Siegers. Aber natürlich lässt sich das nicht einfach fortsetzen, weswegen 400-Meter-Zeiten über dem Vierfachen der 100 Meter-Zeiten liegen. Im Jahr 1960 lagen die Weltrekorde etwa bei 10 s für 100 Meter, 19 s für 200 Meter und 44 s für 400 Meter. Ich wähle dieses Jahr, weil sich mit 10 s für 100 Meter schöner rechnen lässt, als mit dem derzeitigen Weltrekord von 9,77 s. (Ein Fortschritt von 0,23 s in

Man sieht aber auch, dass die w_n im Vergleich zu den g_n immer schütterer werden und immer weniger dicht beisammen, oder besser, immer weiter auseinander liegen. Ab $w_9 = 45$ bewegen sich die w_n in Schritten „der Länge mindestens 10" (nämlich 10, 11, 12, 13 und 14) weiter, ab $w_{14} = 105$ in Schritten „der Länge mindestens 15" (nämlich 15, 16, 17, 18, 19) usw. Damit die g_n mithalten können, müsste man also ab g_9 in den „zweiten Gang" (Schrittweite $2 \cdot 5 = 10$) schalten, ab g_{21} in den „dritten Gang" (Schrittweite $3 \cdot 5 = 15$) etc. Wobei der anschauliche Gang als Vergleich natürlich hinkt (schön: der Gang hinkt), weil hier nämlich mit dem fünften Gang nicht Schluss ist, sondern die Gänge gnadenlos weiter hochgeschaltet werden müssten.

Im zweiten Gang nehmen wir also nur jedes zweite g, im dritten Gang nur jedes dritte usw. Nur durch solch zunehmendes Überspringen können die g_n mit den w_n mithalten. (Die Verbindungslinien in Abbildung 12, etwa von w_{10} nach g_{11} beim Wert 55, deuten diese „Synchronisation" an.)

---

47 Jahren!) Und weil das das letzte Mal war, dass ein deutscher Sportler den Weltrekord im 100-Meter-Lauf aufstellte: der große Armin Hary (englisch: Hurry). Interessante neue Laufwettbewerbe wären etwa: Wer kann am längsten „schneller als der 100-Meter-Weltrekord" laufen? Oder wer kann den 100-Meter-Weltrekord am höchsten überbieten? Dazu muss man lediglich nach jedem gelaufenen Meter für jeden Läufer die Zeit nehmen und die aktuelle Gesamtgeschwindigkeit berechnen. Misst man etwa bei Meter 195 die Zeit 18 s, so erhält man als aktuelle Gesamtgeschwindigkeit $195 : 18 = 10{,}8$ m/s. Das könnte ein 200-Meter-Läufer schon schaffen und es wäre schneller als die 100-Meter-Weltrekord-Gesamtgeschwindigkeit von 1960: $100 : 10 = 10$ m/s. Man lässt nun die Sprinter starten und verlangt, die 100-Meter-Weltrekord-Gesamtgeschwindigkeit (von 1960 oder auch die aktuelle) möglichst lange oder möglichst deutlich zu überbieten.

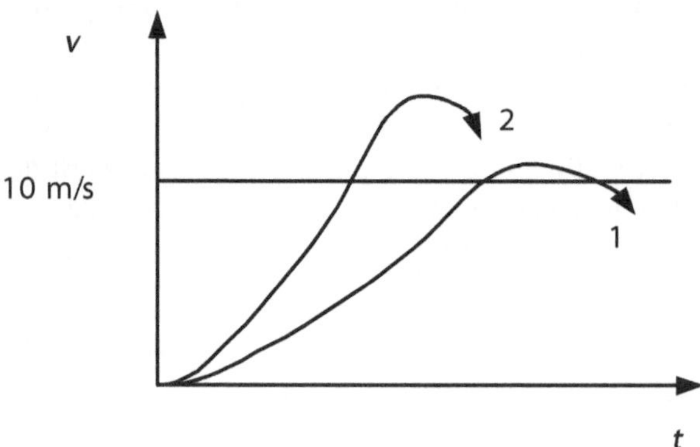

Der Sprinter ist fertig (und dürfte, wenn er dies müsste, auch auf der Stelle erschöpft umfallen) wenn er wieder unter 10 m/s absinkt (Kurve 1) bzw. wenn seine Geschwindigkeit erstmals wieder absinkt (Kurve 2). Lässt man acht Sprinter gleichzeitig starten, so kann das Stadionpublikum, bis die elektronisch gemessene und berechnete Siegerliste erscheint, lange rätseln und Wetten abschließen, wer welchen Platz belegt hat. Das wär doch mal interessanter als dieses ewige simple und stupide: Schuss, alles wetzt los, wer als Erster da ist, hat gewonnen.

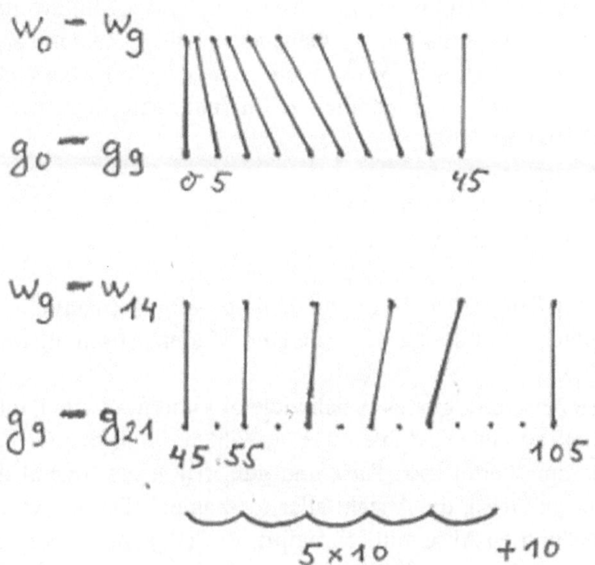

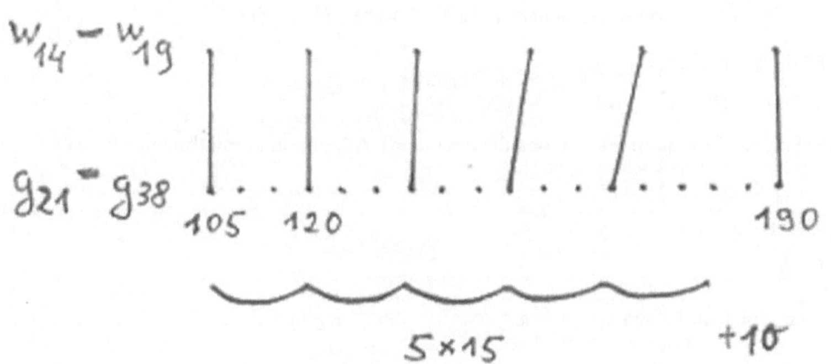

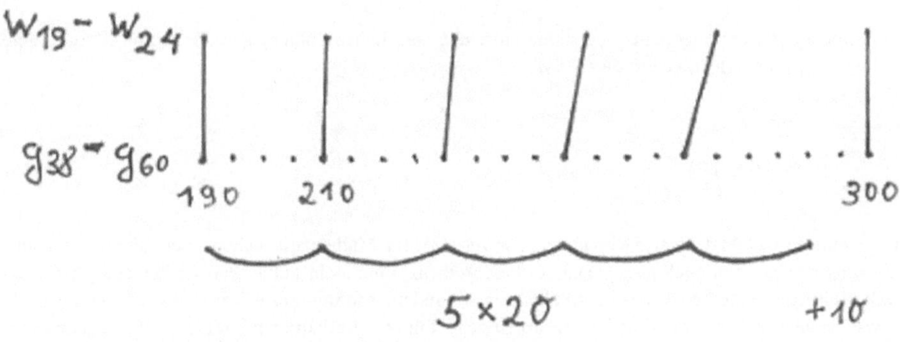

Abbildung 12

81

Damit hat man aber im ersten Abschnitt (0 bis 45) gleich viele w_n und g_n. Im zweiten Abschnitt (50 bis 105) mehr als doppelt so viele g_n wie w_n. Genauer: zwölf g_n-Zahlen ($g_{10} = 50$, $g_{11} = 55$, ..., $g_{21} = 105$) und fünf w_n-Zahlen ($w_{10} = 55$, $w_{11} = 66$, ..., $w_{14} = 105$); vergleiche Abbildung 9. Dass es mehr als doppelt so viele sind, nämlich zwölf statt zehn, liegt daran, dass die w_n ja kontinuierlich weiterwachsen und

$$10 + 11 + 12 + 13 + 14 = 5 \cdot 10 + (0 + 1 + 2 + 3 + 4) =$$
$$5 \cdot 10 + 10 = 5 \cdot 2 \cdot 5 + 2 \cdot 5 = (10 + 2) \cdot 5 = 12 \cdot 5.$$

Im dritten Abschnitt (120 bis 190) sind es mehr als dreimal so viele g_n (nämlich 17 g_n – entgegen fünf w_n-Zahlen) – vergleiche Abbildung 12 – und im vierten Abschnitt mehr als viermal so viele usw.[3]

Damit gilt umgekehrt: Im ersten Abschnitt gibt es gleich viele g_n - und w_n-Zahlen, im zweiten Abschnitt gibt es weniger als halb so viele g_n Zahlen wie w_n-Zahlen, im dritten weniger als ein Drittel, im vierten weniger als ein Viertel usw. Kurz und gut: $A(w_n)$, die Anzahl der w_n-Zahlen, ist insgesamt sicher kleiner als $A(g_n)$, die Anzahl aller g_n -Zahlen. (Da die Anzahl der w_n im Vergleich zu den g_n von Abschnitt zu Abschnitt schrumpft, ist $A(w_n)$ sogar deutlich klei-

---

[3] Wer es ganz genau wissen will und gerne herumbosselt – bitte! Bei 45 holen die w_n die g_n ein. Jetzt wird in den zweiten Gang geschaltet (mindestens doppelte Schrittweite $2 \cdot 5 = 10$) und wegen

$$10 + 11 + 12 + 13 + 14 =$$
$$5 \cdot 10 + (0 + 1 + 2 + 3 + 4) = 50 + 10 = 60$$

ist $45 + 60 = 105$ der nächste Umschaltpunkt (in den dritten Gang). Allgemein kommt man im k-ten Gang um

$$(k \cdot 5 + 0) + (k \cdot 5 + 1) + ... + (k \cdot 5 + 4) =$$
$$5 \cdot (k \cdot 5) + (0 + 1 + 2 + 3 + 4) =$$
$$5 \cdot (k \cdot 5) + 10 \qquad (k = 2, 3, 4, ...)$$

weiter. Und die Zahl, bei der man in den m-ten Gang schalten muss, ergibt sich als Summe der davor liegenden Abschnitte:

$$Z_m = 45 + \sum_{k=2}^{m-1} (5 \cdot k \cdot 5 + 10) \qquad m = 3, 4, 5 ...$$

Damit ergibt sich für die Dichte der w_n Zahlen unter den natürlichen Zahlen, also die Anzahl der w_n Zahlen zwischen 1 und Z_m (ohne $w_0 = 0$) geteilt durch Z_m

$$\frac{9 + (m - 2) \cdot 5}{45 + \sum_{k-2}^{m-1} (5 \cdot k \cdot 5 + 10)}$$

Aber Sie müssen das jetzt nicht nachrechnen. Sie *dürfen*! Zur Mathematik gehört auch, sich etwas ganz genau anzuschauen und es dann auch ganz genau zu beschreiben. (Eine nicht nur in der Mathematik nützliche Fertigkeit.) Das ist nichts Geheimnisvolles oder Schwieriges, sondern erfordert *nur* ein bisschen Konzentration. Und das ist es, was Schülern heute oft fehlt. Nicht die Intelligenz. Für $m = 5$ erhält man mit dieser Formel übrigens 24/300 = 0,08, wie man Abbildung 12 auch unschwer (zählen!) entnehmen könnte. Jedenfalls ist der w_n Anteil schon deutlich unter dem Anteil der g_n Zahlen unter den natürlichen Zahlen (also auch ohne $g_0 = 0$), nämlich 60/300 = 1/5 = 0,2.

ner als $A(g_n)$. Aber uns genügt schon mal zu wissen, dass $A(w_n)$ sicher kleiner als $A(g_n)$ ist, also $A(w_n) < A(g_n)$.)

Und da die g_n die Zahlen des 5er-Einmaleins liefern, also genau jede fünfte natürliche Zahl eine g_n-Zahl ist, bilden die g_n-Zahlen genau ein Fünftel aller natürlichen Zahlen und wir haben wegen $A(w_n) < A(g_n) = 1/5$ abschließend:

$$A(w_n) \ < \ 1/5.$$

(Wem das jetzt zu umständlich war, der *betrachte* einfach noch mal in Ruhe Abbildung 12: Die g_n traben in 5er-Schritten dahin, die w_n werden ab 45 im Vergleich zu den g_n immer weniger. Fertig.)

Und jetzt kommt wieder der springende Punkt. Wir haben das für die konstante Durststrecke 4 und damit mit dem 5er-Einmaleins gemacht. Das klappt natürlich genauso mit der konstanten Durststrecke 5 und dem 6er-Einmaleins. Der Einholpunkt ist dann nicht im neunten Schritt die 45, sondern im elften Schritt die 66. Dann schalten die g_n für sechs Schritte in den zweiten Gang (Schrittweite ≥ 12), für sechs Schritte in den dritten Gang (Schrittweite ≥ 18) usw. Und jetzt die bereits allgemein erwartete Verallgemeinerung: Wenn's für fünf und sechs geht, geht's auch für die Schrittweiten 10, 100 oder 1000. Das kann man sich auch noch ganz gut vorstellen. Aber es geht, natürlich, auch für unsere notorischen 100 Trilliarden (kurz: 100 Trilla). (100.000.000.000.000.000.000.000 müsste, wenn ich mich nicht verzählt habe – bei den Nullen natürlich – 100 Trilla darstellen.) Und wenn wir mit den

$$g_n: 0, \ 100 \text{ Trilla}, \ 200 \text{ Trilla}, \ 300 \text{ Trilla} \dots$$

arbeiten, dauert es verdammt lang, bis unsere armseligen

$$w_n: 0, 1, 3, 6, 10, 15, 21 \dots$$

die g_n eingeholt haben. Aber irgendwann ist es soweit. Und *dann* geht's erst richtig los: 100 Trilla Schritte mit Schrittweite 200 Trilla, 100 Trilla Schritte mit Schrittweite 300 Trilla usw.

Man sollte sich das, auch wenn man's natürlich längst weiß, ganz kurz wirklich mal klar machen. Die Zahl, bei der die w_n die g_n überholen, liegt, umgerechnet in Metern, weit außerhalb nicht nur unseres Sonnensystems, sondern unseres ganzen Kosmos.[4] Aber, es ist eine ganz bestimmte endliche Zahl. Und das war nur der Vorlauf. Erst jetzt startet der eigentlich unendliche Prozess mit dem allmählichen Hochschalten der Schrittweite. Und aus dieser Sicht ist es ziemlich egal, ob die w_n die g_n bei 45 oder erst außerhalb des Kosmos einholen. Beides ist nur ein irrelevanter Kratzer an der Unendlichkeit, die erst dahinter anzufangen anfängt.[5] Denn hier

---

[4] Wie allerdings der Endpunkt einer Strecke, die bis außerhalb des Kosmos reicht, aussieht, das ist wieder eine andere Frage. Denn wo *nichts* ist, ist nicht mal der euklidische Raum. Sie sehen: Auch endliche Zahlen können *sehr* groß sein.

[5] Deswegen ist der schöne Titel des schönen Films „Wer früher stirbt ist länger tot" natürlich sachlich unkorrekt. (Der Film ist trotzdem wunderschön und, falls Sie ihn nicht gesehen haben sollten, wärmstens zu empfehlen.) Ob Sie drei Tage früher oder später sterben, kratzt die darauf folgende Unendlichkeit wirklich nicht. Richtig müsste der Film heißen: „Wer früher stirbt lebt kürzer". Aber mit so was lockt man natürlich weder einen Hund hinterm Ofen vor, noch einen Zuschauer ins Kino. Eine positive und mengentheoretisch unbedenkliche Variante wäre etwa: „Leben lohnt sich immer!"

83

erst beginnt der unendliche Prozess des Hochschaltens der Schrittweiten. Und dieser unendliche Prozess sorgt dafür, dass die w_n, selbst im Vergleich zur Folge unserer 100-Trilla-Schritt-g_n, so ganz allmählich immer seltener werden.

Dass selbst die überastronomisch große Zahl der w_n, die zur Überholung der 100-Trilla-g_n nötig sind, uns in der Hand zu Staub, zu nichts zerrinnt, sollte einen schon mal kurz erschauern lassen. In meiner Kindheit lernte ich auch einen schönen altmodischen Choral kennen (BWV 20), der dieses Erschauern (natürlich nicht vor der Unendlichkeit der natürlichen Zahlen, sondern vor der Unendlichkeit der Zeit. Was aber auf's Gleiche rauskommt) doch irgendwie sehr gelungen vermittelt:

Oh Ewigkeit, du Donnerwort,
Du Schwert, das durch die Seele bohrt
Oh Anfang sonder Ende! [6]

Der erschröckliche „Donner" ist hier natürlich der unerquicklichen Aussicht auf die Verhängung von lebenslänglich (= ewig; jedenfalls für Christen) Hölle geschuldet. Eine schöne, aufgeklärt-säkulare Variante dieser Choral-Weisheit wäre es, allein vor dem Gedanken zu erschauern, dass alles noch so Große bezüglich der darauf einsetzenden Unendlichkeit ein Nichts ist. (Und sich mit diesem Gedanken im Laufe seines Lebens auch anzufreunden.) Eine letztlich doch vergnügliche Zuspitzung dieser Einsicht ist der wunderschöne Aphorismus: „Die Friedhöfe sind voller Menschen, die sich für unentbehrlich hielten." Das hat doch was sehr Entspannendes.

Und jetzt noch ganz kurz und nüchtern: So wie wir gesehen haben, dass wegen des Vergleichs mit den g_n in 5er-Schritten der Anteil der w_n an allen natürlichen Zahlen $A(w_n) < 1/5$ sein muss, folgte mit einer g_n-Folge in 6er-Schritten auch $A(w_n) < 1/6$. Und weil wir die g_n auch in 10er-, 100er- und 1000er-Schritten usw. laufen lassen können, ergibt sich auch

$$A(w_n) < 1/10 \, , \qquad A(w_n) < 1/100 \, , \qquad A(w_n) < 1/1000 \quad ...$$

Der Anteil der w_n an den Zahlen insgesamt ist kleiner als jede noch so kleine Zahl[7], er ist „praktisch gleich 0". Und da wir die w_n analog den Primzahlen zusammengebastelt haben – nämlich als Folge von Zahlen mit (im Allgemeinen) langsam größer werdenden Abständen – gilt das so (die genaueren Einzelheiten wollen wir uns ersparen) auch für die Primzahlen: der Anteil der Primzahlen an den natürlichen Zahlen A(Primzahlen) ist „praktisch gleich 0". Das heißt nicht, es gäbe gar keine. Es gibt sogar unendlich viele Primzahlen. Aber im Vergleich zur

---

[6] Da der Mensch, jedenfalls juristisch, erst ab der Zeugung existiert (und selbst da wird noch gefeilscht), ist die Ewigkeit für uns, wie die natürlichen Zahlen, in der Tat ein Anfang sonder Ende. Aber das ist natürlich nur eine sehr menschliche, sozusagen „halbe" Ewigkeit. (Gerne auch polemisch verwendet, etwa, wenn man sich um fünf Minuten verspätet und die wartende Gattin begrüßt einen mit dem mengentheoretisch leicht übertriebenen Vorwurf: „Ich warte hier schon eine halbe Ewigkeit!") Für *wirklich* ewige Entitäten (Himmel, Hölle und das jeweils einschlägige Personal) ist der Blick zurück genauso ewig wie der nach vorn, und es müsste in unserem Choral zusätzlich heißen: Oh Ewigkeit, du Donnerwort, oh Ende sonder Anfang!

[7] Das sagt sich immer so leicht. Ich darf noch mal auf den zahlenmäßigen Aufwand verweisen, der allein für $A(w_n)$ < 1 / 100 Trilla nötig war. Und 100 Trilla sind noch nicht mal die größte Zahl, die wir kennen.

kompakten Dichte der 1, 2, 3, 4, 5, … sind sie so schütter und ausgedünnt (ich sage nur: primzahlfreie Durststrecken beliebiger Länge!), dass sie sozusagen rein praktisch doch nicht ins Gewicht fallen.

Jetzt wissen wir also, na ja, nicht gerade alles über Primzahlen (über Primzahlen weiß man mittlerweile sehr viel), aber wir wissen jetzt zumindest, dass man bei Primzahlen mit allem rechnen muss. Insbesondere mit Überraschungen.

Wir wollen nun zum Schluss unsere skeptische Bemerkung vom Anfang: „Soo viele Primzahlen können's auch wieder nicht sein!", nachdem wir jetzt doch einiges mehr wissen, noch einmal aufgreifen: Soo naiv war das nämlich gar nicht.

Zum Beispiel ist die gesamte Materie, vom Erdkern (vermutlich Fe) bis an den äußersten Rand des Weltalls, da wo die w_n ansetzen, die Hunderttrilliarden-g_n zu überholen (dort vermutlich nur Spuren von H_2 und He, falls überhaupt), ist die gesamte Materie aus lediglich 93 Bausteinen, den Elementen, aufgebaut.[8] (Wie's allerdings mit der dunklen Materie genau aussieht, liegt noch im Dunklen.) Wobei hier nicht die Menge der Materie gemeint ist (natürlich gibt es sehr viel H_2 und He im Kosmos, und noch anderes) sondern die *Vielfalt* der chemischen Verbindungen. Deren Anzahl ist vermutlich endlich, aber wenn man in ein Lehrbuch der organischen Chemie guckt oder sich all die Gewebe, Enzyme und Sekrete der Millionen unserer Tier- und Pflanzenarten (nicht zu vergessen: die Pilze) vorstellt, ist man sich gar nicht mehr so sicher, ob's wirklich nur endlich viele Verbindungen geben sollte.

Man kann ja sogar in der Musik aus lediglich zwölf Tönen unserer wohltemperierten Stimmung unendlich viele Melodien (na ja, sagen wir mal vorsichtiger: Tonfolgen[9]) zusammenbasteln, wobei man natürlich Tonfolgen beliebiger Länge zulassen muss (was allerdings das Wiedererkennen und Nachsingen auch nicht gerade leichter macht[10]).

---

[8] Mittlerweile gibt es natürlich schon wieder mehr als 93 Elemente. Aber diese künstlichen Elemente pflegen alle mehr oder weniger schnell zu zerfallen. Etwas Unteilbares, das freiwillig zerfällt, kann man aber schlecht als ordentliches Atom bezeichnen. Weswegen diese unordentlichen Elemente (sogenannte Transurane) auch so seltsame Namen tragen wie Einsteinium oder Mendelevium. Was ein Glück, dass etwa Sebastian Schweinsteiger oder Frau Leutheuser-Schnarrenberger keine Physiker wurden. Andernfalls neue künstliche Elemente wie Schweinsteigerium oder Leutheuser-Schnarrenbergerium nicht auszuschließen wären. Der berüchtigte Fußballername „Strunz" („Was erlauben Strunz?") wäre allerdings chemisch verträglich. Den wo es ein Strontium gibt, sollte auch ein Strunzium sein Plätzchen finden. Inklusive der künstlichen gibt es mittlerweile 108 Elemente. Aber vielleicht (das ist ähnlich wie beim aktuellen Weltrekord im 100-Meter-Lauf) sind es auch schon wieder ein paar mehr.

[9] Eine Tonfolge ist eine lineare Abfolge von Noten (die zwölf Tonqualitäten der wohltemperierten Stimmung und ihre iterierten doppelten bzw. halbierten Frequenzen, das heißt jeweils entsprechend viele Oktaven höher bzw. tiefer, mit relativ zu einem frei wählbaren periodischen Puls festgelegten Zeitdauern) die ein Komponist oder sein Computer zu Papier bringt. Eine Melodie ist eine Tonfolge, die man auch nachpfeifen kann.

[10] Richard Wagner hat in dieser Hinsicht schon vorausschauend das Konzept der „unendlichen Melodie" entwickelt. Das eröffnet viele schöne neue Möglichkeiten. Aber es zieht sich.

Und so wie man aus 93 Elementen[11] und zwölf Tönen unendlich viele chemische Stoffe und Tonfolgen zusammenbauen kann, kann man natürlich auch aus endlich vielen Primzahlen unendlich viele Zahlen zusammenbauen. Etwa mit der 2 der Reihe nach 2, 4, 8, 16 … und genauso mit der 3 die Zahlen 3, 9, 27, 81 …(2^2 und 3^2 sind so was wie H_2 und O_2 bei den Chemikern), und wenn man diese beiden unendlichen Zahlenreihen auch noch miteinander multipliziert, hat man schon 2, 3, 4, 6, 8, 9, 12, 16, 18, … . Na wunderbar! Wenn man mit nur 93 Elementen alles, was es im Kosmos gibt, erzeugen kann, dann wird man doch mit 93 Primzahlen auch zu Potte kommen!

Natürlich nicht. Denn bei den Zahlen gibt es ja bereits eine, dem Multiplizieren von Primzahlen vorangehende Bauweise, nämlich das schlichte „+1". Endlich viele Primzahlen sind ein Satz von Fertigbauteilen, mit dem man schnell und elegant größere Zahlen zusammenbauen kann. Etwa mit nur vier Primzahlen wie 2, 3, 5 und 7: die $28 = 2 \cdot 2 \cdot 7$, die $30 = 2 \cdot 3 \cdot 5$ und die $32 = 2 \cdot 2 \cdot 2 \cdot 2 \cdot 2$. Und jeder wird zugeben, dass $30 = 2 \cdot 3 \cdot 5$ deutlich eleganter aussieht als

$$30 = \text{IIII IIII IIII IIII IIII IIII}.$$

Aber wegen der kleinkarierten „+1"-Bauweise der natürlichen Zahlen gibt es immer wieder irgendwelche Ecken und Winkel, in die ich mit meinen (endlich vielen) Fertigbauteilen nicht reinkomme und wo ich dann doch wieder den guten alten[12] einzelnen Ziegelstein bräuchte, zum Beispiel für

$$29 = 2 \cdot 2 \cdot 7 + 1 \quad \text{oder} \quad 31 = 2 \cdot 3 \cdot 5 + 1.$$

Das mit den unendlich vielen Primzahlen ist also unvermeidlich. Aber unsere Skepsis war nicht ganz unbegründet. Es bleibt dabei: Erstens sind 80 % aller Zahlen bereits durch eine der ersten fünf Primzahlen teilbar und erst für die restlichen 20 % der Zahlen beginnt das Schaulaufen der „richtigen Primzahlen" (ab 13 aufwärts). Und die Sache funktioniert leider nicht gemäß dem Dreisatz: Wenn man für 80 % aller Zahlen fünf Primzahlen benötigt, dann braucht man für 20 % nur noch fünf : (80 : 20) = 5/4 = 1,25 Primzahlen. Man braucht für diesen blöden Rest nicht 1,25 sondern, wie wir schmerzlich erforscht haben, unendlich viele Primzahlen.

Und zweitens haben wir in der Tat gesehen, dass die Anzahl der Primzahlen unendlich ist, aber gerade mal so, mit Müh und Not und Hängen und Würgen! Die Abstände werden beliebig lang und wenn wir nur jede hunderttrilliardste Zahl nehmen, sind das immer noch deutlich mehr (ein Hunderttrilliardstel ist klein, aber immer noch größer als gar nichts) als die Primzahlen!

---

11   Die elementaren unteilbaren Atome sind trotz ihres Namens selbst wieder aus kleineren Bausteinen zusammengebastelt. In den seligen Tagen meiner Kindheit waren das noch lächerliche drei (Neutron, Proton, Elektron). Mit den Quarks, Bosonen, Mesonen und Gluonen waren's auch noch irgendwie endlich viele, aber trotzdem alles schon irgendwie unübersichtlicher. Und seit der String-Theorie hat man den Eindruck, es gäbe irgendwie unendlich viele Urteilchen, die dann doch nur 93 Elemente erzeugen. Die String-Theorie ist sehr beeindruckend. Aber so richtig glücklich macht sie einen nicht. Man hätte einfach mit dem Bohrschen Atommodell die Forschung einstellen sollen. Dann wäre jetzt alles schön und leicht verständlich. Und man bräuchte auch keine sündteuren riesigen Beschleuniger zu bauen, nur um die kleinen Teilchen kaputt zu machen.

12   Neue Besen kehren gut, aber die alten wissen, wo sich der Dreck versteckt.

Wir müssen unsere rhetorische Frage: „Brauchen wir wirklich so viele Primzahlen?" also mit einem zähneknirschenden „Ja" beantworten, können aber sofort hämisch hinterherschieben: „Aber für den Hausgebrauch[13] täten's auch fünf. Und außerdem ist diese Unendlichkeit so ziemlich die mickrigste die es gibt." Ist schon verrückt. Erst beweist man mühsam: Es sind unendlich viele. Und dann rechnet man's wieder runter auf: Na ja, so viel sind's jetzt auch wieder nicht. Typisch Primzahlen!

Aber wenn's denn schon unbedingt unendlich viele sein müssen, hätte man das mit den Primzahlen dann nicht wenigstens ein bisschen ordentlicher organisieren können? Etwa bei jeder neuen Zehnerpotenz gleich mal vier neue Primzahlen:

2	3	5	7
11	13	17	19
101	103	107	109
1001	1003	1007	1009
⋮			

und basta! Wäre doch viel vernünftiger. (Und die Primzahldichte nähme auch schön gleichmäßig ab!) Nein, diese Primzahlen müssen immer völlig unsystematisch aufkreuzen. Und man fragt sich schon mal, so ganz nonchalant: Hatte der liebe Gott, als er (gemäß Leopold Kronecker) gerade die natürlichen Zahlen schuf, einfach keine Lust, das mit den Primzahlen irgendwie ordentlich zu regeln?[14] Oder dachte er sich, ich mach das mal so krumm und kraus, damit die lieben Menschen den Rest ihrer Tage was zu knabbern haben? (Zur Strafe dafür, dass sie seit Kant meine Existenzbeweise nicht mehr ernst nehmen. Und wenn sie irgendwann das Bildungsgesetz für die Primzahlen rausgefunden haben, wär das ein schöner Anlass für den Jüngsten Tag, schon allein weil dann der Baum der Erkenntnis sozusagen endgültig kahl ge-

---

[13] Wer clever ist, lernt ja auch Basic English statt Englisch und erspart sich so den vollen (und gefühlt unendlich großen) Englischwortschatz. Und wie mit den ersten fünf Primzahlen kann man mit: To put, to get, to go, to left und to f... (für authentisches Spoken English) auch gleich so ziemlich 80% der Alltagskonversation abdecken. (Der berüchtigte Idi Amin konnte in Interviews mit Basic English erstaunlich eloquent über alle anstehenden Fragen referieren.) Aus eigener schmerzlicher Erfahrung weiß ich sogar: wenn man in seinem passiven Wortschatz einige schöne rare Vokabelexemplare hegt, ist das im Alltag eher hinderlich. Man grübelt: „Da gibt's doch ein wunderschönes Adjektiv, ein bisschen altertümelnd aber auch genau mit der Ironie die ich ... wie hieß es nur gleich?" Und schon sagt man „äh" und das Gespräch wird fröhlich von anderen fortgesetzt.

[14] Was ja – wenn wir schon mal dabei sind – auch nicht so toll lief bei der Schöpfung: Warum hat man das mit Sonne, Erde und Mond nicht einfach so geregelt? Das Jahr hat exakt 360 Tage, jeder Monat hat exakt 30 Tage und man muss nicht mehr an seinen Fingerknöcheln abzählen, ob der August jetzt 30 oder 31 Tage hat. Von 28 bzw. 29 Tagen und seltsamen Ausnahmen wie durch 400 teilbare Jahreszahlen – wobei das auf Dauer ja auch nicht hundertprozentig hinhaut – ganz zu schweigen. Die Woche könnte dann genau sechs Tage haben. Gibt exakt fünf Wochen pro Monat. Wer aber unbedingt auf seinen vier Wochen mit sieben Tagen beharren möchte (wie gesagt: eine romantische, beliebte Zahl, die aber im Dezimalsystem leider leicht fremdelt) – Bitte! Dann gibt's eben vier Wochen à sieben Tage. Macht 28 Tage und zwei zusätzliche Tage am Ende des Monats, auf welche man schön ordentlich alle nicht-sonntägliche Feiertage verlegen könnte wie Weihnachten und Vatertag. Oder der Mond bleibt nach 28 Tagen genau zwei Tage stehen (mit der Sonne hat das laut Bibel ja auch schon mal geklappt) und springt dann urplötzlich und verblüffend, wie der Sekundenzeiger der offiziellen deutschen Bahnhofsuhren, auf seine Startposition für den nächsten Monat ... Man könnte noch viel an der Schöpfung verbessern! (Es gibt, wie ich der Presse gerade entnehme, tatsächlich Organisationen, die das – nicht gerade den kurz angehaltenen Mond, aber sonst so ziemlich alles – ernsthaft verfolgen. Schon allein damit's die Computer einfacher haben!)

fressen wäre.) Oder musste der liebe Gott das mit den Primzahlen – allmächtig hin, allwissend her – so seltsam machen, weil ihm da die Hände gebunden und die Zahlen als Ideen quasi schon vor der Schöpfung da waren, und zwar so, wie sie nun mal sind?

Es wäre anscheinend eher denkbar, dass Gott auch eine Welt hätte schaffen können, bei der die Planeten keine Ellipsen sondern Rechtecke beschreiben, als dass es natürliche Zahlen gäbe, deren Primzahlen systematisch-vorhersagbar aufträten.[15]

Solche Überlegungen, ob Gott beim Entwurf der Planetenbahnen oder der natürlichen Zahlen auch andere Alternativen gehabt hätte, erinnern immer an die lustige Geschichte vom Herrn Pfarrer, der seinen Schülern begeistert von der Allmacht des Herrn erzählt, bis der kleine Oskar[16], angespornt durch des Herrn Pfarrers schöne Beispiele, fragt: „Kann der liebe Gott auch einen Stein schaffen, der so schwer ist, dass ihn auch die 1000 stärksten Männer der ganzen Welt nicht lupfen (= anheben) können?“ „Aber sicher mein Sohn!“ antwortet der Herr Pfarrer milde lächelnd. „Und der liebe Gott könnt' ihn schon lupfen?“ „Aber sicher mein Sohn!“ „Und könnt' der liebe Gott auch einen Stein erschaffen, der so schwer ist, dass ihn nicht mal der liebe Gott lupfen kann?“ „Aber sich … …“ Und da merkt der Herr Pfarrer, dass da sogar der liebe Gott ein Problem hätte.

Aber das mit dem unlupfbaren Stein ist natürlich nur ein logischer Trick.[17] Die unsystematische Struktur der Primzahlen besteht unabhängig von logischen Taschenspielertricks. Und wenn wir hier die natürlichen Zahlen und insbesondere die Primzahlen als von jedem göttlichen, intelligenten (oder auch weniger intelligenten) Design unabhängige, zeitlos gültige Ideen betrachten, pflegen wir hier nur eine Art Pythagorismus: Alles ist Zahl![18] Und so hätte (entgegen Kronecker) nicht mal der liebe Gott die Zahlen geschaffen. Nicht, dass sie schon vor der Schöpfung da gewesen wären. Vor der Schöpfung war nichts (und wo nichts ist, kann man auch nichts zählen). Aber sofort mit der Schöpfung inkarnierten sich die Zahlen und zwar not-

---

15 Über die Details der Implementierung rechteckiger (am besten natürlich gleich quadratischer, das gäbe vier exakt gleich lange Jahreszeiten) Planetenbahnen möchte ich mich hier nicht weiter aufhalten. Auf dem Münchner Oktoberfest gibt es aber bereits eine Achterbahn für Kinder („Die wilde Maus“) deren Wagen (fast) ohne zu bremsen um (fast) 90°-Ecken brettern. Ein schöner Anlass für einen Klassenausflug. Kann man doch so den Schülern körperlich nachvollziehbar vermitteln, was es heißt, wenn eine Funktion an einer Stelle x_0 (nämlich in einer Ecke), stetig aber nicht differenzierbar ist. (Die Fahrt geht schon weiter. Aber fragen Sie nicht wie.) Die Reaktionen sind auch entsprechend unterschiedlich. Meine ziemlich wilde Tochter blieb nach der Fahrt sitzen und forderte begeistert „Noch mal!“. Mein eher sensibler Sohn stieg leichenblass aus und brachte nur noch ein gebrochenes „Nie wieder!“ heraus.

16 Früher hieß der aufgeweckte kleine Junge, der in solchen lustigen Geschichten dem Herrn Pfarrer oder dem Herrn Lehrer pfiffig Paroli bietet, zuverlässig immer „der kleine Fritz“. Nach meinen Recherchen gibt es aber in ganz Deutschland keinen einzigen Knaben mehr, der Fritz hieße. Weswegen ich hier den alten Fritz durch einen zeitgemäßeren Oskar ersetzt habe.

17 Dass der liebe Gott einen Stein hinbekommt, den nicht mal der liebe Gott lupfen kann, erinnert (jedenfalls mengentheoretisch belesene Leser) an den Dorfbarbier, der sich nicht selber rasieren darf. Sagen wir so: Der allmächtige liebe Gott ist sicher hinreichend mächtig, dass er eine axiomatisch wasserdichte, nicht-naive Allmachtstheorie hinbekommt

18 Pythagoras und seine Anhänger (sogenannte Pythagoräer) waren nicht nur intelligente, sachliche Wissenschaftler, sondern ziemlich religiös-sektiererisch (Spengler betrachtet sie in seinem „Untergang des Abendlandes“ als fanatisch-religiösen, quasi puritanischen Geheimbund.) Die Details überspringen wir. Die beiden handfesten Lehrsätze sind jedenfalls: „Alles ist Zahl“ und „Du solltest keine Bohnen essen“. (Das stimmt wirklich. Und das mit den Bohnen ist auch irgendwo nachvollziehbar.)

wendig so, wie sie sind und nicht anders. Aber wenn etwas notwendig sein muss, war es dann als denk- und seinsnotwendige Vorgabe nicht *doch* schon irgendwie vorher da? Pythagoras würde sagen: Ja. Wir sagen lediglich: An den Primzahlen kommt nicht mal der liebe Gott vorbei.[19]

Da aber Sisyphos ein glücklicher Mensch war und „wir (das ist jetzt der Liebe Gott im pluralis majestatis) nur den erlösen können, der immer strebend sich bemüht", sollten wir (pluralis communis, also wirklich wir) die krause Struktur der Primzahlen dankbar annehmen. Die natürlichen Zahlen und ihre Primzahlen sind ein geistiges Turngerät, an dem sich seit zweieinhalb Jahrtausenden die klügsten Köpfe versuchen. Und auch wenn wir nie ein präzises Bildungsgesetz der Primzahlen herausfinden werden (und wenn doch, glaub' ich jedenfalls, ist das, siehe oben, der Anfang des Weltuntergangs) – die Mathematik hat schon verdammt viel über die Zahlen und Primzahlen herausgefunden. Unser Wissen nähert sich der Vollkommenheit, sie nie erreichend, aber ständig wachsend, wie $\#\mathrm{ErPriT}_n$ der Eins. Und so sind die Primzahlen das Salz in der Suppe und ein Grund dafür, dass die Mathematik so spannend, verblüffend und kurzweilig ist, wie sie es ist.

---

[19] In den 70er-Jahren gab es auf Schalke einen begnadeten Dribbelkünstler: Stan Libuda. Als die Evangelische Kirche in einer ihrer netten PR-Aktionen für den lieben Gott flächendeckend plakatierte „An Gott kommt niemand vorbei!" konnte man in Gelsenkirchen darunter lesen (handschriftlich bzw. gesprüht): „Außer Stan Libuda". Die „Hand Gottes" hat dann Diego Maradona ins Spiel gebracht.

Die nächste und letzte Nummer des Kapitels „Mathematik und Kabarett" hat zunächst mal mit Mathematik nichts zu tun. Jedenfalls kommt darin keine einzige Formel vor, keine Kurve, keine Zahl, nicht mal ein albernes Computer-Programm wie „IF always zu THEN GOTO Fuß" in Kapitel 1.4. Aber nachdem die Mathematik auf der Logik aufbaut, handelt es sich bei der nun folgenden kabarettistisch-logischen Burleske letztlich doch um eine Art mathematisch-logisches Grundlagen-Kabarett.

Die Logik hat ja keinen allzu guten Ruf, wie schon die berühmte Szene zwischen Faust und seinem Schüler Wagner zeigt.[1] Steht die Mathematik immerhin noch (obwohl sie ja, wie wir alle wissen, ganz fürchterlich ist) in dem zweifelhaften Ruf, wahnsinnig schwierig und irgendwie schon auch genial zu sein, so gilt die Logik schlechthin als dröge statt genial, trocken und pedantisch, kurz: Erbsenzählerei, nur irgendwie abstrakter. Das ist natürlich Unfug. Der Nachweis, dass der Schluss „Wenn es regnet, wird die Straße nass. Die Straße ist nass. Also hat es geregnet." falsch ist (es hätte ja auch der Sprengwagen sein können), ist noch nicht *die* Logik.[2] Genauso wenig wie eine kleine Klavieretüde von Czerny noch nicht *die* Klaviermusik ist. Die moderne Logik ist schon eher (gleich der Hammerklaviersonate) ein komplexes und raffiniertes Kunstwerk, zu dessen Verständnis es auch eines kühnen Gedankenflugs bedarf. Und im Artikel über den großen Logiker Kurt Gödel im folgenden Teil wird Einstein auch mit der Bemerkung zitiert, er habe nur deswegen seine Professur in Princeton angetreten, damit er sich bei seinem täglichen Mittagsspaziergang mit Gödel unterhalten könne. Und Einstein und Gödel werden bei ihrem täglichen Spaziergang im Park von Princeton vermutlich keine Erbsen gezählt haben.

Aber zugegeben, ein Mensch der *nur* logisch denkt und handelt, wäre ein armer Tropf. Aber gibt es solche Menschen überhaupt?[3] Goethe war (wie die obige Faustszene auch schon dezent andeutet) nicht gerade ein Freund der Logik. Weswegen er auch die Dummheit beging, sich auf einen wissenschaftlichen Disput mit Newton einzulassen (betreffs seiner Farbenlehre). Umgekehrt war Newton, wenn er gerade die Welt erklärte (ob Planetenbahnen oder Optik, tragischerweise – für Goethe – auch insbesondere die Farbenlehre) von atemberaubender Logik, aber wenn er gerade mal *nicht* die Welt erklärte, ein von ziemlich irrationalen Marotten geprägter und ziemlich unangenehmer, mürrischer Hagestolz. Die Kunst besteht darin, die Welt, wie Newton, so weit es geht, logisch zu erklären. Und da, wo es nicht mehr geht, sie mit Goethen organisch-ganzheitlich zu schauen, und im Übrigen das Unerforschliche still zu verehren.[4]

---

[1] Vielleicht ist diese Szene wirklich das älteste Beispiel für logisch-mathematisches Kabarett.

[2] Schön ist auch der mathematische Schluss: Zwei Mathematiker (oder Logiker) stehen vor einer Schule. Sechs Schüler kommen gerade raus. Dann gehen vier rein. Sagt der eine Mathematiker zum andern Mathematiker: „Wenn jetzt noch zwei reingehen, ist keiner mehr drin."

[3] Der einzige bekannte rein logisch denkende Mensch (nach Fausts Schüler Wagner) war ein gewisser Mister Spock. Der aber war auch, wie der Kenner unschwer an den Ohren erkennen konnte, gar kein Mensch, sondern Vulkanier. Und bei aller logischer Abgeklärtheit von Mister Spock hatte man manchmal doch das Gefühl, dass es unter seiner coolen Oberfläche manchmal – Vulkanier! – ziemlich brodelte. Faszinierend! (Und das dürfte bei besonders coolen Menschen wohl ähnlich sein.)

[4] Die schlechthinnige Bruchstelle zwischen Verstehen und Schauen ist natürlich die immer wieder aus tiefsten Tiefen auftauchende Frage, warum überhaupt etwas ist. Wäre doch alles deutlich einfacher, wenn nichts wäre. Physiker wären sogar schon glücklich, wenn sie wüssten, wie seinerzeit (ein hier nicht unproblematisches Umstandswort der Zeit) die letzte Sekunde *vor* dem Urknall so ablief. Die Kreationisten aber verehren das Unerforschliche leider nicht still, sondern ziemlich lautstark. Und treiben auch gerne groben logischen Unfug. Dabei steht in der

Die Logik gilt also gemeinhin als eher spröde. Aber manchmal kann geradlinig-logisches Argumentieren durchaus von positiver Wirkung sein, sogar helfen, auch und gerade angesichts der Fährnisse und Abgründe unseres zwischenmenschlichen Alltags, eine gewisse Souveränität, ja geradezu heitere Gelassenheit zu befördern, was durchaus hülfe, uns Menschen vor allerlei Wirrnis und Händel zu bewahren.

Damit ist gar nicht die schon *sehr* abgeklärte Haltung (um nicht zu sagen: provokativ-rotzige Wurstigkeit) des notorischen Diogenes in der Tonne gemeint. Aber ein bisschen von der philosophischen inneren Ruhe zum Beispiel der Eleaten[5] würde uns allen in unserem hektischen Alltags-, Berufs- und Privatleben nicht schaden. Wussten die Eleaten doch, dass das Sein letztlich einer absolut starren, perfekt gerundeten, von Ewigkeit zu Ewigkeit vor sich hinseienden Kugel gleicht. Weswegen diverse Albereien, wie zum Beispiel ins Ziel treffende Pfeile oder Schildkröten überholende Leichtathleten letztlich (also nicht physisch sondern *meta*physisch) nur trügerische Effekthaschereien des den Menschen einnebelnden und umwabernden Scheins darstellen, die die seiende Kugel nicht mal jucken. *Sowas* schafft substantielle Gelassenheit!

Der folgende Text demonstriert also die Vorzüge solch einer Haltung, die selbst in so angespannten Situationen wie bei einem Streit eine gewisse logisch-kritische Distanz bewahrt. Und die es somit auch, gleich vergifteten Pfeilen abgeschossenen, bösartigen Beleidigungen (wie bei Zeno) verunmöglicht, ihr Ziel zu treffen. Kurz: Das seiende Sein und ein mathematisch-logisch geprägter Mensch *lassen* sich einfach nicht provozieren oder gar beleidigen.

Auf der Bühne folgt dieser logischen Burleske immer attacca ein Musikstück, meist ein gepflegter Boogie-Woogie, aber nicht sportiv runtergefetzt (wie es viele Boogie-Pianisten leider tun) sondern entspannt und eben „mit Groove" gespielt. Und solch einem entspannten Groove entspricht auch durchaus die kraftvoll und frei fließende Motorik eines bewegten Präludiums oder Suitensatzes von Bach.

Denn zur Erreichung jener substantiellen Gelassenheit gibt es drei Wege. Die Metaphysik, mit der es heutzutage aber leider ein bisschen hakt, da wir alle so schrecklich viel Physik (ohne Meta) kennen und deswegen gegenüber „Alles ist Wasser!", seienden Kugeln, Monaden aber auch Energie, Vibrations und Karma eher skeptisch sind.[6] Der zweite Weg ist die Versenkung in die ewige Schönheit und Wahrheit der Mathematik.[7] Was aber schon einer gewissen Aus-

---

Bibel: „Im Anfang war das Wort, und das Wort war bei Gott, und Gott war das Wort." Und was heißt „Wort" im Urtext? Logos.

[5] Philosophische Schule, benannt nach der griechischen Kolonie Elea in Unteritalien (unweit der griechischen Kolonie Kroton, wo die Pythagoräer saßen). Am bekanntesten, vor allem unter Mathematikern, ist Zenon (wegen der von ihm formulierten Paradoxa, zum Beispiel das Pfeil- oder das Schildkrötenparadoxon, siehe unten). Die Eleaten und ganz allgemein die Vorsokratiker sind übrigens wirklich zu empfehlen, da sie durchaus originell und unterhaltsam zu lesen, und in im Allgemeinen nur erfrischend kurzen Fragmenten überliefert sind (was man von neueren Philosophen, wie zum Beispiel Hegel, im Allgemeinen so nicht sagen kann). Und auch wenn man bei den Vorsokratikern nicht immer alles ganz wörtlich nehmen sollte, zum Beispiel „Alles ist Wasser!" oder „Alles fließt!", zwei metaphysische Grundanschauungen, die hinwiederum durchaus konsistent zu sein scheinen und hegelsch-dialektisch die Synthese „Und alles geht den Bach runter!" (Schopenhauer) ergäben ... – es hat schon was. Vergleiche auch das pythagoräische „Alles ist Zahl", was nachdem die Pythagoräer ja die rationalen Zahlen entdeckt hatten, genau genommen bedeutet: „Alles ist Bruch".

[6] Vermute ich mal. Bei den drei Letzteren bin ich mir da allerdings nicht so sicher.

[7] Etwa (wenn auch zur Zeit etwas aus der Mode, aber sehr empfehlenswert): Theorie der Funktionen einer (langt für den Anfang vollkommen) komplexen Veränderlichen.

dauer und Anstrengung bedarf und deswegen für real existierende Kabaretttheater im Allgemeinen nicht realisierbar ist. Und der dritte (und kabarettbühnen-kompatibelste) Weg ist eben das Spielen oder Hören[8] frei dahin fließender kraftvoll-motorischer Musik. Eine eher unspirituelle, aber sehr effiziente Art der Meditation, bei der man sich gelöst und glücklich ins seiende Sein dieser Welt verliert. Was ungemein beruhigend sein kann.

War Ihnen das zu verschwurbelt? Entschuldigung, wir werden das noch etwas systematischer (und logischer!) angehen. Hier sollte nur angedeutet werden: Dieser Text, gekoppelt mit der entsprechenden Musik, ist die Schlussnummer eines „wissenschaftlichen" Kabarettprogramms, das ich in der Rolle eines leicht bis weniger leicht verrückten Wissenschaftlers viele Jahre auf der Bühne gespielt habe. Und diese Schlussnummer hat beim Publikum tatsächlich zuverlässig diese heitere Gelassenheit und Leichtigkeit bewirkt (das spürt man an der Art des Applauses und Jubels). Ich hoffe, dass das auch in dieser schriftlichen Fassung, ohne Bühnenpräsenz und Klavier, wenigstens spürbar wird. Also: Vorhang auf und viel Vergnügen!

---

8   Spielen kommt natürlich noch besser.

1.5 Grobheiten im Alltag oder Triumph des reinen Denkens

[Der Wissenschaftler auf der Bühne plaudert zum Schluss seines Auftritts noch ein bisschen aus seinem Privatleben:]

Als vortragsreisender Wissenschaftler kommt man ja herum und lernt so auch Land und Leute kennen, insbesondere, wenn man, das standardisierte First-Class-Intercity-Publikum mit Anzug und Laptop[9] meidend, auf der Landstraße einherzieht. Außerdem: Als lediglich reisekostenbeihilfeerstattungsempfangsberechtigter Hochschullehrer benutzt man für Vortragsreisen aus steuerlichen Gründen am besten einen Fiat Panda mit Wohnwagen. Aber das nur am Rande.

In einer ostbayerischen Mittelstadt[10] erlebte ich eine Geschichte, die mir trotz ihres privat-zufälligen Anlasses doch als von allgemeinem wissenschaftlichem Interesse erscheint. Allerdings ist diese Geschichte nicht ganz unheikel, werden in ihr doch einige reichlich, wie sagt man – äh – unflätige Ausdrücke auftauchen. Ausdrücke, die man, auch wenn man sich ihrer persönlich selbstverständlich *nicht* bedient, zumindest in seinem passiven Wortschatz pflegt. Wird man doch, wenn man vom realen Leben nicht gänzlich abgeschnitten ist, gelegentlich mit ihnen konfrontiert. Vornehmlich, indem man mit ihnen beschimpft wird.

Nun, ich werde mich in diesen Ausdrücken nicht (nach mitunter forciert bürgerschrecken-der Dramatikerart) suhlen, sondern sie mit der Nüchternheit des Naturwissenschaftlers betrachten, so, wie ein Entomologe seine aufgespießten Schmetterlinge. Aber, wer weiß? Vielleicht ist auch die wissenschaftliche Behandlung solcher Themen nichts weiter denn eine flätig verbrämte Ausprägung der wohl allgemein verbreiteten und zutiefst menschlichen Lust am Unflat. Vielleicht hat jener gute Mann gar nicht so unrecht, dem ein Psychologe nacheinander ein Dreieck, ein Viereck, ein Fünfeck und einen Kreis präsentiert um ihn zu fragen, was er damit assoziiere, und der darauf jedes Mal die Antwort gibt „Nackade Weiba", worauf der Psychologe gequält aufseufzt, er denke wohl auch nur immer an das Eine, was unser guter Mann empört mit dem Gegenvorwurf „Ja wer hat denn die ganzen Schweinereien gezeichnet?" zurückweist. Wer weiß?

Jedenfalls habe ich Sie jetzt mit diesen leicht betulichen einführenden Worten wohl hinreichend gewarnt, und kann jedem, der sich hinterher etwa beschweren sollte (immerhin ist das ein Buch aus einem seriösen Fachverlag, obendrein aus Wiesbaden!), entgegenhalten, er hätte ja bloß zum nächsten Kapitel (mit ein bisschen Primzahl-Theorie) weiterblättern brauchen. Na, blättert wieder keiner? Hab ich mir gedacht.

Es gibt eine Gattung jüdischer Witze (und alle wirklich witzigen Witze sind letztlich jüdische Witze), die in dem Wort „nona" kulminieren, was etwa bedeutet: „Na, was wird schon anders sein?" Nona leitet eine gescheite Antwort auf eine blöde Frage ein. Für alle, die's nicht

---

9   Das gehobene Management fliegt oder fährt mit Chauffeur im Firmenwagen. Das weniger hohe Management in der ICE-First-Class hat das Sakko ausgezogen, den Schlips gelockert und hackt gnadenlos von München Hbf bis Hamburg-Altona auf seine Laptops ein. Wenn es nicht gerade in Handys brüllt. Bahnfahren erster Klasse war auch mal schöner.

10   Für Kabarettkenner: Nicht in Passau. Es gibt noch andere ostbayerische Mittelstädte.

kennen, wenigstens ein Beispiel, mein Lieblings-Nona-Witz (aus Salcia Landmann: Der jüdische Witz): Schmul hetzt mit letzter Kraft und sozusagen hängender Zunge auf den Bahnsteig, aber der Zug fährt ihm buchstäblich vor der Nase davon. Heftig schnaufend und verärgert stiert er ihm hinterher. Der Bahnhofsvorsteher, gutmütig-teilnahmsvoll: „Na, haben Sie den Zug versäumt?" Schmul: „Nona, verscheicht werd ich ihn ham!"

Und im Eifer eines Streites schwang ich mich auch einmal zu solch einer Nona-Antwort auf. Lange nicht so brillant. Deswegen gibt sie auch keinen Witz her, aber für – sagen wir mal – eine heiter-besinnliche Geschichte für die Sonntagsbeilage langt's allemal.

Die Situation: Meine Frau und ich kommen aus dem Hotel, steigen in unseren Wagen. Es ist Winter. Deswegen Kaltstart mit dennoch zu weit herausgezogenem Choke. Der Motor stottert und entsprechend stolpert der Wagen aus der Parklücke, tuckert noch einmal (sozusagen mit großer Geste) laut auf – abgesoffen. Ein schon von weitem sichtbarer BMW der gehobenen Serie muss deswegen bremsen[11] und fängt sofort an, mit Lichthupe und (bald auch) Hupe im engeren Sinne herumzuhupen. Man ist versucht, einfach auszusteigen und den bekannt-hilfreichen Vorschlag zu unterbreiten: „Wissen Sie was? Ich hup' für Sie, und Sie versuchen derweilen, meinen Motor flott zu bekommen." Aber man tut's doch wieder nicht, nimmt sich nur vor, sich von dem Blödmann ja nicht nervös machen zu lassen, forciert aber unbewusst trotzdem beim Hantieren mit Choke, Handbremse und Pedal. (Kann man mit einem Pedal hantieren? Egal.) Jedenfalls macht der Motor noch zweimal tucker-tucker-blubb, aber schließlich, nach zehn Sekunden ohne Gas, jault er glücklich wieder auf. Ich rangiere unseren Wagen in Fahrtrichtung – und jetzt beginnt der peripetische zweite Akt.

Der BMW oder besser (da er schon ganz nah dran ist und der seinen BMW personifizierende Fahrer allmählich erkennbar wird) unser entnervter Hintermann fährt jetzt nämlich scharf neben uns – das Seitenfenster hatte er längst heruntergekurbelt[12] – und brüllt mich an: „Du Arschloch!" Im Folgenden kurz AL.

Nun, für mich ist das AL die nicht-wissenschaftliche Bezeichnung für ein Stück Anatomie und an sich zunächst völlig wertneutral. Man hat es. Jeder hat es! So what? Und es ist, beiläu-

---

[11] Natürlich musste nicht der BMW bremsen, sondern der Fahrer. Aber in solchen Situationen ist es durchaus üblich, den Fahrer mit seinem Wagen zu identifizieren. (Es ist auch völlig okay, denn der BMW-Fahrer tut's ja selber. Wofür kauft man sich auch so einen teuren Schlitten?)

[12] Korrekterweise muss ich einräumen, dass ein BMW der gehobenen Serie auch damals schon – BMW-Kunden würden sagen: selbstverständlich – statt händischer Fensterkurbeln elektronisch gesteuerte Fensterheber besaß. Ich bevorzuge hier dennoch die Kurbel. Erstens weil ein mit rotem Kopf verbissen und wütend fensterherunterkurbelnder Autofahrer dramaturgisch wirkungsvoller ist als ein lediglich knöpfchendrückender ebensolcher. Zweitens gehört das Fensterkurbeln (wie etwa auch Schlagrahm schlagen, Plantschbecken aufpumpen, Rasenmähen oder Treppensteigen) zu jenen alltäglichen Verrichtungen, die wir aufwendig (bezüglich Kosten wie Energieverbrauch) an Elektromotoren delegiert haben. Und wozu? Damit wir mit der eingesparten Zeit und Energie abends im Fitness-Studio Gewichte heben. Wann gibt es endlich auch mit Elektromotoren betriebene, per Knopfdruck zu bedienende Fitness-Geräte (mit computergesteuerter stufenloser Schwierigkeitsgradeinstellmöglichkeit)? Und drittens plädiere ich aus verkehrspsychologischen Gründen für eine Wiedereinführung der Autofensterkurbel (bei gehobenen Modellen, gegen Aufpreis natürlich). Denn wenn ein wütender Autofahrer, bevor er losbrüllen kann, erst mal durch heftiges Kurbeln potentielle Energie in Bewegungsenergie (und Wärme versteht sich) umwandeln muss, ist sein Mütchen bei seiner Brüllattacke schon mal ein bisschen gekühlt (Verlust von Reibungswärme), so dass er seine Verbalinjurie nicht als monströs-abweisenden erratischen Block einfach mal so in die Landschaft setzt, sondern vielleicht mit einer verbindlichen Einleitungsfloskel etwas verträglicher gestaltet, etwa: „Wissen Sie, was Sie sind?!" Eine Frage ermöglicht, im Gegensatz zu einem plumpen „Du ...!!", immerhin die Möglichkeit des Dialogs.

fig, auch und gerade im Alltag durchaus zweckmäßig.[13] Jedenfalls interpretiere ich diesen Vergleich für mich so: Mein Gegenüber hält mich für einen ganz normalen Menschen, einen Menschen wie eben dich und mich, tüchtig, rechtschaffen, wacker die Mühsal seines Alltags meisternd und deswegen nicht einmal unsympathisch ... Ich lächle ihn an.

Anscheinend fühlt er sich aber missverstanden. Denn er präzisiert seine Aussage sofort dahingehend, dass es sich bei mir nicht um ein AL schlechthin, sondern – und guter Stil heißt, das Besondere herauszuarbeiten – sondern, attributiv verfeinert, um ein dreckiges AL handle.

Aber – so frage ich mich – disqualifiziert mich das zusätzliche Adjektiv „dreckig" wirklich zu einem unterdurchschnittlichen AL? Ich denke: Nein. Wenn ein AL seiner wesensmäßigen Bestimmung entspricht und in actu seinen Pflichten obliegt, ist es notwendig ein sogenanntes „dreckiges" AL. Wo gehobelt wird, fallen Späne. Dazu stehe ich: Arbeit schändet nicht!

Aber, kaum setze ich an, ihm diesen letztlich von calvinistischem Arbeitsethos erfüllten, nicht unschwierigen Gedankengang darzulegen, brüllt mich unser allmählich voll durchdrehender Verkehrspartner[14], indem er, mich auf dem linken Denkfuß überraschend, die AL-Debatte plötzlich fallen lässt, an: „Du Wichser!" Und ich staune über die intellektuelle Agilität, mit der er, nachdem er unsere AL-Debatte anscheinend als unergiebige Sackgasse erkannte, plötzlich versucht, mich als Phänomen nun quasi von der anderen Seite zu beleuchten. In Diskussionen muss man wendig sein!

Es ist guter Brauch, gewisse Themen nicht ohne Not zu vertiefen, und ich beschließe, mich lediglich auf den komödiantischen Aspekt der Situation einzulassen, beuge mich leicht seitlich zu meiner Frau und flüstere mit Betroffenheit: „Verdammt, woher weiß er das?" Worauf *sie hellauf* auflacht. Worauf *er vollauf* ausrastet und zu einem ultimativ-vernichtenden „Du geiler Wichser!!" ausholt.

Nach einer gewissen Lebenserfahrung hat man gelernt, dass inhaltliche Diskussionen meist müßig sind. In den Naturwissenschaften kann man im Allgemeinen mit Ockhams Rasiermesser[15] und ein bisschen Statistik, objektiv und ohne Streit, wenigstens die plausibelste Lösung finden. (Allerdings auch nicht immer.) Aber außerhalb der Naturwissenschaften gibt es manchmal keine, manchmal viele Maßstäbe, sodass die richtige Antwort letztlich doch Ansichtssache ist. Und über Geschmack lässt sich bekanntlich trefflich streiten. Deswegen gibt es aber keinen größeren Triumph, als den Gegner nicht eines inhaltlichen, sondern eines *formalen* Fehlers zu überführen.[16] Und in diesem Sinne stand ich nun vor meinem Triumph. Denn ein *geiler* Wichser ist platterdings ein grob-pleonastischer logisch-tautologischer Lapsus. Und um

---

[13] Die Existenz des anatomischen Synonyms „Rosette" zeigt darüber hinaus, dass seine Bezeichnung nicht einmal zwingend in niederen sprachlichen Ebenen angesiedelt sein muss, sondern geradezu poetisch sein kann.

[14] Hier natürlich nicht der personifizierte BMW, sondern der Fahrer persönlich. Obwohl ein „voll durchdrehender BMW" auch seinen Reiz hätte.

[15] Das für die Naturwissenschaften grundlegende, von Wilhelm von Ockham erstmals formulierte Prinzip, unter mehreren möglichen Erklärungen diejenige zu wählen, die den geringsten begrifflichen und technischen Aufwand treibt. So war das Modell unseres Sonnensystems nach Kopernikus nicht präziser als das des alten Ptolemäus. Und auch Ptolemäus konnte Sonnenfinsternisse schon präzise voraussagen. Aber sechs um ein gemeinsames Zentrum kreisende Planeten sind einfach eleganter und damit auch plausibler als das wirre Geflecht von Kreisen, exzentrischen Kreisen und weiteren sich darauf abwickelnden kleinen Zusatzkreisen, bei dem die Planetenbahnen eher an die Linienführung der südbadischen Sauschwänzlebahn erinnern, denn an Gottes göttliche Ratschlüsse. Aber wer weiß? Vielleicht ist ja der liebe Gott tatsächlich Modelleisenbahn-Fan? Dann hätte Ptolemäus doch recht.

[16] Formale Fehler ernähren einen ganzen Berufstand (Anwälte).

ihm das so freundlich wie katharsisch klarzumachen, stecke auch ich endlich meinen Kopf zum
Seitenfenster raus und erkundige mich sachlich: „Nona, wie sonst?" Und ich habe noch selten
ein so blödes Gesicht gesehen.

Ein hinter uns dann auch noch hupender Lieferwagen scheuchte uns dann endlich auseinander, und so werde ich wohl nie erfahren, was für eine Alternative ihm eigentlich vorschweb-
te. Und mit dieser brennenden offenen Frage – gutes Kabarett stellt Fragen und gibt Denkan-
stöße – möchte ich mich von Ihnen verabschieden, nicht ohne noch kurz auf die für uns Wissenschaftler oft nur schwer zu belegende praktische Anwendungsmöglichkeit dieser Fallstudie
hingewiesen zu haben. Zeigt sie doch, wie sehr mathematisch-logisch geschultes Denken entgegen einem sicher auch unter ganz normalem Kabarettpublikum wie Ihnen verbreiteten Vorurteil, sogar noch die Fähigkeit, unseren oft so komplexem zwischenmenschlichen Alltag zu
meistern, zu befördern, im Stande – äh – ist.

Ich danke für Ihre Aufmerksamkeit!"

[attacca MUSIK!] [Etwa „Boogie-Woogie-Prayer" gespielt von Mead „Lux" Levis, Al
Ammons und Pete Johnson. Oder das Preludio aus der dritten Englischen Suite in g-moll von
Bach. Beide mit Verve zu spielen. Aber nicht zu schnell!]

Mathematisches Zwischenspiel 5:
Zwei schöne alte Rechentricks

Wenn wir uns schon darüber freuen (und das sollten wir auch), dass bereits 80 % aller Zahlen durch eine der ersten fünf Primzahlen teilbar sind, dann sollten wir aber auch (sozusagen aus Dankbarkeit) wenigstens für diese fünf Primzahlen schnell und einfach die Teilbarkeit testen können: Ist also eine beliebige vorgegebene Zahl durch 2, 3, 5, 7 oder 11 teilbar?

Für 2, 3 und 5 ist das ja ganz einfach. (Sicherheitshalber, für die echt arithmophoben unter Ihnen: Wenn die letzte Ziffer gerade, dann durch 2 teilbar, wenn die letzte Ziffer gleich 0 oder 5, dann durch 5 teilbar.) Und das mit der 3 (nur sicherheitshalber; falls es jemand tatsächlich nicht mehr weiß) ist wirklich schön einfach: Wenn die Quersumme (also querbeet die Summe aller Ziffern dieser Zahl) durch 3 teilbar ist, dann ist auch die Zahl selbst durch 3 teilbar. So sieht man sofort, dass die Zahl 321 wegen $3 + 2 + 1 = 3 + (2+1) = 3 + 3 = 6$ durch 3 teilbar sein muss, denn 6 ist durch 3 teilbar. Genauso die Zahl 357 (da $3 + 5 + 7 = 3 + 12 = (1+4) \cdot 3$), aber auch die schöne Zahl 123456789, da $(1+2) + 3 + (4+5) + 6 + (7+8) + 9$ sechs durch 3 teilbare Summanden liefert und deswegen die ganze Quersumme auch durch 3 teilbar sein muss.

Falls Sie das mit der Quersumme aber nicht so recht überzeugt, weil Sie sich fragen: Na prima! Und wie sehe ich dieser seltsamen Quersumme an (das waren ja jetzt sicher einfache Beispiele), ob sie durch 3 teilbar ist? – Keine Panik. Erstens muss eine Zahl, damit sie eine große Quersumme hat, schon ganz schön monströs sein. So hat eine zehnstellige Zahl höchstens die Quersumme 90 (zehnmal die Ziffer 9). Und dieser 90 – und obendrein auch der dazugehörigen zehnstelligen Zahl – sieht man ziemlich schnell an, dass sie sich sehr leicht, ja geradezu mit Begeisterung, durch 3 teilen lässt.[1]

Und wenn man zweitens wirklich mal über eine nicht sofort durchschaubare Quersumme stolpert, (da muss man sich für ein Beispiel richtig Mühe geben, sagen wir mal:) zum Beispiel eine zwanzigstellige Zahl mit 19 Neunern und einer Eins, also mit der Quersumme $19 \cdot 9 + 1 = 20 \cdot 9 - 8 = 172$, dann brauchen Sie nicht mühsam anfangen zu versuchen, die 172 durch 3 zu teilen, sondern? Genau, Sie bilden einfach die Quersumme von der Quersumme, also $1 + 7 + 2 = 10$. Und wenn Ihnen die 10 immer noch zu unhandlich ist, bitte: $1 + 0 = 1$. Und die 1 ist nicht durch 3 teilbar. Das müssen Sie jetzt allerdings schon wissen. Denn die Quersumme von 1 ist wieder 1 und hilft Ihnen jetzt auch nicht mehr weiter. Also: Die 1 ist nicht durch 3 teilbar, also auch nicht die 10, auch nicht die 172 und auch nicht die – oh Gott, wie hatten wir diese Zahl konstruiert? – und auch nicht die 99.999.999.999.999.999.991.

---

[1] Die 3 geht sozusagen durch die 9999999 wie das sprichwörtliche Messer durch die Butter. (Das mit dem Messer klappt sogar, wenn die Butter frisch aus dem Kühlschrank kommt, wie jeder weiß, der schon mal kalte Butter zwecks Zubereitung eines Kuchenteigs zerteilt hat. Allerdings ist die Butter dann (wie meist beim Frühstück) nicht mehr streichfähig. Teilbarkeit und Streichfähigkeit führen jetzt aber mathematisch zu weit weg. Streichfähig wären gewissermaßen die reellen Zahlen. Aber was ist eine reelle Zahl, die frisch aus dem Kühlschrank kommt? Ist Abzählbarkeit nur ein gefrostetes Kontinuum? Fragen über Fragen!)

Sie sehen: Sie bilden bei Bedarf einfach so lange die Quersumme von der Quersumme von der na Sie wissen schon, bis Sie die gerade entstandene Zahl bezüglich ihrer Durchdreidivisibilität spontan durchschauen. Und da jede noch so große Zahl durch wiederholte Quersummenbildung ziemlich schnell auf eine einstellige Zahl zusammenschnurrt (bei unserem Beispiel kamen wir von einer zwanzigstelligen Zahl in nur drei Schritten auf die 1) genügt es eigentlich nur zu wissen: 3, 6 und 9 sind durch 3 teilbar. 1, 2, 4, 5, 7 und 8 nicht. Und das ist doch wirklich nicht zu viel verlangt![2]

Also: Teilbarkeit durch 2, 5 oder 3 – kein Problem! Aber was ist mit der 7 und der 11? Schauen wir uns erst mal die scheinbar schwierigere 11 an. (Die 7 wird sich nämlich, wie eingangs schon angemerkt, wieder mal als eher widerspenstig erweisen, jedenfalls schwieriger als die 11.)

Also die 11. Von 11 bis 99 ist alles wunderbar. 110 durchschaut man auch relativ schnell. Und die 121 kennt man auch. Jedenfalls, wenn man Quadratzahlen mag. (Und sich schon öfter geärgert hat, dass $121 + 169 = 289 + 1$, weswegen $11^2 + 13^2 = 17^2 + 1$ und der Pythagoras ganz knapp daneben liegt.) Aber ab $12 \cdot 11 = 132$ sieht man einer Zahl die Teilbarkeit durch 11 nicht mehr so einfach auf den ersten Blick an. Und auf den zweiten auch nicht.

Aber dafür gibt es die famose Elfer-Regel: Eine Zahl ist genau dann durch 11 teilbar, wenn ihre Querdifferenz durch 11 teilbar ist. Und diese Querdifferenz bekommen Sie ganz einfach, wenn Sie ganz rechts mit der ersten Ziffer anfangen, die zweite abziehen, die dritte wieder addieren, die vierte wieder abziehen usw. Ist etwa die schöne Zahl 987654327 durch 11 teilbar?[3] Nichts leichter als das!

$$7 - 2 + 3 - 4 + 5 - 6 + 7 - 8 + 9 =$$
$$(7 + 3 + 5 + 7 + 9) - (2 + 4 + 6 + 8) =$$
$$31 - 20 = 11$$

Hurra! Sie ist durch 11 teilbar. (Wie's misstrauische Leser auch schon geahnt haben.) Und wer's nicht glaubt, soll diese Zahl bitte händisch durch 11 dividieren und wird mit Interesse feststellen, dass $987654327 = 89786757 \cdot 11$ ist.

So, jetzt die berüchtigte 7. („The notorious seven" wäre ein schöner Titel für einen Thriller.) Wie gesagt: Die 7 stellt sich gerne quer. Und in der Tat gibt es für die 7 keine wirklich einfache Regel. Aber immerhin: es gibt eine Siebener-Regel: Eine Zahl ist genau dann durch 7 teilbar, wenn ihre Querdifferenz dritter Stufe – ich hab ja gleich gesagt, es gibt keine einfache Regel – durch 7 teilbar ist. Und diese ominöse dritte Stufe bedeutet, dass man bei der Querdifferenz nicht wie vorhin die einzelnen Ziffern addiert und subtrahiert, sondern gleich immer

---

[2] Da Quersumme (1) = 1 (sprich: „Quersumme von 1 gleich 1") nennt man 1 einen Fixpunkt der Quersummenbildung. Und für alle Zahlen, die irgendwann auf die 1 zusammenschnurren (etwa auch 91 oder 901 oder 4321 oder 55 oder 19999972), ist die 1 ein Attraktor. Den „Attraktor" kennen Sie, falls Sie mal ein spannendes Buch über Amazonas-Schmetterlings-Flügelschlag-erzeugte texanische Tornados gelesen haben. Aber bitte nichts durcheinander bringen. Die Quersumme hat *nichts* mit karibischen Zyklonen zu tun. Außer dem Attraktor.

[3] Misstrauische Leser werden sich fragen: „Warum nimmt er bei der Stelle ganz rechts nicht eine zu erwartende 1 sondern eine 7? Vermutlich weil's mit der 1 nicht klappt, aber mit einer 7 schon. Also dürfte diese Zahl durch 11 teilbar sein." Sie haben Recht. So ist es und insofern bräuchten Sie sich jetzt gar nicht mehr um diese seltsame Querdifferenz kümmern. Dieser psychologische Teilbarkeitstest klappt aber nicht allgemein. Insofern sollten Sie sich die Querdifferenz von 987654327 jetzt doch noch zu Gemüte führen.

drei Stellen nimmt, sozusagen die Hunderter. Und zwar auch wieder, wie bei der einfachen Querdifferenz, von rechts nach links. Ist also etwa die schöne Zahl 123456788 durch 7 teilbar?[4] Nichts leichter als das! Die Querdifferenz dritter Stufe ergibt

$$788 - 456 + 123$$
$$= (788 + 123) - 456$$
$$= 911 - 456 = 455$$

Die Querdifferenz von 455 ist jetzt allerdings auch wieder 455, so dass man jetzt tatsächlich die Ärmel hochkrempeln muss und händisch herausfinden muss, ob 455 sich glatt durch 7 teilen lässt. Aber wegen $6 \cdot 7 = 42$ (sogenanntes „kleines Einmaleins", das hier doch vorausgesetzt wird) ist $60 \cdot 7 = 420$ und wegen $455 = 420 + 35 = 60 \cdot 7 + 5 \cdot 7 = 65 \cdot 7$ ist 455 durch 7 teilbar und damit auch 123456788.

Wenn bei der Einteilung in Hunderter links eine oder zwei Ziffern übrig bleiben, nimmt man einfach diese Ziffern als zu subtrahierende oder zu addierende Zahl. Ist etwa 6049452613 durch 7 teilbar? Nichts leichter als das!

$$613 - 452 + 49 - 6$$
$$= (613 + 49) - (452 + 6)$$
$$= 662 - 458 = 204$$

Und schon sieht man[5]: Mit 204 ist auch 6049452613 nicht durch 7 teilbar. (Nur falls Sie gedacht haben, hier sei ohnehin immer alles teilbar.)

Solche Regeln (die Siebener-Regel, die Elfer-Regel, auch sehr schön die Dreizehner-Regel usw.) waren früher ziemlich bekannte Rechentricks. (Man benutzte sie vor allem, um große Rechnungen mit großen Zahlen auf Fehler zu überprüfen.) Heute hat man nicht mehr so ein kumpelhaft-vertrautes Verhältnis zu Zahlen (Heute hat man überhaupt kein Verhältnis zu Zah-

---

4   Siehe Fußnote 3.

5   „Schon", weil $204 = 210 - 7 + 1 = (30 - 1) \cdot 7 + 1$, also nicht glatt durch 7 teilbar. Hier war der psychologische Teilbarkeitstest aus Fußnote 3 nicht anwendbar. Und der psychologische Test zweiten Grades: „Wenn er sich schon die Mühe macht, mal eine nicht trivial erzeugte Zahl (wie 12345... oder 98765...) zu verwenden, dann wird er sie sicher so konstruiert haben, dass sie auch durch 7 teilbar ist." – diese trickreiche Argumentation geht hier auch daneben. Am Ende eine 2 statt einer 3, dann hätt's gestimmt. Also Sie sehen, Sie kommen um die Siebener-Regel nicht herum und müssen sich schon ordentlich mit ihr auseinandersetzen. Sollten Sie übrigens bei diesem „und schon sieht man" oder gar bei dem weiter oben mehrfach benutzten „Nichts leichter als das!" einen ganz leichten Anflug von Häme zu verspüren nicht unterdrücken können (nach diversen Additionen und Subtraktionen und mühsamen quasi zu Fuß zu rechnenden Tests dreistelliger Zahlen auf ihre Teilbarkeit durch 7), so täuscht Sie dieser Eindruck nicht. „Nichts leichter als das!" ist natürlich ein ziemlicher Euphemismus. Bei der Teilbarkeit durch 5, nur so als Beispiel, da könnte man das guten Gewissens sagen! Aber nachdem es bei der 7 keine einfache Regel gibt, freuen wir uns, dass es überhaupt eine gibt, rufen mit einer Mischung aus Euphorie und Sarkasmus: „Nichts leichter als das!" und fangen brav an, wacker Querdifferenzen dritter Stufe zu bilden und durch 7 zu teilen. Dies ist ein schöner alter Brauch in der Mathematik. Als Mathematikstudent stolpert man alle drei Seiten über eine freundliche Wendung wie „eine kleine Umformung ergibt" oder „wie man unschwer sieht" und sitzt dann geschlagene zwei Stunden da und grübelt.

len.) Aber ist das nicht ein tolles Gefühl, mit solchen einfachen Tricks auch ganz sperrige große Zahlen ganz schnell durchschauen zu können?[6]

Jedenfalls können Sie mit Hilfe dieser einfachen (bis mitteleinfachen: dritter Stufe!) Tricks sämtliche Zahlen schnell auf ihre Primität hin diagnostizieren. Bei 80 % aller Zahlen liegen Sie (dank der Teilbarkeitstests für 2, 3, 5, 7 und 11) völlig richtig. Und bei den restlichen 20 % lägen Sie mit der Diagnose „Ich fürchte, das sieht eher leicht primös aus!" oft auch nicht so falsch. Als Mediziner wären Sie mit so einer Trefferquote nobelpreisverdächtig.

---

[6] Falls es wirklich jemanden interessiert: Eine Zahl ist genau dann durch 37 teilbar, wenn ihre Quersumme dritter Stufe durch 37 teilbar ist. Ist etwa die schöne Zahl 123456790 durch 37 teilbar? Nichts leichter als das! Erstens spricht der psychologische 37er-Test dafür und zweitens ist

$$790 + 456 + 123 = 1369$$

und die Quersumme dritter Stufe von 1369 ist

$$369 + 1 = 370$$

und da $370 = 10 \cdot 37$ ist mit 370 auch 1369 und mit 1369 auch 123456790 durch 37 teilbar. Ich mein', das braucht kein Mensch. Aber ist das nicht voll faszinierend?!

Teil 2

Mathematische Zeitgeist-Glossen

2.1 Einstein heute – absolut berühmt und relativ unbekannt

zum Einstein-Jahr 2005, erschienen in aviso

Haben Sie das gesehen? Natürlich nicht. Weil: aviso-Leser sind natürlich seriöse Menschen und lesen keine BILD, aber ich als Kabarettist (sehr unseriös) muss natürlich täglich meine Bildzeitung gründlich (und kritisch!!) durcharbeiten (am schönsten beim Frühstücken im Steh-Cafe), natürlich inklusive des Seite-1-Girls, der Witzspalte und – des Sportteils. Jedenfalls: Die Bayern (Fußballer) duseln sich wieder (und gleich drei) mal durch Liga (Dortmund), Champions League (Tel Aviv) und Pokal (3:2 gegen Osnabrück. OSNABRÜCK!!), jeweils mit Makaay-Tor ganz kurz vor Torschluss (= 90. Minute). Daher stammt auch das Wort „Torschlusspanik". (Makaay war damals der holländische Mittelstürmer der Bayern.) Und prompt prangt auf der ersten Seite des Sportteils der Bildzeitung die Schlagzeile „Endlich wissenschaftlich erforscht" zusammen mit der veritablen fußballtheoretischen Formel

$$\sqrt{\frac{(89+x)^2 + M}{11 \cdot S_\infty}} \;=\; Dusel$$

(Für wissenschafltich ernsthaft Interessierte: Geduld, dieses originelle mathematische Forschungsergebnis wird noch erklärt werden!)

Und damit auch klar wird, worum's geht, prangt neben dieser Formel noch ein Porträt von Bayern-Manager Uli Hoeneß, allerdings mit abstehenden Haaren, grauem Schnauzer und weit herausgestreckter Zunge. Womit klar ist: der geniale Entdecker dieser genialen Formel ist natürlich – laut Bildzeitung – Prof. Uli Hoenstein. Eine pfiffige Kreuzung aus Uli Hoeneß und Albert Einstein. (Wofür sich eigentlich der Vorname Ulbert anböte. Übrigens stammen ja beide aus Ulm bzw. um Ulm herum!)

Das Erstaunliche ist, dass man Einstein sofort erkennt. Trotz Uli Hoeneß, der ja nun wirklich nicht wie ein Mozart-geigender theoretischer Physiker aussieht, sondern eher wie ein, nun, Würstchen-produzierender Fußball-Manager. (Und das ist auch gut so und sein gutes Recht.) Ein paar Zutaten – Formel, wirres Haar, rausgestreckte Zunge – und jeder weiß sofort, wer eigentlich gemeint ist. Trotz Hoeneß. Und das 100 Jahre nach seiner (Einsteins, nicht Hoeneß') Ruhmestat. Genauer 86 Jahre. Die Relativitätstheorie entstand vor 100 Jahren, im Jahre 1905, aber zum Medienstar wurde Einstein erst vor 86 Jahren, im Jahre 1919, als eine Sonnenfinsternis seine Theorie so strahlend bestätigte, von wegen Ablenkung des Lichtes etc. Ob das *unsere* Medienstars in 86 Jahren auch mal schaffen? In 86 Jahren sagt man vermutlich: „Dieter wer?" „Verona was?" (Statt Dieter Bohlen und Verona Pooth, geb. Feld-Blubb, falls Sie diesen Namen jetzt schon nicht mehr kennen sollten.) Und außerdem: Die Ikone Einstein kennt man nicht nur vom Watzmann bis Sylt (wie Uli Hoeneß, Dieter Bohlen oder Verona Pooth), sondern von Alaska über Berlin bis Neuseeland!

Da kann man nur gratulieren. Im Sinne von Respekt! Ein Berühmtheitsrekord für's Guiness-Buch. Ob man Einstein dazu auch beglückwünschen kann? Er selbst war ob seiner Popularität anfangs ziemlich verdutzt, später versuchte er, sie mit Würde und Humor (ist manchmal dasselbe) zu ignorieren.

Aber als aviso-Leser und damit (hoffentlich auch) den Naturwissenschaften zugetane Zeitgenossen dürfen wir schon ein bisschen stolz sein, dass das berühmteste Gesicht der Menschheit (vielleicht neben Charly Chaplin, Marylin Monroe, der Mona Lisa, Donald Duck, Bin Laden und Daniel Küblböck) ausgerechnet einem Physiker gehört. Dass er allerdings vornehmlich mit herausgestreckter Zunge, als ausgeflippter, mit krausen Formeln um sich werfender verrückter Professorenzausel durch unsere Bilderwelt geistert – da kommt man schon ein bisschen ins Grübeln. Bloß gescheit reicht anscheinend nicht. Eine flippige Frisur und die rausgestreckte Zunge, das muss schon auch sein!

In der Rubrik „Vermischtes" einer populärwissenschaftlichen Zeitschrift findet sich gerade die neueste Meldung: „Der Robotik-Experte Davin Hanson hat aus Schaumstoff eine Kunsthaut geschaffen. Das Imitat wird auf einen künstlichen Schädel gezogen, in dem Servomotoren die Gesichtsmimik simulieren: 'Albert Hubo', eine Einstein-Kopie, lässt sich vom Original kaum unterscheiden." Daneben das Bild eines Androiden mit perfektem Einstein-Zausel-Gesicht! Wenn Einstein etwas nicht war, dann ein Roboter. Aber mittlerweile hat das Gesicht die Person schon völlig verdrängt!

Was man von Einstein außer den sog. Einstein-Chiffren (Haare, Zunge, Formeln) heute sonst noch so weiß? Nun, irgendwie soll er ja als Schüler nicht gerade besonders gut gewesen sein (5er in Latein? Mach dir nix draus Junge! Einstein ist ja wegen Latein sogar mal durchgefallen!), irgendwie rotzfrech (die rausgestreckte Zunge ist anscheinend der Stinkefinger der Gruftis) und nicht gerade besonders korrekt gekleidet. Woraus in einem auch nicht gerade besonders korrekten Umkehrschluss gerne gefolgert wird: junge Leute, die auch nicht gerade besonders korrekt gekleidet, rotzfrech und schlecht in der Schule sind, berechtigten zu den schönsten Hoffnungen. In Physik. Und überhaupt.

Nun, diese drei Eigenschaften sind für eine wissenschaftliche Karriere leider, leider nicht hinreichend, wie viele, viele nölige schwache Schüler in angeschmuddelten Jeans, die dann *doch* keine großen Wissenschaftler wurden, eindrucksvoll belegen. Als postmoderne Prosa-Fassung des schmuddeligen Genies könnte allenfalls der verschärfte Computer-Freak-Programmierer (sog. „Nerd") gelten, der meist im Keller der Firma bei seiner Workstation haust (Matratze neben dem Prozessor, wärmt im Winder) und immer ein bisschen versifft wirkt (weil er sich ausschließlich vor dem Bildschirm und während der Arbeit mit Pizza aus der Schachtel und Cola aus der Dose ernährt), weswegen er auch gerne zu Adipositas und Kontaktarmut neigt, was man ihm aber nicht verübelt, da er als einziger alle Macken des Systems kennt (die er meist selber eingeschleppt hat) und deswegen von den anderen als zwar etwas unappetitlich aber dafür auch irgendwie wahnsinnig genial betrachtet wird. (Etwa der böse dicke Programmierer, der in Jurassic Park am Schluss von den kleinen grünen Compsognathen abgefieselt wird.) Einstein war da doch ein bisschen anders.

Und diese drei Eigenschaften sind für eine wissenschaftliche Karriere nicht mal notwendig. Wie etwa ein Blick auf Einsteins Freund Max Planck zeigt, der definitiv keine wirren Haare trug (Glatze!), immer sehr korrekt gekleidet war, auch nicht dazu neigte, in der Öffentlichkeit die Zunge rauszustrecken (privat, soweit man weiß, auch nicht) – und trotzdem ein ganz ordentlicher Physiker gewesen sein soll.

Wahr ist vielmehr, dass Einstein als Schüler immer zu den Jüngsten und Besten seiner Klasse gehörte. Nicht mal in Latein und Griechisch war er schlecht. Tut mir leid. Keine falschen Hoffnungen! Wenn er später öffentlich auftrat, trug er brav Anzug und Binder. Und er lief auch nicht sein ganzes Leben mit rausgestreckter Zunge durch die Gegend, sondern er war ein umgänglicher, charmanter und witziger junger (später: alter) Mann. Aber man hat ja sogar schon versucht aus Einsteins Hausgott Mozart (dessen sämtliche 34 Violinsonaten er zeitlebens mit Hingabe spielte) einen Punk zu machen, als Amadeus im Kino und als Amadeus^2 (= Amadeus Amadeus) bei Falco. Wenn man aber Mozarts Sonaten hört und Einsteins Schriften liest – absolut nichts Punkiges, sorry, sondern ein Höchstmaß an Inhalt mit einem Höchstmaß an Klarheit und gelassener Selbstverständlichkeit dargeboten.

Aber natürlich ist (wie meistens) *auch* was dran. Einstein hatte keine Schwierigkeiten in seinen Fächern, aber mit einigen seiner (übrigens bedauerlicherweise für uns Münchner: Münchner) Lehrern. Und auch noch später mit einem Dozenten am Zürcher Polytechnikum. Er hatte nämlich einfach keinen Respekt vor Respektspersonen, die, gerade wenn sie großen Wert darauf legen, Respektspersonen zu sein, meistens keine Respektspersonen sind. Und zu Zeiten von Willem Zwo soll es in Deutschland ja mitunter solche Leute gegeben haben. Zum Beispiel im Kaiserhaus. Oder an deutschen Gymnasien. (Man denke etwa an Heinrich Manns Roman „Der Untertan", den Einstein sicher sehr gelungen fand.) Und ein Schüler, der keinen Respekt hat und schwach in seinen Leistungen ist – na, das kenn' wa ja. Aber ein Schüler, der keinen Respekt hat und obendrein noch die Frechheit besitzt, gut zu sein – das ist ja wohl der Gipfel! Wenn Einstein als junger Mann im damaligen Deutschland seinen Grundwehrdienst hätte ableisten müssen, hätte ihn sein gereizter Uffz vermutlich angebrüllt: „Rekrut Einstein, wissen Sie was? Kaufen Sie sich eine Kanone und machen Sie sich selbständig!" Was er dann gewissermaßen auch prompt (und vermutlich zur weiteren Verblüffung seiner Lehrer) tat, indem er sich als 15-Jähriger selbständig auf die Aufnahmeprüfung für's Polytechnikum in Zürich (heute die ruhmreiche ETH) vorbereitete.

Diese Geschichte machte Einstein später ein bisschen zum Schutzheiligen des Glaubens, wenn man in der Schule nur möglichst viel Autorität abschüfe (also Haare nicht mehr kämmen und Zunge raus, oder auch: „gewähren lassen statt erziehen"), würde die Kreativität in den Klassenzimmern geradezu explodieren. (Besonders beliebt bei vielen fortschrittlichen Pädagogen, die aber oft auch nur gewendete, aber ähnlich ideologisierte Willem-Zwo-Studienräte der Moderne darstellen.) Leider hat sich diese schöne Hoffnung nicht so ganz bestätigt. (Wo steht der schiefe Turm? Genau.)

Der Grund ist: Einstein brauchte keinerlei Autorität, die ihn anhielt zu lesen und zu lernen. Er las als 13-Jähriger Kants „Kritik der reinen Vernunft" und verschlang, neben der Schule, weiterführende Mathematikbücher, insbesondere ein streng an Euklids logischer Deduktion orientiertes Geometrielehrbuch, deren Stringenz und Sicherheit ihn geradezu verzückten (mit 14!). Daneben lernte er in dieser Zeit Geige. Geige! Kein Keyboard mit lichtpunktgeführter Tastenanzeige für die Melodie (heute üblich), sondern ein zunächst ganz grässlich kreischendes Stück Holz mit vier Schweinedärmen. Jeder der selbst Geige gelernt hat (heute nicht mehr allzu häufig; Bratsche tut übrigens auch nicht schöner), weiß, wie mühsam das am Anfang ist. Und er lernte das damals als Schüler so gut, dass er (ohne späteres Konservatorium) als Erwachsener auf einem Amerika-Dampfer mit Planck am Flügel mal schnell eine Brahms-Sonate musizieren, oder mit dem Orchester ein Mozart-Violinkonzert darbieten konnte. Wenn unsere Schüler in ihrer Freizeit auch ein bisschen mehr Euklid lesen und Mozart spielen würden, ja, da könnte man einen kreativen Unterricht aufziehen, dass es nur so schnalzt. Schnalzt aber nichts in Deutschland. Gar nichts. Auf sein Geigenspiel war Einstein übrigens stolzer als auf seine Physik. Als bei einem Patzer der zuhörende Lustspiel-Autor Ferenc Molnar lachte – aber Brahms vom Blatt ist auch für Profis kein Spaziergang – setzte Einstein die Geige ab und bemerkte kühl: „Was lachen Sie, Molnar? Ich lach' ja auch nicht bei Ihren Komödien."

Einsteins Ruhm beruht letztlich auf zwei Eigenschaften. Die eine war sein glasklares Hinterfragen und Nichtakzeptieren von Dingen, die man bisher nie hinterfragt, sondern einfach akzeptiert hat: z. B. wilhelminische Oberstudienräte, die angebliche Notwendigkeit, in Schuhen Socken zu tragen (da hat Einstein bis heute stilbildend gewirkt!), z. B. der absolute Raum (vormals „Äther"), eine absolute Weltzeit (sozusagen eine Ur-Uhr, die, wie das Pariser Ur-Meter in einem tiefen Pariser Keller, in einem dicken Tresor, irgendwo in der Mitte des Alls unverdrossen vor sich hin tickt), z. B. den Unterschied zwischen schwerer und träger Masse. Aber dieses Infragestellen hatte nichts mit Lust am Provozieren oder Wichtigtuerei zu tun, sondern entsprang einer tiefen und nüchternen Neugier auf die Wahrheit. Vor 2500 Jahren, zu Zeiten von Thales, Pythagoras und Demokrit kam dafür das Wort Philo-Sophie auf. Und auch Faust wollte wissen, was denn die Welt im Innersten zusammenhält. Nur dass in Einsteins Labor keine Dämpfe waberten, Phiolen funkelten und Erdgeister erschienen. Sein Labor, das bestausgerüstete, das es gibt, bestand aus Papier und Bleistift. Und der Kunst, mit höchster Nüchternheit immer weiter zu fragen. Er selbst begründete seine wissenschaftlichen Erfolge damit, dass er immer „wie ein Kind" mit ganz unbefangener und unverstellter Neugier an die Dinge heran ging.

Und diese nüchterne Neugier, diese tiefe Liebe zur Wahrheit war bei Einstein, glücklicherweise (für ihn und für uns) mit einem immensen Fleiß gekoppelt, einer bewundernswerten Fähigkeit zur Zähigkeit, wirklich sehr, sehr, sehr dicke Bretter zu bohren. Zum Beispiel das Brett mit Raum und Zeit (ca. 5 Jahre), das mit der Gravitation (ca. 10 Jahre), das mit der allgemeinen Feldtheorie (ca. 20 Jahre; ist aber immer noch nicht ganz durch) oder Mozarts Violinwerk (ca. 60 Jahre). Dagegen waren diverse Kleinigkeiten wie die Lichtquanten oder die Drehung der großen Halbachse der Merkur-Umlaufbahn um 43 Bogensekunden (!) pro Jahrhundert (beides ca. 2 Jahre) die reinsten Sonntagsspaziergänge.

Dass man heute in der Zeitung Einsteins Gesicht mit Uli Hoeneß kombiniert? Nun, Einstein erkundigte sich wohl höflich, wer denn der Mann sei, und lächelte vermutlich darüber. (Ob er allerdings die untergeschobene Co-Autorenschaft für jene krude Formel akzeptierte – Sie wissen schon: Die Wurzel aus $(89 + x)^2 + M$ usw. – ist eine andere Frage.) Im Umgang mit den Medien war er jedenfalls abgeklärt. Sein Emigrationsgenosse George Mikes karikiert in seinen herrlichen Bändchen „How to be an American" den durch keinerlei respektvoll-heuristische

Annäherung an die komplexe Thematik getrübten, direkten Zugriff amerikanischer Journalisten auf die Wunder der modernen Physik, indem er einen Kleiderschrank von Reporter (aber, wie alte amerikanische Filme zeigen: im korrekten grauen Anzug und mit Hut!) mit seiner rechten Pranke Einstein jovial auf den Rücken hauen lässt, ihm gleichzeitig ein dickes Mikro unter die Nase haltend mit der Frage: „Hy Alby, what about relativity?" Und Einstein notiert in einem Brief passend: „Die Reporter stellten ausgesucht blöde Fragen, die ich mit billigen Scherzen beantwortete, die mit Begeisterung aufgenommen wurden." Seine berühmte herausgestreckte Zunge (um das auch endlich abzuhaken) galt übrigens weder der Welt im Allgemeinen noch unseren verkrusteten Gesellschaft im Besonderen, sondern einfach einem Pulk lästiger Fotoreporter. Prinz August von Hannover hätte da vermutlich einfach kurz und trocken zugeschlagen.

Und wenn Einstein in einer Zeitung von heute läse: „6 % aller Münchner Theaterkarten waren Freikarten, das heißt jede sechste Karte war umsonst." amüsierte er sich sicher königlich.

Dass heute jeder die Relativitätstheorie kennt, aber kaum einer weiß, auch und gerade bei den berufsmäßig Klugen im Lande, was dahintersteckt – das hat er vermutlich so erwartet. Einstein geht's da ein bisschen wie seinem Freund und Leidgenossen Schönberg (nach Amerika emigrierter deutschsprachiger Jude mit kühnen neuen Ansichten), von dessen Zwölftonmusik auch schon jeder gehört hat. Bei Bedarf raunt man auch irgendwas von „sehr bedeutend". Aber sich so eine CD mal kaufen und sie sich zuhause im Sessel konzentriert anhören? Wie sagte Lessing so schön über Einstein und Schönberg?

> Wer wird nicht einen Klopstock loben?
> Doch wird in jeder lesen? Nein.
> Wir wollen weniger erhoben
> Und fleißiger gelesen [bzw. gehöret] sein!

Dass allerdings in einschlägigen Gremien gerade überlegt wurde, im Physikunterricht die Beschleunigung abzuschaffen (die Geschwindigkeit ist die Änderung des Ortes in der Zeit, die Beschleunigung die Änderung der Geschwindigkeit, also die Änderung einer Änderung; und das ist für deutsche Schüler natürlich schon wieder zu hoch; glauben manche Pädagogen) – da runzelte er dann doch allmählich die Stirn.

Und wenn er schließlich in einem der großen deutschen Feuilletons läse, Naturwissenschaften betriebe man nicht, weil sie Spaß machten, sondern nur weil sie nützlich seien – das kränkte ihn dann wirklich, das verbäte er sich strengstens. Ganz im völlig unzeitgemäßen Gegensatz zum seltsamen heutigen Konsens zwischen Großbanken (Forschung nur wenn marktorientiert-innovativ) und Feuilleton (Naturwissenschaften sind *nur* nützlich) betrieb Einstein die Naturwissenschaften *nicht* weil sie nützlich sind, sondern nur, nur weil sie Spaß machen. Und weil diese Haltung heute schon so völlig „strange" ist, das Ganze bitte noch mal ganz langsam, laut und deutlich nachsprechen: MAN BETREIBT NATURWISSENSCHAFTEN NUR, NUR WEIL SIE SPASS MACHEN. Danke!

Es ist wunderbar, dass die Naturwissenschaften *auch* noch nützlich sind! Wobei das Spektrum natürlich von der notorischen Teflonpfanne (*der* praktische Nutzen der Weltraumfahrt) bis zur fatalen Wasserstoffbombe reicht (eine kleine Anwendung von $E = mc^2$). Aber es gibt, wie wir alle wissen, vom – sagen wir mal – Rad und Sextanten bis zum Radio oder Kühlschrank verdammt viele und verdammt nützliche naturwissenschaftliche Anwendungen. Und selbstverständlich sollen Naturwissenschaftler, etwa durch Patent-Anmeldungen (wie es auch Einstein tat) gutes Geld verdienen können. Aber der verborgene Zusammenhang zwischen Raum und Zeit, das Geheimnis der Gravitation, eine allgemeine Feldtheorie oder die periodische Änderung der Merkurbahn – so etwas durchdenkt und untersucht man nicht über Jahre hinweg, nur weil's so nützlich wäre. Einstein setzte seine Intelligenz und Zähigkeit zuerst und vor allem aus einer tiefen Neugier heraus ein, aus Liebe und Begeisterung für – tut mir leid, ich muss da leider etwas pathetisch-altmodisch werden – für das Wahre und Schöne, das nirgendwo, wirklich nir-gend-wo beglückender zusammenfällt als in einer mathematisch elegant („Gott ist raffiniert, aber nicht bösartig" A. E.) formulierten physikalischen Theorie. (Und dass zum Wahren und Schönen bei Einstein als überzeugtem Pazifisten auch noch das Gute hinzutritt, macht hier die so gerne belächelte Dreiheit vom Wahren, Schönen und Guten nur noch vollständig und konsistent.)

Was aber das Kennenlernen der Relativitätstheorie für Otto Normalphysiker mit rudimentärem Schulmathematik-Wissen anlangt? Lassen Sie es mich vielleicht so versuchen.

Es gibt Klavierschulen ... übrigens spielte Einstein auch Klavier und soll sehr schön improvisiert haben. Das war früher bei Bürgers so üblich. Letzte Ausläufer dieser schönen Tradition in unseren Tagen waren Helmut Schmidt und Otto Schily, die auch eine ganz flotte Taste spielen sollen. Beim führenden Personal der nächsten Generation beschränkt sich die Musikalität etwa bei Schröder auf lautes Mitklatschen, wenn die Scorpions in Hannover spielen. Und Stoiber spielte gerne die erste Geige. Frau Merkel und Herr Seehofer spielen zwar kein Instrument, gehen aber regelmäßig nach Bayreuth. Das muss aber nicht unbedingt mit Musikalität zu tun haben. Aber damals, das waren einfach seltsame Zeiten. Da interessierte man sich als Bürger sogar für Naturwissenschaften! Populäre Bücher wie das berühmte „Vom 1x1 zum Integral" hatten Rekordauflagen, öffentliche Vorträge über moderne Physik waren überfüllt. Heute findet man an einer deutschen Volkshochschule unter der Überschrift „Naturwissenschaften und Technik" das Kursangebot: Feng Shui, Wünschelrutengehen und „Pannenkurs für Frauen". Oder: Astrologie 1, Astrologie 2, Astrologie 3. Aber an der deutschen Volkshochschule steht ohnehin seit einiger Zeit Uranus quer zu Pluto im 13ten Haus. Wo war ich? ... Ach ja. Also noch mal.

Es gibt Klavierschulen, die heißen etwa „Klavierspielen leicht gemacht". Auf der Titelseite sieht man einen gutaussehenden jungen Mann. An einem schwarzen Flügel. Denselben traktierenden. Und auf dem Flügel liegt eine noch viel besser aussehende junge Dame (meistens blond), im kleinen Schwarzen, den Pianisten anhimmelnd. Und in den Noten findet man nach 20 Seiten die Melodie des „Song of Joy" (vormals „Freude schöner Götterfunken") und nach weiteren 20 Seiten eine vereinfachte Fassung der ohnehin schon ziemlich einfachen Musette aus „Friedemanns Klavierbüchlein" usw. Glauben Sie's nicht! (Das mit dem Titelbild.) Aus langer Erfahrung kann ich Ihnen versichern: Man muss am Klavier schon *einiges* mehr bieten, bis sich die gutaussehenden jungen Damen (blond, im kleinen Schwarzen) auf den Flügel legen und einen anhimmeln.

So, und jetzt kommt die gute Nachricht. Der Aufwand, die Relativitätstheorie rumzukriegen, ist ungleich geringer. Man muss *nicht* jahrelang üben. Drei Stunden konzentrierten Lesens und man kann ihr verliebt in ihre tiefen schwarzen Augen (das All ist schwarz) blicken. Und auch wenn man nicht alles komplett versteht – aber wer versteht schon das All (und die Frauen) komplett – dieser eine tiefe Blick lohnt jede Mühe (insbesondere drei Stunden konzentrierten Lesens) und ist ein Erlebnis für's ganze Leben. Wirklich!

Es gab mal sehr viele und gibt immer noch viele einführende Werke in die geheimnisvolle Relativitätstheorie: dicke, dünne, ernste, witzige. Für jeden persönlichen Geschmack ist ein passender approach zu finden. Nur zu! Die Gefahr bei manchen dieser populären Darstellungen ist allerdings, dass man vor lauter Bemühtheit um Anschaulichkeit (die Unendlichkeit *ist* nicht anschaulich) nach 30 Seiten nur noch sich windschief im All kreuzende, mit Lichtgeschwindigkeit spazieren flitzende ICEs herumrasen sieht ... (Das mit dem ICE und der Lichtgeschwindigkeit war natürlich nur ein kleiner Scherz. Einstein kannte noch die alte Reichsbahn, etwa Berlin – Dresden in 100 Minuten. Und zwar pünktlich. Heute 128 Minuten. *Wenn* pünktlich! Mit der heutigen Bahn wäre Einstein nie auf sein Zugbeispiel gekommen. Der Kosmos der Deutschen Bahn heute ist voller Schwarzer Löcher, sog. Langsamfahrstellen ... .) ... ICEs, auf denen dauernd kleine Männchen (gerne als lustige kleine Einsteins gezeichnet) mit einer großen Stopp-Uhr herumturnen, weil im Führerstand und im Bremserhäuschen gleichzeitig der Blitz eingeschlagen ... und man versteht vor lauter Zügen nur noch Bahnhof. Verbunden mit der Erkenntnis, dass die Relativitätstheorie doch relativ theoretisch sein muss. Sei Z_1 ein Zug, der mit der Lichtgeschwindigkeit c ...

Es gibt übrigens eine ehrwürdige und allgemein verständliche Einführung in die Relativitätstheorie vom Meister persönlich. Erste Auflage 1917. (Mittlerweile erscheinen Nachdrucke in der 23. Auflage.) Dieselbe hebt an mit den schönen Worten: „Gewiss hast auch du, lieber Leser, als Knabe oder Mädchen mit dem stolzen Gebäude der Geometrie Euklids Bekanntschaft gemacht." Und einige Absätze später heißt es: „Jedes Schulkind weiß, dass sich das Licht im leeren Raum mit einer Geschwindigkeit von $c = 300000$ km/s fortpflanzt." Wenn das ein Lehrer von heute liest – der fällt auf der Stelle tot um. Altmodische Lehrer lachen sich tot, ob Einsteins treuherzig-hoher Meinung vom Wissen unserer lieben Knaben und Mädchen. Und fortschrittliche Pädagogen trifft auf der Stelle der Schlag, ob des absolut unmöglichen, onkelhaft-freundlich getarnten, aber latent repressiven didaktischen Ansatzes: So liebe Kinder, ihr kennt sicher alle Euklid und die Fortpflanzungsgeschwindigkeit des Lichts im Vakuum ... (Außerdem trifft sie der Schlag, weil *sie* gerade zum ersten Mal die Wörter „Euklid" und „Lichtgeschwindigkeit" hören.) Aber ein nicht-mathematikphober Bildungsbürger, der sich Zeit nimmt und es genau wissen will, der ist betreff Einstein bei Einstein natürlich am besten aufgehoben.

Sehr zielführend und viel kürzer als alle derartigen Bücher sind aber oft hintere Kapitel in Büchern mit so aufregenden Titeln wie „Physik für die Oberstufe". Stöbern Sie mal in den Schulranzen ihrer Sprösslinge! (Oder besser: In den East-Packs ihrer Kiddies.) Warum sollte man als Erwachsener eigentlich keine Schulbücher mehr lesen? Lehrer wissen am besten, wo's beim Verstehen knirscht. Und bei Erwachsenen knirscht's da oft noch lauter als bei Jugendlichen.

Aber wenn man sich tatsächlich mal drei Stunden konzentriert hinsetzt und seinen Rest Schulmathematik mutig zusammenklaubt, ist Einsteins Originalarbeit (Zur Elektrodynamik bewegter Körper, Annalen der Physik, 1905) immer noch die schönste und erfrischendste Art der Annäherung. Nicht die Einführung (zu elektrodynamisch, nur für zünftige Physiker). Aber §1-§4: kein Problem. §5: machbar (aber „nur für Geübte"). Ab §6 wird's grausam. (Maxwellsche Gleichungen!) Aber, dass die Uhr am Nordpol bisschen schneller läuft (obwohl's da ja saukalt ist und die Unruh einfriert), *das* hat man nach diesen ersten zehn Seiten kapiert. (Siehe aber den Kasten: Anmerkung für theoretische Physiker.) Obendrein ist es ein wirklich erlesenes Vergnügen, Einsteins durch und durch sachlichen, glasklaren und völlig uneitlen Stil zu genießen! (Zehn Seiten Einstein sind ein Klacks gegen einen Abschnitt Adorno und Adepten, die man als gebildeter Mensch ja auch gelesen hat. Oder haben sollte.)

Dass aber für die Lichtgeschwindigkeit c und eine normale Geschwindigkeit v gilt, dass $c + v = c$ ist, das müssen Sie allerdings einfach glauben. Man hat's so gemessen. Sehr oft sogar, weil vor 100 Jahren die Physiker da auch schon sehr skeptisch waren. (Siehe den Kasten: Anmerkung für Experimentalphysiker.) Aber das mit der Lichtgeschwindigkeit ist ja gerade das Tolle! Mit der Lichtgeschwindigkeit ragt wirklich *einmal* die Unendlichkeit in unsere kleine beschränkte Normal-Welt hinein. Denn die einzige Zahl x, für die gilt $x +$ etwas $= x$, ist das Unendliche, so dass sich mit $c + v = c$ tatsächlich Endlich und Unendlich berühren.

Denn wegen $c + v = c$ ist c irgendwie unendlich. Aber andererseits ist 300000 km/s (Maßeinheit für Physiker) gleich 1080000000 km/h (Maßeinheit für Autofahrer). Und das ist zwar verdammt schnell (jedenfalls für Autofahrer), aber endlich. Und vor lauter Schreck, dass sich hier tatsächlich irgendwie unendlich und endlich berühren, rollt sich der unendliche (?) Raum („Papa, was kommt hinter den Sternen?") zu einer unbegrenzten, aber endlichen Kugeloberfläche zusammen. Okay, diese Kugel ist eigentlich eine Hyperkugel in der vierten Dimension und das alles ist auch immer noch ein bisschen spekulativ, aber – wär das nicht wahnsinnig elegant?

Damit sind wir auch schon flugs an die Grenzen unseres Wissens gestoßen. Aber mit der Unendlichkeit des Kosmos sind wir jetzt auch endlich so weit, endlich das Unendlichzeichen in der geheimnisvollen Formel von Prof. Uli Hoenstein anzupacken. Also, wie war das? Die Bayern schießen das entscheidende Tor immer am Schluss. Nicht 5 vor 12, sondern 1 vor 90. Macht, mit Nachspielzeit: $89 + x$. Und wer schießt das Tor? Torminator Makaay natürlich. Also: $+ M$. Ist doch logo. Und warum klappt das alles? Weil die Bayern unendliches Selbstbewusstsein haben. Macht $11 \cdot S_\infty$. Ob das jetzt $S_\infty = \infty$ ist, darüber schweigt sich BILD allerdings so vorsichtig wie geschickt aus. Schade! Aber egal: Das Unendlichzeichen im Sportteil – zwar im Nenner – aber immerhin. Respekt! (Die Wurzel ist allerdings wirklich Käse. Wurzelzeichen sehen aber immer irgendwie wahnsinnig mathematisch aus.) Ach ja, und was berechnet unsere schöne Formel jetzt eigentlich? Natürlich den berühmten Bayerndusel D, gemessen in Siege/schlechte Spiele, Maßeinheit 1kH (Kilohoeneß). Alles klar?

Aber da gibt's eine noch viel schönere Formel. Mathematiker kennen und lieben ja alle *das* Mysterium der höheren Mathematik, die Formel $e^{i\pi} + 1 = 0$. (Besser nicht nachrechnen. Jedenfalls nicht mit Ihrem Taschenrechner. Stimmt aber wirklich!) Diese Formel fasst, in der Nussschale, die ganze Mathematikgeschichte zusammen und ist mit π, e und i sozusagen die Formel von Archimedes-Euler-Gauß. Aber kennen Sie auch die Formel von Pythagoras-Einstein? Sozusagen das Alpha und Omega der abendländischen Wissenschaften? Na? Einstein: E ist gleich? Richtig. Und Pythagoras? $a^2 + b^2$ ist gleich? Also, insgesamt?

Formel von Pythagoras-Einstein

$$E = m(a^2 + b^2)$$

Alles klar? Alles klar.

Anmerkung für theoretische Physiker

Falls ein richtiger Physiker beim Lesen dieses Artikels tatsächlich bis zur schnelleren Uhr am Nordpol durchgehalten haben sollte: Ja, der Nordpoleffekt (Uhr schneller, da keine Rotationsgeschwindigkeit) wird konterkariert durch die Polabflachung der Erde (Uhr wieder langsamer, da geringeres Gravitationspotential). Aber *so* genau wollen wir's hier gar nicht wissen.

Anmerkung für Experimentalphysiker

Bei allem Respekt vor Einstein. Wie man damals, mit der Technologie der vorletzten Jahrhundertwende $c + v = c$ gemessen hat? Wahnsinn! Also, ich hab einen PC mit allen Schikanen, einen 500-teiligen Werkzeugkasten und ein original Schweizer Armee-Taschenmesser mit 51 Funktionen. Könnte damit aber nie nachmessen, dass die Lichtgeschwindigkeit mit der Erdrotation gleich der Lichtgeschwindigkeit senkrecht zur Erdrotation ist. Das haben Michelson und Moorely 1880 tatsächlich präzise gemessen. Ohne jede IT, ohne Giga-Flops und Mega-Software. Ohne jeden Baumarkt. Sozusagen nur mit dem original Schweizer Armee-Taschenmesser. Das ist *fast* so imponierend, wie die darauf aufbauende spezielle Relativitätstheorie. (Und der Arbeitstisch, auf dem später Hahn die erste Atomspaltung gelang, sah aus wie mein unaufgeräumter Schreibtisch.)

Mathematisches Zwischenspiel 6:
Mathematics at its best:
Eine Formel, zu nichts nutze, aber wunderschön!

Für alle Leser mit mathematischem Biss – das sind Leute, die, wenn sie angefangen haben, über ein Problem nachzudenken, erst dann wirklich Ruhe geben, wenn sie dieses Problem ganz klar durchschaut haben (sozusagen von der leicht gekräuselten, trüben Oberfläche bis auf den Grund des geheimnisvollen Kratersees) – und solche Leute gibt es bestimmt nicht nur in der Mathematik, sondern in allen Berufen, außer vielleicht bei den … na ja, lassen wir das lieber – für all diese Leser mit mathematischem Biss sind die Formeln, die wir in unserem zweiten mathematischen Intermezzo für die Anzahl der durch die ersten 1, 2, 3, 4 oder 5 Primzahlen teilbaren Zahlen aufgestellt haben (#$ErPriT_n$ für $n = 1, 2, 3, 4, 5$), nicht einfach ein paar nette Ergebnisse, sondern eine geradezu unerträgliche Provokation. Denn sie fragen sich (und Sie tun das sicher auch schon seit Tagen): Wie schaut eigentlich die *allgemeine* Formel für $ErPriT_n$ mit einer beliebigen natürlichen Zahl n aus?

Nichts leichter als das![1] Man braucht zur Verallgemeinerung unserer $ErPriT_n$-Formeln, etwa von

$$ErPriT_4 =$$

$$\frac{1}{2} + \frac{1}{3} + \frac{1}{5} + \frac{1}{7}$$

$$- \frac{1}{2 \cdot 3} - \frac{1}{2 \cdot 5} - \frac{1}{2 \cdot 7} - \frac{1}{3 \cdot 5} - \frac{1}{3 \cdot 7} - \frac{1}{5 \cdot 7}$$

$$+ \frac{1}{2 \cdot 3 \cdot 5} + \frac{1}{2 \cdot 3 \cdot 7} + \frac{1}{2 \cdot 5 \cdot 7} + \frac{1}{3 \cdot 5 \cdot 7}$$

$$- \frac{1}{2 \cdot 3 \cdot 5 \cdot 7},$$

man braucht dazu nur drei kleine Tricks.

- Für $a_1 + a_2 + \ldots + a_n$ bzw. $a_1 \cdot a_2 \cdot \ldots \cdot a_n$ schreibt man abkürzend

$$\sum_{i=1}^{n} a_i \quad \text{bzw.} \quad \prod_{i=1}^{n} a_i$$

wobei i einfach als „Laufvariable" von 1 bis n dient. $\sum$ und $\prod$ sind die griechischen Großbuchstaben Sigma und Pi. Wie Summe und Produkt.

- Da „minus mal minus gleich plus" gilt der Reihe nach:
$$(-1)^1 = -1$$
$$(-1)^2 = (-1) \cdot (-1) = +1$$
$$(-1)^3 = (-1)^2 \cdot (-1) = (+1) \cdot (-1) = -1$$

---

[1] Sie wissen schon, wie's gemeint ist.

$$(-1)^4 = (-1)^3 \cdot (-1) = (-1) \cdot (-1) = +1$$

usw.

Man kann also mit $(-1)^i$ mit $i = 1, 2, 3 \ldots$ ganz einfach das Vorzeichen zwischen -1 und $+1$ hin und her wechseln lassen.

- Die Anzahl der Möglichkeiten, etwa 2 Primzahlen aus den ersten 4 Primzahlen 2, 3, 5 und 7 auszuwählen, ist – man liste einfach alle Möglichkeiten der Reihe nach auf:
(2,3) (2,5) (2,7) (3,5) (3,7) (5,7)
– ist offensichtlich 6. Dafür gibt es eine schöne Formel, die in unserem Fall den Bruch $\dfrac{4 \cdot 3}{1 \cdot 2}$ liefert, was man mit $\binom{4}{2}$ abkürzt und was wegen $\dfrac{4 \cdot 3}{1 \cdot 2} = \dfrac{12}{2} = 6$ auch tatsächlich das richtige Ergebnis liefert.

Das berühmte Beispiel (statt 2 Primzahlen aus 4 Primzahlen) ist natürlich die Anzahl der Möglichkeiten 6 (Zahlen) aus (den ersten) 49 (Zahlen) auszuwählen, nämlich

$$
\begin{aligned}
\binom{49}{6} &= \frac{49 \cdot 48 \cdot 47 \cdot 46 \cdot 45 \cdot 44}{1 \cdot 2 \cdot 3 \cdot 4 \cdot 5 \cdot 6} \\
&= 49 \cdot \frac{48}{6} \cdot 47 \cdot \frac{46}{2} \cdot \frac{45}{3 \cdot 5} \cdot \frac{44}{4} \\
&= 49 \cdot 8 \cdot 47 \cdot 23 \cdot 3 \cdot 11
\end{aligned}
$$

Und obwohl jeder schon mal gehört hat, dass das ziemlich viel sein soll (ich glaube irgendwie knapp 14 Millionen), wird fröhlich weiter Lotto gespielt. So viel zum Nutzen der Mathematik im Alltag.

Jetzt brauchen wir nur noch eine letzte Abkürzung. Wie bezeichnen mit $P_k^{n,i,j}$ die k-te der i Primzahlen aus der j-ten der $\binom{n}{i}$ Möglichkeiten, i Primzahlen aus n Primzahlen auszuwählen.[2]

Aber das klingt wirklich schlimmer als es ist. In unserem Beispiel „2 aus 4 Primzahlen" sieht das so aus (wobei bei allen $P_k^{n,i,j}$ das n und i schon mit 4 und 2 vorbesetzt ist, es handelt sich also um lauter $P_k^{4,2,j}$; das j durchläuft die $\binom{4}{2} = 6$ Möglichkeiten und bei jedem j gibt es eben eine erste und eine zweite Zahl, gesteuert durch $k = 1, 2$)

---

2   Noch einmal ganz ruhig und langsam lesen, dann ist alles klar wie ein frischer Quell im Hochgebirge.

k	1	2		
j				
1	$p_1^{4,2,1}$	$p_2^{4,2,1}$	$=$	$(2,3)$
2	$p_1^{4,2,2}$	$p_2^{4,2,2}$	$=$	$(2,5)$
3	$p_1^{4,2,3}$	$p_2^{4,2,3}$	$=$	$(2,7)$
4	$p_1^{4,2,4}$	$p_2^{4,2,4}$	$=$	$(3,5)$
5	$p_1^{4,2,5}$	$p_2^{4,2,5}$	$=$	$(3,7)$
6	$p_1^{4,2,6}$	$p_2^{4,2,6}$	$=$	$(5,7)$

Alles klar? Alles klar. Und jetzt können wir auch endlich unsere allgemeine Formel aufstellen:

$$\#\mathrm{ErPriT}_n = \sum_{i=1}^{n} (-1)^{i+1} \sum_{j=1}^{\binom{n}{i}} \frac{1}{\prod\limits_{k=1}^{i} p_k^{n,i,j}}$$

Na, sieht das nicht bombastisch aus? Aber es wird noch besser! Wir haben ja gesehen, dass sich $\#\mathrm{ErPriT}_n$ mit wachsendem n zwar quälend langsam, aber immerhin (und letztlich doch unaufhaltsam) der 1 annähert. Dafür benutzt man die (und das ist jetzt wirklich die allerletzte Abkürzung[3]) abkürzende Schreibweise $\lim\limits_{n\to\infty}\ldots=1$: Wenn n immer weiter wächst, nähert sich der Wert immer mehr der 1 oder „der Grenzwert (lateinisch Limes) ist 1". So, und jetzt setzen Sie sich ganz entspannt hin, schnallen Sie sich an und machen Sie sich klar, dass Sie (jedenfalls, wenn Sie bis hier alles lasen und die mathematischen Zwischenspiele nicht einfach überblätterten) bewiesen haben, dass

$$\lim_{n\to\infty} \sum_{i=1}^{n} (-1)^{i+1} \sum_{j=1}^{\binom{n}{i}} \frac{1}{\prod\limits_{k=1}^{i} p_k^{n,i,j}} = 1$$

Diese Formel beschreibt so ziemlich die umständlichste und mühsamste[4] Art und Weise, sich ganz ganz langsam von unten her der 1 anzunähern. Deswegen braucht diese Formel auch kein

---

[3] Formeln sind deswegen schwierig, weil in ihnen oft viele Abkürzungen ineinander geschachtelt werden. Aber das gibt dann auch viel Information pro cm^2.

[4] Ab $n = 6$ ist die händische Berechnung schon recht mühsam. Aber, falls Sie einen programmierbaren Computer besitzen (Die meisten Computer sind eigentlich programmierbar. Viele haben das vergessen. Manche haben es nie gewusst!) und falls Sie tatsächlich auch noch programmieren können: Diese Formel ist quasi ein in eine Zeile geronnenes Computerprogramm. Also, an einem schönen verregneten Sonntagnachmittag: Ärmel hoch und mit FORTRAN oder C++ oder (für Nostalgiker) BASIC, Turbo Pascal (oder was immer Sie bevorzugen) – frisch ans Werk. (Für Leser, die noch die beglückende Blüte der Programmiersprachen im letzten Jahrhundert mitbekommen

Mensch. Aber ist sie nicht wahnsinnig schick? Und herrlich kompliziert? Und – sinnvoll hin, einfach her, praktische Anwendbarkeit geschenkt – vor allem wissen wir: Diese Formel ist wahr! Seit Jahrmillionen. Und für die nächsten Jahrmillionen. Faszinierend!

haben: COBOL wäre ungeschickt, LISP extravagant, APL sehr kurz. Und bei EULER den Punkt nicht vergessen!) Und dann geben Sie ruhig paar größere n ein, vielleicht gar $n = 100$, und schauen Sie mal, was Ihr Supercomputer den lieben langen Tag so schafft!

2.2 Es gab Gödel –
– und es gibt Blödel

zum Gödel-Jahr 2006; erschienen (gekürzt) in „Forschung & Lehre"

Dieses Jahr ist das … na? Richtig! Das Mozart-Jahr. Ein bisschen Heine-Jahr haben wir auch noch. Und was noch? Nicht Musik, nicht Literatur, sondern von der *ganz* anderen Fakultät? Wir feiern auch – ein ganz kleines bisschen – ein Gödel-Jahr. Wer jetzt fragt: „Gö-wer?" soll sich erstens was schämen und zweitens ganz schnell Brockhaus, Wikipedia etc. konsultieren. Aber sofort! Kurt Gödel, 1906 – 1978, *der* epochale Logiker der mathematischen Grundlagenkrise. Lesen Sie mal nach, ist echt spannend!

Aber zugegeben: gegen Mozart kommt so leicht nichts an. So müssten wir nächstes Jahr etwa den 300. Todestag von Buxtehude feiern. Und Buxtehude ist schon auch nett. Kommt aber lang nicht so gut wie Mozart. Wie ja schon allein das Wort „Buxtehudekugel" andeutet.

Also: Gödel-Jahr. Ich verfolge nicht flächendeckend die deutsche Presse, stellte aber mit Genugtuung fest, dass zumindest im Feuilleton der Süddeutschen Zeitung am 28. 4. 06 (100. Geburtstag) zwei Artikel über Gödel auftauchten. Dieses wollen wir doch erfreut festhalten!

Das ist nämlich die (ganz große) Ausnahme von der Regel. Normalerweise taucht ja die Mathematik in Zeitungen nur selten auf. Und dann auch meist nur lustig. Etwa: „Die Anzahl der Übernachtungen hat sich im Vergleich zur letzten Saison um die Hälfte verdoppelt." (Was ist los? Vermutlich ist sie, da $\frac{1}{2} \cdot 2 \cdot x = x$, gleichgeblieben. Aber gerade in Zeiten wirtschaftlicher Rezession klingt „um die Hälfte verdoppelt" ungleich dynamischer als „stagnierte".)

Oder die Mathematik in den Medien ist schlicht falsch: Wenn etwa behauptet wird, die Frage, wer denn jetzt die Formel-1-Weltmeisterschaft gewänne, sei nur noch mit dem Rechenschieber zu beantworten. (Der Rechenschieber ist für das Addieren von Punkten wenig hilfreich. Man könnte sogar sagen, er sei dafür geradezu grottenfalsch!)

Allmählich ärgerlich (bis standortschädigend) wird's dann schon, wenn in einer Glosse „der typische TU-Student" vorgeführt wird, mit aber auch wirklich allen Vorurteilen der kulturschaffenden Klasse gegenüber solchen Hohlköpfen, die *nur* Ingenieure werden wollen: Stiftelkopf, Brille, 5 verschiedenfarbige Kugelschreiber plus Geo-Dreieck (!) in der Brusttasche des frisch gebügelten weißen Hemdes und vor allem – sterbenslangweilig. Nun gut. Das Vorurteil ist die Mutter der schlechten Satire. Aber warum nicht mal eine lustige Glosse über Politologie-Studenten? Oder Feuilletonisten? Wär' auch sehr erheiternd.

Und fast alltäglich sind beiläufige, bornierte, blöde Bemerkungen über die langweilige, nutzlose, doofe Mathematik, gelegentlich gesteigert zu in eherne Lettern gegossenen Feuilleton-Urteilen wie: „Der Bildungswert der Mathematik ist genauso wenig plausibel wie der, der deutschen Rechtschreibung." „Die Naturwissenschaften sind ein Fremdkörper unserer Gesellschaft." (Und zwar zu recht!) Oder: „Seine Fächer waren Mathematik, technische Mechanik und Maschinenbau – also nichts von gesellschaftlicher Relevanz." (Dasselbe Intelligenzblatt schaffte es auch, am 17. 8. 2001 zu drucken: „Der große französische Mathematiker Fermat kam am 17. 8. 1601 – heute vor 300 Jahren – zur Welt." Und das *ausgerechnet* – mit dem Rechenschieber? – bei Fermat!)

Aber geradezu sträflich blöd (und nach dem neuen Antidiskriminierungsgesetz schon fast strafbar) wird es, wenn ein bekannter, in großen deutschen Zeitungen publizierender Publizist fordert, den Mathematikunterricht praktisch abzuschaffen, da die Mathematik völlig unnütz und ohnehin nur etwas für unsympathische, langweilige, seltsame Streber sei. Und wie's mit Mathematikern so endet, das zeige ja – jetzt kommt's – die Biographie von Kurt Gödel. (Der in der Tat auf Grund seines Verfolgungswahns am Ende buchstäblich einging.) Als ob „Genie und Wahnsinn" eine rein mathematische Angelegenheit wäre.

Aber anscheinend liebt man in den Medien Mathematiker – wenn überhaupt – nur als Verrückte, wie es auch die beiden Hollywood-Produktionen „Der Beweis" und „A Beautiful Mind" so schön demonstrieren. (Vergleiche auch den Anfang des nächsten Artikels in 2.3.) Ich möchte hiermit öffentlich feststellen: Es gibt auch (Mathematiker würden hier präzisieren „mindestens einen" – aber das lassen wir hier besser) nicht-verrückte Mathematiker. Es gibt sogar viele positiv verrückte Mathematiker. Warum verfilmt man nicht mal so herrlich verrückte Mathematiker-Leben wie das von Leibniz. Oder von Euler. Oder von Paul Erdös (mit Roberto Benigni in der Titelrolle?)

Erfreulicherweise gibt es aber auch noch andere ferne fremde Länder wie die USA, in denen Kurt Gödel nicht als abschreckendes Beispiel für eine unsympathische Randgruppe benutzt wird, sondern der Held eines wunderschönen populärwissenschaftlichen Buches ist, das (völlig zu Recht) hohe Auflagen und den Pulitzerpreis errungen hat. (Hofstadter: Gödel, Escher, Bach).

Es geht also auch anders. Aber die unter deutschen Intellektuellen weit verbreitete Mathematik-Phobie, oft aggressiv (vermutlich aus später Rache wegen einer 5 im Abitur) zeigt, dass sich Deutschland geistig oft noch immer auf einem etwas schrulligen Sonderweg aus Zeiten des deutschen Idealismus bewegt (Hegel, grimmig: „Um so schlimmer für die Tatsachen!").

Habe auch eben beim Frühstück gelesen, man ränge mit sich, ob Gauß in die Ruhmeshalle des deutschen Geistes (sogenannte Walhalla) aufzunehmen sei. Ja Himmel noch mal! Wenn nicht Gauß, wen dann? Daniel Küblböck? Poldi und Schweini? Herrn Hartz? Küblböck lag jedenfalls beim ZDF-Ranking der 100 größten Deutschen eindeutig vor Gauß. (Gauß landete dort zwar knapp hinter Beate Uhse aber immerhin noch vor James Last. Das gibt wiederum Hoffnung.)

Und so möchte ich eingedenk all dessen hiermit abschließend anregen: Der Mathematikunterricht bleibt! Und für angehende Publizisten und Journalisten wird nach dem 2. Semester ein Pflichtschein in „Logik und Berechenbarkeit" (incl. Gödels Satz) obligatorisch. Natürlich braucht man als Nicht-Mathematiker und Nicht-Ingenieur keine mathematischen Sätze kennen. (Es reicht zu wissen, dass man sich nicht auseinander *dividieren* lassen soll. Und dass Randgruppen – sogar Mathematiker – in die Gesellschaft *integriert* werden müssen.) In der Mathematik lernt man nicht irgendwelche Sätze, sondern phantasievolles Denken ohne Geschwafel. Also kein Pflichtschein, um unnützes Spezialwissen anzuhäufen, sondern: als hervorragendes Prophylaktikum gegen dummes Geschwätz, heiße Luft und Schaumschlägerei. (Und damit auch Publizisten und Feuilletonisten wenigstens einmal im Leben was *wirklich* Schönes kennenlernen.)

Nachdem ich jetzt aber alle Nicht-Mathematiker ganz heiß gemacht habe, was denn dieser Gödel so Tolles gemacht haben mag, meinte die Redaktion, ob ich das nicht noch in 10, 12 Zeilen darstellen könne. Nun, ich werden den Teufel tun und Gödels epochale Schrift „Über formal unentscheidbare Sätze der Principia Mathematica und verwandter Systeme" hier in 10,

117

12 Zeilen referieren. Denn von den Fachleuten erntete ich ob meiner groben Vereinfachungen nur ein mildes oder eher sarkastisches Lächeln. Und die Nicht-Fachleute verstünden trotzdem nur Bahnhof. (Aber es versucht ja auch niemand, in 10, 12 Zeilen Inhalt, Bedeutung und Schönheit von Bachs Kunst der Fuge oder von Beethovens späten Streichquartetten abzuhandeln. Warum sollte es bei einem Opus eximium der Mathematik anders sein?)

Um aber wenigstens eine *An*mutung dieses wunderbaren Gödelschen Satzes zu vermitteln (alles andere würde in diesem Rahmen auch eher als *Zu*mutung empfunden): Gödels Theorem ist eine Art Synthese aus der biblischen Parabel vom Baum der Erkenntnis und der schönen Geschichte, in der sich Baron von Münchhausen am eigenen Zopf aus dem Sumpf zieht.

Oder weniger blumig (aber nur *etwas* weniger): Am Anfang des letzten Jahrhunderts war man (auch) in der Mathematik noch sehr optimistisch. (Grabinschrift des damals führenden Mathematikers David Hilbert: „Wir müssen wissen. Wir werden wissen.") Und man glaubte, wenn man die ganze Mathematik nur hinreichend präzise formuliert („formalisiert") und korrekt und fleißig die logischen Schlussregeln anwendet („wenn A dann B"), dann sei die Mathematik ein wunderschöner, ordentlich zugeschnittener Baum der Erkenntnis, an dem die mathematischen Wahrheiten („Theoreme") wie schöne, pralle, rote Äpfel hingen und nur noch gepflückt werden müssten. (Für großstädtisch sozialisierte jugendliche Leser: Äpfel, auch wenn sie im Supermarkt im Zellophan-Sixpack so aussehen und auch so schmecken, werden *nicht* in der Fabrik hergestellt! Sie wachsen an ganz speziellen sogenannten „Apfelbäumen" woselbst sie händisch gepflückt werden müssen.)

Seit Gödel wissen wir aber, dass das so einfach und so glatt nicht funktioniert. Oder, um im Bilde zu bleiben: Auch der schönste Apfel könnte innen faul sein (das Theorem ist weder beweisbar noch widerlegbar). Oder vergiftet (dieses Theorem stimmt, aber sein Gegenteil leider auch).

Gödels Satz löste ob solcher nicht gerade beruhigenden Möglichkeiten erst mal eine „mathematische Grundlagenkrise" aus. Aber heute sieht man das lockerer. Sogar positiv: Die Mathematik ist nicht einfach beherrschbar und mechanisierbar, sondern bleibt ein grenzenloser Ozean voll geheimnisvoller und gefährlicher Abenteuer. Und dass man die Mathematik trotz strengster Logik nicht so einfach, mechanistisch in den Griff bekommen kann, ist eigentlich eine recht sympathische, geradezu menschliche kleine Schwäche unserer Logik. Vielleicht steht ja im Mathematikerparadies wirklich der Baum der mathematischen Erkenntnis, mit allen wahren Sätzen als Äpfel, die nur noch gepflückt werden müssten. Für uns Menschen gibt es ihn, jedenfalls seit Gödel, nicht. (Jedenfalls auf Erden.) Und der Münchhausen findet sich darin, dass die Logik, aus sich heraus, streng und virtuos (von Gödel) gehandhabt, ihre eigene „Unvollkommenheit" immer noch *selbst* beweisen kann. Diese, unserer strengen und sonst so mächtigen menschlichen Logik inhärente menschlich-ironische Brechung ist, würd' ich mal sagen, ein starkes Indiz dafür, dass der liebe Gott ganz schön Humor haben muss. Und dass die Logik darüber hinaus ihre eigene „Unvollständigkeit und Widersprüchlichkeit" logisch streng beweisen kann, ist dann doch wieder ein kleiner Triumph des menschlichen Denkvermögens.

Ende der blumigen Umschreibungen. Und jetzt, falls es jemand genauer wissen will, drei sehr empfehlenswerte Literaturhinweise. Die Originalarbeit (Monatshefe für Mathematik und Physik, vol. 38, 1931) kann man sich durchaus, etwa in der Bayerischen Staatsbibliothek („Stabi") besorgen. Aber Vorsicht: Nur für Geübte! Als Mathematiker sollte man diese Arbeit aber schon mal in der Hand gehalten haben. Nicht-Mathematiker können diesen Artikel wie ein altes Papyrus voll rätselhafter Hieroglyphen ehrfürchtig bestaunen. Und das ist doch auch schon etwas. Aber es gibt für Nicht-Mathematiker eine wirklich umfassende und sehr unterhaltsame Einführung in Gödels Welt, nämlich den bereits angesprochenen berühmten Wälzer „Gödel, Escher, Bach, ein endlos geflochtenes Band". Dieses Buch ist, obwohl schon 1979 erschienen, immer noch erhältlich. (Und wurde 2009 sogar in Kindlers Literaturlexikon aufgenommen!) Schön, dass sich solche Bücher als Longseller erweisen! Das englische Original gibt's bei Penguin. Die deutsche Fassung, gebunden, bei Klett-Cotta und bei dtv sogar als wohlfeile Taschenbuchausgabe (€ 20,00). Wie das Wort „Wälzer" andeutet: man muss sich schon darauf einlassen und es kostet seine Zeit. (Aber das gilt auch für den „Zauberberg".) Und schließlich bietet der zum Gödel-Jahr neu erschienene Bildband „Kurt Gödel" (Herausgeber: K. Sigmund, Vieweg-Verlag) eine schöne und anrührende Einführung in Gödels Leben und Werk, mit vielen, auch privaten Fotos.

Kurt Gödel drang, darin vergleichbar nur seinem Freund Albert Einstein, bis an die Grenzen unserer menschlichen Erkenntnisfähigkeit. Das sollte man wenigstens wissen und ein *bisschen* verstanden haben. Und sich damit *näher* zu beschäftigen ist eine echte, aufregende Abenteuerreise durch das menschliche Denk- und Erkenntnisvermögen. Und wo kriegt man heute noch eine echte, aufregende Abenteuerreise für 20 Euro?!?

Mathematisches Zwischenspiel 7:
Zum Schluss ein klassischer großer Satz
- aber mit reiner „Bierdeckel-Mathematik"

Nachdem wir jetzt so viel Liebe und Mühe in die Primzahlen investiert, ja sogar mit richtigen Zahlen gerechnet haben, soll jetzt als krönender Abschluss einer der klassischen großen Sätze der Primzahl-Mathematik präsentiert werden. Aber natürlich nicht wie im Mathematiklehrbuch. Wir gucken uns nur einfach um, was wir so haben, und schreiben dann lediglich zwei, drei kleine Formeln hin – fertig. Wie die Steuererklärung auf dem Bierdeckel. Nach der nächsten Steuerreform.[1]

Allerdings brauchen wir dazu eine berühmte und (früher auch praktisch) wichtige mathematische Funktion, von der die allermeisten den Namen wissen, aber sonst nichts, jedenfalls nichts Genaues, nämlich den Logarithmus. Dieses Wort – blättern Sie nicht einfach weiter, wir machen das ganz easy und ohne Fachchinesisch – riecht für viele etwas streng nach höherer Mathematik. Aber eigentlich ist es ein schönes Wort. Es ist lateinisch. Und es hat, etwa im Gegensatz zur Quadratwurzel, noch einen Hauch der geheimnisvollen Aura, die zu Doktor Fausts Zeiten noch alle Wissenschaften umgab. Und da der Logarithmus unweigerlich mit einem dicken, natürlich schwarzen und damit unheimlichen Buch verbunden ist, der berühmten Logarithmentafel, die Jahrhunderte lang auf dem Schreibtisch jedes Astronomen und vor allem Astrologen stand, hat das alles noch einen Stich in Richtung Nostradamus oder Harry Potter. (Wobei Harry Potter vermutlich einen digitalen Rechner in einem gothic gestylten Gehäuse benutzt.)

Also, ganz entspannt: Jeder weiß nämlich ganz anschaulich – ohne dass er das ahnte – was es mit dem Logarithmus auf sich hat. Denn jeder weiß, wenn er in einem Buch oder in einer Zeitung irgendwas über „exponentielles Wachstum" liest, zum Beispiel bei der Bevölkerung[2], dann bedeutet das: Alarm! Hier schießt irgendwas ziemlich unkontrolliert ins Kraut. Das „exponentielle Wachstum" ist eine allgemein übliche Metapher für „besorgniserregendes Wachstum" und hat nichts Geheimnisvolles an sich. Wir brauchen jetzt also für dieses letzte Kapitel keinen Raben auf der Schulter.

Wachstum kann erst mal auch sehr bedächtig ablaufen. Zum Beispiel ist 40‰ (Promille, also 40 Tausendstel) schon eine ganz ordentliche Steigung. Für einen Zug. (40 Höhenmeter auf 1000 m bringen z. B. den ICE 3 schon ganz schön ins Schnaufen.) Die mathematisch und zeichnerisch einfachste Steigung ist die Diagonale auf kariertem Paper. Mathematisch: $y(x) = x$. Unter Schülern: ein Kästchen rechts, ein Kästchen hoch. Das sind die bekannten 45°, ein halber rechter Winkel. Und 45° sind wie viel Prozent Steigung? Nein, nicht 50. 100! Denn auf 100

---

[1] So wie man immer wieder mal beschließt, mehr Gemüse zu essen, öfter Säfte zu trinken (statt Alkoholika), endlich mal den Keller zu entrümpeln, endlich mal die Kinder wirklich konsequent zu erziehen etc. taucht periodisch der gute Vorsatz auf, die deutsche Steuergesetzgebung zu reformieren. Im Rausch des guten Vorsatzes fallen dann Sätze wie „Muss auf einen Bierdeckel passen!" (Merzsches Syndrom). Die Energie verpufft dann aber immer ziemlich schnell ohne nennenswerte Wirkungen zu zeitigen. (Wie bei Gemüse, Säften, Keller und Kindererziehung.)

[2] Nicht in Deutschland.

Kästchen rechts gewinnen Sie 100 Kästchen hoch. Und 100 Kästchen sind 100 % von 100 Kästchen. So einfach ist die Mathematik. Manchmal.

Also merke: 45° sind 50 % von 90° aber 100 % Steigung. Wenn Autofahrer das Schild „20 % Steigung" sehen[3], denken sie nämlich oft (sofern man beim Autofahren wirklich denken kann): Uff, 20 Grad Steigung! Aber 100 : 20 = 5, also sind 20 % ein Fünftel von 45° und das sind nur lausige 9°. So toll klettert ihr Wagen auch gar nicht.[4] 45° schaffen Sie auch mit Ihrem neuen superleichten Mountainbike mit 99 Gängen nicht. Zu Fuß geht's. Aber nicht lang. Man empfindet 45° durchaus schon als echtes Bergsteigen, obwohl 45° ja wirklich noch keine Wand darstellen. Und zwischen 45° und Eigernordwand bewegen sich die typischen mathematischen Steigungen (siehe Abbildung 13). $y = 2x$, schon ganz ordentlich. $y = x^2$, das zischt ab.

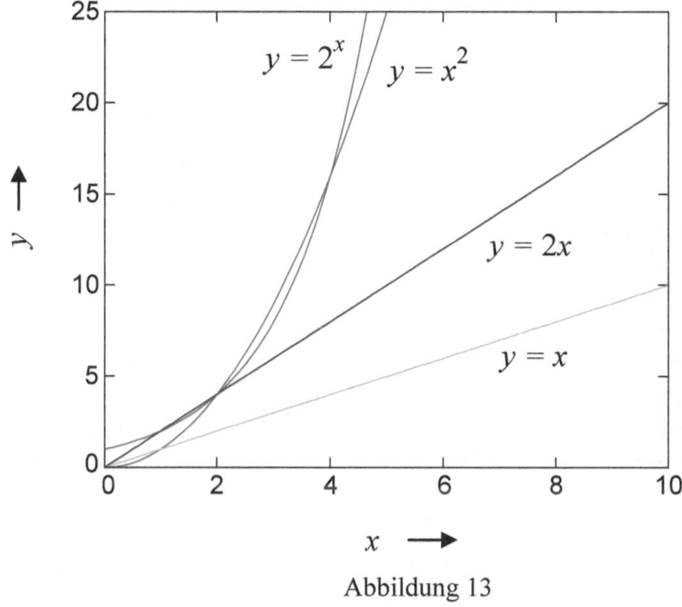

Abbildung 13

Geht's noch besser? Genau: $y = 2^x$, die Exponentialfunktion oder „das exponentielle Wachstum" (siehe Abbildung 14).

---

3   Eigentlich nur noch auf entlegenen Alpenpässen anzutreffen (Gavia Pass: 18 %, Colle delle Asietta 20 %, Col des Rochilles: 26 %; laut ADAC für Wohnwägen und Campingbusse nicht geeignet) oder in San Franzisko und Stuttgart.

4   Aber deutlich besser als Züge. 1000 : 40 = 25 und 45 : 25 = 1,8. Also schafft der ICE 3 gerade mal 1,8°. Deswegen bei Bergstrecken auch zusätzliche Kehren, Spiraltunnel und sogenannte Sauschwänzle (vergleiche die gleichnamige Bahnstrecke in Süd-Baden).

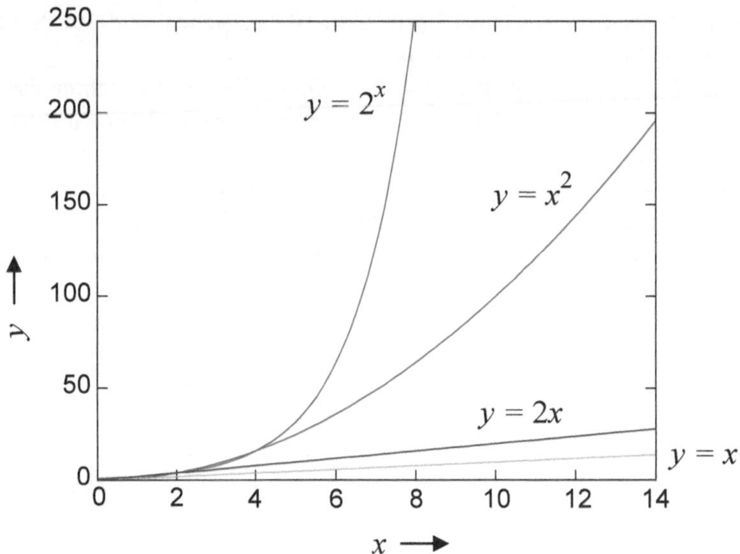

Abbildung 14: Die Exponentialfunktion $y = 2^x$ verläuft zwischen 2 und 4 unter der Quadrat-funktion $y = x^2$ (z.B. ist $2^3 = 8 < 9 = 3^2$), düst dann aber dermaßen ab, dass sie nicht mehr auf's Papier passt. Deswegen werden 2^x und die anderen Wachstumsfunktionen hier mit einer um den Faktor $1 : 25$ gestauchten y-Achse dargestellt. Zur vollständigen Verwirrung sollte vielleicht noch erwähnt werden, dass im Text die Einheit 1 cm zugrunde gelegt wird, während hier (wegen der Verkleinerung der Vorlage auf das Buchformat) die Einheit auf der x-Achse deutlich weniger als 1 cm misst und auf der y-Achse ein 25stel davon. Wenn Ihnen das zu kompliziert ist, macht das auch nichts. Denn die Qualität des Wachstums erkennt man auch ohne solch kleinliche Maßstabsinformationen.

Das exponentielle Wachstum tritt wie erwähnt bei ungebremster Vermehrung auf. Einfachstes Beispiel: Eine Amöbe (oder sonst irgendein Einzeller) teilt sich nach 24 Stunden. (So genau weiß ich das auch wieder nicht, aber so rechnet sich's leichter.) Dann wimmelt es sehr schnell von Amöben:

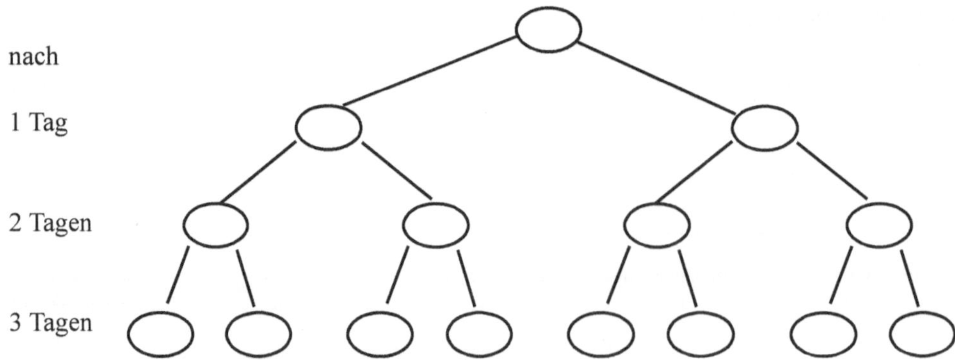

Also, man sieht: Nach n Tagen 2^n Amöben, eben: exponentielles Wachstum.[5] Ein weiteres schönes Beispiel für das exponentielle Wachstum, neben den Amöben, ist die deutsche Steuergesetzgebung. Wenn sich ein Steuergesetz nach einem Jahr durch Zellteilung verdoppelt ... eben wie bei den Amöben.

Wenn man nun die Kurve von $y = 2^x$ betrachtet (siehe Abbildung 14), hat man das Gefühl: Wenn man sich den rechten Bildrand nähert, etwa Richtung $x = 14$, ist 2^x schon längst j.w.d. (ganz weit draußen), steht praktisch senkrecht und das muss irgendwie schon unendlich sein. Das ist es natürlich nicht. Bei $x = 14$ cm ist $2^x = 163,84$ m. Meter. Nicht Zentimeter! 163 m sind noch lange nicht unendlich, aber verdammt viel im Vergleich zu 14 cm. Da Papierbögen mit 20 cm x 170 m nicht handelsüblich sind, sprengt 2^x einfach den Rahmen (des Papierformatangebotes und unserer papierformatangebotgeprägten Vorstellungskraft). Nur 6 cm weiter, bei 20 cm (das ist die Spannweite einer Kinderhand, die am Klavier eine None greift), sind wir mit y bereits bei 10,250 km. Kilometer, nicht Meter. Auch dafür gibt's kein Papier. Und bei 30 cm ergibt y bereits den halben Erdumfang: am Äquator, versteht sich, nicht bloß auf unserem fünfzigsten Breitengrad durch Mainz. (Man mag sich gar nicht vorstellen, was passiert, wenn man auch für x auf große Werte in m, km oder AE (astronomische Einheit) umschaltet.)

Das also ist die Exponentialfunktion (oder verbreiteter: „exponentielles Wachstum"), die – um es mal ganz plakativ zu sagen – Funktion des „irrwitzig beschleunigten Wachsens".[6] Man sitzt in München an seinem Schreibtisch, wandert mit dem Bleistift auf der x-Achse ganz harmlos 15 cm nach rechts, schon landet man mit seiner y-Achse in der nächsten U-Bahn-Station, man wandert noch mal 15 cm weiter und landet knapp hinter Neuseeland (Südinsel!) im Pazifik.

Wenn wir jetzt diese Kurve des irrwitzig beschleunigten Wachsens wie in Abbildung 15 um die Diagonale (der Fachmann sagte hier „um die Gerade $y = x$", aber Diagonale geht genauso) herumklappen, dann erhalten wir die Kurve des „irrwitzig gebremsten Wachsens". So wie man bei der Exponentialfunktion bei $x = 4$ cm schon den y-Wert 16 cm erhält, muss man jetzt 16 cm nach rechts laufen, um lausige 4 cm Höhe zu gewinnen. Und um läppische 14 cm Höhe zu erreichen (was noch locker auf's Papier passte), müsste man schon 163 m nach rechts gehen (was nicht nur nicht mehr locker, sondern auf überhaupt kein Papier passt). Und für 30 Höhenzentimeter? Richtig: einmal Neuseeland und dann schwimmen.

---

[5] Nach drei Tagen sind es wirklich ganz genau $2^3 = 2 \cdot 2 \cdot 2 = 8$ Amöben. Auch das macht Amöben mathematisch so sympathisch, dass sie mit ihrer Teilung auch gleich ihre Existenz aufgeben. Bei den (von Mathematikern bevölkerungspolitisch auch sehr gerne untersuchten) Kaninchen ist das (obwohl sie ja sprichwörtlich „rammeln wie die ~" und deswegen hochgradig infarktgefährdet sind) im Allgemeinen nicht der Fall, so dass man immer noch zusätzlich bedenken muss, wie lange leben bzw. (betreffs Bevölkerungswachstum noch relevanter) ab wann und bis zu welchem Alter rammeln eigentlich adulte Kaninchen? Ist die Vermehrung wirklich streng getaktet? Wie groß ist die statistische Wurfschwankung? Wie ist die Wurfvariable überhaupt verteilt? Wie hoch ist der Anteil an Hagestolzen bzw. Mauerblümchen? Gibt es schwule/lesbische Kaninchen/Kaninchinnen? Fragen über Fragen! Amöben sind da einfach praktischer.

[6] Schöner wäre: „des ultimativen Wachsens". Aber Mathematiker wären keine Mathematiker, wenn sie das exponentielle Wachstum nicht auch noch zu überbieten versucht hätten. Mit Erfolg. Die sogenannte Ackermann-Funktion düst noch schneller ab. Dieser Ackermann war Mathematiker und Logiker und ist nicht zu verwechseln mit dem bekannten Vorstandsvorsitzenden einer bekannten deutschen Bank, der aber auch sehr viel von großen Zahlen und Wachstum versteht. „Ackermann-Zuwächse dank Ackermann!" wäre ein toller Slogan. Aber vermutlich versteht das wieder keiner.

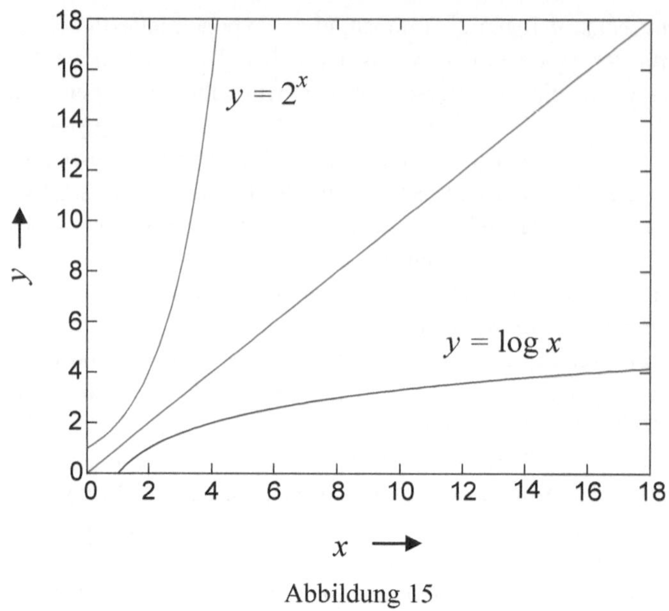

Abbildung 15

Und diese Funktion, die so quälend langsam wächst, wie 2^x furios davoneilte, das ist der Logarithmus (genauer der 2er-Logarithmus, weil wir hier die Kurve 2^x gespiegelt haben). Der Logarithmus, die Funktion des „irrwitzig gebremsten Wachsens" ist das Spiegelbild der Exponentialfunktion und insofern wissen Sie auch – sofern Sie schon mal was von exponentiellem Wachsen gehört haben – was logarithmisches Wachstum[7] bedeutet, auch ohne jede Logarithmentafel (und, für jüngere Leser, ohne überhaupt zu wissen, dass es so was wie die Logarithmentafel überhaupt gibt).

Und jetzt zurück zu unseren Primzahlen, genauer zu #ZiPriR$_n$, dem ziemlich primen Rest der Zahlen, die sich nicht durch eine der ersten n Primzahlen teilen lassen. Dieser Anteil ging in den ersten drei Schritten recht flott und dann sehr schnell immer langsamer und langsamer und langsamer gegen Null. (Weswegen #ErPriT$_n$, der Anteil der durch eine der ersten n Primzahlen teilbaren Zahlen, nur quälend langsam ohne sie jemals zu erreichen, gegen 1 ging). Wenn jetzt eine Folge rasend schnell gegen unendlich rast, zum Beispiel die Folge 10, 100, 1000, 10000 ... dann rasen die Kehrwerte 1/10, 1/100, 1/1000, 1/10000 …, entsprechend rasant gegen 0. Mit dem Logarithmus, geschrieben log x, haben wir eine Funktion gefunden, die nur quälend langsam gegen unendlich wächst. Und deswegen gehen die Kehrwerte 1/log x entsprechend quälend langsam gegen 0. Wir haben jetzt für unsere lediglich poetische Beschreibung „quälend langsam gegen Null" eine ganz bestimmte mathematische Funktion gefunden, die dieses Verhalten zeigt und deswegen kann man rein qualitativ, größenordnungsmäßig einmal ansetzen:

---

[7] Da man bei 2^x auf der x-Achse beliebig weit nach rechts, also „Richtung unendlich" laufen konnte, bewegt sich auch das Spiegelbild, der Logarithmus von x, beliebig weit nach oben, also „gegen unendlich". Nur, schon nach den ersten drei Schritten hat man das Gefühl: Das schafft er nie. Doch, er schafft es. Aber er muss *sehr* weit laufen!

$$\#\mathrm{ZiPriT}_n = \frac{1}{\log n} \qquad\qquad (*)$$

Natürlich ist das jetzt alles keine „richtige" Mathematik. Wir spekulieren hier nur ein bisschen herum. Das dürfen Mathematiker nicht. Jedenfalls nicht in der Öffentlichkeit. Aber ein Klavier spielender Komiker und ein paar neugierige Nicht-Mathematiker, die bei einem Glas Bier beisammensitzen und auf einem Bierdeckel ein paar Zeichnungen, Zahlen und Formeln hinkritzeln, dürfen das.[8]

Wir hatten uns in unserem zweiten mathematischen Zwischenspiel den ziemlich primen Rest ZiPriR_3 (alle Zahlen, die durch keine der ersten drei Primzahlen 2, 3 oder 5 teilbar sind) dadurch veranschaulicht, dass wir die Gesamtheit aller natürlichen Zahlen auf $2 \cdot 3 \cdot 5 = 30$ Spalten verteilt haben. 22 davon waren komplett durch 2, 3 oder 5 teilbar, die restlichen acht Spalten waren durch keine der ersten drei Primzahlen teilbar und es galt

$$\#\mathrm{ErPriT}_3 = \frac{22}{30} \qquad \text{und} \qquad \#\mathrm{ZiPriR}_3 = \frac{8}{30}\ .$$

Die acht Spalten, die weder durch 2 noch 3 noch 5 teilbar waren, hatten die Nummern

$$1,\ 7,\ 11,\ 13,\ 17,\ 19,\ 23 \text{ und } 29$$

Das sind im Wesentlichen alle Primzahlen, die kleiner als $2 \cdot 3 \cdot 5 = 30$ sind. Die exakte Anzahl aller Primzahlen bis 30 ist natürlich $8 - 1 + 3 = 10$, denn die 1 ist ja keine Primzahl (angeblich! Aber darüber haben wir uns ja schon hinreichend unterhalten) und die ersten drei Primzahlen werden ja bei ZiPriR_3 bewusst ausgeschlossen.

Nimmt man zu 2, 3 und 5 noch die 7 hinzu, so erhält man $2 \cdot 3 \cdot 5 \cdot 7 = 210$ Spalten, und 51 davon sind nicht durch 2, 3, 5 oder 7 teilbar. Die Anzahl aller Primzahlen zwischen 1 und 210 ist 46, das entspricht von der Größenordnung her wieder der 51.[9]

Bezeichnet man also mit Z_n die Anzahl der Spalten, die durch keine der ersten n Primzahlen teilbar (und für $\#\mathrm{ZiPriR}_n$ zu zählen) sind, mit $\hat{n}$ das Produkt der ersten n Primzahlen (zum Beispiel ist $\hat{3} = 2 \cdot 3 \cdot 5 = 30$) und mit $\pi(\hat{n})$ die Anzahl aller Primzahlen zwischen 1 und $\hat{n}$ (zum Beispiel ist $\pi(30) = 10$), dann gilt

---

[8] Wenn Mathematiker an einem Problem herumbosseln, spekulieren sie natürlich auch erst mal nur so bisschen herum und kritzeln ein paar Zeichnungen, Zahlen und Formeln auf Bierdeckel, Papierservietten, Tischdecken, Zeitungsränder, Briefumschläge, leere Innenseiten von Buchdeckeln oder was immer sie gerade so zum Bekritzeln finden. Nur, wenn's dann tatsächlich mal veröffentlicht wird, ist vom Bierdeckel nichts mehr zu spüren und der Fachartikel schwebt vom Himmel: unangreifbar wahr, perfekt austariert und in sich ruhend wie eine geheimnisvolle Offenbarung. Das ist manchmal schon gewöhnungsbedürftig. Aber nähme man die Bierdeckel auch noch dazu, würden die Mathematikbücher *noch* dicker.

[9] Die beiden Zahlen sind nicht gleich. Erstens wegen der Eins. Zweitens weil die ersten vier Primzahlen ja eigens ausgeschlossen werden. Da das Produkt der ersten n Primzahlen viel schneller wächst als n (1, 2, 3, 4 im Vergleich zu 2, 6, 30, 210), fallen diese ersten n Zahlen immer weniger ins Gewicht. Dafür tauchen drittens Zahlen auf wie die 121. 121 ist durch keine der ersten vier Primzahlen teilbar (zählt also für $\#\mathrm{ZiPriR}_4$, ist aber selbst nicht prim, da $121 = 11 \cdot 11$. Deswegen war ja ZiPriR auch der *ziemlich* prime und nicht der prime Rest.

$$\#\text{ZiPriR}_n = \frac{Z_n}{\hat{n}}$$

und größenordnungsmäßig $Z_n = \pi(\hat{n})$ also insgesamt $\#\text{ZiPriR}_n = \dfrac{\pi(\hat{n})}{\hat{n}}$.

Wenn wir unseren logarithmischen Ansatz (*) jetzt noch verbessern, indem wir n durch $\hat{n}$ ersetzen, dann ergibt sich als Abschätzung

$$\frac{\pi(\hat{n})}{\hat{n}} = \frac{1}{\log \hat{n}}$$

oder, multipliziert mit $\hat{n}$:

$$\pi(\hat{n}) = \frac{\hat{n}}{\log \hat{n}} \; .$$

Das ist der Kern des berühmten Primzahl-Satzes. $\hat{n}/\log \hat{n}$ ist eine Abschätzung für die Anzahl der Primzahlen zwischen 1 und $\hat{n}$. Die seriöse Fassung lautet sogar:

$$\lim_{n \to \infty} \frac{\pi(n)}{n/\ln n} = 1$$

Und dieses $\lim_{n \to \infty}$ („im Limes, im Grenzwert, für n gegen unendlich") besagt, dass diese Abschätzung nicht nur irgendwie so ungefähr stimmt, sondern mit wachsendem n immer genauer wird: Je größer n, desto exakter gilt

$$\pi(n) = \frac{n}{\ln n}$$

Das nur, damit Sie hier, nach so viel Bierfilzl-Mathematik[10], zum Schluss auch noch was Gescheites und obendrein sogar noch Richtiges mitnehmen können, zum Einrahmen-und-über's-Bett-Hängen. Sozusagen.

---

10 „Bierfilzl" (eigentlich „-filzerl") ist der (übliche) bayerische Diminuitiv für Bierdeckel. (Es gibt wiederum keinen Bierfilz, nur -filzerl bzw. -filzl.) Ich hoffe, Sie haben wegen dieses Ablenkungsmanövers auch gar nicht bemerkt, dass ich gerade unter der Hand $\hat{n}$ wieder durch n ersetzt habe. Aber „Sub specie aeternitatis" (wie wir Theologen sagen, wobei die Ewigkeit bei Primzahlen natürlich das Unendliche ist) ist das alles nicht so tragisch: mit $\hat{n}$ geht auch n gegen unendlich, und wenn etwas bis ins Unendliche für die großen Schritte $\hat{n}$ (2, 6, 30, 210, ...) gilt, werden sich die kleinen Schritte n (1, 2, 3, ...) dazwischen schon keine Extrawürste braten. Im Übrigen sind das, um es ein letztes Mal deutlich zu machen, nur Plausibilitätsbetrachtungen. Ein richtiger Beweis wäre richtig schwierig. Und dieses „ln n" schließlich ist eine genaue Festlegung der Basis, zu der der Logarithmus gebildet werden soll. Wir hatten vorhin die Kurve 2^x gespiegelt. Das ergab den Logarithmus zur Basis 2. (In den alten Logarithmentafeln stehen übrigens die Logarithmen zur Basis 10.) Da aber die Primzahlen im Herzen der Mathematik angesiedelt sind und *die* mathematische Naturkonstante die berühmte Eulersche Zahl e ist, *muss* der zu den Primzahlen gehörende Logarithmus natürlich der Logarithmus zur Basis e sein, der – auch wenn einem das alles erst mal

Den Primzahlsatz hatte schon der 15-jährige Gauß vermutet. Aber dass ein exakter Beweis dafür besonders schwierig sein musste, folgt allein schon daraus, dass Gauß, der Hunderte genialer Beweise lieferte, diesen nicht geliefert hat. Dazu musste die Mathematik sich erst noch grundlegend weiterentwickeln. Und erst gut 100 Jahre nach Gaußens Vermutung wurde dieser Beweis tatsächlich erbracht. Und dann prompt voneinander unabhängig gleich zwei Mal im selben Jahr[11], von den Herren Hadamard und de la Vallée-Pousson. Zwei schöne Namen, die man sich auch schön als geheimnisvolle Figuren in einem Poirot-Krimi vorstellen könnte: „Was treibt eigentlich dieser Monsieur de la Vallée-Pousson?" „Er zählt Primzahlen." „Sehr verdächtig!"

Damit sind wir am Ende angelangt. Der Primzahlsatz ist einer der klassischen großen Sätze der Mathematik und der Mathematikgeschichte. Verharren Sie ruhig mal zehn Sekunden in Stille und Ehrfurcht! Der Primzahlsatz zähmt die ungebärdigen Primzahlen, ohne sie ihrer Würde zu berauben. Es bleibt dabei: es gibt keine systematische Vorhersage für die nächste Primzahl und es gibt keine exakte Formel für $\pi(n)$, die Anzahl aller Primzahlen kleiner oder gleich n. Sie bleiben unberechenbar.

Aber man kann diese Anzahl sehr gut abschätzen. Eine moderne, verbesserte Version des Primzahlsatzes liefert[12] für die ersten 100 Millionen Zahlen, also für $\pi(100000000) = 5761455$ die Vorhersage 5761552. Das kann sich sehen lassen! Insofern ist der Primzahlsatz auch ein Triumph der Mathematik. Und mit wachsendem n werden diese Vorhersagen sogar immer präziser. Was zeigt: Die Mathematik ist immerhin schon mal signifikant besser als die Wettervorhersage. Und mit dieser so ungeahnten wie beglückenden Einsicht[13] wollen wir's – der Primzahlsatz wäre nur noch schwer zu überbieten und ist wirklich ein Schluss- und Höhepunkt – wollen wir's jetzt auch gut sein lassen. Vielen Dank für Ihre Aufmerksamkeit!

---

nicht besonders natürlich vorkommen mag – der natürliche Logarithmus genannt und mit ln (logarithmus naturalis) abgekürzt wird. Die Argumentation, dass sich das logarithmische Wachstum der Anzahl der Primzahlen natürlich mit der Basis e vollziehen *muss*, war jetzt natürlich auch nicht gerade ein exakter Beweis. Aber dafür doch („im Herzen der Mathematik") irgendwie sehr schön poetisch.

[11] Wie bei der Straßenbahn. Wenn sie nach 10 Minuten nicht kommt, kommen nach 20 Minuten immer gleich zwei auf einmal.

[12] Wer immer das auch abgezählt haben mag!

[13] Sollten Sie sich jetzt ärgern: Und für diese Erkenntnis quäle ich mich hier durch geschlagene 55 Seiten Mathematik? – Bitte, bedenken Sie: So grandios und nützlich die Ergebnisse der Mathematik auch sein mögen – *letztlich* gilt auch und *gerade* für die Mathematik, dass auch der Weg das Ziel ist. Erfreuen Sie sich der vielen wunderschönen Blumen, Begriffsbildungen und Beweisführungen am Wegesrand, carpe diem und keep swingin'!

2.3 Das zurückgewiesene Preisgeld oder Macht Mathematik wahnsinnig?

erschienen (gekürzt) 2006 in der „Deutschen Universitäts-Zeitung"

Einst, im Wilden Westen, war nur ein toter Indianer ein guter Indianer. Und in unseren heutigen Medien ist anscheinend nur ein verrückter Mathematiker ein interessanter Mathematiker. Jedenfalls, die drei Mathematiker, die in den letzten Jahren den Sprung in die Medien schafften, waren: Ein verrückter Mathematiker im Film „A Beautiful Mind" (der immerhin einige Oscars abräumte), noch ein verrückter Mathematiker im Film „Der Beweis" (Titel einer Kritik: „Qualen nach Zahlen" – na, da haben wir's doch wieder mal) und jetzt anscheinend, in sämtlichen Zeitungen (aber alle mit demselben, anscheinend einzigen Foto), dieser verrückte Russe, Grigori Perelman, der die 1 Million Dollar Preisgeld (samt der dazugehörigen Fields-Medaille) nicht angenommen hat! (Natürlich ist Perelman nicht klinisch verrückt, vergleichbar den beiden tragischen Filmfiguren. Aber, mal ehrlich, 1 Million Dollar *nicht* anzunehmen, ist das im Grunde nicht noch viel verrückter?)

Und, wenn der so medienomnipräsente Stephen Hawking, *der* schlechthinnige Physiker unserer Zeit, nicht so aussähe wie er aussieht, sondern ein gemütlicher kleiner Mitfünfziger mit Bauch- und Glatzenansatz wäre – ich weiß nicht, ob er dann auch so medienpräsent wäre. Und wenn Einstein nicht so verrunzelt wäre, abstehende weiße Haare hätte und vor allem nicht dauernd die Zunge rausstreckte ... nun gut: $E = mc^2$ als geheimnisvolle Weltformel kommt schon auch gut rüber. Aber komplizierter darf eine Formel in den Medien nicht sein! (Wurzeln sind bereits nur mehr schwer vermittelbar.)

Nun, was dieses im August 2006 allgegenwärtige Perelman-Foto anlangt: Er sieht ja wirklich nicht aus wie Schwiegermamas Liebling. Auch nicht, trotz der langen Haare, wie ein Heavy-Metal-Rocker. (Man sieht: Bühnengerecht ungepflegt zu sein, ist auch nicht so einfach.) Und als Führungskraft in der Wirtschaft (dynamischer Mitfünfziger, der seine Nachmittage auf dem Golfplatz verbringt) ginge er auch nicht durch. Aber Herr Gott noch mal, ist es nicht toll, dass es noch richtige Typen gibt, denen es schnurzegal ist, ob sie in den Medien optisch gut rüberkommen? In einer Welt, wo wirklich *alle* ausschauen wollen wie Barbie und Ken. Leider auch noch mit Sechzig. (Und so schauen sie dann oft auch aus.)

Die einzige Zeitung, die Perelmans Entschluss ganz locker-positiv kommentierte, war – man höre und staune – die BILD, deren Kommentator Perelmans souveräne Wurschtigkeit schlichtweg bewunderte. Aber wenn sich einer in seinem Leben zufrieden eingerichtet hat und sagt: Was soll ich jetzt nur für diesen blöden Preis umständlich irgendwelche dämlichen Formulare ausfüllen und mich acht Stunden in den Flieger quetschen? (Drei Tage später hat man dann auch noch eine Thrombose!) Ich bleibe lieber bei Mutti, die kocht am besten und ich kann in Ruhe an meinen Beweisen rumbosseln. Ist doch wunderbar!

In allen anderen Zeitungen: die übliche Mischung aus Bewunderung und Erstaunen. (Wie war das? Poincaré? Einfach zusammenhängende Oberflächen?? Der Rand einer vierdimensionalen Kugel??? Wahnsinn!)

Wobei es ja solche und solche Bewunderung gibt. Wenn man einen brillanten Pianisten oder eine hinreißende Tänzerin erlebt, ist man auch voller Bewunderung. Aber das ist eine begeisterte und empathische Bewunderung, weil ganz tief innen, meistens unausgesprochen, der Seufzer mitschwingt: Ach, wenn ich doch auch so wäre! Ein Seufzer, der bei der Betrachtung Grigori Perelmans (und anderer genialer Mathematiker) eher selten zu hören sein dürfte. Hier handelt es sich um keine begeisterte, sondern um eine – nennen wir das Kind beim Namen – dämonisierende Bewunderung. Das bewundernd ausgesprochene „Wahnsinn" hat latent eine auch wörtlich zu nehmende Bedeutung. Und wenn die Bewunderung wieder verraucht ist (was ziemlich schnell geht) banalisiert sich das faszinierte „Wahnsinn" zu einem kühlen: „Mathematik? So ein Käse. Wer (= welcher normale Mensch) braucht das schon?!"

Das ist, scheint's, die tiefere Gemütslage betreffs Mathematik, die wohl hinter den meisten Beispielen für „Mathematik in der Öffentlichkeit" steckt.

Das beginnt schon mit dem geradezu sprichwörtlichen „In Mathe war ich immer schlecht!", das schon auf Tausenden von Partys verständnisheischend geäußert wurde. Und wenn das ein Thomas Gottschalk vor einem Millionenpublikum im Fernsehen sagt, atmen Millionen von Schülern erleichtert auf. Ihre Eltern auch. Und Schüler, Eltern und Thomas Gottschalk schlagen sich gegenseitig auf die Schultern: Na, und was sind wir nicht für tolle Hechte und haben's im Leben trotzdem weit gebracht? Und es bedarf nur weniger logischer Schritte, um wieder zur Folgerung zu gelangen: Mathe? So ein Quatsch. Braucht doch kein (vernünftiger) Mensch.

Das geht weiter mit den alltäglichen mathematischen Highlights in unseren Zeitungen („da ein Fünftel der Bevölkerung, also fast 80 %, Schwierigkeiten mit der Prozentrechnung hat ..."), die schon lustig sind, aber auch ein Zeichen hartnäckiger Ignoranz. (Wobei das wirklich Lustige eigentlich dieses „fast" ist. So genau kann man das wohl auch gar nicht ausrechnen und mit „fast" ist man jedenfalls ganz sicher ganz fuzzy auf der sicheren Seite!) Und mit fast schon alltäglichen kleinen Verunglimpfungen der Mathematik in der Presse, Film, Funk und Fernsehen. Wenn es etwa darum geht, dass Schule eigentlich langweilig ist und Lehrer eigentlich nur nerven, sind es grundsätzlich die Mathematik und der Mathematiklehrer. So endet etwa auch ein Verriss über einen anscheinend besonders miesen Film mit dem vernichtenden Urteil, er sei „langweilig wie eine Mathematikstunde". Den Film kenne ich nicht. Aber was die Mathematik anlangt würd' ich mal mit Lichtenberg sagen: Wenn ein Journalist und ein Mathematikbuch zusammenstoßen und es klingt hohl, muss das nicht unbedingt am Buch liegen!

Und das endet schließlich mit dem Vorschlag eines bekannten Publizisten, den Mathematikunterricht abzuschaffen, da die Mathematik doch nur etwas völlig Unnützes für unsympathische Sonderlinge ist, die ohnehin alle mehr oder weniger latent verrückt seien. Was dann auch noch mit dem geschmackvollen Hinweis auf das tragische Ende des genialen Mathematikers und Logikers Kurt Gödel belegt wird (vergleiche den in Kapitel 2.2 abgedruckten Artikel zu Gödel).

Nun, der Anteil der Menschen, die am Ende ihres Lebens geisteskrank wurden, ist unter Mathematikern nicht größer oder kleiner als unter Künstlern, Musikern und Schriftstellern. Was nur zeigt: die Mathematik gehört auch in dieser Hinsicht zu den Künsten und garantiert kein friedlich-biederes Spießerdasein. Kunst, Musik, Literatur, Mathematik haben ihre Abgründe, in die besonders Empfindsame und Empfindliche mitunter auch hineinzuplumpsen pflegen. Aber wenn ein Feuilletonist daraus Rückschlüsse auf die ganze Branche zieht ... wie war gleich wieder der prozentuale Anteil an Alkoholikern unter Feuilletonisten?

Falls Sie übrigens mal geschäftlich oder privat in Frankreich engagiert sein sollten: wenn Sie das notorische „in Mathe war ich immer schlecht" auf einer Party in Paris äußern sollten (in Pariser Salons war die Mathematik einmal ein beliebtes Diskussionsthema, auch und gerade bei schönen und geistreichen Frauen) – Vorsicht! Ihr Gesprächspartner wird Ihnen nicht kumpelhaft die Schulter klopfen, sondern etwas peinlich berührt zu einer anderen Gruppe weitergehen und sich denken: „Er macht ja auch wirklich keinen besonders intelligenten Eindruck. Aber muss er das auch noch rumerzählen?!"

Ich will damit nur andeuten: Dieses verkrampfte Nicht-Verhältnis der gebildeten Stände zur Mathematik ist schon eine typisch deutsche Angelegenheit. In anderen Ländern ist die Mathematik ein selbstverständlicher Bildungsfaktor, ein, auf Grund ihrer altehrwürdigen philosophischen Wurzeln besonders geachtetes, aber ansonsten ganz normales Fach, in dem man, wie in anderen Fächern auch, als Schüler eben mehr oder auch weniger gut war. Fertig. Dieses: Das gehört eigentlich gar nicht richtig zur Bildung, dieses: Gar nicht beachten oder nur ennuyiert spöttisch, dieses: An mathematisch-medialen Feiertagen (wie bei Mathematikerbiographieverfilmungen oder bei zurückgewiesenen Preisgeldern) übliche ehrfürchtig-schaudernde sich Baden in Vorurteilen (komische Käuze, mehr oder weniger verrückt, einsam, tölpelhaft, etc.) – das hat schon alles mit dem geistesgeschichtlichen deutschen Sonderweg zu tun, bei dem die notorische „Tiefe" oft nur eine Ausrede dafür ist, Tatsachen nicht zur Kenntnis zu nehmen oder, statt klar und deutlich zu argumentieren, nur zu schwurbeln. (Dass Hegel, immer noch der Erzvater unserer bundesdeutschen Intelligenzia, in seiner Habilitation *dialektisch bewiesen* hat, dass es genau sechs Planeten geben muss, ist natürlich zunächst eine wunderschöne kabarettistische Steilvorlage, leider aber auch, on the long run, ein geistesgeschichtlich eher verhängnisvolles Zeichen und Symbol.)

Nun, das mit dem deutschen Sonderweg (sozusagen von der Varus-Schlacht vor 2000 Jahren bis 1945) hat sich ja wenigstens politisch seit der glorreichen WM 2006 im eigenen Land (das fröhliche Sommermärchen in Schwarz-Rot-Gold) endlich erledigt. (Hoffentlich!) Dass aber im Lande von Daimler und Bosch, Röntgen und Siemens, Liebig und Kekulé, Villeroy und Boch (na ja, die beiden jetzt eher weniger) trotz Arbeitslosigkeit chronischer Ingenieurmangel herrscht, zeigt, dass das Ganze nicht nur komisch ist, sondern letztlich auch ein handfester Standortnachteil. In einer großen deutschen Wochenzeitung lese ich gerade in einem Beitrag zum Jahr der Mathematik ein Interview mit Barbara Meyer („Botschafterin des Jahres der Mathematik", Mathematikstudentin und Model) die Frage: „Ist es als Botschafterin für das Jahr der Mathematik nicht langweilig, zwischen den ganzen Nerds auf staubtrockenen Empfängen zu stehen?" Wenn sich Mathematiker und Naturwissenschaftler treffen, ist das natürlich staubtrocken. Mathematiker und Naturwissenschaftler sind nämlich – Nerds. Da hilft kein Jahr der Mathematik und keine Miss Mathe (81-61-94). Der Nachwuchsmangel bei Ingenieuren ist entsprechend auch (nach aktuellen Erhebungen im August 2008) ungebrochen.

Nun, Genie und Wahnsinn gelten bekanntermaßen als korreliert. Wobei es ja durchaus auch nicht-geniale Verrückte geben soll. Aber die sind wohl nicht so interessant, da führt man anscheinend keine Korrelations-Statistiken. Und vielleicht ist ja der Schizophrenen-Anteil unter Mathematikern und Dichtern nicht höher als bei Steuerberatern, Heilpraktikern und Fleischereifachverkäuferinnen. Jedenfalls: Diese Korrelation nur bei der Mathematik zu suchen (und zu finden), ist eher ein Problem, sagen wir mal, mangelnder romanischer Rationalität und mangelnden angelsächsischen Empirismus' der deutschen Geistesgeschichte aber kein Problem der Mathematik. Und Ulla Schmidt muss *nicht* auf Mathe-Schulbücher drucken lassen: „Vorsicht, die Lektüre dieses Buches könnte bei Ihnen Wahnsinn auslösen!" Auch wenn das manche so denken mögen.

Als Mathematiker, der seit vielen Jahren sein Geld als Pianist, Kabarettist und Entertainer auf Kleinkunstbretteln, Kabarettbühnen (und sogar – wie bedenklich! – auf Kreuzfahrtschiffen) verdient, kenne ich dieses Mathe-Wahnsinns-Phänomen auch. (Im Vergleich zu Gödel und Perelman natürlich nur in wesentlich verdünnterer Weise, etwa 1:50000, eine Q-Potenz, wie homöopathisch geschulte Ehefrauen beim Verschütteln sagen.) Denn wenn man nach seinem Auftritt mit den Veranstaltern und einigen Gästen noch schön essen geht und nach dem zweiten Glas Rotwein auch über Privates plaudert, dann folgt nach dem erschütternden Bekenntnis „Eigentlich bin ich ja Mathematiker", mit tödlicher Sicherheit mindestens eine der beiden Fragen: „Und da können Sie so schön Klavier spielen?" oder „Und da haben Sie so viel Humor?". (Meistens kommen beide Fragen.)

Nun, dass Mathematiker oft auch recht ordentliche Musiker sind, sollte sich eigentlich herumgesprochen haben und ist mittlerweile auch empirisch-statistisch belegt. (Leider kenne ich keinen einzigen staatlichen Philharmoniker, der an seinem freien Abend etwa seine Bratsche aus der Hand legt und an seinem Schreibtisch zum Spaß Differentialgleichungen löst. Die Liebe zwischen Mathematik und Musik ist heftig aber nicht immer reflexiv.)

Dass aber Mathematik und Musik zusammenhängen, hat tiefe Gründe. Um es ganz kurz auf den Punkt zu bringen: Die Mathematik ist die abstrakteste der Wissenschaften, die Musik die abstrakteste der Künste. Eine Seite aus einem Mathematikbuch oder aus einer Partitur: eine rätselhafte Aneinanderreihung rätselhafter Zeichen! Trotzdem, um die reale Welt physikalisch-technisch zu beherrschen ist nichts so wirksam wie die (so abstrakte) Mathematik. Und mit nichts erreicht man so intensiv das Innerste eines Menschen wie mit der (so abstrakten) Musik. *Das* ist eigentlich schon ziemlich verrückt!

Jedenfalls ist der Zusammenhang zwischen Mathematik und Musik seit Pythagoras (also schon eine ganze Weile) bekannt, weswegen die Musik an mittelalterlichen Universitäten bekanntlich auch zusammen mit den mathematischen Fächern zur „Fakultät" des Quadriviums gezählt wurde. (Wenn diese Zeitung nur von Mathematikern, Naturwissenschaftlern und Ingenieuren gelesen würde, fügte ich jetzt noch sarkastisch an: Und die drei sprachlichen Fächer der anderen Fakultät – Grammatik, Rhetorik und Dialektik – bildeten das Trivium. Woraus sich völlig zu Recht das Wort „trivial" entwickelt hat. Aber weil diese Zeitung ja auch von Nicht-Wahnsinnigen aus nicht-mathematischen Fachbereichen gelesen wird, sollte ich es eigentlich besser weglassen.)

Dass aber Mathematiker keinen Humor haben sollen ... also ich kenne (außer bei Orthopäden und Urologen) keine Branche, in der so viel Witze über das eigene Fach erzählt werden. Zum Beispiel – Mathematiker kennen das jetzt natürlich alle, aber Nicht-Wahnsinnige aus nicht-mathematischen Fachbereichen sollten diese schöne Geschichte auch einmal hören – folgende Anekdote: Ein Soziologe, ein Ingenieur und ein Mathematiker sitzen im EC Zürich - München und schauen irgendwo im Allgäu zum Fenster raus. Steht da eine Kuh. Sagt der Soziologe: „Ah, im Allgäu sind die Kühe braun!" Sagt der Ingenieur: „Na ja, man kann sagen, im Allgäu gibt es braune Kühe." Sagt der Mathematiker (Mathematiker sind immer etwas langsam und dass auch noch immer dieselbe Kuh zu sehen ist, erhöht nur die Authentizität dieser Geschichte, wie jeder, der schon mal über vier Stunden für Zürich – München im Zug

131

gesessen ist, bestätigen kann) – sagt also der Mathematiker: „Meine Herren, was wir wirklich wissen ist: Im Allgäu gibt es *mindestens* eine Kuh, die auf *mindestens* einer Seite braun ist." Ja, so sind sie, die Mathematiker.

Viel schöner sind noch Mathematikerwitze im Mathematiker-Slang. Leider für Nicht-Mathematiker nur schwer zu übersetzen. (Und wie jeder Literat weiß: Ein Gedicht, das man einfach übersetzen kann, lohnt nicht, übersetzt zu werden.) Aber ich versuche, Ihnen an einem Beispiel wenigstens eine Anmutung davon zu vermitteln: Seit Generationen gibt es eine unter Mathematikstudenten und -dozenten offene Sammlung der „mathematischen Theorie der Löwenjagd", in der jede mathematische Disziplin ein Verfahren liefert, um, eben, Löwen zu fangen. Die Funktionentheorie ist eine der schönsten mathematischen Theorien: hochkomplex (auch im mathematisch wörtlichen Sinn), im 19. Jahrhundert bis ins letzte Fitzelchen durchforscht, gleichzeitig geheimnisvoll und klar funkelnd wie ein kunstvoll geschliffener Diamant. Die funktionentheoretische Methode der Löwenjagd aber hebt nun an, mit dem kühnen Satz: „Sei $f(\xi)$ (sprich: Eff von Zeta) eine löwenwertige Funktion auf der Wüste $W \subset C$ " (sprich: Teilmenge der komplexen Zahlenebene C). Dieser Satz fasst in Kürze Glanz und Elend der Mathematik zusammen. Jeder hat mal gelernt: Eine Funktion ordnet jedem Element der einen Menge eindeutig ein Element einer anderen Menge zu. Die Elemente der einen Menge sind die Koordinaten der Wüste W (komplexe Zahlen sind auch Koordinaten) und warum sollten die Elemente der anderen Menge nicht die Löwen dieser Wüste sein? (Abgesehen davon, dass Löwen gar nicht in Wüsten leben.) Jedenfalls, mit dieser Funktion bewehrt, kann man dann frohgemut auf Löwenjagd gehen. Das war der Glanz der Mathematik. Das Elend ist: Das funktioniert natürlich alles nur auf dem Papier. Wenn Sie wirklich einen Löwen fangen wollen, müssen Sie, leider auch als Mathematiker, zu deutlich handfesteren Mitteln greifen. Ich hoffe aber, Sie finden das jetzt nicht *nur* doof, sondern ästimieren *auch* die beachtliche Fallhöhe von mathematischer Allmachtsphantasie („löwenwertige Funktion") zur Realität. (Das Integral auf einer geschlossenen Kurve um den Löwen finge den Löwen übrigens sicher ein. Theoretisch. Jedenfalls funktionentheoretisch.)

Mathematik und Musik, Mathematik und Humor – das sind keine Gegensätze. Und die Mathematik ist auch nicht, wie es in diesem Zusammenhang auch immer gerne heißt, „trocken". Im Gegenteil, sie steckt voller saftiger Überraschungen. Zum Beispiel weiß jeder, dass es unendlich viele Zahlen gibt: 1, 2, 3, ... – man kann ewig weiterzählen.

Übrigens, um das noch schnell klarzustellen, *so* selbstverständlich ist das gar nicht. Es gibt heute noch Naturvölker, die zählen nicht 1, 2, 3, ... sondern 1, 2, 3, viele. Schluss. Der Mathematiker nennt das eine Kompaktifizierung des Zahlenraums, was gar nicht so übel ist. Damit würde etwa das bei unseren Gymnasiasten so gefürchtete kleine Einmaleins plötzlich erfreulich übersichtlich:

×	1	2	3	viele
1	1	2	3	viele
2	2	viele	viele	viele
3	3	viele	viele	viele
viele	viele	viele	viele	viele

Aber das nur nebenbei. Mit einem genial einfachen Beweis kann man nun zeigen: Es gibt genauso viele Brüche wie natürliche Zahlen. Klar? Ich meine nicht die Brüche 1/1, 1/2, 1/3 ... (das sind natürlich genauso viele wie 1, 2, 3 ...). Ich meine buchstäblich alle Brüche. Zum Beispiel 47/11. Oder auch 11833/11834. Alle. Trotzdem: es sind nicht mehr als 1, 2, 3 ... ! Und man denkt jetzt, die Unendlichkeit sei halt wirklich *die* Unendlichkeit und schlucke eben alles: die natürlichen Zahlen, alle Brüche, einfach alles. Wieder mit einem genial einfachen Beweis kann man aber zeigen: es gibt nicht *die* Unendlichkeit. Es gibt jenseits von 1, 2, 3 ... noch eine viel unendlichere Unendlichkeit. Allein die reellen Zahlen (das sind die ganz normalen Zahlen auf einer Zahlengeraden) zwischen 0 und 1 sind noch viel „unendlicher" als die Brüche. Und nachdem aus guten Gründen die Brüche „rational" heißen (Brüche sind was Vernünftiges und jedes Kind weiß, was 3/4 einer Pizza sind,) und die Nicht-Brüche „irrational" (irrationale Zahlen haben unendlich viele völlig willkürlich und unvorhersagbar aufeinanderfolgende Dezimalstellen; das ist schon ziemlich irrsinnig), folgt daraus: Das Rationale, das sind wenige kleine, einsame, versprengte Inselchen in einem unfassbar weiten und dickflüssigen Meer des Irrsinns. (Für Mathematiker: Irrationale Zahlen sind für Nicht-Mathematiker schon irrsinnig genug; und Transzendenz führte hier definitiv zu weit.) Das haben wir natürlich irgendwie schon immer geahnt. Aber, entgegen unserem verbreiteten rationalen Machbarkeitswahn, hat die Mathematik das sogar glasklar bewiesen! Diese beiden Beweise erfordern übrigens nur Grundschulkenntnisse und zehn Minuten konzentrierten Lesens. Und gerade weil sie so genial-einfach sind, und dennoch so komplexe Dinge wie unterschiedliche Unendlichkeiten ausleuchten, sind diese Beweise auch noch wunderschön. Erst staunt man: Das kann doch nicht wahr sein. Und dann erfüllt einen (auch wenn man nicht der Autor dieser Beweise ist, sondern sie nur zum ersten Mal gelesen und verstanden hat) ein wunderschönes Gefühl, zu gleichen Teilen aus Demut (vor solchen Wundern; und vor Georg Cantor, dem Erfinder dieser Beweise) und Stolz (dass sich der Mensch so was Tolles ausdenken und auch noch beweisen kann und dass man das auch selbst noch kapiert hat!).

Und gar Gödels epochaler Satz, der in der Logik eine ähnliche Rolle spielt, wie die Relativitätstheorie seines Freundes Einstein in der Physik! Dieser Satz beweist letztlich, dass die menschliche Logik, wenn man sie als ein mechanisch handhabbares formales System aufschreiben und benutzen will, sich als „unvollständig und nicht widerspruchsfrei" erweist. Was die allseits so gefürchtete „strenge" Logik ja geradezu menschlich-sympathisch macht. Dass aber das logische menschliche Denkvermögen seine (im obigen Sinn) Nicht-Perfektion aus eigener Kraft logisch perfekt beweisen kann, *das* hinwiederum ist schon ein bisschen verrückt. Was einen Mathematiker aber nicht wundert. Denn der weiß: Gott, der den Menschen samt seiner Erkenntnisfähigkeiten geschaffen hat, ist von der Ausbildung her sicher kein Buchhalter, Betriebswirt oder Jurist. Gott ist natürlich Diplom-Mathematiker! (Und als Hobby spielt er sicher ein bisschen Orgel. Aber darauf kommen wir vielleicht ein andermal.)

Ich kann Sie also beruhigen: Die Mathematik macht nicht wahnsinnig, steckt aber voller verrückter Überraschungen und kann wahnsinnig schön sein. (Und das gilt nicht nur für die berühmten und wirklich phantastisch schönen Apfelmännchen-Bilder der Chaostheoretiker.) Die Mathematik kann sogar die im heutigen Wissenschaftsbetrieb – um es mal vorsichtig anzudeuten – doch eher etwas unterbelichtete, aber dennoch zeitlos existierende metaphysische Seite des Menschen bedienen. Mathematik zu treiben *kann* (für den, der's mag) auch *eine* Art rationaler Form der Kontemplation und Gottesbetrachtung mittelalterlicher Philosophen und Mystiker darstellen. Sie gewährt Einblicke, nicht nur in die Geheimnisse der Unendlichkeit, sondern in das Denk- und Vorstellmögliche des Menschen überhaupt. Sie macht den Menschen staunen und wundern. Aber auf völlig nüchterne, rationale Weise, sozusagen numerisch statt esoterisch.

Die Mathematik macht den Menschen staunen, lehrt ihn aber auch Bescheidenheit vor der wundersamen Komplexität dieser Welt und sie schenkt uns – um zum Schluss dieser Betrachtung noch einmal darauf zurückzukommen und wie mit den zwei verschiedenen Unendlichkeiten angedeutet – das wunderschöne Gefühl, aus eigener Kraft diese Wunder entdecken und verstehen zu können. Es gäbe ganz famose kleine Beispiele, bei denen sich dieses Gefühl bereits nach, na sagen wir, fünf Minuten einigermaßen konzentrierten Nachdenkens einstellt. (So Sie dieses Gefühl noch nie kennengelernt haben, lesen Sie etwa den ganz einfach dargestellten Beweis für „die Möndchen des Hippokrates" in 3.2. Sie *werden* stolz auf sich sein!) Mit fortgeschrittenen mathematischen Knobeleien kann man schon einige Abende verbringen. Und bei den ganz berühmten Problemen, wie Poincarés Vermutung, können schon mal für 100 Jahre die besten Köpfe daran herumbosseln. Aber verstehen Sie jetzt vielleicht ein kleines bisschen, warum Grigori Perelman keine Lust hatte, groß in der Welt herumzufliegen und statt den Medienrummel mitzumachen lieber zu Hause blieb und an seinen Beweisen weiterbastelte?

In dem famosen Gießener Mathematikum – einem sehr lebendigen Mathematikmuseum für Mathematiker und vor allem für Nicht-Mathematiker – wird an der Kasse ein T-Shirt verkauft (S, M, L, XL und XXL). Da steht nicht drauf: „Mathematik macht wahnsinnig". Sondern: „Mathematik macht glücklich." So ist es.

Teil 3

Musik, Mathematik und Humor

3.1 Was lustig ist – und was eher weniger lustig ist
Eine musikalische Studie

Jeder Musikfreund[1] kann Ihnen sofort „lustige Stücke" oder wenigstens „lustige Stellen" nennen. *Das* Beispiel ist natürlich Mozarts „Musikalischer Spaß", auch „Dorfmusikanten-Sextett" genannt. Ich will ja keinem den Spaß verderben. Aber gleich (und ausgerechnet) dieses Stück zeigt, dass das mit dem Spaß nicht immer so einfach geradeaus spaßig sein muss. Erstens stammt dieser schöne und griffige Beiname mit den Dorfmusikanten gar nicht von Mozart und zweitens und vor allem ist er ziemlich unsinnig: Schon damals dürften sich Dorfmusiker nur selten an Mozarts Kammermusik vergriffen haben. Und Mozart war sicher nicht so borniert, sich über mangelnde instrumentale Fertigkeiten von Amateurmusikern des ländlichen Raumes zu mokieren. (Erstens hatte er andere Sorgen und zweitens und vor allem: Was wäre denn daran so schlimm?) Dieses Stück ist keine fröhliche Rüpelszene über unzulängliche ländliche Musizier-, sondern eine böse Karikatur unzulänglicher (und meist urbaner) Kompositionspraktiken. (Leider schrieb Mozart nicht dazu, welchen seiner Kollegen oder vielleicht auch seiner Schüler er konkret meinte.) Und deswegen ist dieser Spaß auch nicht so unmittelbar-vordergründig wie Gspassetln (wie wir in Bayern dazu sagen) üblicherweise so sind: „Selten ist in der Musik so viel Geist aufgeboten worden, um geistlos zu erscheinen" schreibt der Mozart-Biograph Hermann Abert in seiner Interpretation dieses Werkes. Der „Musikalische Spaß" ist also eher ein Insider-Joke für Tonsetzer, wird aber trotzdem gerne als dorfmusikantischer Schwank dargeboten (etwa mit einem Cellisten, der gut sichtbar während seines Schrumm-Schrumm in aller Ruhe seine Zeitung liest). Erfährt man dann noch, dass ausgerechnet dieser „Musikalische Spaß" das erste Stück ist, das Mozart nach dem Tode seines Vaters schrieb (genauer: nur zweieinhalb Wochen später), dann könnten auch noch diverse psychologische Deutungen (Symbol-, Rache-, Übersprungs-, Verdrängungshandlung) ins Kraut schießen. Nachdem wir aber Mozart dazu nicht mehr befragen (oder gar nachträglich auf die Couch legen) können, lassen wir das lieber sein. Jedenfalls: *So* spaßig ist das alles offenbar nicht.

Und konträr zu Mozarts explizit so benanntem „Musikalischen Spaß" wird von Schubert die Frage überliefert: „Kennen Sie lustige Musik?", die er auch gleich für sich beantwortet: „Ich nicht!" Das mag – vielleicht – für Schubert stimmen, bei dem Dur und Moll ganz dicht beisammen liegen und Frohgemutes schnell in Wehmut umschlägt oder von vornherein von Wehmut umflort ist. Aber, Gott sei Dank, stimmt das nicht mal für Schubert hundertprozentig. Wenn man mit einem netten Partner (für einen Pianisten noch netter: mit einer netten Partnerin) Schuberts vierhändiges A-Dur-Rondo gespielt hat, ist man für den Rest des Tages in heitergelöster Laune, die durch absolut nichts mehr getrübt werden kann:

MB01

---

[1] Ohne das jetzt auszudiskutieren: Musikfeunde sind *hier* einfach Menschen, die die sogenannte *klassische Musik* mögen. Und *klassische Musik* ist einfach alles von Perotin bis Pärt, oder (etwas realistischer) von Schütz bis Schostakowitsch, oder (ganz realistisch) von Bach bis Bruckner. Auch da gäb's jetzt *einiges* zu bemerken. Aber nicht hier.

Und das so vergnügt und entspannt dahinschlendernde Seitenthema aus dem Finale seiner großen C-Dur-Sinfonie

MB02

ist völlig ungebrochen und unumflort einfach vergnügt. (Der großartige Schubert-Kenner Hans Gal schrieb, dass „es sogar jeden Griesgram vergnügt machen sollte".[2]) Die Welt, und damit auch die Musik, ist so bunt und reich, dass es auch bei Schubert – wir sind dafür dankbar und es sei gerade ihm von ganzem Herzen gegönnt – fröhliche, vergnügte, „lustige" Stellen gibt.

Es gibt also, trotz möglicher Abgründigkeiten wie bei Mozarts „Spaß" und trotz Schuberts grundsätzlicher Skepsis, fröhliche, vergnügte, „lustige" Musik. Zwei besonders schöne und erhellende Beispiele sind etwa die Schlussallegros[3] aus Mozarts erster und aus Mozarts letzter B-Dur-Sonate. Beim ersten – frisch und frech von der Leber weg (ganz das Wolferl!) in bester Laune hingelegt – war er gerade 18. Beim zweiten dieser beiden Allegros – das genauso gut gelaunt ist, aber noch ein bisschen mehr „gearbeitet" (wie man damals unter Komponisten sagte) – war er auch schon 33. Und dieses „schon" ist bei Mozart gar nicht so ironisch wie es klingt. Mozart starb nicht nur früher als andere, er hat sich auch schneller entwickelt und hatte mit 33 tatsächlich schon einen gewissen Altersstil.

Den Schluss des ersten Stückes können Sie jetzt gleich im Internet hören. Dabei erlaube ich mir, erst ein bisschen zu erzählen, was da eigentlich lustig ist, und scheue dabei auch nicht vor vermenschlichenden Parabeln und Hyperbeln[4] zurück. Ich weiß, so was macht man heute nicht mehr. Musik sollte allein aus sich heraus erklärt werden. Wenn überhaupt. Aber von der Bühne her weiß ich: es hilft. Zünftige Musiker brauchen's natürlich nicht. Aber für den, der mit der Klassik nicht auf so vertrautem Fuß steht, für den sind solche Hinweise schon hilfreich. Jedenfalls: Wenn man auf der Bühne so was unkommentiert vorspielt, kommt als Reaktion bestenfalls ein nicht gerade überschäumendes „Na ja, halt ein Mozartallegro. Nett." Mit Kommentaren kann man dagegen oft ein freudiges „Aha!" auslösen, das sich mitunter sogar zu einem Lacher oder gar Applaus auswachsen kann! Man *sieht* eben nicht nur, wie wir dank Goethen

---

[2] Das mag für Griesgräme gelten. Es galt erwiesenermaßen *nicht* für die ersten Geiger der Londoner Philharmoniker. Als Mendelssohn Schuberts große C-Dur-Sinfonie zum ersten Mal in England aufführen wollte, gab es wegen dieser Stelle eine offene Rebellion im Orchester (gegen Mendelssohn!). Bei diesem Thema dürfen die ersten Geiger nämlich ausnahmsweise mal nicht die Melodie spielen. Sie werden stattdessen völlig respektlos in einen Hintergrundklang integriert (in heutiger Terminologie: sogenannter „Geigenteppich"), indem sie (und in dem sie) für 88 Takte(!) genötigt werden eine immergleiche Triolenfigur zu fiedeln. Die Melodieakkorde spielen Holzbläser und Horn. Und es klingt zauberhaft. (Aber wenigstens haben die ersten Geiger so mal gemerkt, was Bratschisten im Allgemeinen so zu bratschen haben.)

[3] Ein Allegro, zwei Allegros. Wie Ufo und Ufos. Nur Snobs sagen: „bitte zwei Espressi!" oder „was kosten die drei Radiccii?" Oder „Bitte alle Pizze ohne Peperoni!" Ich korrigiere meine Kinder auch nicht, wenn sie „Lexikons" sagen. Diese Wörter sind mittlerweile auch deutsche Wörter und dann sollten wir sie auch deutsch beugen. Einziger Problemfall wären wohl die Cellos (in reformierter Schreibung: Tschellos). Eine wirklich konsistente Lösung wäre, statt Violine, Viola, Cello einfach Geige, Bratsche, Kniegeige zu sagen. Schon allein wegen des Plakats „Konzert mit den zwölf Kniegeigern der Kölner Philharmoniker". Oder der Musikkritikwendung von der schmelzenden Kniegeigenkantilene.

[4] Parabeln und Hyperbeln gibt es nicht nur in der Geometrie, sondern auch in der Rhetorik. Sie bedeuten: Gleichnis bzw. Übertreibung. Es gibt sogar eine sprachliche Ellipse: die Aussparung von Redeteilen. Die Kegelschnitte sind ein Berührungspunkt zwischen Mathematik und Literatur!

wissen, was man weiß. Beim Hören ist es ähnlich. (Falls aber jemand musikheuristophob ist, hab ich das hier und bei weiteren solchen Beispielen auch ordentlich getrennt. Bei Nicht-Bedarf: Einfach überspringen!)

MB03 Rondo-Schluss (KV 281) mit Geplauder
MB04 dito pur

Das Schlussallegro von Mozarts letzter B-Dur-Sonate hören wir uns, weil da noch etwas entscheidend Neues dazukommt, erst im letzten Kapitel an.

Das war jetzt also ein typisches Beispiel fröhlicher Musik bei Mozart. Aber die *witzigste* Stelle bei Mozart – finde ich jedenfalls – ist die Szene, in der, mitten im schönsten Don Giovanni, plötzlich das berühmte Menuett aus Figaros Hochzeit anklingt. Mozart zeigt nämlich keinerlei schlechtes Gewissen darob, in seiner neuesten ein Stück aus seiner letzten Oper zu verwenden. Im Gegenteil! Er macht sich (mit Nestroy zu sprechen) einen Jux daraus, indem er Leporello, sowie der die ersten Töne des Figaromenuetts gehört, stutzen, die Augenbrauen hochziehen und – leicht verwundert – singen lässt:

MB05

Falls Sie jetzt zu faul waren reinzuhören – Leporello singt zum Figaromenuett mitten im Don Giovanni: „Die Musik kommt mir äußerst bekannt vor!" Bingo.

So. Und jetzt ganz kursorisch betreffs „lustiger Musik" in der Klassik: Meist hat der Schluss-Satz die Funktion eines vergnügten Rausschmeißers, weswegen man auch bei Suiten, Sonaten und Sinfonien betreffs „lustig" meist ganz optimistisch auf den letzten Satz hoffen darf. Bei der Suite ist das immer eine Gigue, ein fröhlich-munterer stilisierter Springtanz[5]. Und auf das Schluss-Rondo[6] bei Sonaten und Sinfonien, meist mit Allegro oder Allegretto überschrieben, ist da meist auch Verlass. „Allegro" bedeutet ja wörtlich auch gar nicht „schnell" – auch wenn es von den Pianisten sportiv meist so gedeutet wird – sondern „heiter". Und wenn dann beim Schluss-Allegro noch ein Gassenhauer dazukommt wie „Die Katze lässt das Mausen nicht"[7] und der junge Beethoven die Ärmel hochkrempelt, um den Leuten zu zeigen, was

---

[5] Gigue, gesprochen Schigg. Aber nicht wie chic, sondern mit einem weichen „sch", wie in Feijuada. Das ist ein brasilianischer Bohneneintopf (mit geräucherten Schweinsöhrchen, ganz wichtig!), der absolut nichts mit Musik zu tun hat. Außer mit dem wunderschönen weichen „sch". Die Gigue hieß einmal Jig und stammt eigentlich aus England, was man kaum glauben mag. So leichtfüßig und leichtsinnig bewegt sich weder der upper-class-Engländer mit Schirm über'm Arm und Melone auf dem Kopf noch der weniger-upper-class-Engländer mit Bierdose in der Hand und Tattoo auf dem Oberarm. Die Gigue stammt aus alten Zeiten. Und *vor* Erfindung des Puritanismus scheint es in „merry old England" recht lustig zugegangen zu sein.

[6] Von Rondeaux = Rundgesang, bei dem Solo und Chor einander abwechseln. Das Solo geht reihum und alle zusammen singen dazwischen den Refrain. Vor Erfindung der elektromagnetischen Tonübertragung (Radio) und Tonspeicherung (CD) machten sich die Leute ihre Musik nämlich noch selber. Vorzugsweise indem sie sangen. Und auch wenn so ein Rundgesang aus rauen Kehlen in einer mittelalterlichen Schänke nicht gerade nach unserer heutigen High-Fidelity-Musik klang, so war's immerhin höchst fidel. Gemeinsam singen ist definitiv lustiger als isoliert fernsehglotzen.

[7] Werden Sie nicht mehr kennen. Dieser Schlager war vor Ihrer Zeit ein Schlager. So um 1800. (Und taucht auch

am Klavier eine Harke ist, dann kommt ein Stück heraus, wie das Schluss-Rondo seines ersten Klavierkonzerts, bei dem man vom ersten bis zum letzten Ton vergnügt grinsen muss, so spritzig und gut gelaunt hüpft das einher und schnurrt das dahin:

MB06

Und natürlich sind die Tanzsätze einer Suite auch meist heiter. Das reicht von der aufgeräumt-beschaulichen, still-vergnügten Heiterkeit der Allemande bis zum unbekümmert-fröhlichen Dahintollen der Courante, vom zierlichen oder höfisch-eleganten Spiel zwischen Tänzerin und Tänzer beim Menuett oder bei der Gavotte bis zur ausgelassenen, springlebendigen oder handfesten und fast schon ein bisschen rustikalen Fröhlichkeit der Gigue und der Bourrée. Auch wenn über den Noten „Capriccio" oder „Scherzo" steht, darf man sich im Allgemeinen darauf verlassen, dass es dann auch entsprechend „lustig" wird.[8] Wobei (das nur als Warnung für alle, die kein philharmonisches und vor allem kein kammermusikalisches Abo haben) Beethovens Scherzi[9] mit zunehmendem Alter des Meisters auch zunehmend sperriger werden. In den Konzert- und Kammermusikführern findet sich da meist das schöne Wort: grimmiger Humor. (Noch schöner, aber leider veraltet: mit grimmem Humor. Italienisch hieße das, laut Langenscheidt, con umore arrabbiato. Was aber leicht nach Spaghetti klingt, jedenfalls nicht besonders grimm.[10]) Aber, um wenigstens zwei ungebrochen vergnügliche Beispiele zu nennen: Das Rondo capriccioso von Mendelssohn oder das Scherzo aus dem Flöten-Trio von Weber, das ist ganz einfach Musik, bei der einem ganz capriccioso und scherzando das Herz aufgeht.

Das alles ist „lustige" Musik der ersten Art, Musik bei der das Lustige, Fröhliche, Vergnügliche vornehmlich durch ihren Duktus, die Art der musikalischen Fortbewegung zustande kommt. Ein Trauermarsch oder eine gefühlvolle Arie bewegen sich anders. „Lustige Musik" dieser Art: das rennt und läuft, das schnurrt dahin und eilt davon, da tollt es herum und huscht es vorbei, da springt und hüpft es übermütig oder es purzelt kopfüber, das perlt und glitzert, funkelt und flimmert, flattert und irrlichtert – gut gelaunt, schwungvoll und beschwingt, voller Überraschungen, kokett und kapriziös. Und alles ist leichthändig und leichtfüßig, mitunter

---

schon bei Haydn und Mozart auf.) Was heute ein Hit ist und in den Sechzigern noch ein Schlager war, hieß damals tatsächlich ein „Gassenhauer". Gibt es eigentlich noch Melodien aus der populären Musik, die die Spatzen von den Dächern und die Gassenjungen in den Gassen pfeifen? Ich glaube nicht. (Allein schon weil's kaum mehr Spatzen gibt.)

8   Was ist eigentlich an einer Pizza Capricciosa (laut meinem Home-Service mit „der vielleicht besten Pizza der Stadt": Tomatensauce, Käse, Vorderschinken, Champignons, Oliven, Artischocken und Peperoni) schon so lustig? Vermutlich der sogenannte „Vorderschinken".

9   Völlig inkonsistent zu Fußnote 3 verwende ich hier doch die italienische Form „Scherzi". „Scherzi" klingt einfach witziger („Scherzos" klingt eher komisch) und entspricht deswegen besser der durch das Wort bezeichneten Sache. Aber trotz der Scherzi und Celli halte ich Allegri und Pizze weiter für verschmockt. Sprache lässt sich scheint's nicht regeln und ein wirkliches Sprachverständnis führt zu der Einsicht: In der Welt, im Leben und in der Rechtschreibung ist die Ausnahme die Regel.

10   Das Adjektiv „grimm" gibt's wirklich (und verleiht den Gebrüdern Grimm eine ganz eigene Anmutung). Es wird nur nicht mehr benutzt, weil wir heute alle ganz sozial verträglich, nett und lieb geworden sind. (Eine Talkshow mit dem alten Schopenhauer und dem alten Hegel wäre da wirklich mal eine herzerfrischende Abwechslung.) Was Beethovens grimme Scherzi anlangt: Auch nach seiner 5. oder auch Dem-Schicksal-in-den-Rachen-greifen-Symphonie schrieb Beethoven noch umwerfend gut gelaunte, witzige Scherzi (wie etwa in seiner 6. und 7.). Das nur, um nicht auch noch hier das Klischee vom allzeit grimmen Titanen zu pflegen. (Der er natürlich *auch* war.)

auch mal derb, aber nie langweilig![11] Die Großmeister dieser allegro-heiteren, sprühenden Art des Musizierens waren Scarlatti, Haydn und Rossini. (Wobei insbesondere Haydn auch noch ganz anders konnte!) Aber etwa Mendelssohn und Weber waren da auch nicht schlecht. Nur als erster Tipp für Klassik-Einsteiger: Ouvertüre und Scherzo aus Mendelssohns Musik zum Sommernachtstraum, Scherzo und Finale aus seinem hinreißenden Oktett oder der dritte Satz seines berühmten Violinkonzertes.[12] Oder für alle Klavierspieler, die keine Angst vor vielen schnellen Achteln haben: Webers Perpetuum Mobile, sein Rondeau brillant oder die Aufforderung zum Tanz – das ist alles Musik, „die sogar den grimmsten Griesgram vergnügt machen sollte." Und jeden Nichtgriesgram schon nach wenigen Noten in die allerbeste Laune versetzt.

Es gibt natürlich auch noch andere „lustige Musik". Etwa Musik, die auf lustige Art eine lustige Geschichte erzählt. *Das* Musikstück dieser Kategorie ist natürlich der Till[13] von Richard Strauss. Ich kenne den Till seit meiner Schulzeit (als Musterbeispiel für Programmmusik im bayerischen Lehrplan für Musik an Gymnasien) und hab ihn jetzt wieder mal gehört. Für alle Strauss-Verächter:[14] So ein rundum hinreißendes Stück muss man auch erst mal schreiben![15] Nicht substantiell notwendig, aber doch charakteristisch für diese Art lustiger Musik ist hier auch die Verwendung von vier Fagotten,[16] um die nicht gerade sympathischen Herren Professoren und Gelahrten in ihrer trockenen und gestelzten Gelehrtheit musikalisch zu zeichnen. Das Fagott hat einfach einen leicht komischen Klang und wird deswegen gerne für solch karikierende Musik benutzt.

Man könnte fast eine Art musikalischen Humor-Lackmus-Test formulieren: Wenn Fagott dabei ist, ist es im Allgemeinen lustig. Außer bei Berlioz. Da ist es dann immer dämonisch.

---

11 Nun ja. Es gibt schon auch Stücke, da steht „allegro molto" darüber und es ist trotzdem ziemlich trostlos. Ich will da jetzt keine Namen nennen, aber nur viele schnelle Sechzehntelchen hintereinander sind noch nicht notwendig molto allegro – sehr heiter. Genauso wie es in der Musik auch Adagios oder pathetische Stellen gibt, die nur langweilig oder tumultös sind. Aber bei den Großen der Musikgeschichte sind solche Leerlaufstellen in der Tat *sehr* selten. Deswegen sind sie ja auch die Großen.

12 Von Geigern auch gerne gesungen mit dem Text: „Vi-o-lin-ko-on-zert von Men-dels-sohn, Vi-o-lin-ko-on-zert von Men-dels-sohn ist sehr schwer, ist sehr schwer, ist sehr schwer, ist sehr schwer, ist sehr schwer!"

13 „Till Eulenspiegels lustige Streiche", Tondichtung für großes Orchester, op. 28. Unter Musikfreunden liebevoll-vertraut kurz „der Till".

14 Der übliche Vorwurf: „Er war kein Avantgardist!!" Nun, einer wie Strauss hätte vermutlich sogar noch schöne Zwölftonmusik komponiert. Aber wir hätten dann keinen Don Juan und keinen Till und kein zweites Hornkonzert und kein Oboenkonzert, keine Salome, keinen Rosenkavalier, keine Ariadne und keine Metamorphosen. Seien wir froh, dass er so mutig war, „altmodisch" zu sein. (Und mit der Elektra war Strauss obendrein für einige Jahre tatsächlich auch noch ein bisschen Avantgarde!)

15 Der ungarische Operettenkomponist Emmerich Kalman schrieb einmal: „Mit einer Symphonie kann man vielleicht eine Bedeutung vorschwindeln, die man nicht besitzt; man redet sich einfach auf Eigenart und persönliche Note aus, die einem verbietet, etwas zu schreiben, was dem Nächsten gefällt. Aber schon das einfachste Lied, der kleinste Walzer muss erfunden sein und muss jenen ganz gewissen zündenden Funken haben, der die Leute mitreißt." Jetzt werden Avantgardisten fragen: „Wer, zum Teufel, ist Emmerich Kalman?" Nun, Emmerich Kalman komponierte zum Beispiel das erfrischend unprätentiöse Werk „Die Czárdásfürstin", das etwa die wirklich sehr schön nachzusingende Melodie „Komm mit nach Varaždin, dort wo die Rosn bliehn, dort lass uns glicklich sein, nur Du und ich allein" enthält („Rosn" mit kurzem offenen ungarischen o). So etwas kann man von avantgardistischen Werken nur selten sagen.

16 Genauer: drei Fagotte (und nicht Fagötter), eine Bassklarinette (klingt auch schön seltsam) und ein Kontrafagott (ist klangfarbentechnisch natürlich der absolute Hammer).

Wobei dämonisch immer die Tendenz hat, schnell auch mal komisch zu werden. (Was ja auch wieder lustig ist.) Ein Stück, das wirklich souverän gleichzeitig Unheimliches *und* echten Humor bietet (und natürlich ganz viel Fagott) ist das berühmte „In der Halle des Bergkönigs" von Grieg, eine musikalische Geisterbahn, wunderbar gruselig und lustig zugleich.

Diese Musik malt Bilder – karikierend, leicht ironisch, oft auch mit einem recht warmherzigen Humor: Sogar wenn der arme Till am Ende gehängt wird, klingt das bei Strauss noch halb traurig, halb liebevoll-spöttisch. Karikierend, spöttisch – das kann natürlich auch noch gesteigert werden. Die Musik wird dann grotesk und sarkastisch. Auch da gibt es zwei Großmeister. Der gutartige, gut gelaunte grandseigneureske und musikantische der beiden ist Prokofjew, der gnadenlos und schneidend scharfe intellektuelle Großmeister für's Grotesk-Sarkastische ist natürlich Strawinsky[17]. Sein kleiner Klaviertango etwa, das ist die platonische Idee des Tangos an sich zum Klingen gebracht und gleich auch ins Absurde überhöht. Oder sein raffiniert harmloser und boshafter kleiner Walzer ... immer wenn ich André Rieu Walzer spielen hören oder gar Walzer spielen *sehen* muss, renn ich schnell ans nächste Klavier und spiele, als rituelle Reinigung, Strawinskys hinreißend spröden Über-, Anti- und Bonsai-Walzer:

MB07

Eines meiner Lieblingsbeispiele für leicht karikierende, freundlich-groteske Musik (weil absolut unplakativ, rein musikalisch und das alles auch noch ganz ohne Fagott!) ist die zweite Bourrée aus Bachs Englischer Suite Nr. 1.[18] Die Bourrée ist ohnehin schon ein Tanz, der einen ganz leicht karikierenden Charakter hat. Da schweben und wirbeln nicht verliebte Paare übers Parkett. Gerade bei dieser Bourrée ist das etwas hüftsteif, eher wacker denn temperamentvoll, recht ordentlich, in vielen kleinen umständlichen Schritten. Da tanzt nicht Romeo mit seiner Julia (Verona, Quattrocento), sondern da tanzt Oberamtsrat Doktor Dröge mit seiner auch nicht mehr so jungen Gattin Dorothee, geborene Brausewein (Leipzig, um 1720). Näheres entnehmen Sie bitte der Aufnahme.

MB08

Das alles, sozusagen *karikierende Musik* im weitesten Sinn, ob mit außermusikalischem Programm oder ohne, ob liebenswürdig oder sarkastisch, ob mit oder ohne Fagott ist „lustige Musik der zweiten Art". Und solch lustige Musik der ersten und zweiten Art (wobei sich diese beiden Arten natürlich auch überschneiden können) wird natürlich von allen Musikfreunden

---

[17] Ein Beispiel für eine wirklich groteske musikalische Erzählung, die aber mit gutem, geradezu liebevoll-menschlichem Humor daherkommt, ist Bela Bartoks Kabinettstückchen „Aus dem Tagebuch einer Fliege". Sehr nervig. Und man muss dabei lächeln.

[18] Die – die gibt es auch – erste Bourrée aus Bachs Englischer Suite Nr. 2 ist ebenfalls von liebenswerter Komik: ein bisschen steif, pedantisch und bemüht ordentlich. Die beiden Bourréen in den Französischen Suiten Nr. 5 und 6 sind weniger skurril. Sie sind einfach vergnügt und toben *fast* ein bisschen derb und lärmend dahin. Dabei ist die zweite (in E-Dur) ein kleines Wunder. Spielt man nämlich die rechte und die linke Hand jeweils für sich, so sind das allein schon zwei eigenständige höchst klang- und schwungvolle einstimmige Bourrée-Kostbarkeiten, im Klangbild durchaus verwandt entsprechenden Stücken in Bachs Solo-Partiten für Violine oder Cello. Und zusammengespielt ist das dann wirklich ein glänzend gelauntes Tempo-Tanzstück *und* ein glänzendes Beispiel für quicklebendige Polyphonie.

(zurecht) geliebt und entsprechend auch gerne von Solisten und Dirigenten ins Programm genommen. Auch gerne als erste oder zweite Zugabe. (Wenn der Pianist als dritte Zugabe etwas Langsames spielt, signalisiert er: Ich bin jetzt müde. Hört bitte auf zu klatschen und geht nach Hause. Ich will jetzt auf meinem Hotelzimmer noch etwas essen, ein Bierchen trinken und mir dabei – zwei Stunden Beethoven und Brahms sind genug – den Spät-Western auf Kabel eins angucken.)

Es gibt aber noch eine Art (vielleicht sollte man allgemeiner sagen noch eine Dimension) lustiger Musik, lustige Musik der dritten Art. Und um diese Art musikalischen Humors zu erkunden, kann man sehr schön (als eine Art musikkabarettistisches Turngerät oder als eine Art Kletterwand wie sie die Bergsteiger zum Üben benutzen) den beliebten alten Musikerscherz betreiben, eine vorgegebene Melodie in verschiedenen Stilarten diverser alter Meister[19] durchzudeklinieren. Dabei sollte diese Melodie aus leicht nachvollziehbaren Gründen weder intellektuell noch emotional allzu ambitioniert sein. Oder deutlicher: Je banaler und abgedroschener diese Melodie ist, desto besser. Ein Glücksfall an melodischer Banalität und Abgedroschenheit aber ist das allseits bekannte und beliebte Geburtstagsständchen „Happy Birthday to You", eine Melodie, die allein schon durch ihre schlichte Stollen-Stollen-Abgesang-Architektur[20] besticht

---

[19] Wer ohnehin nicht über die „alten Meister" gestolpert ist, kann diese Fußnote überspringen. Wer sich aber fragt: „Warum eigentlich keine *neuen* Meister?" möge hier bitte weiterlesen. Die (auch nicht mehr so taufrische) musikalische Avantgarde ist eigentlich immer noch nicht in dieser Welt angekommen. Sie wird vorwiegend in eigenen geschützten (und subventionierten) Räumen (wie Darmstadt, Donaueschingen, Musica-viva-Reihen, Studios für neue Musik) gepflegt. (Was ja bereits ein bisschen nach „Pflegefall" klingt.) Außerhalb dieser geschützten Räume wird's ziemlich schnell ziemlich schwierig. Wenn man im Kabarett moderne Originalstücke spielt (etwa Schönbergs *berühmten* kleinen Walzer, der als erstes Zwölftonstück eigentlich berühmt sein sollte; es aber nicht ist), dann reagiert das Publikum zur Hälfte verstört („Oh Gott, moderne Musik! Jetzt sich bloß nicht blamieren und hoffentlich ist's schnell vorbei."), zur Hälfte völlig naiv, indem es dieses Stück, auch wenn man es dezidiert als nicht-kabarettistisches Originalstück ankündigt, einfach belacht – einfach weil's so schräg und ungewohnt klingt. Und wenn man moderne Musik parodiert, wird wiederum nur der ungewohnte schräge Klang ganz allgemein belacht; ein Wiedererkennen eines berühmten Originalstücks oder der Charakteristika eines bestimmten Personalstils findet nicht statt. Das ist alles ziemlich traurig. Eine wirklich *lustige* Demonstration der Situation der Moderne in der real existierenden Musikwelt bietet der glorreiche „Hurz"-Sketch (über avantgardistische Musik vor einem nicht vorgewarnten, normalen Klassikpublikum) des wirklich herzerfrischenden Kabarettisten Hape Kerkeling. Für alle, die's nicht kennen, kurz aus dem Gedächtnis: Kerkeling gibt sich (wie er's gerne tut) als der berühmte russische Sänger (sagen wir) Sergej Sergejwitsch Koreschnikow aus und gibt beim (sagen wir) Kulturkeis Erkenschwieck einen Liederabend. Aber kein fröhlicher Russen-Pop oder Schubert-Schumann-Brahms-Liederabend, wie's das Publikum erwartet, sondern mit zeitgenössischer Musik (die eigentlich auch schon nicht mehr zeitgenössisch ist). Das Publikum sackt nach drei Takten in sich zusammen und lässt die Kunst ergeben über sich ergehen. Kerkeling und sein (sehr guter) Pianisten-Freund blödeln sich (aber nicht klamaukig sondern stilsicher) gekonnt durch expressionistisch-atonal-dodekaphon-seriell-aleatorische Klangräusche, mit vielen verminderten, übermäßigen und unmäßigen Nonen und Undezimen, mal gekreischt, mal geflüstert. Am Schluss sticht Kerkeling der Hafer und er schreit, singt, japst: „… der Adler … Hurz!" Großer Krach am Klavier. Schluss. Im Publikum unsichere Stille. Dann höflicher, definitiv nicht überschäumender Applaus. Der Vorsitzende des Kulturkreises (der natürlich in diese Komödie eingeweiht war): „Hat noch jemand Fragen?" Keiner will sich blamieren. Jeder will eigentlich nur schnell nach Hause. Endlich meldet sich eine nette ältere Dame: „Was bedeutet eigentlich dieses ‚Hurz'?" Die Musik ist so was von nicht von dieser Welt, dass keinerlei Meinung oder Kritik, nicht mal eine Frage geäußert wird! Man nimmt sie anscheinend nur stoisch hin, wie wenn man etwa in einen Hagelschauer gerät.

[20] Für Nicht-Musiker: Erster Stollen = (bitte mitsingen) Happy Birthday to You! Zweiter Stollen = (weiter singen) Happy Birthday to You! Abgesang = (und noch mal) Happy Birthday lieber N. N., Happy Birthday to You! Vergleiche auch (bitte wieder jeweils mitsingen): Erster Stollen = Oh Tannenbaum! Zweiter Stollen = Oh Tannenbaum! Abgesang = Wie grün sind deine Blätter! Beim Tannenbaum käme jetzt noch ein kurzer aber immerhin

(eine Architektur von, wenn man das so sagen kann, geradezu monumentaler Schlichtheit) und die auch nicht durch gleißnerische Harmonik[21] oder gesuchte Modulationen zu blenden versucht. Solch eine Melodie ist eine wunderbar banal-neutrale Knetmasse, die man beliebig verformen und auch, passend verformt, überall dazwischenkleben kann.

So, und jetzt wollen wir hier auch mal musikkabarettistisch zu basteln anfangen. („Komponieren" heißt ja auch nur „zusammensetzen".) Die einfachste Art, eine lustige, verblüffende Wirkung zu erzielen, ist, ein bekanntes Stück ganz korrekt zu beginnen und dann plötzlich rotzfrech in Richtung Geburtstagsständchen umzubiegen, etwa mit Schuberts (vor allem dem Klavier spielenden Teil der Bevölkerung) wohl bekanntem und wohlbekanntem[22] As-Dur-Impromptu:

MB09

Das war jetzt wohl ein eher grober musikalischer Kalauer. Ein etwas raffinierterer musikalischer Kalauer funktioniert etwa so, dass man mit Happy Birthday beginnt und es dann geschickt in eine Lisztsche Klavierfloskel münden lässt. Man beachte bitte den zwiefach verzögerten Vorhalt, der der dann doch noch eintretenden Kadenz eine umso befriedigendere Wirkung verleiht:

MB10

Noch schöner aber ist es, in ein bekanntes Stück das Geburtstagsmotiv mal nur so ganz beiläufig nonchalant einzuschmuggeln (eine sozusagen subkutan-schleichende Vergeburtstagung), wie etwa hier mit dem Anfang der Rhapsody in Blue

MB11

so dass man beim ersten flüchtigen Hören *fast* glauben könnte, das gehöre ohnehin so.

---

neuer Zwischenteil (Du blühst ...), während Happy Birthday tatsächlich schon am Ende ist. Dass die zwei Schlusstakte des Happy-Birthday-Abgesangs zudem eine Art von oben eingesprungener Wiederholung der beiden Anfangstakte darstellen, verleiht dem Stück zusätzliche Rundung, Kompaktheit und Wucht.

[21] Es handelt sich um eine reine sogenannte I-IV-V-Harmonik, wie sie auch im Kinderlied (Hänschen klein), im deutschen Stimmungslied (Humpta, humpta, humpta tätärää) oder im bundesrepublikanischen Schlager (Er hat ein knall-Bums!-rotes Gummiboot) gepflegt wird. Der Boogie-Woogie verwendet übrigens auch nur diese drei Akkorde. Es ist aber deutlich mehr los.

[22] Kleiner Scherz zur Rechtschreibreform. (Der letzte. Versprochen!) Aber das sind nun mal zwei Paar Stiefel! Gemeint ist hier das (technisch sehr einfache und deswegen auch unter uns Dilettanten wohl bekanntere) „kleine" As-Dur-Impromptu op. 142.2 und nicht das „große" op. 90.4. Dieses ist ein großartiges Klavierstück, mit funkelnder Brillanz und großen Gefühlen. Jenes aber ist noch erstaunlicher: Es ist fast nichts oder nur wenig los, keine Brillanz, keine großen Emotionen. Und trotzdem ist es ganz selbstverständlich dahinströmende, ganz in sich ruhende, ganz große Musik.

Abschließend zwei vollständig umgemodelte (vergeburtstagte) Stücke, nämlich Beethovens famose Elise[23] (sozusagen: Wie würde Beethoven Elisen[24] zum Geburtstag gratulieren)

MB12

und – um in einem Mathematikbuch auch mal bisschen was Flotteres anzubieten – der bekannte[25] Joplin-Rag „The Entertainer":

MB13

Das war jetzt die Abteilung: fröhliches, geschicktes und beiläufiges Ummodeln. (Und wenn man sich beim zweiten Anhören stellenweise – tendenziell – nicht mehr *ganz* sicher ist, ob das jetzt noch original oder schon umgemodelt war, dann ist es eigentlich am schönsten.)

Das nächste Beispiel stellt einen Übergang zu einer zweiten musikkabarettistischen Technik dar. Hier wird nicht mehr ein gegebenes Stück Takt für Takt umgeformt. Es wird nur noch als allgemeines Vorbild genommen, um dann aus Happy Birthday nach diesem Vorbild ein „neues" Stück zu basteln. Dieser „Geburtstags-Walzer" beruht melodisch allein auf Happy Birthday, lehnt sich aber heftig an die agogische und harmonische Anmutung von Richard Straussens Rosenkavalierwalzer. Nur an einer Stelle taucht ganz kurz und ganz wörtlich eine Originalphrase auf, nämlich diese so wohlklingende Sextenpassage[26] aufwärts. Das dezent ambivalente Spiel wird also unterbrochen, um (sozusagen) satirisch die Sau rauszulassen.[27] Obendrein, aber das ist wirklich nur ein Nebeneffekt, merkt so auch der Letzte im Publikum, was eigentlich das Originalstück ist. (Sofern der Letzte im Publikum, wovon man auch nicht mehr unbedingt ausgehen sollte, das Originalstück wenigstens schon einmal gehört hat.)

MB14

---

[23] Bekannt und beliebt bei allen Klavierschülern (jedenfalls früher; heute kommen die meisten gar nicht mehr so weit, sondern verenden nach vier Jahren beim „Fröhlichen Landmann") und mittlerweile auch als Warteschleifenmusik für Anrufbeantworter oder als geschmacklich gehobener Klingelton. Was könne Beethoven heut ein Geld verdienen!

[24] Rettet dem Dativ!

[25] Dieser Rag schaffte es, zweimal populär zu werden. Um 1910, als er geschrieben wurde, in Amerika. Und in den 70er-Jahren international als Filmmusik („Der Clou"). Seit diesem Film ist der lange Zeit fast vergessene Ragtime wieder fest im Musikbetrieb etabliert. In der U-Musik, bei den Light Classics und, für todsichere Zugaben, sogar in der Hardcore-Klassik. Eine erstaunliche und sehr erfreuliche Nebenwirkung einer Gaunerkomödie! Vielleicht sollte man auch mal eine Gaunerkomödie drehen mit Musik der Virginalisten, von Couperin, Buxtehude oder Philipp Emanuel Bach. Oder – da tät's auch nicht schaden – von Reger, Schönberg oder Stockhausen.

[26] Sexten klangen immer schon schön. Aber heute, da man sie seit 100 Jahren nur noch mit schlechtem Gewissen oder gar nicht hören durfte, klingen sie besonders schön. Und gehen einem runter bzw. ins Ohr wie Honigseim bzw. – nachdem Honigseim im Ohr vermutlich ungesund – wie … wie … eben wie Sexten!

[27] Man könnte jetzt aus „Original = Richard Strauss" und „Original zitieren = die Sau rauslassen" folgern: Also gilt „die Sau = Richard Strauss". Ich verweise auf die obige adverbiale Wendung *satirisch* die Sau rauslassen! Außerdem hatte Strauss wirklich Humor (obendrein einen bajuwarischen) und war vor allem selber ein begnadeter Zitierer (am liebsten Wagner) und satirisch-die-Sau-Rauslasser. Und so ist dieses Originalzitat geradezu eine Parodie zweiten Grades!

Und damit sind wir bei der zweiten Stufe unserer musikkabarettistischen Übung. Es wird jetzt kein Originalstück mehr umgemodelt (falls Sie's eher kritisch sehen: verhackstückt) oder als Vorlage genommen, sondern allein aus der vorgegebenen Melodie heraus wird ein neues kleines Stück in einem ganz bestimmten vorgegebenen Stil entwickelt. Dafür drei Beisiele, die zeitlich eng beisammen liegen, aber dennoch eine für diese relativ doofe Melodie erstaunliche emotionale Bandbreite abdecken. (Was nebenbei zeigt: Das melodische Material ist nicht *so* wichtig, der Ton*satz* macht den Charakter eines Stückes aus.)

MB15   als vierstimmiger Choralsatz
MB16   als zweistimmige Invention
MB17   als Schreit- und Springtanz[28]

Wenn man über Humor und „lustige Musik" schreibt, sollte es gelegentlich auch schon mal irgendwie lustig werden. Und ich hoffe, Sie haben sich jetzt beim Anhören dieser Beispiele auch ein bisschen amüsiert. Aber nun darf vielleicht doch noch die Frage gestellt werden: Was ist an diesen Stückchen eigentlich lustig? (Auch wenn Überlegungen *über* Humor erfahrungsgemäß keine großen Lacher bewirken.)

Manchmal ist es geschickter, eine Frage nicht direkt anzugehen, sondern „das Pferd von hinten aufzuzäumen". (Ähnlich dem indirekten Beweis ex contrario.) Und deswegen werfen wir einen (wie immer) hilfreichen Blick in die Presse und lesen staunend in einer wohlmeinenden(!) Kritik zu solch musikalischem Kabarett: „Es gelingt ihm, mit Variationen über die Melodie Happy Birthday to You bürgerliche Geburtstagsrituale zu hinterfragen."

Sie sehen, auch wenn Überlegungen *über* Humor nicht gerade die großen Lacher liefern – amüsant bleibt die Sache allemal. Denn das ist so ziemlich genau das, was an diesen Stücken nicht lustig ist. (Und sonst eigentlich auch nicht besonders.) Das politisch bzw. humoristisch korrekte Kabarett, wie es im bundesdeutschen Feuilleton erwünscht ist, scheint tatsächlich ein ernstes Problem mit Humor zu haben. (Wobei dieses ernste Problem eigentlich schon wieder lustig ist.) *Wenn* die Leute im Saal schon lachen, dann sollen sie gefälligst auch kritisch lachen, hier etwa über das Bürgertum, genauer (da musikliebhabend) über das in Fachkreisen besonders berüchtigte sogenannte Bildungsbürgertum.[29] Im humoristisch korrekten Kabarett darf

---

[28] Ein Springtanz ist manchmal auch ein Hupfauf. Manchmal aber auch ein Hopeldantz. Aber *dieser* gehört eindeutig zur Gattung der Hupfäufe. Für eine lebendige Rezeption empfiehlt sich die Klangvorstellung eines doppelchörigen Satzes mit vier Blockflöten für die hohe Oktave und vier Krummhörnern für die tieferen Oktaven. Das Krummhorn, ein typisches Rennaissance-Instrument, näselt nicht so schön wie das Fagott, sondern schnarrt ein bisschen. Ist aber genauso lustig.

[29] Ich wurde von einer Münchner Zeitung zu einem neuen Programm interviewt. Und als der Interviewer allmählich merkt, dass ich keine Witze über Merkel, Stoiber, Westerwelle, Präsident Bush, Eva Hermann oder Bischof Mixa mache, sondern mit klassischer Musik arbeite, fragt er verunsichert: „Dann spielen Sie auf der Bühne ja Beethoven!" Ich unschuldig: „Ja." Er, quasi nach Luft ringend: „Aber das ist ja bildungsbürgerlich!" *Das* ist anscheinend der Gipfel. (Und anscheinend tatsächlich eine richtige Provokation.) Einige Tage später erschien in derselben Zeitung vom großen Joachim Kaiser eine schöne Replik (zu meinen und vor allem) zu Gunsten des geschmähten Bildungsbürgertums. Aber ein Kaiser macht noch kein liberales Feuilleton und kann die schleichende Verschülerzeitung des deutschen Feuilletons leider auch nicht aufhalten. Das Bildungsproblem in Deutschland (das nicht nur durch PISA manifest wurde) hat auch mit einer seit einer Generation herrschenden ganz dezidierten Bildungsferne und Bildungsverachtung im deutschen Kulturleben zu tun. Man sollte das Bildungsbürgertum nicht verächtlich

man nämlich nur kritisch lachen. Oder gar nicht. Und die sowohl dialektische als auch physiologische Synthese ist dann, dass einem „das Lachen im Halse stecken bleibt". Jedenfalls war und ist diese beliebte Feuilletonwendung *der* metaphorische Ritterschlag für richtig gutes Kabarett.[30] In deutschen Kabaretts müssen jahrzehntelang Massen von Menschen mit dicken Hälsen und rot angelaufenen Köpfen gesessen haben! Na, das hat sich ja mittlerweile gründlich geändert, indem das Kabarett von der Comedy beerbt wurde. Da bleibt einem garantiert nichts mehr im Halse stecken. (Ganz im Gegenteil: da könnte man, jedenfalls *manchmal*, eher ... na lassen wir's gut sein.)[31]

Also! Sollten Sie sich vorhin tatsächlich über diese kleinen Musikstücke amüsiert haben, so seien Sie versichert: Sie brauchen sich jetzt nicht auf den Rücken klopfen lassen! Es sollte Ihnen absolut nichts im Halse stecken! Ich habe mit diesen Stückchen keine Geburtstagsrituale hinterfragt, weder das Bürgertum im Allgemeinen noch das (in Fachkreisen besonders berüchtigte sogenannte) Bildungsbürgertum im Besonderen.

Dass diese kleinen Musikstücke Spaß machen, liegt an ganz einfachen, elementaren Funktionsweisen. Ein berühmtes klassisches Thema anzufangen und ganz einfach mit Happy Birthday zu Ende zu führen ist lustig, weil hier, wie letztlich bei jedem Witz, plötzlich und überraschend Nichtzusammengehöriges zusammenkommt.[32] Und wenn bei der Elise oder in Gershwins Rhapsody in Blue mehrfach zwischen Original und Geburtstagsständchen hin- und hergewechselt wird, entsteht eine leichte aber durchweg vergnügliche Doppelbödigkeit und Unsicherheit: Was stimmt jetzt eigentlich noch? War das noch Gershwin oder schon Happy Birthday? Oder umgekehrt? Und der überraschende Zusammenprall von Gegensätzen, das beiläufige, leichthinnige Wechseln der Ebenen (mit einem unschuldigen War-was?-Blick), *das* ist es, was die Hörer amüsiert.

Zwei meiner Lieblingswitze, die ganz ähnlich auch nach diesen Funktionsweisen funktionieren:

<u>Schema Zusammenprall:</u> Eine römische Galeere. Unter Deck. Seit Stunden rudern die Galeerensklaven zum dumpfen, monotonen Schlag der Trommel. Da kommt ein Offizier runtergeklettert, stoppt den Trommler und verkündet: „Männer, ich habe zwei Nachrichten. Eine gute und eine schlechte." Die erschöpften Ruderer begeistert: „Die gute! Die gute!" „Okay, ihr habt jetzt eine halbe Stunde Pause." Großer Jubel. Dann fragt der vorderste Ruderer, leicht besorgt: „Und jetzt die schlechte Nachricht?" „Der Chef will dann eine Stunde Wasserski fahren!"

<u>Schema Ebenenwechsel:</u> Der Indianerhäuptling geht am 23. September (für Astronomie-Ignoranten: der bei allen Naturvölkern allgemein bekannte Tag der Herbst-Tag-und-Nacht-Gleiche) traditionell zu seinem Medizinmann und fragt ihn, wie der Winter wird. Der Medizinmann wirft ein paar Knöchelchen in die Luft, schaut, wie sie gelandet sind, und verkündet:

---

machen, sondern schleunigst unter Naturschutz stellen. Und die Lehrer hätten gegen ein paar bildungsbürgerliche Elternhäuser mehr vermutlich auch nichts einzuwenden.

[30] Das Lachen bleibt einem vorzugsweise immer dann im Halse stecken, wenn der Kabarettist gerade irgendwas „zur Kenntlichkeit entstellt hat", ein weiterer beliebter Textbaustein des „kritischen Feuilletons". (Ob das „kritische Feuilleton" jetzt ein Pleonasmus sein sollte, ist oder nicht sein sollte, das wäre eine kritische Studie für sich.)

[31] In 50 Jahren werden die Historiker definieren: Die Nachkriegszeit endete in Deutschland, als die Einschaltquote der RTL-Late-Night-Comedy die des Scheibenwischers überholte.

[32] Kritische Geister würden sarkastisch sagen: Wie bei der Wiedervereinigung!

„Es wird ein langer, strenger Winter!" Der Häuptling trommelt seine Frauen und Männer zusammen und schickt sie für die nächsten Tage zum Holzsammeln in die Wälder. Am Samstag
kommt sein Sohn aus der Stadt und wundert sich, warum im Dorf nur Kinder zu sehen sind.
Der Häuptling erklärt's ihm. Der Sohn, modern ausgebildet, lacht und sagt: „So ein Quatsch.
Pass auf!" Er ruft mit seinem Handy beim meteorologischen Institut der University of Toronto
an und fragt, wie der Winter wird. Die Antwort: „Es wird ein langer, strenger Winter." Der
Sohn stutzt: „Wie kommen Sie darauf?" „Die Indianer gehen schon seit drei Tagen Holz sammeln!"

Der überraschende Zusammenprall das elegante Wechseln und verunsichernde Vertauschen der
Ebenen, *das* bringt einen zum Schmunzeln und Lachen. Ein deutscher Feuilletonist schriebe
sicher, die beiden Witze hinterfragten die soziale Ungerechtigkeit des römischen Marinewesens
bzw. die Fehlbarkeit moderner Wissenschaftlichkeit. Aber kein Mensch hinterfragt hier irgendwas. Man lacht nicht wegen irgendwelcher (sozialkritischer, fortschrittskritischer oder
sonstwaskritischer) Inhalte, man lacht wegen des unvermuteten Zusammenpralls oder der ge-
lungenen Volte.[33] Man lacht wegen rein formaler Wirkungsweisen. Ein Witz braucht keine An-
liegen und Absichten. Überspitzt gesagt: Ein Witz braucht keine Inhalte, er ist eine rein formale
Spielerei. (Natürlich braucht er *zunächst* auch Inhalte, er muss ja von irgendwas erzählen. Aber
es geht nicht wirklich um den „Inhalt des Inhalts", zum Beispiel um die Gebräuche in der römischen Marine oder um die Gebräuche bei den indianischen Micmac-Indianern. Die Inhalte
werden nur als Spielmaterial benutzt. Wichtig ist nur ihre Stellung in der formalen Struktur aus
der heraus zum Beispiel Kollisionen oder Ebenenwechsel möglich werden. Ich kann über diese
Witze lachen, auch wenn ich keine Ahnung und erst recht keine starke Meinung zu Problemen
der römischen Marine und der Micmac-Kultur habe. Die Aussagen sind letztlich Formen, frei
von eigentlicher, ernsthafter Bedeutung.)

Und damit haben wir die Sache auch schon auf den Punkt gebracht. Solche musikalischen
Späße sind ganz genauso: formale Spielereien. Und auch wenn eine zweistimmige Geburtstag-
sinvention sicher nicht so lustig ist, wie die Vorstellung eines römischen Zenturios in voller
Rüstung, mit Helm (und obendrauf der rote Offizierspuschel), der mit mürrischem Blick schon
bis zum Zwickel im Wasser steht und 20 Meter vor ihm sieht man eine plumpe Galeere, in der
zweimal 30 Mann wie die Verrückten mit ihren Rudern auf das Wasser eindreschen – so bietet
die Musik unendlich vielfältige Möglichkeiten für Spielereien, von fröhlich-derb bis sophisti-
cated-sublim. Das „Komponieren" aus musikalischen Baumaterial – Melodien, Satztechniken,
Harmonien, Stilelementen, Rhythmen und Formvorgaben – gleicht in der Tat dem Spielen mit

---

[33] Der, meines Wissens, kürzeste aller Voltenwitze geht so: Hängt die Grünen, solang es noch Bäume gibt. Über die
gesellschaftspolitische Dimension dieses durch einen beliebten Fußballstar berühmt gewordenen Witzes und den
durch ihn entfesselten Mediensturm habe ich schon an anderer Stelle berichtet. Sicherheitshalber: Dieser Witz *ist*
politisch korrekt, da er ja die Sorge um den deutschen Wald explizit bestätigt. Aber lustig ist dieser Witz, weil er
nur fünf Wörter Anlauf für seinen Salto benötigt (von „Hängt" = Holzgestell = Bäume! Bis „noch Bäume" =
Bäume?). Und dass er die allseits *heilig* gesprochenen Grünen (die einem mitunter, selbst wenn sie Recht haben,
auch schon mal ganz schön auf die Nerven gehen können) auf so schön *geschmacklose* Weise bestätigt, ist noch
ein erfrischender Gegensatz auf der emotionalen Ebene (heilig vs. geschmacklos) obendrauf. Apropos Bäume:
Was ist eigentlich aus dem Waldsterben geworden? Noch zugespitzter ist übrigens (möglichst mit fränkischer Diktion zu sprechen): „Brot für die Welt! Die Wurst bleibt hier." Und noch mal kürzer (aber nur mehr für Kenner Mit-
telfrankens verständlich) wäre: „Lieber Fünfter, als Fürther!" Nun isses aber auch gut.

einem unendlich reichhaltigen, vielfältigen, feinen und komplexen Baukasten. Und der Spaß, die Freude, die Lust, die man dabei verspürt (beim Komponieren wie beim nachschaffenden Hören) ähneln dem Spaß, der Freude, der Lust, die man verspürt, wenn bei einer schwierigen Jonglage keiner der Bälle auf den Boden fällt, wenn eine Turnerin um ihren Stufenbarren wirbelt, wenn ein Zauberer einen witzigen, verblüffenden Trick erfolgreich beendet[34], wenn man als Kind mit dem Lego- oder Metall-Baukasten eine schwierige, labile Konstruktion stabil hinstellt, wenn man ein Vexierbild erfolgreich hin- und her springen lassen kann, wenn man ein schwieriges Puzzle endlich beisammen hat oder – noch schöner – wenn man ein Tangram-Segelboot in einen Tangram-Drachen und den dann noch in einen kleinen Tangram-Chinesen verwandeln kann und und und … jedenfalls hat das alles nichts mit irgendwelchen platten Hinterfragungen zu tun. Solche musikalischen Späße sind, im schönsten Sinn des Wortes, harmlosheitere, formale Spielereien. Und „harmlos" bedeutet: ohne Harm. Humor ist *frei* von Harm und Häme, Belehrungen oder Engagement. Humor *ist* die Freiheit.

Das heißt nicht, dass man etwa eine geharnischte Polemik nicht mit gewitzten und witzigen Bildern, Vergleichen, Wortspielen oder Sarkasmen zuspitzen könnte. Und sollte. Denn Polemiken, Leitartikel, Referate, auch Predigten und wissenschaftliche Veröffentlichungen (eigentlich alles) werden durch Witz und Humor erst wirklich bekömmlich. Aber Witz und Humor sind Dimensionen, die solchen inhaltlichen Pointen *unter*liegen und letztlich für sich bestehen. Oder pointiert formuliert: Die pointierte, witzige, sarkastische Darstellung von Inhalten braucht Witz und Humor. Aber Witz und Humor brauchen keine Inhalte. Witz ist letztlich Spiel, Humor eine spielerische Haltung.

Und das ist auch das Schöne an solch musikalischen Spielereien: Man kann sich (*wenn* man's denn kann; *alle* finden so was nicht lustig) amüsieren ohne Häme, ohne Schadenfreude, ohne auch nur ansatzweise selbstgefälliges, „dreckiges" Lachen (vorzugsweise über Politiker oder Promis). Ein großer Schriftsteller sagte einmal (aus der Erinnerung, aber ohne Gewähr: Paul Celan – wer's genau weiß: bitte mailen!), Lachen sei das Freilegen der Zähne unmittelbar bevor das Raubtier seine Beute tot beißt. Vielleicht sind das ja die ganz tiefen evolutionären Wurzeln. Aber wer einmal Affenkinder vergnügt kreischend akrobatisch herumtoben sah oder beobachtete, wie sie neugierig-fröhlich ausprobieren, was man alles mit einem langen Stecken, einem Autoreifen und einer alten Wolldecke anstellen kann, der wird die Sache anders sehen. Es gibt natürlich die „Freude" des tödlichen Bisses. Aber es gibt auch die Freude des spielerischen Ausprobierens und die Freude am virtuos-spielerischen Gebrauch der eigenen Geschicklichkeit.

Gibt es eine ethologische Theorie des Lachens? Vielleicht ist ja das spielerische Lachen ein *sublimiertes* aggressives Lachen. Der Witz benötigt zunächst den Zusammenstoß des Nichtzusammengehörigen (Galeere – Wasserski, Meteorologe – Medizinmann, Schubertimpromptu –

---

34 Indem er etwa A in B verwandelt, dann wieder B in die (natürlich offensichtlich leere) Verwandlungskiste steckt und – alles erwartet, dass A (etwa ein Gast aus dem Publikum) wieder auftaucht – und dann plötzlich irgend ein doofes C aus der Kiste holt (etwas, womit er das Publikum vor einer halben Stunde auf lustige Weise genervt hat, etwa ein dämlich grinsender Stoffhase, der sich vorhin partout nicht wegzaubern ließ etc.). Zauberer brechen auf mehreren Ebenen die Erwartungen des Publikums. Das gibt eine herrliche und doppelbödige (!) Mischung aus schneller Virtuosität (mit den Fingern und mit den Conferencen, die die Leute ja einwickeln und ablenken sollen) und leichthändig servierten, verblüffenden Überraschungen. Deswegen wird auch bei (guten) Zauberabenden sehr viel gelacht: ein fröhliches Lachen ohne politische Häme oder Sahnetorten im Gesicht. Zauberei ist scheint's eine Art von Kabarett für Fortgeschrittene.

Geburtstagsständchen). Das hat immer auch eine aggressive Note und erzeugt ein erstes kräftiges Lachen: Ein Zenturio auf Wasserskiern, ein Meteorologe, der sich nach Orakeln richtet, ein Klassikthema, das nach Happy Birthday umschlägt – das alles ist auch lächerlich und deswegen auch komisch und lustig. Und bei diesem Lachen ist durchaus auch Häme dabei. Ist das aber wirklich das Entscheidende? Gönnen wir dem Zenturio, dem Meteorologen und Schubert die lächerliche Situation, in die wir sie gebracht haben, um sie auszulachen? Nein. Das ist allenfalls ein Nebeneffekt. Was *wirklich* befreit und deswegen auch *wirklich* erheitert, ist nicht, den Zenturio, einen Meteorologen oder Schubert lächerlich gemacht zu haben, sondern die Möglichkeit, die Freiheit, die Souveränität, die Dinge nicht wörtlich und bierernst zu nehmen, so wie sie nun mal zwangsläufig gegeben sind („Wasserski mit einer Galeere. Geht doch gar nicht!" würde ein „humorloser" Spielverderber sagen), sondern sie aus ihrem Kontext, aus gegebenen Zwängen und Notwendigkeiten zu lösen, um mit ihnen zu spielen und zu jonglieren. Der Triumph der Freiheit über die Notwendigkeit ist es, was Freude auslöst und erheitert.

Unterm Strich bleibt also die Freude des Jongleurs, mehrere Bälle in der Luft zu halten. Er *muss* nicht mit zwei roten Kugeln und drei grünen Würfeln jonglieren, nur um Widersprüchliches zusammenzubringen: gerade/ungerade, rot/grün und rund/eckig. Oder besser: Der *vordergründige* Widerspruch des Witzes sublimiert und verallgemeinert sich zum grundsätzlichen Widerspruch zwischen den in der Luft schwebenden Bällen und der Schwerkraft, zwischen leichter Freiheit und schwerer Notwendigkeit, zwischen einem sich-den-Sachzwängen-der-Realität-Unterwerfen und einem mit-den-Dingen-Spielen. Und so wird aus Witz Humor. Und Humor erfreut, weil er befreit. Und deswegen gilt eben insgesamt: Humor ist frei von Harm und Häme, Belehrung und Engagement. Humor *ist* die Freiheit.

Die schönsten Beispiele für solch einen, von allen irdischen Schlacken befreiten reinen Humor, für souveränes, freies, gewitztes und leichthändiges Jonglieren, Kombinieren und Spielen finden sich aber (nach längeren Durststrecken der Mühsal und Verzweiflung) in der höheren Mathematik und in der kontrapunktischen Musik (wobei es diese Durststrecken nicht nur in der Mathematik sondern auch beim Ringen mit dem musikalischen Handwerk gibt, für Komponist *und* Instrumentalist). Für die höhere Mathematik können wir das in solch einem Buch nicht darstellen. Aber eine kabarettistische, allererste elementarmathematische Annäherung wollen wir im nächsten Kapitel wenigstens versuchen. Und da das Hören polyphoner Musik leichter ist als das Beweisen abgehobener Theoreme, werden wir uns im letzten Kapitel mit gearbeiteter und kontrapunktischer Musik diesem freien spielerischen Humor auf seiner höchsten Ebene zuwenden.

Um hier aber kein weltfremdes humoristisches Asketentum zu propagieren, sei hier noch einmal ausdrücklich festgehalten: *Natürlich* gibt es *auch* eine fröhlich-schlichte, meinetwegen auch mal derbe Komik und auch eine gelegentlich herzerfrischende Häme. Ich amüsiere mich königlich, wenn ich mit meinen Kindern alte Dick- und Doof-Klamotten anschaue. (Wobei die Letzteren nicht nur lustig sind, weil der eine dick und der andere doof ist. Wie sie aus nichts – zwei Männer wollen sich auf denselben Stuhl setzen – einen zweiminütigen Slapstick machen, nur gestisch und mimisch, ganz ohne Sahnetorten, das hat große *Klasse*. Und sie wurden nicht umsonst zu *Klassikern der Klamotte*.) Und natürlich kann politisches Kabarett ganz wunderbar bösartig sein (Herbert Wehner zu einem CDU-Abgeordneten: „Herr Doktor Wohlrabe, Sie sind kein Wohlrabe, Sie sind eine Übelkrähe!"). Oder blitzartig erhellend und erheiternd (Dieter Hildebrand, noch hinter der Bühne, spontan auf die frische Tagesschaunachricht eines durch

Abholzung verursachten und wegen fahrlässiger Bebauung folgenreichen Bergrutsches: „Der Berg ruft nicht mehr. Der kommt jetzt selber!"). Alles wunderbar!

Nur ist die Gefahr, ins Klamottige (Comedy) oder ins Selbstgerechte, Wohlfeile abzurutschen (politisches Kabarett), immer groß. Zwei aktuelle Beispiele: Bei der Abschluss-Gala der Berlinale trat ein bekannter Fernseh-Comedian als sexy Frau gestylt auf (wenn sich männliche Komiker als Frauen verkleiden, ist humortheoretisch immer höchste Gefahr im Verzug) und parodierte einen missglückten Auftritt einer *noch* bekannteren, ca. 20-jährigen amerikanischen Popsängerin. Diese war gerade in die Psychiatrie eingeliefert worden. (Da ihre Eltern sie nicht erzogen, sondern in die Kinderstarkarriere hetzten.) Zudem wurde ihr gerade das Sorgerecht für ihre Kinder aberkannt, was sogar von ca. 20-jährigen amerikanischen Popsängerinnen als eher tragisch empfunden werden dürfte. Witztheoretisch war das natürlich völlig in Ordnung. Der Zusammenprall des Gegensatzes „Mann verkleidet sich als Frau" ist immer ein zuverlässiger Brüller. Und der Gegensatz „junges Ding, dem's gerade ziemlich dreckig geht" und „festlich-fröhliches Gala-Promi-Publikum" verleiht diesem Auftritt obendrein noch eine politisch-kritisch aufklärerische Note: Endlich wird uns mal vorgeführt, dass auch ca. 20-jährige amerikanische Popsängerinnen im Leben Scheiße bauen können. Das musste wirklich mal öffentlich angeprangert werden! Das eigentlich Peinliche an diesem Auftritt aber war: Presse und Publikum (die übliche Ansammlung aus Showbiz, Medien, Politik und Wirtschaft) jubelten und waren begeistert.

Und das aktuelle Highlight im politischen Kabarett: die kabarettistische Fastenpredigt beim Politikerdabläckn auf dem Nockherberg[35]. Dieser Kabarettauftritt war, gerade weil er ganz besonders heftig politisch-kritisch sein sollte, so platt und selbstgerecht, dass sogar die Münchner Zeitungen – sonst beim CSU-Politiker-Bashing immer fröhlich dabei – meinten, das sei „eher Säbel als Florett" gewesen. Eine dezente Metapher für: Trotz ihrer im Prinzip politisch-korrekten semantischen Aufladung waren die Witz-Strukturen eher dürftig. (Und wenn das sogar die Zeitungen feststellen, müssen sie schon sehr dürftig gewesen sein.)

Oder, um die Sache von der anderen Seite, nämlich positiv zu beleuchten: Warum überragt ein Jaques Tati die ganze Zunft herumhampelnder und -zappelnder, wild gestikulierender und grimassierender, dicker und dünner, ulkig angezogener, stotternder, faselnder oder kreischender, mit Kraftausdrücken oder verschärftem Dialekt arbeitenden Komiker und Comedians? Und warum überragt ein Hanns-Dieter Hüsch die ganze Zunft politischer Kabarettisten? Weil er, je älter desto mehr und besser, ohne die üblichen Politiker- und Promiwitzchen auskam und etwa mit seinem stillen Helden Hagenbuch wunderbar frei schwebende, spielerisch verrückte Geschichten wob. Politisches Kabarett *kann* schon auch gut sein. Aber es birgt die große Gefahr der Selbstgefälligkeit und Selbstgerechtigkeit. (Kabarettist und Publikum klopfen sich gegenseitig auf die Schultern: Gott, was waren wir heute wieder kritisch/progressiv/liberal und haben's den ganzen Spießern mal wieder gegeben!) Kaum ein Kabarettist hat wirklich Lust, die Dinge sauber zu analysieren. (Das ergäbe auch eine mühsame Analyse und keine flotten Pointen.) Und wenn ein Witz rein als Witz mal wirklich gut wäre, wird er dann meist durch eine semantische Aufladung mit politischer Besserwisserei oder gar „Engagement" doch wieder verdorben. (Und es bleibt einem *dann* tatsächlich mal „das Lachen im Hals stecken", weil eine

---

[35] Für Nicht-Bayern: die periodische, ritualisierte und dank einer Münchner Großbrauerei auch institutionalisierte Verhöhnung bayerischer (vorzugsweise CSU-) Politiker beim festlichen und via Fernsehen übertragenen Anstich des ersten Fasses Starkbier zur Überbrückung der Fastenzeit.

elegante Struktur durch eine platte Botschaft um ihre schöne Wirkung gebracht wird.) Politisches Kabarett ist nur selten intellektuell brillant. Und intellektuell redlich fast nie.

Fassen wir's also so zusammen: Wenn man sich darauf beschränkt, mit musikalischen (oder, darauf kommen wir gleich, mathematischen) Spielereien die Leute zum Lachen zu bringen (oder zumindest – im schönsten und edelsten Goetheschen Sinn – „allgemeine Heiterkeit" zu stiften), gibt es erst gar nicht die Versuchung, eher harmlose (diesmal im Sinn von: ästhetisch eher schlichte) Witz-Strukturen billig-klamottös oder selbstgefällig-engagiert aufzuputzen (im Bairischen: aufzubrezln). Die Beschränkung aufs musikalische Handwerkszeug *erzwingt* bereits reine Spielfreude.

Und natürlich ist das musikalische Kabarett nur ein kleiner Bereich in der weiten und bunten Welt von Komik und Kabarett. Aber es verkörpert als *inhärent klamotten- und politikfreier Extremfall* die rein strukturelle Syntax von Witz und Humor. Sozusagen die platonische Idee des Humors. Oder (mit Kant): den Witz an sich.[36] Natürlich gibt es, und es soll sie auch geben, Klamotte und Engagement. Geradezu abundant. Aber wir wollen, *wenigstens* wenn wir in Platos Welt der Ideen lachen, mal nicht an fette Sahnetorten und trockene politische Belehrungen denken müssen, sondern uns hier nur spielerisch, ganz leicht und ganz frei amüsieren.

Um aber ein Kapitel über Musik auch musikalisch zu beenden, zum Schluss noch drei kleine Klavierstücke. Das zweite, ein fortgeschrittenes Beispiel für die Verschränkung zweier Melodien, stammt (sozusagen) aus meiner Zeit als Harmoniumspieler am Standesamt München I. Die meisten Pärchen wünschten sich immer *den* Hochzeitsmarsch, meinten damit aber immer irgendwie sowohl den von Wagner als auch den von Mendelssohn. Deswegen hier ein universeller Hochzeitskompaktmarsch, der ganz gerecht beide berücksichtigt. Ein Kompromiss für jeden Geschmack, für Klassizisten und Hochromantiker, Wagnerianer und Wagnerverächter, für Philosemiten und Nicht-Philosemiten! Und schön, dass die beiden so gut harmonieren. Was aber irgendwie zu erwarten war. Hat doch Wagner schon zwei schöne Mendelssohn-Motive für seinen Ring adaptiert. Und das dritte Stück ist als Synthese von vergeburtstagter Elise und vergeburtstagtem Entertainer quasi eine Jonglage mit gleich drei Bällen und beantwortet die musikgeschichtlich so bedeutende Frage: Wie hätten Beethoven und Scott Joplin zusammen (in einer Joint-Venture-Produktion, wie man heute zu sagen pflegt) mit Hilfe eines Ragtimes Elisen zum Geburtstag gratuliert? Das ist nach so einem langen Text über Musik ein schöner musikalischer Rausschmeißer.

Aber davor noch eine ganz spezielle Aufgabe: Wie macht man aus dem drögen Happy Birthday – eine Melodie von nicht gerade euphorisierender architektonischer und harmonischer Lakonie – eine sehnsuchtserfüllte, unendliche wagnersche Melodie?

Die Lösung für diese Aufgabe brachte mir nämlich einmal eine (auch noch wohlmeinende) Kritik ein, gemäß der der Feuilletonist hier Wagners Walküren reiten hörte. Dabei ist dieses Stück so ziemlich das diametrale Gegenteil zum Walkürenritt. Aber seit Jahrzehnten wird in Deutschland jede noch so schwächliche Satire, die irgendetwas in den Geruch des Nationalismus bringen will, standardmäßig mit dem Walkürenritt als Hintergrundmusik unterlegt. Das war die ersten 20 Mal sicher lustig. Mittlerweile ist es ein Pawlowscher Reflex. (Aber es führte anscheinend auch dazu, dass für mache Journalisten der Walkürenritt das einzige ist, was sie von Wagner kennen.) Im Übrigen ist der Walkürenritt so gut, dass er auch nach 60 Jahren satirischer Abnutzung frischer und temperamentvoller klingt, als sämtliche Satiren, die ihn zitie-

---

36 Ob Kant da gelacht hätte?

ren, zusammen. Als kleine Hommage und „satirische Wiedergutmachung" an Wagners Musik (die wirklich seit Jahrzehnten auf diese dämliche Weise reduziert und instrumentalisiert wird, als sei man, indem man zum tausendzweihundertdreiunddreißigsten Mal satirisch Wagner unterlegt, schon ein kritischer Intellektueller und antifaschistischer Widerstandskämpfer) folgt nun der „Geburtstagszauber aus Tristan und Isolde".

Man verstehe mich nicht falsch. Ich bin *kein* „Wagnerianer", gestehe hiermit öffentlich ein, während der Götterdämmerung auch schon mal *fast* eingeschlafen zu sein und finde Wagners Opern*texte*, ungesungen, auch unfreiwillig komisch. Aber das tut der Tatsache keinen Abbruch, dass Wagner einfach grandiose Musik geschrieben hat. Wer aber von Wagner sonst nichts kennt, nie im Leben den Tristan gehört hat und dann eine Woche lang 5 cm über dem Erdboden schwob (jawohl: schwob!), hat keine Ahnung, was Musik ist und was Musik vermag. Parodien schreibt man nicht aus Boshaftigkeit. Sondern (aber das ist jetzt quasi nur geflüstert und sagen Sie's bitte nicht weiter) aus Liebe.[37]

Es folgt also der *musikalische* Schluss dieses Kapitels, der dramaturgisch-funktional als Denkanstoß mit Scherzo und Rüpelszene betrachtet werden mag, aber nicht muss. Sie können sich auch ganz einfach nur entspannen.

MB18	Geburtstagszauber (nach Wagner)
MB19	Universeller Hochzeitskompaktmarsch (nach Wagner-Mendelssohn)
MB20	Elisens Geburtstags-Rag (nach Verschiedenen)

---

[37] Ich denke, sogar die schneidenden und persiflierenden kleinen Märsche, Tangos, Walzer, Galopps und Polkas des so kühlen großen Stravinsky waren *letztlich auch* kleine wehmütige Liebeserklärungen an einige beneidenswert naive Musikformen, die, musikhistorisch gesehen, damals schon, trotz ihrer Popularität, am Verklingen waren.

3.2 Wie die Mathematik gute Laune macht

Nachdem wir nun unser Humorbewusstsein mit Hilfe der Musik geschärft und veredelt haben, wollen wir jetzt erkunden, was denn an der Mathematik „lustig" ist, warum man sie mit Lust betreibt (oder gar nicht), wie und warum sie Laune macht. Dass das jetzt keine Schenkelklatscher, Comedybrüller, Bierzeltgranaten oder Määnzer Karnelvals-Knittelvers-Kracher werden (tä-Tää, tä-Tää, tä-Tää), ist klar. Humor (lateinisch Flüssigkeit[1]) ist feiner gesponnen, aber kräftiger und lebendiger als sämtliche Klatscher, Brüller, Granaten und Kracher zusammen.

Zu meiner (für eine allgemein-wissenschaftliche, nicht-mathematische Zeitschrift verfassten) Glosse über den seltsamen Herrn Perelman (Kapitel 2.3) gab es übrigens ursprünglich noch einen Anhang, der – das macht man heute so – als, durch einen leichten Grauton abgehobener Infokasten neben dem eigentlichen Text stehen sollte. Überschrift: „Übungsaufgabe". Ich fand das lustig. Die Redaktion anscheinend nicht.

Aber Mathematikbücher unterscheiden sich von normalen Büchern nicht zuletzt dadurch, dass am Ende jedes Kapitels eine Liste von drei, sechs oder manchmal auch zwölf Aufgaben auftaucht, zuverlässig wie das Amen in der Kirche. Oder wie die Fuge nach dem Präludium.[2] Oder wie das Dessert nach dem guten Essen. „Wie die Zigarette danach" darf man ja wegen der Anti-Raucher-Gesetze nicht mehr schreiben. Aber das Bild wäre nicht schlecht: Die Übungsaufgabe ermöglicht es, noch mal in Ruhe über das gerade Bewerkstelligte nachzusinnen.[3]

---

[1] Also doch Bierzelt und Karneval? Machen Sie sich keine Hoffnung, es kommen definitiv *keine* Bierzelt- oder Karnevalswitze. Humor = Flüssigkeit beruht auf der antiken Auffassung, das Temperament eines Menschen hinge von der Mischung seiner „Körpersäfte" (humores) ab. Diese Erklärung ist leider nicht besonders witzig, macht aber immerhin plausibel, warum ein halber Liter Cortison (intravenös) oder ein Liter Schaumwein (oral) die Stimmung im Allgemeinen signifikant hebt.

[2] Bachs berühmtes Präludium (*das* Präludium: erstes Präludium aus dem Wohltemperierten Klavier, Bd. 1) ist deutlich populärer als die dazugehörige Fuge. Mit den Übungsaufgaben ist es ähnlich. Fugen und Übungsaufgaben machen einfach mehr Mühe. Aber echte Musikfreunde wissen natürlich, dass die Fuge die Hauptsache ist. Und tatendurstige, engagierte Studenten betrachten das Lehrbuchkapitel nur als eher spielerisches Präludium für die eigentliche Herausforderung: die Übungsaufgaben. Sie werden in manchen Büchern mit 1, 2 oder gar 3 Sternchen versehen. 3 Sternchen bedeuten im Reiseführer: unbedingt anschauen! Kann *hier* aber auch als Warnung verstanden werden. Drei Sternchen bedeuten, dass man den Rest des Tages vergessen kann. Und dass Mathematikstudenten ihr Studium in der Regel nicht in der Regelstudienzeit schaffen (die Regelstudienzeit heißt Regelstudienzeit, weil man sie in der Regel nicht schafft), liegt *nur* daran, dass sie die ganze Zeit an irgendwelchen ***-Aufgaben herumbosseln.

[3] Man kann auch in einem mathematischen Lehrbuch ein ganzes Kapitel flott durchlesen und sich dabei denken: Jawohl ... na ist doch logo ... eben ... na sowieso ... seh' ich auch ... alles klar. Wenn man dann bei der ersten Aufgabe (mit nur 0 Sternchen) nach einer Viertelstunde immer noch nichts auf seinem Papier stehen hat, merkt man: So klar war's wohl doch nicht. Das ist die heilsame Wirkung der Übungsaufgabe. Und dem intellektuellen Deutschland wäre viel Wirrnis erspart geblieben, hätten etwa die berühmten Vertreter der Frankfurter Schule immer jedem Kapitel – wie in Mathematikbüchern – wenigstens zwei, drei Übungsaufgaben angehängt. So wurden ihre Bücher wie Karl-May-Romane verschlungen, man identifizierte sich mit dem Autor (wie mit Old Shatterhand, Winnetou war die damals noch umworbene Arbeiterklasse und Senter die so-seiende Gesellschaft), fand alles ganz klar und total wahr und fühlte sich dabei, weil man zusammen mit dem genialen Autor kritisch die doofe Gesellschaft hinterfragte, ganz toll und großartig. Auf die Frage, was eigentlich in dem Buch stehe, kam dann aber meist nur ein: Also irgendwie wegen der Systemimmanenz und überhaupt echt relevant und so, aber alles wahnsinnig kritisch, musst du unbedingt auch mal lesen! Eine Nachwirkung dieses „irgendwie kritisch" heute ist

Einen reinen Prosatext zum Thema Mathematik in einer nicht-mathematischen Zeitschrift für ganz normale Leser ausgerechnet mit einer „Übungsaufgabe" abzurunden, wäre ein schöner selbstironischer Gag gewesen, verbunden mit dem schönen Angebot, sich das soeben Gelesene auch mal ganz konkret zu verdeutlichen. Und um den real existierenden Leser, der natürlich absolut keine Lust auf eine „Übungsaufgabe" hat, rumzukriegen, muss man seine Unlust auch gleich, durch eine charmante Eröffnung[4], bei den Hörnern packen, etwa so: „Kabarettisten sollen ihr Publikum ab und zu auch mal verblüffen. Unerwartetes bringt die Leute zum Lachen. Und am verblüfftesten ist das Publikum immer, wenn es plötzlich rechnen soll. Und das machen wir jetzt! Also nölen Sie nicht herum, sondern konzentrieren Sie sich einfach mal drei Minuten!"

So mach ich das oft auf der Bühne, die Leute lachen und machen dann glatt mit. (Selbst wenn ich die drei Minuten Rechnen überziehe.) Aber wie gesagt: trotz aller Ironie, trotz meines geballten Charmes – meine schöne „Übungsaufgabe" wurde mir einfach gestrichen. Wegen Platzmangels. Dafür gab's dann einen Kasten mit meiner Vita, ein Foto von mir und vor allem eine halbe Seite, in Farbe, mit einem wunderschönen Apfelmännchen-Bild aus dem Fundus der Bremer Chaostheoretiker.[5]

Ich weiß, ich weiß, das macht man heute so: „Zwei Seiten *nur* Text! Und auch noch Formeln!! In einer nicht-mathematischen Publikation!!! Das geht einfach nicht." Deswegen hab ich's ja auch akzeptiert. (Und das Layout dieses Artikels ist auch wirklich sehr schön geworden.) Aber jetzt ganz unabhängig von diesem Beispiel: Klar, das macht man heute so bzw. so was macht man gerade *nicht*! Aber – in Abwandlung des bekannten Wowereitschen Affirmativs – ist das auch gut so?

Zwei gegenüberliegende Seiten nur Text (altertümelnder Journalisten-Slang: „Bleiwüste") sind für heutige Zeitschriftenmacher so was, wie einst das Kreuz für den Teufel oder die Knoblauchzehenkette für den Vampir. Der Hintergrund ist: Die Leser sollen Spaß haben. Dem ist ja auch schwer zu widersprechen.

---

etwa, nur als ganz kleines, illustrierendes Beispiel, dass der Nachrichtenkanal des SWR „Kontra" heißt. Gegen was, ist egal. Hauptsache kontra. Eine andere besteht darin, dass sich heute 98,7 % aller Künstler, Kabarettisten und Intellektuellen als Querdenker empfinden. Und auch das ist eine schöne Aufgabe der Mathematik: Sie lehrt – kontra gegen wen oder quer zu was – erst mal geradeaus zu denken. Was mitunter auch schon mal ganz schön mühsam sein kann.

4 Kabarettnummern und Zeitungsglossen stehen und fallen sozusagen mit dem Eröffnungszug. Wenn Sie, ob Bühne oder Glosse, als erstes mit dem Königsbauer von e2 nach e3 ziehen, sagen sich die Leute: Das wird ein zähes Spiel! Und schalten ab oder blättern einfach weiter.

5 Sollte Ihnen das mit dem „Apfelmännchen" (Stichwort: „Fraktale", „Mandelbrotmengen") wirklich nichts – was ich nicht glauben kann! – sagen: Da haben Sie wirklich was versäumt! Mathematiker der Bremer Universität haben Phänomene der Chaostheorie farblich dargestellt. Und die so entstandenen Bilder sind wirklich aufregend, rätselhaft und gleichzeitig wunderschön. Sie sollte wirklich jeder – auch wenn Sie weder Mathematiker noch Chaot sind – mal gesehen haben. (Also gegebenenfalls auf zur nächsten Buchhandlung!)

Die Konsequenz der üblichen knackigen, bunten und kurzatmigen Darreichungsform in den Medien ist dann aber auch – das sollte man sich gelegentlich klarmachen – dass dann eben nur „kurzer Spaß" möglich ist. Dinge, die wirklich nachhaltigeren Spaß bereiten (und das müssen jetzt gar nicht gleich Quadrupelfugen oder elliptische Integrale sein), brauchen einen gewissen Anlauf und sind eben nicht in ein paar Zeilen zu haben. Und die werden dadurch einfach ausgeblendet. Und das gilt ja mittlerweile überall: im Radio (O-Ton nicht über 1'20"), im Fernsehen, die Filmsprache der dauernden schnellen Schnitte, rasanten Zooms und überlauter 4-Kanal-Dolby-Beschallung, die optische und akustische Hektik von Zeichentrickfilmen oder Computerspielen. (Man muss sich nicht wundern, dass Schüler Konzentrationsschwierigkeiten haben. Vor allem montags.) Und das reicht bis ins zeitgemäße Kabarett der ulkigen Dialekttypen, lustig angezogenen Quatschköpfe und zappeligen Comedians (Feuilletonartikel einer großen Tageszeitung über das gegenwärtige Kabarett: „Ertrage die Clowns!"). Und sogar bis ins notorische deutsche Regietheater, in dem man die Bleiwüsten der alten, langweiligen Originaltexte kürzt und umschreibt (das sollte sich mal ein Dirigent bei einer Beethoven-Partitur trauen!) und sie mit den obligaten Blut-und-Sperma-Regieeinfällen, mit viel Klamauk und noch mehr enervierenden Videoeinspielungen aufmischt. Man geißelt den Zeitgeist und frönt fröhlich der Radauästhetik der modernen Privatfernseh-Talkshow.[6]

Und was gar Rechnungen, Formeln und rechtwinklige Dreiecke außerhalb mathematischer Fachbücher anlangt, *das* scheint immer noch ein Tabubruch zu sein, so provokativ wie man ihn in Kunst und Theater, trotz fleißigen Übens, schon lange nicht mehr hinbekommen hat. Gerade lese ich im Feuilleton meiner Tageszeitung die Besprechung eines neuen populärwissenschaftlichen Buches über Wahrscheinlichkeitsrechnung. (Es sei schon mal vorab darauf hingewiesen, dass also das schlimme Wort „Rechnung" als Warnhinweis im Titel aufscheint!) Der letzte Absatz (und das ist, da in ihm das Urteil verkündet wird, der wichtigste Absatz einer Rezension) beginnt mit der beruhigenden Mitteilung: „Das Buch kommt über weite Strecken glücklicherweise ohne Formeln aus." Ich weiß nicht, ob das wirklich so ein Glück ist. Ganz ohne Formeln kann man über die Wahrscheinlichkeits*rechnung* (sic!) nicht allzu viel erfahren. (Und wenn

---

[6] Ein sehr spezielles aber auch sehr plastisches Beispiel für zunehmende Auflockerung und abnehmende Konzentrationsfähigkeit ist der Wandel von Reiseführern und Reisemagazinen während der letzten Jahrzehnte. Der Reiseführer von heute hat die Anmutung eines alten Versandhaus-Katalogs. Viele große bunte Bilder, dazwischen noch mehr kleine bunte Bilder, allfällige diverse gefärbte Kästen für maximal fünf Geschichtsdaten, für launiges am Rande oder für den speziellen Geheimtipp (wobei ein Geheimtipp im Reiseführer begrifflich inkonsistent ist), diverse Schrifttypen, freier Raum am Rand, Piktogramme – der Blick irrt umher wie die Kugel im Flipper, von einer Sensation zur nächsten schnellend, immer auf der Suche nach dem großen Knallerangebot. Kennen Sie noch die gelben Grieben-Reiseführer (aus dem Thiemig-Verlag, München)? Flächendeckend für Deutschland. Herrlich detailliert (zum Beispiel ein ganzer Band nur für den „Schwarzwald/Nord"). Und sage und schreibe ein Foto (5 cm x 3 cm, schwarz-weiß, auf der Titelseite). Wozu Fotos, wenn man die Gegend selber entdecken will? Ansonsten 180 Seiten schönster Bleiwüste und Fakten, Fakten, Fakten! Ein von Generationen von Reisenden zusammengetragener Thesaurus an Lokal-Informationen, die heute scheinbar niemanden mehr interessieren, weil alle zu denselben 3-Sterne-Attraktionen fahren. (Und zum Geheimtipp.) Es gab im Urlaub nichts schöneres, als abends im Hotelbett liegend, mit dem Grieben in der Hand, die Wanderung für den nächsten Tag zu planen. Wer noch einen Grieben besitzt: bitte melden! Aber: Wer einen Grieben hat, der gibt ihn nicht mehr her! – Der Reiseführer wurde zum Katalog, die Kultur zum Kaufhaus. Echte Widerstandskämpfer fahren Zug (trotz Mehdorn) und reisen mit dem Grieben, besuchen rare Kammermusikkonzerte oder (noch extremer) Liederabende. Und sie haben die Mitteilungen der Deutschen Mathematiker Vereinigung abonniert – ach was, die sind noch viel zu locker outgelaid – das Journal für nicht-assoziative Algebra! Kein Foto, kein Schnick, kein Schnack – nur Text und Formeln, so weit das Auge reicht. Herrlich!

man, um dem Leser solch einen schrecklichen Anblick zu ersparen, die Formeln in Prosa nacherzählt, wird's erst richtig schwierig.) Aber schon lese ich beruhigt, dass „die Autoren das Gesetz der großen Zahlen präsentieren" – finde ich gut, dieses Gesetz gehört schon irgendwie dazu zur Wahrscheinlichkeitsrechnung – aber jetzt kommt's: „mit einer sperrigen Formel, die von mathematischen Symbolen und Variablen *strotzt*". Ähnliches gelte für die Bayesschen Wahrscheinlichkeiten, jedenfalls wer sich da durchkämpft, könne sich vermutlich Kurzweiligeres vorstellen. Der Rezensent rät von diesem Buch ab.

So, so. Das Gesetz der großen Zahlen strotzt also von mathematischen Symbolen (und keinen chemischen) und Variablen (wenn's feste Zahlen wären, wäre der Nachrichtenwert der Formel aber auch nicht besonders interessant). Erst wollte ich, um das Strotzen etwas zu relativieren, etwa den zweiten Band von Pontrjagins „Topologische Gruppen und differenzierbare Mannigfaltigkeiten" an die Redaktion schicken. Es gibt schlimmeres als das Gesetz der großen Zahl. Aber dann hab ich mir vorgestellt, wie der arme Mann nach 100 Seiten unverfänglichen Prosatextes völlig ahnungslos (Wahrscheinlichkeits*rechnung*) umblättert, plötzlich diese Strotzformel erblicken muss, mit spitzem Schrei aufspringt und mit spitzen Fingern das schöne Buch (383 Seiten, 22 Euro) in den Mülleimer entsorgt, seinen Schreibtisch mit Sagrotan einsprüht (falls eine der vielen Variablen herausgestrotzt sein sollte) an seinen Kühlschrank geht, einen halben Zahnputzbecher Wodka herunterkippt und sich heftig schüttelt: „Brrrrr!" Und hab den Pontrjagin dann besser nicht abgeschickt. War doch in derselben Zeitung auch mal zu lesen: „Der Bildungswert der Mathematik entspricht dem der alten deutschen Rechtschreibung: je sinnloser, desto anstrengender und furchterregender."

Ich bin da anderer Meinung. Einfaches Rechnen, einfache Flächenberechnung, eine einfache Gleichung nach x auflösen, das hat definitiv jeder mal gelernt, wie lesen und schreiben. Und deswegen kann man das auch in jeder an normale Leser gerichteten Veröffentlichung verwenden. Wo leben wir eigentlich? Jeder hat mal, je nach Abschluss, mindestens 8, 10 oder 12 Jahre Mathe in der Schule gehabt. Viele sogar 13 Jahre. Manche sogar 14![7] Und wenn man aus der Schule rauskommt, darf und soll man auch weiter lesen und schreiben. Aber die 8, 10 oder 12 Jahre Mathe soll man anscheinend, sowie man aus der Penne ist, vergessen, verdrängen, verleugnen. „Mathe? Was'n das?" Oder: „War ich immer schlecht!"[8] Es ist gesellschaftlich opportun und zu Recht erwünscht, dass man auch nach der Schule noch das eine oder andere literarische Buch in die Hand nimmt. Aber Mathematik darf *nach* der Schule anscheinend nur noch im Verborgenen, in gesicherten, festungsartigen Betonburgen, nächtens hinter herabgelassenen Jalousien in konspirativen, geheimen Männerbünden (typische Arbeitssituation von Mathematikern an modernen Hochschulen) betrieben werden. Nein, die Mathematik gehört an die frische Luft, wie zu Zeiten der alten Rechenmeister Michael Stifel und Adam Riese, zu Zeiten der französischen Aufklärung oder in den 20er-Jahren des letzten Jahrhunderts, als man in *Volkshochschulen* (sic!) mit populären Vorträgen über Mathematik, Physik oder Astronomie noch große Säle füllen konnte.

Jeder Mensch kann lesen und schreiben (ohne gleich ein Literat oder Intellektueller zu sein), rechnen (ohne gleich ein Mathematiker zu sein) und übrigens auch (ohne gleich ein Mu-

---

7 Oder auch 15. Ich höre schon die hämische Frage: „Und *warum* fällt man zweimal durch? Natürlich wegen Mathe!"

8 Mit einer grinsend-feixend-augenzwinkernd-schulterklopfend-verbrüderungsheischenden Mimik, die signalisiert: „Und das war auch gut so, oder warst du etwa gut in Mathe und ein doofer Streber? Na also."

157

siker zu sein) singen.[9] Das sind die elementaren Tätigkeitsfelder (oder auch Turngeräte) des menschlichen Geistes. Einfache Mathematik gehört zur Grundausstattung des Denkens. Und zur Allgemeinbildung *aller* Menschen.[10]

Also, das wäre geklärt. Und jetzt kommt noch ein Letztes dazu. Es gibt ja für alles mögliche schlaue Bücher, die didaktisch geschickt vermitteln, wie etwas zu tun ist. Aber, egal ob Sie tanzen lernen wollen oder bergsteigen, italienisch sprechen oder japanisch kochen[11] – wenn man's wirklich verstehen will, genügt es nicht, nur darüber zu *lesen*, auch wenn's noch so schön beschrieben ist, dann muss man's auch mal tun. Mit Ihrem Partner / Ihrer Partnerin auf dem Parkett, mit dem Seil in der Wand, drei Monate (am besten allein) durch Italien reisend[12] oder mit $4m^2$ Kombu und drei Schüsseln Bonitoflocken für die Misosuppe in Ihrer Einbauküche. (Achten Sie darauf, dass die graphische Darstellung in Ihrem japanischen Kochbuch „Wie nehme ich meinen Kugelfisch aus?" richtig rum vor Ihnen liegt! Kugeln schauen immer gleich aus, auch wenn sie auf dem Kopf stehen.)

Und wenn man die Mathematik kennenlernen will, wissen will, wie sie funktioniert und warum sie Mathematikern anscheinend ziemlich viel Spaß macht (der durch Mathematik erzeugte Spaß muss echt größer sein als die durch Mathematik erzeugte Mühe, kurz SPASS (MATH) > MÜHE (MATH), sonst würden auch Mathematiker keine Mathematik treiben, und da, wie man sich leicht überzeugt, MÜHE (MATH) deutlich größer Null, muss der Spaß schon ziemlich groß sein) – *dann* reicht es nicht, wenn dies nur wortreich aber allgemein-unverbindlich in Prosa geschildert wird, dann muss man das alles auch mal konkret und am Beispiel, sozusagen mit allen Sinnen, begreifen und erfahren. Also rechnen und zeichnen. (Mit Zirkel und Lineal, versteht sich.)

---

[9] In keinem Land wird unter Jugendlichen so selten, und wenn, schlecht gesungen wie in Deutschland. Wenn bei internationalen Jugendcamps abends am Lagerfeuer noch gesungen wird, singen sie alle: Spanier, Ungarn, Polen, Russen, Finnen … Nur deutsche Jugendliche müssen meist passen. (Das einzige was sie kennen ist etwa: „Bibi Blocksberg, du kleine Hexe" oder das Dschingl zu „Sponge Bob".) Seit die besonders sangesfreudigen baltischen und skandinavischen Länder bei PISA so gut abgeschnitten haben, denkt man endlich auch bei uns allmählich um.

[10] Wer heute auf sich hält, treibt mindestens drei Sportarten. Etwa Jogging, Tennis und Schwimmen. Oder Skifahren, Mountainbiken, Squash, Reiten oder Golf. Und Nordic Walking!! Beim geistigen Triathlon Lesen/Rechnen/Singen werden die beiden letzteren Disziplinen meist vergessen. Der klassische Athlet war Mehrkämpfer!

[11] Diese Beispiele ließen sich natürlich noch kabarettistisch steigern: „… und wer wissen will, wie man an der Börse richtig Kohle macht oder echt guten Sex hat, kann auch nicht nur das Handelsblatt und das Kamasutra lesen, sondern der muss auch mal rein in die Aktien bzw. Kiste …" Apropos echt guten Sex haben: Es wurde noch nie so viel im Fernsehen gekocht und es gab noch nie so viele Hochglanzbücher über raffinierte, exotische Küche. Und in der Realität wurde noch nie so wenig und wenn, so schlecht (nur mal schnell in die Mikrowelle schieben) – gekocht. Anscheinend wird in den Medien gerade *das* kompensatorisch hochgejubelt (zum Beispiel allzeit echt guter Sex, selber kochen), was in der Realität eher darbt und dümpelt.

[12] Falls Sie gerne italienisch sprechen *und* kochen: La mama bolle. – Die Mutti kocht. (Schön anzuwenden bei kleinen ehelichen Reibereien während des Campingurlaubs in Italien.) Auch schön: Garibaldi – der Schnellkochtopf. Jetzt höre ich aber besser auf.

Also. Wer schnellen Spaß sucht, schaue sich Kabarett auf RTLSAT1PRO7 an. Nachhaltiger Spaß dauert etwas länger. Jeder hat mal elementare Mathematik gelernt. Und „Es gibt nichts Gutes, außer man tut es!" gilt nicht nur für die Moral. Sondern für alles. Und ganz besonders für die Mathematik. Und deswegen ist der Rest dieses Kapitels keine Prosa über Mathematik. Und es kommt jetzt auch kein chaotisches Apfelmännchen in Farbe, kein edles Schwarzweiß-Foto des Fadenmodells einer Sattelfläche (sehr kompliziert), keine Computergrafik einer komplexen Funktion in der Nähe mehrere Singularitäten (sehr dramatisch) und auch keine gegenläufigen logarithmischen Spiralen (Fibonacci-Zahlen!) im Samenstand eines Korbblütlers (sehr geheimnisvoll!!) – es gäbe viele schöne Bilder um eine mathematische Bleiwüste zu vermeiden – nein, jetzt kommen drei eher unkurze … – na, nennen wir's ruhig beim Namen: Übungsaufgaben. Wobei dieses unschöne Wort nur launig andeutet: Vorsicht Formeln! (Damit's Ihnen nicht wie dem armen Wahrscheinlichkeitsrechnungsrezensenten geht.) Versprochen: Nur Elementarmathematik! Und es strotzt auch nichts. Aber: Diese drei Aufgaben sind jetzt für alle Leser obligat und nicht optional wie unsere (im Prinzip auch nicht schwierigen, aber im Detail schon anspruchsvollen) Primzahlzwischenspiele. Diese *durften* Sie lesen. Hier *müssen* Sie durch!

Allerdings können die mathematischen Grundkenntnisse (von mathematischen Spitzenkenntnissen wollen wir hier gar nicht reden) auch durchaus sympathischer, intelligenter und interessierter, in ihrem Beruf erfolgreicher und auch darüber hinaus gebildeter[13] Erwachsener, die seit ihrem letzten Schultag nichts mehr mit Mathematik zu tun hatten – allerdings können diese Kenntnisse oftmals gar nicht *unter*schätzt werden.[14] Dies ist kein Lamento und kein Vorwurf, nur eine (durch so manche erstaunliche Stichprobe erhärtete) Feststellung. Und deswegen, nur sicherheitshalber, vorab eine kurze Wiederholung.[15]

---

[13] Gebildet gemäß dem aktuell gängigen Kanon, etwa Kenntnisse betreff: schicke aber bezahlbare Hotels in London, australische und neuseeländische Rotweine, wo gibt es wirklich frischen Loup de mer, moderne Kunst, Steuersparmodelle, authentische Locations auf Mallorca etc.

[14] Genaue Leser werden jetzt widersprechen und sagen, mit dem Schätzwert 0 sei man da sicher auf der sicheren Seite. Das stimmt schon. Andererseits kannte ich (noch als prüfungsbeisitzender junger Assistent) einen Professor, der pflegte, wenn ein Kandidat bei seiner mündlichen Prüfung eine besonders erschütternd blöde Antwort gab, hinterher zu sagen, diese Antwort müsse man eigentlich mit „minus unendlich" bewerten. Minus unendlich ist nämlich so was von negativ, da kann der Prüfling dann noch so viele richtige Antworten (mit jeweils endlicher Punktewertung) ansammeln – minus unendlich bleibt minus unendlich. Gemeint war: Auch wenn er sich einige richtige Antworten angelesen hat, diese eine Antwort war so daneben (umgangssprachlich für „von tiefem Unverständnis zeugend"), dass man ihn einfach nicht guten Gewissens mit „bestanden" nach Hause schicken kann. Meist wird bei Prüfungen dann aber doch nicht so heiß gegessen. Aber manchmal liest oder sieht man doch Dinge (und ich meine jetzt nicht mathematische Angelegenheiten), bei denen man am liebsten ein sarkastisch-schneidendes „minus unendlich!" hervorstoßen würde.

[15] Mathematiker dürfen das überspringen. Aber wer weiß, möglicherweise gibt es ja vielleicht auch den einen oder anderen Mathematiker, der seit 30 Jahren in seinem Banach- oder Hausdorff-Raum lebt (zwei typische Habitate für Hochschulmathematiker) und darüber doch glatt vergessen hat, wie man eigentlich die Fläche eines Dreiecks berechnet.

Kurze Wiederholung: Elementare Flächenberechnungen

Die <u>Fläche eines Dreiecks</u> ist ...? Okay, wissen viele nicht mehr. Aber macht nichts. Denn auch wer eine Dreiecksfläche nicht mehr zu berechnen weiß, weiß doch wie man ein Rechteck berechnet. Auch nicht mehr? Aber die Fläche eines Wohnzimmers ...? Na also. Geht doch. „Rechteck" klingt nämlich für viele schon irgendwie abstrakt und sie verweigern auch prompt wie ein Pferd vorm Oxer. Aber jeder weiß: Ein Zimmer mit 5 auf 3 Metern hat die Fläche $5 \cdot 3 = 15$ Quadratmeter. Und jetzt machen wir einen richtigen mathematischen Abstraktionsprozess! Wir stellen nämlich fest (siehe Abbildung):

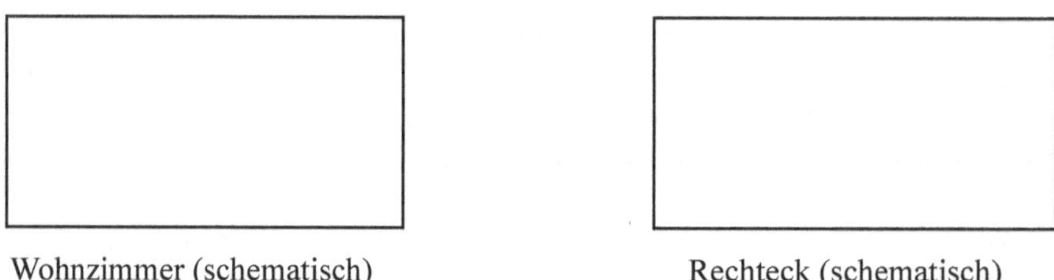

Wohnzimmer (schematisch)   Rechteck (schematisch)

Ein Rechteck ist auch nur ein Wohnzimmer![16] Und wenn man jetzt statt den Wandlängen 5 und 3 Meter allgemein die Seitenlängen a und b betrachtet, erhält man als Fläche statt $5 \cdot 3$ eben $a \cdot b$. (In Immobilienanzeigen m^2. In Geometriebüchern cm^2. Oder Kästchen.)

Und wenn man jetzt die <u>Fläche eines rechtwinkligen Dreiecks</u> berechnen will?

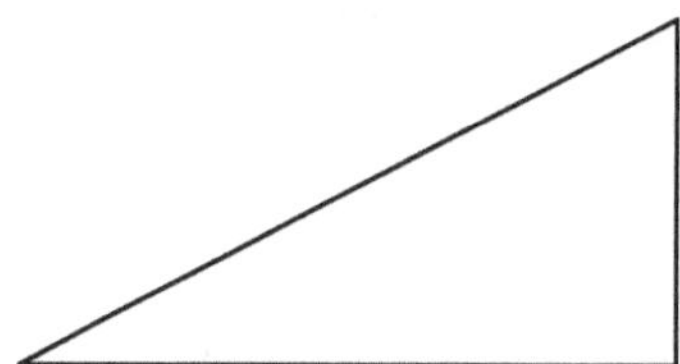

(Vielleicht haben Sie ja doch eine etwas extravaganter geschnittene Wohnung und brauchen einen neuen Teppichboden?) Dann ergänzen Sie Ihr Dreieck (im Geiste, nicht in Ihrer Wohnung) einfach zu einem Rechteck (oder gemeinen Wohnzimmer)

---

[16] Mit der Umkehrung „Jedes Wohnzimmer ist auch ein Rechteck" sollte man allerdings etwas vorsichtig sein. Damit meine ich keine L-förmigen oder, falls Ihre Eigentumswohnung von Gaudi oder Hundertwasser entworfen wurde, krummlinig begrenzten Wohnzimmer. Auch beim ganz gewöhnlichen „rechteckigen" Wohnzimmer (auch kurz: gemeines Wohnzimmer) stellt man mitunter fest, dass die eine Stirnseite ein bisschen kürzer ist (manchmal ist es auch die andere!), wie jeder bestätigen kann, der schon mal selber einen Teppichboden verlegt hat oder ihn – Motto: Das kann ich auch! – wenigstens selber verlegen wollte. Aber zumindest für Immobilienanzeigen und Platoniker gilt: Das gemeine Wohnzimmer ist (im Prinzip) auch ein Rechteck.

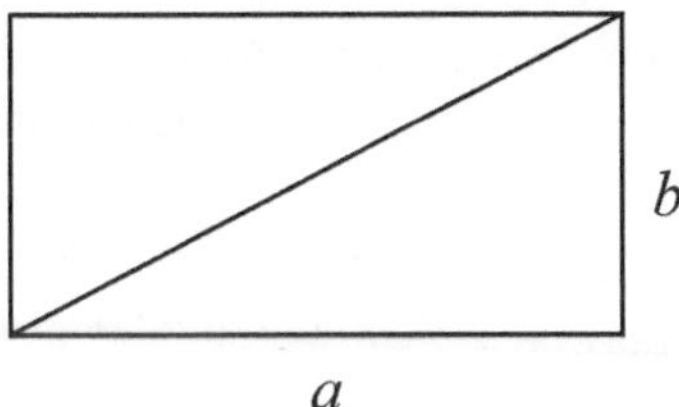

und Sie sehen: Die Fläche Ihres Dreiecks ist genau das halbe Wohnzimmer (oder Rechteck) und deswegen genau: $\frac{1}{2}ab$. Ganz einfach. (Falls Sie tatsächlich einen Boden verlegen wollen: Nehmen Sie bisschen mehr als $\frac{1}{2}ab$. Exakte Formeln gibt's nur in der Mathematik. Im Leben gibt's Verschnitt.[17])

Und wenn Sie ein <u>Dreieck ohne einen rechten Winkel</u> haben?

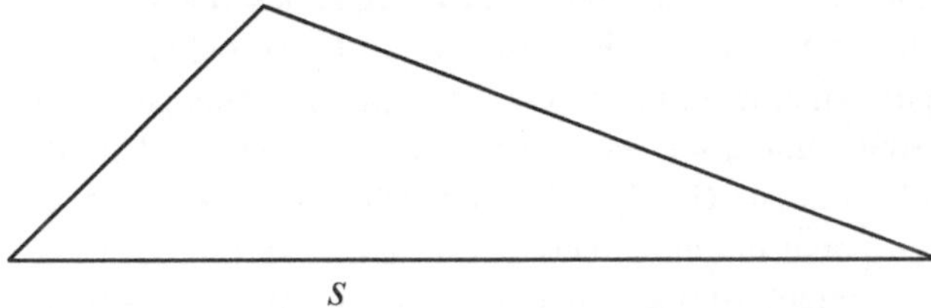

Dann malen Sie auch ein Rechteck drumrum!

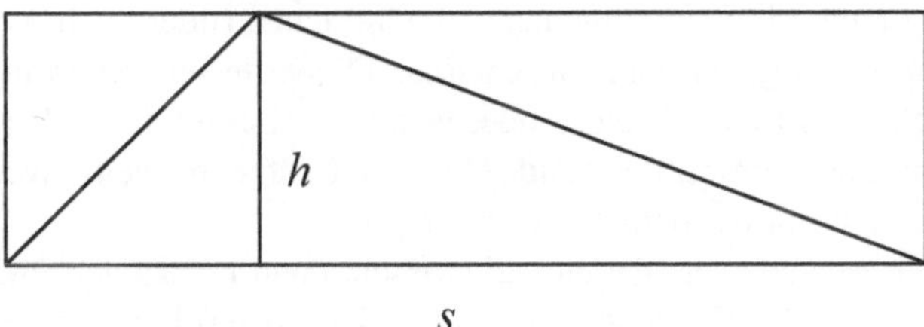

Und man sieht wieder: Das Dreieck ist das halbe Rechteck aus der Dreiecksseite s und der darauf (senkecht) stehenden Höhe h. Also Rechteck $= s \cdot h$ und Dreieck $= \frac{1}{2} \cdot s \cdot h$. Fertig.[18]

---

[17] Übungsaufgabe: Wann gibt's keinen Verschnitt? (Die Antwort „Wenn die Hypotenuse keine gerade Linie ist, sondern passend zur Rollenbreite r der Auslegeware gestuft!" gilt nicht. Ist aber ganz nahe dran.) Lösungsvorschlag:

$$\frac{1}{2}ab = \sum_{i=0}^{n-1}\left(\frac{i}{n}b+\frac{b}{2n}\right)\frac{a}{n} \quad \text{mit o.B.d.A.} \quad a = n \cdot r \quad \text{für} \quad n \in \mathbb{N}$$

oder einfach $\frac{1}{2}ab = a/n \cdot nb/2$.

[18] Für Skeptiker, die vom bloßen Hinschauen noch nicht überzeugt sind: Die auf s senkrecht stehende Höhe h teilt s in einen linken und einen rechten Teil $s1$ und $s2$. Da sie senkrecht steht, setzt sich unser Dreieck aus zwei rechtwinkligen Dreiecken zusammen und wir erhalten: $\frac{1}{2}s1h + \frac{1}{2}s2h = (s1 + s2)\frac{1}{2}h = \frac{1}{2}sh$. Stimmt schon!

Und bei der <u>Fläche eines Kreises</u> schließlich weiß jeder, jedenfalls jeder Erwachsene[19], dass das was mit π zu tun hat. (Und erstaunlicherweise weiß wirklich fast jeder, dass π irgendwie gleich 3,14 ist!) Die genaue Formel ist allerdings bei vielen etwas verschütt gegangen. Oder man verwechselt's mit dem Kreisumfang. Deswegen ganz kurz: Ein Kreis mit dem Radius r hat die Fläche $\pi \cdot r^2$ Ganz einfach. Nicht $2 \cdot \pi \cdot r$! Das ist was anderes. Sondern $\pi \cdot r^2$ Gut merken![20] Das war's auch schon.

Und jetzt drei Übungsaufgaben!

Übungsaufgabe 1
Die so ziemlich umständlichste Art, den Pythagoras zu beweisen[21]

Als Mathematiker wird man ja auf Partys gerne von irgendwelchen besonders Gescheiten (sog. Siebengescheite, vgl. auch Mathematisches Zwischenspiel 1) angesprochen: „Sie sind doch Mathematiker? Ich kenne da nämlich eine wirklich gute Denksportaufgabe, passen Sie mal auf: Ein arabischer Fürst hat drei Söhne und als er im Sterben liegt, sagt er ...“ Und dann kommt etwas Uraltes (wie die gerade begonnene Geschichte), Hanebüchenes oder auch mal wirklich Schwieriges. Und alle stehen gespannt um einen herum: Na, kriegt er's raus, der Herr Mathematiker? Oder ist er gar nicht so schlau? Ist manchmal nicht angenehm. Aber Ärzten soll es auf Partys ähnlich gehen. Chemiker sollte man sein. Oder Schwachstromtechniker!

Mittlerweile stelle auf Partys jetzt immer *ich* gleich mal prophylaktisch mathematische Fragen. Damit sind alle potentiellen Denksportaufgabensteller erst mal beschäftigt und außer Gefecht gesetzt. Und ich kann meine kleinen allgemeinverständlichen (oder auch nicht allgemeinverständlichen) Rechenaufgaben gleich mal am lebenden Objekt testen. Allerdings werde ich mittlerweile auch nicht mehr so oft eingeladen. Außer wenn ein Klavier da ist. Denn Partygäste lieben handgemachte Barmusik im Hintergrund. Und der Gastgeber weiß: Wer Klavier spielt, kann die anderen Gäste nicht mit Rechenaufgaben nerven.

Nun, wenn die Leute noch *etwas* aus der Mathematik wissen, dann ist das der Satz des Pythagoras. Manchmal kann das sogar des Guten zu viel sein. Jedenfalls erklärte ich mal auf einer Party einem Bekannten, bei einem kleinen Imbiss am Küchentisch, das mit der Dreiecksfläche. Und weil das allgemeine schon zu schwierig war, erst mal das rechtwinklige Dreieck. Ich zeichne also ein rechtwinkliges Dreieck, beschrifte die beiden kurzen Seiten mit a und b und, weil ich mit diesem Dreieck dann noch was anstellen wollte, die lange Seite mit c. Das aber war das didaktische Verhängnis!

---

[19] Typischer Fund aus einer Schülerarbeit: „Der Kreis ist ein rundes Quadrat.“ Was *so* falsch gar nicht ist!

[20] Kleine Merkhilfe: Gemäß Fußnote 19 wissen wir: Der Kreis ist ein rundes Quadrat. Er ist also zunächst mal ein Quadrat. Macht r^2. Und weil er ein *rundes* Quadrat ist, macht das (rund = Kreiszahl = π) $\pi\,r^2$. Schon fertig! Es sollte vielleicht noch bemerkt werden, dass das jetzt kein mathematischer Beweis im strengen Sinne war. Aber wahnsinnig plausibel!

[21] Ursprünglich hatte ich die wesentlich provokantere und sensationellere Überschrift „Der vielleicht schlechteste Beweis der Mathematikgeschichte“ geplant. Aber seitdem im Werbefernsehen allabendlich „Die vielleicht längste Praline der Welt“ herumgeistert, traut man sich so einen vielleicht-Satz nicht mehr zu schreiben.

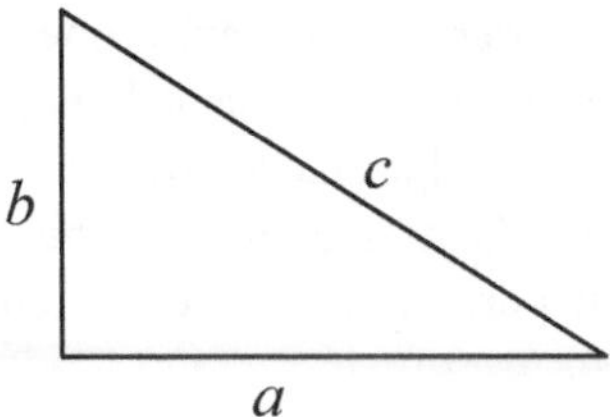

Ich frage ihn nämlich, ermutigend: „Na, was ist denn die Fläche von diesem rechtwinkligen Dreieck?" Mein Bekannter – ein intelligenter, aufgeweckter, sympathischer Mensch (ich habe *nur* intelligente, aufgeweckte und sympathische Bekannte) – stutzt. Er weiß es anscheinend nicht. Aber irgendwie ist es ihm ein bisschen peinlich, das nicht zu wissen. Aber er weiß: Ich erwarte jetzt irgendeine Formel. Da registriert er: ein rechtwinkliges Dreieck, die Buchstaben *a, b und c*! Ein Blitz der Erkenntnis erleuchtet sein Gesicht und er verkündet als Antwort statt ½ *ab* siegessicher: „Natürlich $a^2 + b^2 = c^2$!"

In einer Prüfung wäre das übrigens eine Antwort mit der Punktewertung „minus unendlich" gewesen. Aber wir waren ja nicht in einer Prüfung, sondern auf einer Party. Jedenfalls wusste ich nicht, ob ich auflachen oder aufstöhnen sollte. Und in einer Art Übersprungshandlung antwortete ich, erfüllt von einer spontanen pädagogischen Eingebung: „Fast! Nicht ganz. Nicht ganz. Aber du meinst es sicher so." Und ich malte um das unschuldige kleine Dreieck die drei Pythagoras-Quadrate und da herum ein großes Rechteck und erklärte ihm, was er ganz sicher gemeint habe.

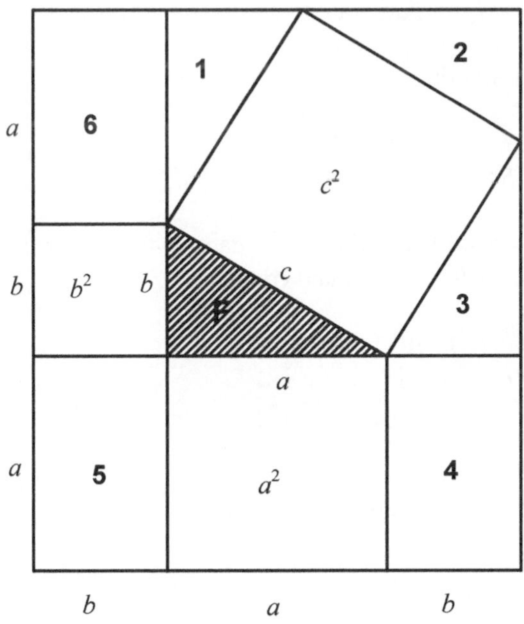

„Die Fläche unseres Dreiecks lässt sich in der Tat aus dem großen Rechteck mit Hilfe von – da hast du völlig recht – mit Hilfe von $a^2 + b^2 = c^2$ ausrechnen. Wenn nämlich die gesuchte Dreiecksfläche F ist und das große Rechteck die Fläche GR hat, dann setzt sich GR zusammen aus unserer Dreiecksfläche F, aus den drei Quadraten a^2, b^2 und c^2, aus den drei Dreiecken 1, 2, 3 (jedes hat die Fläche F) und noch den drei kleinen Rechtecken 4, 5, 6 (jedes mit der Fläche $a \cdot b$). Das ergibt also:

$$GR = F + a^2 + b^2 + c^2 + 3F + 3ab$$

Aber natürlich können wir GR auch direkt mit Höhe ($= a + b + a$) mal Breite ($= b + a + b$) berechnen und erhalten:

$$GR = (a + b + a) \cdot (b + a + b)$$

Das ergibt insgesamt:

$$(a + b + a) \cdot (b + a + b) = F + a^2 + b^2 + c^2 + 3F + 3ab$$

und damit sind wir auch schon *fast* fertig![22]

Für die linke Seite (l.S.) gilt:

$$
\begin{aligned}
\text{l.S.} \quad &= (a + b + a) \cdot (b + a + b) = (2a + b) \cdot (2b + a) \\
&= (2a + b) \cdot 2b + (2a + b) \cdot a \\
&= 4ab + 2b^2 + 2a^2 + ab = 2a^2 + 2b^2 + 5ab
\end{aligned}
$$

Und für die rechte Seite (r.S.) gilt:

$$
\begin{aligned}
\text{r.S.} \quad &= F + a^2 + b^2 + c^2 + 3F + 3ab \\
&= a^2 + b^2 + c^2 + 4F + 3ab
\end{aligned}
$$

Und weil wir – wie du so richtig bemerkt hast! – dank Pythagoras wissen, dass $c^2 = a^2 + b^2$ ist, können wir c^2 durch $a^2 + b^2$ ersetzen und erhalten

$$
\begin{aligned}
&= a^2 + b^2 + (a^2 + b^2) + 4F + 3ab = \\
&= 2a^2 + 2b^2 + 4F + 3ab
\end{aligned}
$$

l.S. = r.S. ergibt jetzt also:

$$2a^2 + 2b^2 + 5ab = 2a^2 + 2b^2 + 4F + 3ab$$

---

[22] Das war ironisch. Aber sowohl für meinen staunenden Bekannten als auch für den nicht mehr ganz konzentrierten Leser ist eine kleine Aufmunterung zwischendurch gelegentlich hilfreich. Halten Sie durch! Es wird nur noch *bisschen* gerechnet.

Auf beiden Seiten $2a^2 + 2b^2 + 3ab$ abziehen:

$$2ab = 4F$$

noch schnell durch 4 teilen und einmal wenden – und schon haben wir:

$$F = \tfrac{1}{2}\, ab.$$

Und das ist völlig richtig! Die Fläche unseres rechtwinkligen Dreiecks ist – dank Pythagoras – tatsächlich $\tfrac{1}{2}\, ab$. Bravo!"

Nur zur Klarstellung: Die Formel $F = \tfrac{1}{2}ab$ kann man auch ohne den Satz des Pythagoras haben (vgl. letzter Abschnitt). Sogar viel einfacher. Aber so geht's auch. (Und irgendwie lustiger.)
    Aber wenn man aus dieser Zerlegung von GR mit Hilfe des Pythagoras die Dreiecksfläche herausbekommt – vielleicht kann man dann ja umgekehrt mit Hilfe dieser Dreiecksformel (von der wir uns ja im vorigen Abschnitt schon überzeugt haben) auch den Pythagoras herleiten?

Die beiden Zerlegungen von GR ergaben ja

$$(2a + b) \cdot (2b + a) \;=\; F + a^2 + b^2 + c^2 + 3F + 3ab$$

oder ausgerechnet und zusammengefasst:

$$2a^2 + 2b^2 + 5ab \;=\; a^2 + b^2 + c^2 + 4F + 3ab$$

Wenn wir jetzt unsere Formel $F = \tfrac{1}{2}\, ab$ reinstecken, erhalten wir wegen $4F = 4 \cdot \tfrac{1}{2}\, ab = 2ab$:

$$2a^2 + 2b^2 + 5ab \;=\; a^2 + b^2 + c^2 + 2ab + 3ab$$

Und wenn man jetzt auf beiden Seiten $a^2 + b^2 + 5ab$ abzieht, bleibt übrig – na was? – genau:

$$a^2 + b^2 \;=\; c^2$$

– der Pythagoras!

Die komplizierte Flächenzerlegung der letzten Abbildung und diese Rechnung ergeben also zusammen die so ziemlich umständlichste Methode[23] den Satz des Pythagoras zu beweisen. Nach meiner Kenntnis dürfte das obendrein auch noch eine *neue* Methode sein, die – Sie dürfen stolz auf sich sein – nur ganz wenige kennen! (Aber vielleicht sollten wir unsere schöne mathematische Abhandlung besser doch nicht bei den vierteljährlichen Annalen der Algebra einreichen.[24])

Zur Entspannung sollten Sie jetzt aber auch noch eine erfrischend einfache (und die nach meinem Geschmack *schönste*) Art, den Pythagoras zu beweisen, kennenlernen. Nämlich ganz ohne jede Rechnung. In einem alten indischen Lehrbuch der Mathematik findet sich die Zeichnung

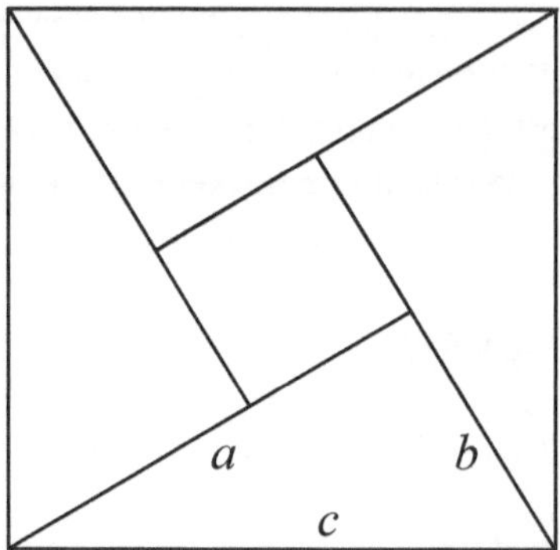

und darunter steht einfach „Siehe!". (Natürlich nicht auf deutsch, sondern vermutlich auf sanskrit.) Nun, das erfordert schon eine Art kreatives Hingucken. Aber zumindest sieht man schon, dass dieser Beweis „siehe!" unheimlich elegant *wäre, wenn* man's denn auch sähe. Aber mit Hilfe eines zweiten Bildes wird die Sache klar. Wir zerlegen dieses große Quadrat wie ein Tangram und bauen die vier Dreiecke und das kleine Quadrat neu zusammen:

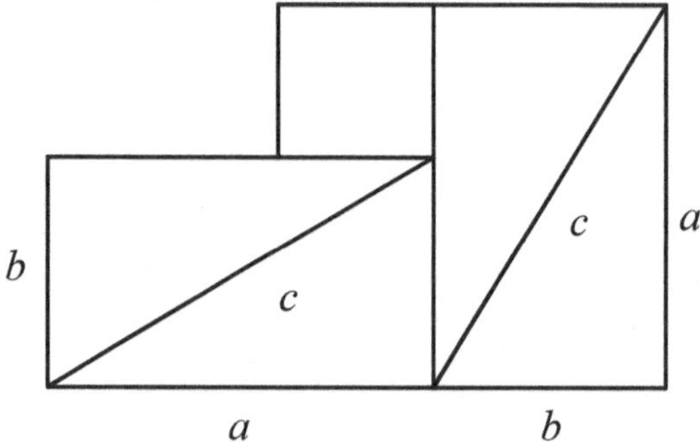

---

23 „So ziemlich" weil, wenn man *ganz* fest nachdenkt, findet man möglicherweise eine noch umständlichere.

24 Vermutlich käme als höflich-kühle Antwort: „Sehr schön! Aber Ihr Satz ist leider schon 2500 Jahre alt."

Und jetzt teilen wir diese Fläche ein bisschen anders auf und *siehe*:

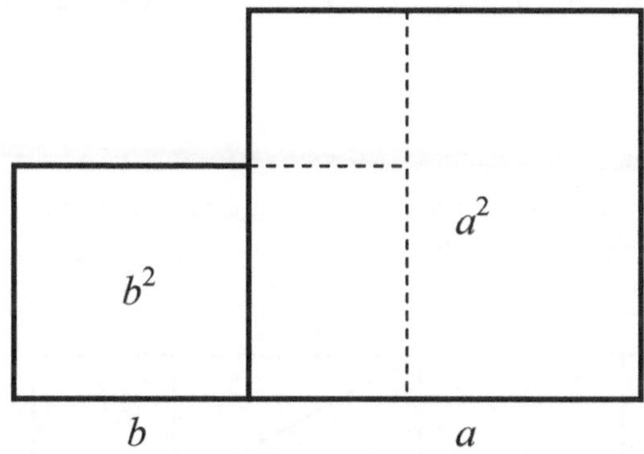

wir haben das große Quadrat c^2 exakt in die zwei kleineren Quadrate $a^2 + b^2$ umgewandelt.

Es geht also auch einfacher mit dem Pythagoras. Aber dass es, ausgehend von einem Fehler[25] (die schräge Antwort auf meine Frage nach der Dreiecksfläche), auch richtig kompliziert geht, war doch auch schön! Als wirklich *einfachster* Beweis für den Pythagoras gilt üblicherweise das Bild:

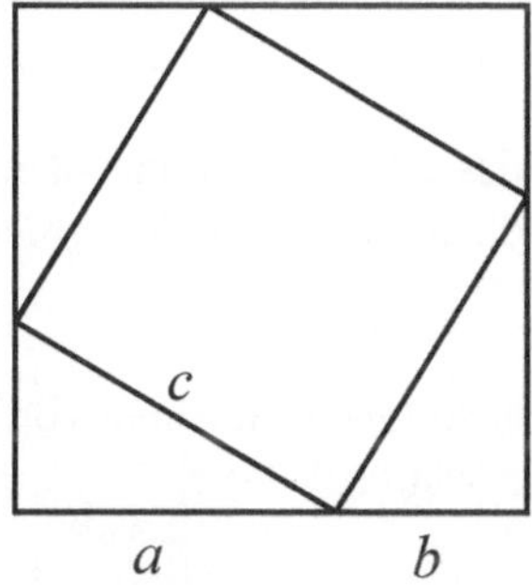

Allerdings reicht es hier nicht, einfach „Siehe!" daruntcrzuschreiben. Denn man sieht nur:

$$(a + b)^2 = c^2 + 4 \cdot \triangle$$

Man braucht noch die Aufforderung „Rechne!". Sogar zweimal! Dann erhält man nämlich

$$(a + b)^2 = a^2 + 2ab + b^2 \qquad \text{(berühmte Formel)}$$

$$\text{und } 4 \cdot \triangle = 4 \cdot \frac{ab}{2} = 2ab \qquad \text{(Dreiecksfläche)}$$

und damit (nach „Siehe!", „Rechne!", „Rechne!"):

$$a^2 + 2ab + b^2 = c^2 + 2ab$$

---

[25] Der Fehler ist der Anfang aller Kreativität.

woraus denn auch endlich (mit einem dritten „Rechne!", nämlich der beiderseitigen Subtrakti-on von $2ab$) folgt:

$$a^2 + b^2 = c^2$$

Diese drei Rechenschritte waren nun wirklich nicht schwierig, aber doch etwas anderes als ein rein geometrisches „Siehe!". Wie beim indischen Pythagoras-Beweis hilft auch hier ein zweites Bild:

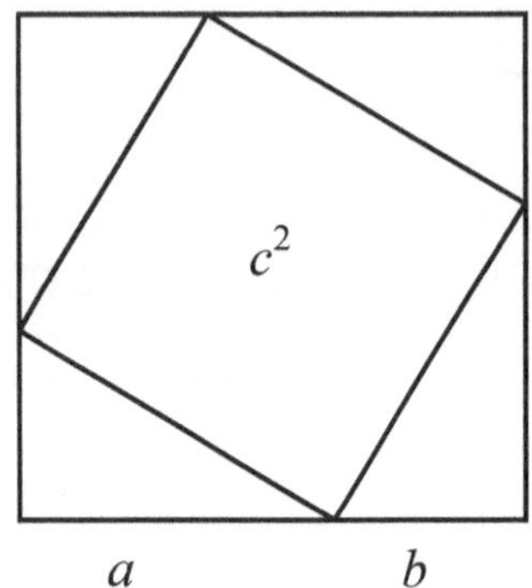

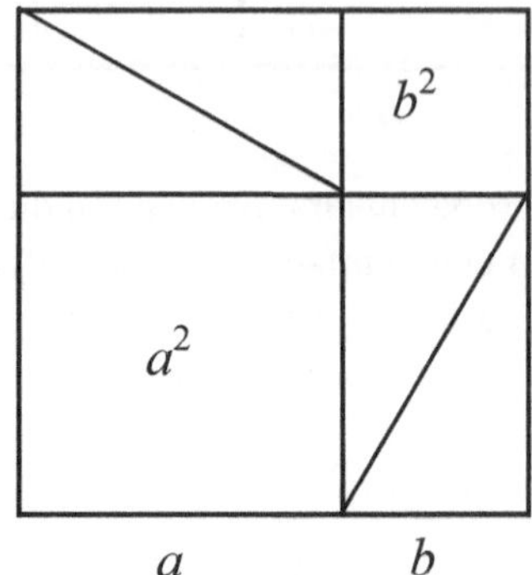

Wenn man von zwei gleichen Quadraten dasselbe wegnimmt, nämlich die vier kleinen Drei-ecke (und zwar einmal so und einmal so), dann müssen die übrigbleibenden Restflächen (näm-lich c^2 und $a^2 + b^2$) auch gleich sein.

Das also war jetzt der wirklich allereinfachste (auch im Sinne von garantiert algebrafrei) Py-thagoras-Beweis. Aber der schönste bleibt der indische.

Übungsaufgabe 2
Wie man krumme Sachen gerade machen kann

Es geht hier um die erstaunliche Tatsache, dass man mit elementarer Mathematik eine wirklich komplizierte, durch zwei unterschiedlich krumme Linien begrenzte Fläche berechnen kann. (Nur falls Ihre Wohnung tatsächlich von Gaudi oder Hundertwasser geplant wurde und sie in Ihrem zwiefach gekrümmten Wohnzimmer wirklich einen neuen Teppichboden verlegen wol-len. Sie sehen: Diese Betrachtung ist wie alle Mathematik in diesem Buch *von hohem prakti-schen Nutzwert!*)

Die einfachste krummlinig begrenzte Fläche ist natürlich der Kreis. Und (wie schon er-wähnt) praktisch jeder weiß: das hat was mit dieser seltsamen Zahl $\pi = 3,14 \dots$ zu tun. π ist in der Tat schwierig. Wenn man sich auf das, was dieses … so nett umschreibt, ernsthaft einlässt, wird's ziemlich schnell ziemlich mühsam. *Warum* – möchte man als ganz normaler Mensch, ordentlicher Staatsbürger und verlässlicher Steuerzahler doch mal gerne fragen – warum eigentlich hat Gott die Welt nicht so erschaffen, dass π einfach glatt 3,14 ist? Ohne Pünktchen[26]. Von mir aus, wenn's denn sein muss, auch 3,1415. Aber das reicht dann auch! Nein, es müssen unendlich viele Stellen sein.

Für etwas so Fundamentales wie die Kreiszahl – der Kreis ist schließlich als Sonnenscheibe und Sonnenbahn, Mondscheibe und Mondbahn die erste geometrische Figur, die die Menschen kennengelernt haben – für etwas so Fundamentales wie π wär' doch eigentlich $\pi = 3$ das Vernünftigste. Die 3 wär' auch eine heilige Zahl! (Und 3 könnte man sich auch leichter merken.)

Und außerdem: *so* falsch ist die 3 gar nicht![27] Schauen Sie sich mal diese Abbildung an:

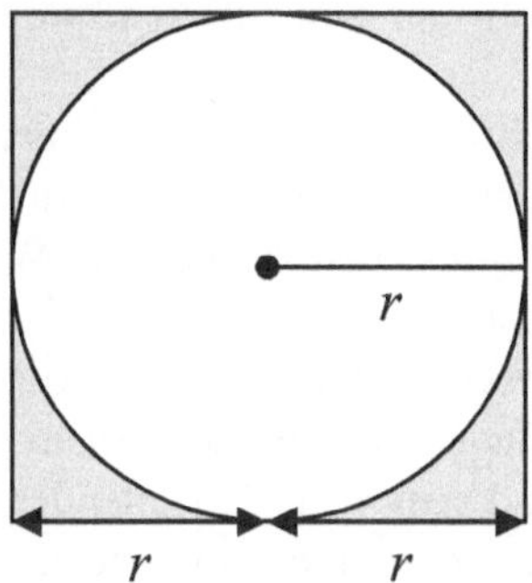

Wie groß ist das Quadrat *um* den Kreis? Das Quadrat hat die Kantenlänge $2r$, also die Fläche $2r \cdot 2r = 4r^2$. Und das Quadrat *im* Kreis in der nächsten Abbildung?

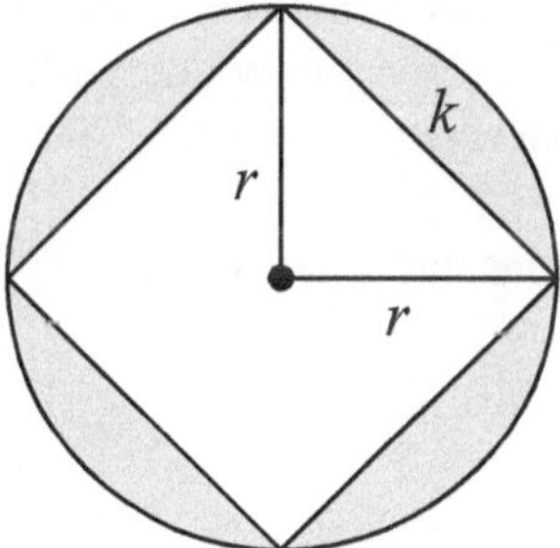

Schon schwieriger. Aber an was denkt auch der mathematisch Unbedarfteste beim Anblick eines rechtwinkligen Dreiecks? Selbst wenn er gar nicht soll! (Wie wir vorhin gerade gesehen haben.) An den Pythagoras. Und hier auch völlig zu Recht! Denn mit dem Pythagoras können

---

[26] Da gibt's nichts zu lachen. Die alten Römer, ein bekannt tüchtiges und praktisch veranlagtes Volk, benutzten noch während der gesamten Kaiserzeit eisern – Papyrus Rhind (ca. 1850 v. Chr., $\pi \approx 3,16$) hin, Archimedes (287 – 312 v. Chr., $\pi \approx 3,1419$) her – $\pi = 3\ 1/8 = 3,125$. (1/8 lässt sich einfach einfacher abmessen.) Na und? Das Kolloseum steht heute noch! Und der einzige Beitrag Roms zur Mathematikgeschichte bestand darin, dass sie Archimedes erschlagen haben. (Der englische Mathematiker Lancelot Hogben äußert sich in seinem Werk „Mathematics in the Making" noch wesentlich galliger zum Thema römische Kultur.)

[27] Die alten Israeliten benutzten auch schon $\pi = 3$, vgl. 1. Könige 7:23, 2. Chronik 4:2. (Durchmesser = 10 Ellen, Umfang = 30 Ellen, macht $\pi = 3$.)

wir die Kante k unseres inneren Quadrates berechnen: $k^2 = r^2 + r^2$. Also $k = \sqrt{2r^2} = \sqrt{2}\, r$. Und damit hat unser Quadrat die Fläche $(\sqrt{2}\, r)^2 = 2r^2$.

Sie hätten sich aber (nachdem wir vorhin vom Pythagoras auf die Formel für die Fläche eines rechtwinkligen Dreiecks geraten sind) auch gleich auf die Fläche des durch r, k und r umrissenen Dreiecks stürzen können. Die hier $a = b = r$ ergibt sich: $\frac{1}{2} \cdot a \cdot b = \frac{1}{2} \cdot r \cdot r = \frac{1}{2} \cdot r^2$. Und, da sich unser Quadrat aus vier solchen Dreiecken zusammensetzt, ergibt das als Quadratfläche $4 \cdot \frac{1}{2} \cdot r^2$ und das ist auch wieder $2r^2$.

Wie auch immer. Das große Quadrat *um* den Kreis hat also die Fläche $4\, r^2$ und das kleine Quadrat *im* Kreis hat die Fläche $2\, r^2$ Als Schätzwert für die Kreisfläche ist also $4\, r^2$ zuviel und $2\, r^2$ zu wenig. Na, dann wird wohl der Kreis mittendrin einfach die Fläche $3\, r^2$ haben! Ist doch irgendwie klar.[28]

So ähnlich muss übrigens auch das Parlament des amerikanischen Bundesstaates Indiana gedacht haben, als es 1897 – das ist kein Witz, das war so[29] – per Gesetz festlegte, das π den Wert 3,2 hat. Basta.[30] Dabei gab's nicht mal irgendeinen Widerspruch: das Gesetz wurde einstimmig mit 67 : 0 Stimmen verabschiedet. Schön, dass sich Parteien auch mal wo einig sind! Glücklicherweise (aus kabarettistischer Sicht: leider!) weilte am Tag der Abstimmung auch gerade der Mathematiker Prof. Waldo von der Purdue University Lafayette im Parlamentsgebäude[31], hörte, mit sich zunehmend senkrecht aufstellenden Haaren (vielleicht auch Zehennägeln), dieser seltsamen Debatte zu und konnte gerade noch die zweite Kammer bearbeiten („he coached them"), dass man so was – die exakte Festlegung transzendenter mathematischer Konstanten per Parlamentsbeschluss – einfach nicht tut! Und ein Senator beantragte dann, eine weitere Behandlung der Angelegenheit auf unbestimmte Zeit zu verschieben. Vermutlich schmort dieses vom Parlament einstimmig verabschiedete Gesetz heute noch im Vermittlungsausschuss und kommt, wenn das mit dem intelligent design statt der Evolutionstheorie auch in Indiana mal ordentlich geregelt ist, sicher zur Wiedervorlage. π ist also nicht gleich 3,2. Das mit der Kreiszahl ist definitiv schwieriger.

So, und jetzt schauen Sie sich mal das nächste Bild an.

---

[28] Sozusagen: Und die Bibel hat doch recht! (Vergleiche Fußnote 27.) Es gab übrigens Leute, die aus diesen beiden Stellen im Alten Testament gefolgert haben: Also ist die Bibel falsch. Es gab aber auch umgekehrt Leute, die – auch nicht faul – aus diesen beiden Stellen folgerten: Also ist die Mathematik falsch! Die Wahrheit ist eine heikle Sache.

[29] Bekman, Petr.: A Histroy of Pi. Boulder, Col.: The Golem Press, 1982 Edington, Will E.: House Bill No. 246, Indiana State Legislature 1897. Proceedings of the Indiana Academy of Science 45 (1935), 206-210.

[30] Wie unser Alt-Kanzler Schröder gesagt hätte, wäre er Kanzler von Indiana gewesen. Siehe auch $\pi = 3\ 1/8$ in Fußnote 26.

[31] Und was macht ein Wissenschaftler im Parlamentsgebäude? „He was lobbying for the university's budget." (Hier hat Lobbyarbeit wirklich mal segensreich gewirkt.) Übrigens hat Prof. Waldo 1882 – 83 auch in Leipzig und München studiert. Und so hat letztlich die ruhmreiche deutsche Mathematik des 19. Jahrhunderts das berüchtigte Indiana-Pi-Gesetz zu Fall gebracht! Na ja. Wäre vermutlich ohne Leipzig und München auch so gelaufen. Aber schön, dass die Welt damals schon so klein war. (Und dass sich einmal amerikanische Wissenschaftler in Deutschland weiterbildeten.)

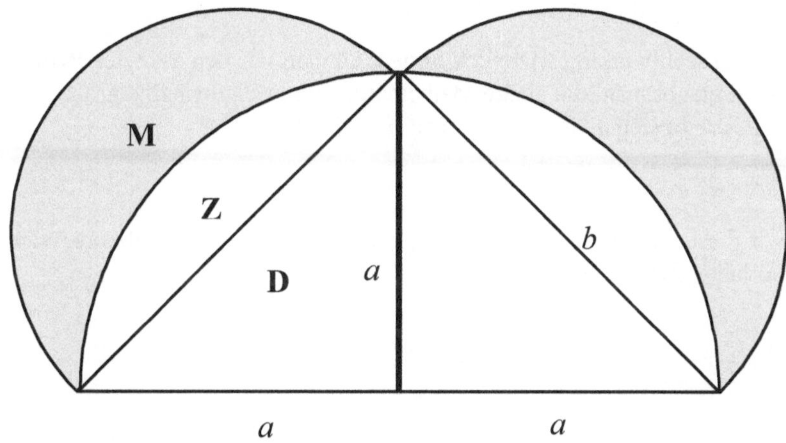

Preisfrage: Wie groß ist die Fläche dieser beiden grauen Möndchen? Jetzt werden Sie sagen: „Erst erklärt er lang und breit, dass das mit dem Kreis und der Kreiszahl schwierig ist, und jetzt kommt er uns mit irgendwelchen Möndchen!" (Im Bairischen sagte man hier mit einem farbigen Konjunktiv der Missbilligung: „Und jetzat kammada midam Monderl daher!". Vielleicht noch leicht verstärkt durch ein angehängtes, leicht höhnisches: „Eam schaug o!") Aber – Krümmung hin, Kreiszahl her – das geht!

1. Schritt

So ein Halbkreis über dem Durchmesser b (einer links, einer rechts) ist die Hälfte der Fläche eines Kreises mit dem Radius $r = b\,/\,2$. Mit unserer leicht modifizierten Merkhilfe (ein Halbkreis ist ein halbes rundes Quadrat) erhalten wir für die Fläche kH des kleinen Halbkreises:

$$kH \;=\; \frac{1}{2}\pi r^2 \;=\; \frac{1}{2}\pi\left(\frac{b}{2}\right)^2 \;=\; \frac{1}{2}\pi\frac{b^2}{4}$$

2. Schritt

Der große Halbkreis über der langen waagrechten Strecke der Länge $a + a = 2a$ ist die Hälfte eines Kreises mit dem Radius $r = a$. Die Fläche gH des großen Halbkreises ist daher:

$$gH \;=\; \frac{1}{2}\pi r^2 \;=\; \frac{1}{2}\pi a^2$$

3. Schritt

Da a, a und b ein rechtwinkliges Dreieck bilden, können wir den Satz des Pythagoras anwenden. (Manchmal glaubt man, die ganze Mathematik sei nur eine einzige große Anwendung des Pythagoras!) Es ergibt sich $a^2 + a^2 = b^2$, also $b^2 = 2a^2$, also[32]

$$b = \sqrt{2a^2} = \sqrt{2}\, a$$

Und wenn wir diesen Wert für b in unsere Formel für den kleinen Halbkreis (siehe 1. Schritt) reinstecken, erhalten wir

$$kH = \frac{1}{2}\pi\frac{b^2}{4} = \frac{1}{2}\pi\frac{(\sqrt{2a})^2}{4} = \frac{1}{2}\pi\frac{2a^2}{4} = \frac{1}{2}\pi\frac{a^2}{2}$$

Wenn wir $kH = \dfrac{1}{2}\pi\dfrac{a^2}{2}$ mit $gH = \dfrac{1}{2}\pi a^2$ vergleichen (2. Schritt), stellen wir fest:

$$gH = 2 \cdot kH \quad (*)$$

Das merken wir uns!

4. Schritt

Jetzt spielen wir eine Runde Tangram. Die Fläche eines Dreiecks, umgrenzt von a, a und b sei D. Die schraffierte Fläche eines Möndchens sei M und das Zwischenstück zwischen D und M sei Z. Damit können wir den kleinen Halbkreis bzw. den großen Halbkreis so zusammensetzen:

$$kH = Z + M \qquad\qquad (**)$$
$$gH = (D + Z) + (D + Z) = 2D + 2Z \quad (***)$$

Und wenn wir jetzt $(**)$ und $(***)$ in $(*)$ einsetzen (Ah! Deswegen die Sternchen!) erhalten wir

$$2D + 2Z = gH = 2 \cdot kH = 2 \cdot (Z + M) = 2Z + 2M$$

Also $2D + 2Z = 2Z + 2M$ oder

$$2M = 2D$$

---

[32] Nur für genaue Leser: Wir hätten hier, wie vorhin bei der Betrachtung des einem Kreis eingeschriebenen Quadrats, natürlich auch die Fläche des Dreiecks a, a, b berechnen können. Das bringt hier aber nichts. Wir müssen b durch irgendeine Formel mit a ausdrücken und das schafft nur – er lebe hoch! – der Pythagoras. Die von uns zweimal erfolgreich benutzte Flächenformel ist also sicher für den Satz des Pythagoras kein Ersatz.

172

5. Schritt

Jetzt müssen wir nur noch die Fläche von D ausrechnen. Aber da D das Dreieck mit den beiden kurzen Kanten a, a ist, ist einfach[33] $D = \frac{1}{2} a \cdot a = \frac{1}{2} a^2$, das heißt $2D = a^2$ und damit

$$2M = a^2$$

Das ist die Fläche der beiden Möndchen und das war's auch schon.

Sie haben, werter Leser, eben gerade den Flächeninhalt einer ziemlich komplizierten Fläche berechnet: zwei einander berührende Mondsicheln, jeweils begrenzt durch zwei unterschiedlich gekrümmte Linien.[34] Und das Ergebnis ist – die einfachste aller Flächen: das Quadrat mit der Kantenlänge a.[35]

Sind Sie jetzt ein bisschen verblüfft?[36] Und auch ein bisschen stolz? Sind Sie jetzt also – mit einem Wort – glücklich? Wenigstens ein ganz klein bisschen? Sehen Sie!

Dieses „Sehen Sie!" ist jetzt gewissermaßen auch das emotionale Pendant zum altindischen „Siehe!" von vorhin. Und beide zusammen können, glaube ich, zumindest in erster Näherung sehr schön vermitteln, dass und wie Mathematik „glücklich" macht.[37] Aber nachdem „glücklich" ein sehr vielschichtiger und im Persönlichen wurzelnder Begriff ist, sagen wir, das alles ein bisschen tiefer hängend, ganz einfach: dass und wie die Mathematik „Spaß macht". Diese zauberhafte Flächenberechnung von eben findet man übrigens in Geometriebüchern (jedenfalls

---

[33] Nur für durch ½ aa verwirrte Leser: Wir hatten einleitend die Flächenformel für ein rechtwinkliges Dreieck mit den kurzen Seiten a und b und der langen Seite c angegeben: F = ½ab. Hier haben wir ein rechtwinkliges Dreieck mit zwei gleich langen kurzen Seiten (die Strecken a und a) und der langen Seite b. Das hat mit dem b von vorhin *nichts* zu tun! Und deswegen liefert die Formel ½ ab hier ½ aa. Uff! Aber wenn man konsequent die lange Seite *immer* mit c beschriftet, hätten wir hier das Dreieck a, a, c und viele Leser wären überzeugt: „Da stimmt was nicht. Er hat das b vergessen!" Logisch sauber wäre es, mit fett gedruckten Seitenbezeichnern, normal gedruckten Längenwerten und Wertzuweisungen zu arbeiten, also bei der Dreiecksformel **a** := a, **b** := b, **c** := c. Und hier: **a** := a, **b**:= a, **c**:= b. *Das* wäre *wirklich* klar. Nur, wenn der Leser *das* sieht, fragt er sich, ob der Autor jetzt völlig durchgedreht ist. Die Mathematik ist nicht schwer. Aber ihre Didaktik! (Und ich hoffe, die Leser verstehen immer die durch meine Syntax intendierte Semantik dank ihrer robusten Pragmatik.)

[34] Ein so geschnittenes Wohnzimmer wäre für Hundertwasser quasi eine Gaudi.

[35] Echte Übungsaufgabe (aber nicht zum Rechnen, nur zum Nachdenken): $2M = a^2$ ist nichts anderes als die „Quadratur" einer komplizierten krummlinigen Figur. Wenn das hier so einfach klappt: Wie ist es möglich, dass das mit der Quadratur des Kreises dann immer so ein Theater ist? Dabei ist so ein Kreis doch eigentlich viel einfacher als diese krummen Halbmonde! Lösungen senden Sie bitte unter dem Kennwort „Neues zur Kreisquadratur" an den Fachbereich Mathematik der Universität Ihres Vertrauens … oder senden Sie's vielleicht besser nicht. Und bitte, fangen Sie mir nicht an, in langen Nächten (bei *Mondschein*!) dieses Verfahren auf Kreise zu übertragen.

[36] Wenn nicht, sollten Sie's vielleicht noch mal ruhig durcharbeiten.

[37] Und vielleicht verstehen Sie jetzt auch, dass ein Grigori Perelman nicht unbedingt ein Kauz ist, sondern vielleicht einfach ein glücklicher Mensch. Wobei seine Beweise ein bisschen schwieriger und länger sind. Aber wenn sich dann nach vielen Wochen wieder etwas zusammenfügt und klappt, ist die Serotoninausschüttung auch entsprechend größer. Andrew Wiles hat *acht* Jahre an seinem grandiosen Beweis gezimmert, einem Beweis für eine Behauptung, die man in einer Zeile hinschreiben kann: Es gibt keine 3 ganzen Zahlen x, y, z mit $x^n + y^n = z^n$ für n = 3, 4, 5 … Ein (hinsichtlich „kleine Ursache – große Wirkung") rekordverdächtiger Wirkungsgrad.

in alten Geometriebüchern) unter dem schönen poetischen Namen „Die Möndchen das Hippokrates" und ist beiläufig 2447 Jahre alt. Tja, wieder mal die alten Griechen. Sie betrieben die Mathematik eben nicht, um den Entwicklungsabteilungen ihrer Industrie zuzuarbeiten oder zu sonst einem Zweck. Sie betrieben sie „aus Spaß an der Freud", eine Haltung, die eigentlich selbstverständlich sein sollte, aber zunehmend verschütt geht.

Mathematik treiben ist wie ein Spiel spielen. So wie der Tennis- oder Schachspieler mit Konzentration und Einsatz, Können und Spielwitz seine Schläge schlägt oder Züge zieht, so bastelt der Mathematiker seine Voraussetzungen zusammen, formt seine Gleichungen um, Schritt für Schritt, konstruiert, Schritt für Schritt, mit Zirkel und Lineal, komplizierte geometrische Figuren und puzzelt seine Tangram-Teile zusammen. Und so wie der Tennis- oder Schachspieler sich freut, wenn er mit einem gefühlvollen Kunstschlag seinen Gegner überlobt (gesprochen: „lobbd") oder ihn mit einem überraschenden „genialen Zug" (mit dem Turm von ganz hinten raus oder mit dem Springer, der schon seit zehn Zügen nutzlos da vorne rumsteht) matt setzt, so freut sich der Mathematiker – vergnügt lachend bis diebisch grinsend – wenn er mit einer gefühlvollen Gleichungsmanipulation den Mond quadriert oder mit einer überraschenden neuen Figurenzerlegung den Pythagoras beweist. Diese leichthändige und elegante, gewitzte und virtuose Spielfreude ist wohl der wichtigste Punkt, wenn es um den Spaß mit der Mathematik geht. Wir werden das im nächsten Kapitel auch musikalisch beleuchten[38] und vertiefen.

Die Amerikaner nennen unsere „höhere Mathematik" übrigens „calculus". Nun klingt „Kalkül" ja nicht gerade nett und im zwischenmenschlichen Bereich gibt es auch nichts Enttäuschenderes als einen „kühl kalkulierenden" Partner. Aber hinter dem Wort Kalkül tun sich, jedenfalls etymologisch, keine psychologischen Abgründe auf. Es leitet sich von schlichten, harmlosen calculi ab, Kalksteinchen, die die alten Römer bei diversen Brettspielen herumzuschieben pflegten. Ein mathematischer Kalkül ist reines Spiel (so gesehen kein Glasperlen- sondern ein Kalksteinchenspiel) in dem – wie bei Spielen üblich – plan- und lustvoll (mathematische) Steinchen nach (mathematischen) Regeln herumgeschoben werden. (Das *kann* auch mal anstrengend sein! Und manchmal erinnert die Schlussphase eines vertrackten ersten Beweisversuches fatal an die Schlussphase von Mensch-ärgere-dich-nicht: Das verdammt Ding will einfach nicht reinpassen!) Aber das Ganze ist durch und durch … – ein Spiel, aus Neugier, Freude am Schönen und letztlich um seiner selbst willen. (Und damit eigentlich das völlige Gegenteil irgendwelcher finsterer Zwecke und Absichten.)

Korrekterweise sollten wir aber auch noch eine zweite Quelle, nicht gerade für mathematischen Spaß, eher für ein durch die Mathematik befördertes angenehmes Wohlgefallen, ja geradezu eine heitere Zufriedenheit, erwähnen, nämlich – auch wenn dieses Stichwort nicht gerade attraktiv ist – den Begriff der, pardon, *Ordnung*. Ein Begriff, der unter richtigen Intellektuellen und Literaten, Künstlern und Journalisten traditionell eher negativ kontaminiert ist:[39] von

---

[38] Eine kühne Wendung. „Musikalisch beschallen" wäre zwar korrekt, aber falsch.

[39] Richtige Intellektuelle, Literaten und Journalisten verbrachten früher den halben Tag und die ganze Nacht im Caféhaus und ernährten sich von Kaffee, Cognac und Zigaretten, während richtige Intellektuelle, Literaten und Journalisten von heute den halben Tag und die ganze Nacht vor dem Bildschirm ihres Computers verbringen, nicht rauchen und Mineralwasser trinken. Aber erhöhter Kaffeegenuss und eine gewisse Aversion gegen den Begriff der Ordnung sind quasi zeitunabhängige Konstanten.

(günstigstenfalls) langweilig über spießig, konservativ und reaktionär („law and order") bis grenzwertig zu politisch nicht stubenrein.

Nun, ich darf Ihnen versichern: Mein Arbeitszimmer ist *nicht* aufgeräumt. Meine gesammelten Blei-, Bunt- und Filzstifte liegen *nicht* der Länge nach geordnet, frisch gespitzt, gleichsinnig gerichtet, rechtsbündig und parallel zur langen Seite meines Schreibtisches auf demselben. Und mein Radiergummi liegt – wo liegt er eigentlich? – jedenfalls auch nicht senkrecht dazu. Und wenn meine Frau einmal im Jahr (meist kurz vor Heilig Abend) einen Anlauf macht: „Du könntest auch mal wieder dein Zimmer aufräumen. Schon allein wegen der Kinder!", pflege ich einmal im Jahr (meist kurz vor Heilig Abend) zu erwidern: „Erstens habe ich den Kindern schon x mal gesagt[40], sie hätten im Büro nichts verloren und sollen gefälligst ihre eigenen Stifte und Lineale benutzen". Und zweitens verstünde ich gar nicht, was sie meine, denn: „Es ist fast alles an seinem Platz!"

„Fast alles" bedeutet mathematisch „alles bis auf endlich vieles". Und auch wenn vieles herumliegen mag, so ist's doch endlich.[41] Wirklich interessant werden mathematische Konzepte nämlich erst, wenn die *Unendlichkeit* hereinspielt. Deswegen ist das Endliche (entspricht zeitlich dem Vergänglichen) für den Mathematiker nicht mal ein Gleichnis, sondern lediglich „eine Menge vom Maß 0". Und so erträgt er gelassen sein Chaos: Das Endliche ist eh trivial (oder zumindest vernachlässigbar) und gegen die Unendlichkeit käme nicht mal eine schwäbische Hausfrau an.[42]

Damit bin ich, hoffe ich, eher unverdächtig und kann jetzt, ohne gleich eines manisch zwänglerischen Ordnungswahns verdächtigt zu werden, ein kleines Lob der Ordnung anstimmen.[43] Denn gerade weil er zwischen unaufgeräumten endlichen Mengen (Schreibtisch) und unaufräumbaren unendlichen Mengen (reelle Zahlen) zu leben gelernt hat, weiß vielleicht gerade der Mathematiker die Segnungen einer ordnenden Hand besonders zu schätzen. Darüber hinaus weiß ohnehin niemand (außer vielleicht Psychoanalytiker oder erfahrene Börsenprofis) so sicher und umfassend um die prinzipielle Unsicherheit dieser Welt wie der Mathematiker.

---

[40] Ich will ja nicht kleinlich erscheinen. Aber: Die Wendungen „schon x Mal gesagt" oder „sage dir jetzt zum x-ten Mal" sind falsch. x ist eine reelle Variable (incl. nicht-algebraischer, gebrochener und nicht-positiver ganzer Zahlen). Was man wirklich ausdrücken will ist: „Ich habe es dir schon oft gesagt". („Oft" bedeutet eine positive ganze Zahl.) „Ich weiß jetzt nicht mehr, wie oft." (Eine unbekannte positive Zahl heißt üblicherweise n.) Und was besonders erzürnt ist, dass man es jetzt tatsächlich noch ein weiteres Mal sagen muss! Die intendierte Aussage lautet also korrekt: „Ich hab dir schon n mal gesagt …" bzw. noch etwas schärfer im Ton: „Ich sag dir jetzt zum $(n+1)$-ten mal …". Dieser so dringend benötigte Sprachreform-Vorschlag wird sich sicher wieder mal nicht durchsetzen. Aber die doofe Gämse ist rechtsverbindlich!

[41] Mit der Entropie (das ist der präzise physikalische Begriff für Unordnung) ist es wie mit Insekten und Bakterien. Man muss lernen, mit ihnen zu leben. Man könnte betreffs der Entropie sogar defaitistisch sagen: If you can't beat it, join it.

[42] Die Menge der irrationalen Zahlen zum Beispiel (das sind alle Zahlen, die sich nicht als Bruch darstellen lassen, wie etwa $\sqrt{2}$ oder π) ist nicht nur nicht abzählbar, sondern geradezu strukturell *unaufräumbar*. Man würde nicht nur nicht fertig, weil das Regal so lang ist, man könnte (was eine dezidierte Hausfrau erst wirklich zur Verzweiflung brächte) erst gar kein geeignetes Regal bauen, in dem man sie ordentlich ablegen könnte!

[43] Vielleicht würden Psychologen jetzt sagen: Mathematiker trieben nur deswegen Mathematik (alles *ordentlich* definiert und streng nach logischen *Gesetzen* – ein klassischer Fall von „law and order"), um zu kompensieren, dass sie im Grunde alle heillose Chaoten sind. Na und? Schreiben und beweisen macht einfach mehr Spaß als aufräumen. Und wir wollen auch nicht fragen, warum z. B. Psychologen Psychologie treiben.

Nicht nur unterschiedliche Unendlichkeiten, irrationale oder transzendente Zahlen (die heißen nicht nur so, die sind es auch) – allein schon die prinzipielle Nicht-Systematisierbarkeit der elementaren Primzahlen deutet dies ja an. Die mögliche prinzipielle Unentscheidbarkeit mathematischer Fragen, die immer noch nicht bewiesene Goldbachsche (für Musikliebhaber: nicht zu verwechseln mit Goldberg) Vermutung, erst recht das Unvollständigkeitstheorem der Prädikatenlogik, die nicht abschließend zu entscheidende Frage, ob man denn nun das Auswahlaxiom benutzen darf oder besser nicht … .

Und selbst da, wo die Mathematik alles sicher und elegant im Griff hat, kann man in der Topologie (Verknotungsgefahr), am Rand des Definitonsbereichs komplexer Funktionen (verschärfte Achterbahn) oder im nicht-euklidischen Raum (Orientierungslosigkeit und Schwindelgefühle) schon auch mal den Boden unter den Füßen verlieren, von dezidiert gefährlichen Theorien wie den Kategorien (Gefahr des Entschwebens), der Katastrophentheorie (gibt's wirklich) und – natürlich – der Chaostheorie (Tornados in Texas!) mit ihren geheimnisvollen, sich unendlich wiederholenden fraktalen Mustern mal ganz abgesehen.

Jedenfalls verhält sich purer neurotischer und bürokratischer Ordnungszwang und Ordnungswahn zur Mathematik wie Czernys gesammelte Etüdenwälzer zur Musik von Bach, Mozart und Beethoven. Wobei diese ja auch wiederum das Chaos aller möglichen Klänge und Klangfolgen ordnend gestalten! Sir Karl Popper – auch Mathematiker, Logiker und, wie sich's gehört, Musikliebhaber, der sich in jungen Jahren in der Komposition versuchte – sprach im Zusammenhang mit Bachs Klavierfugen von „der Ausgewogenheit des Kosmos, der sich aus dem Chaos entwickelt". Wollen wir also im Folgenden ganz entspannt und dialektisch Ordnung *und* Chaos als ineinander aufgehoben betrachten.

Außerdem fallen mathematische Theorien auch nicht fertig vom Himmel und stehen dann einfach in der Landschaft herum, übersichtlich und aufgeräumt wie ein französischer Park zu Zeiten Ludwigs XIV. Mathematische Theorien sind zunächst einmal dschungelbewachsene Inseln, die von kühnen Männern erstmal entdeckt und zum ersten Mal betreten werden müssen. Dann kommen ruhmreiche Abenteurer, die mit der Machete erste Bahnen durch die Wildnis schlagen. Und erst zum Schluss kommen penible und verantwortungsbewusste Systematiker, die dann den einstigen Dschungel endgültig in eine übersichtlich geordnete und wohl erschlossene Kulturlandschaft transformieren. Für die von Leibniz entdeckte Infinitesimalrechnung[44] dauerte das ungefähr 200 Jahre. Die Systematik der endlichen einfachen Gruppen war etwa erst Ende der 70er-Jahre des letzten Jahrhunderts unter Dach und Fach.

Natürlich macht das Entdecken, das Erkunden und der Ausbau einer Theorie ganz unmittelbar „Spaß", eben die Freuden des Entdeckens, Erkundens und Weiterentwickelns. Aber auch wenn kühne neue Ideen und das durch sie entzündete Feuerwerk neuer Begriffe und Sätze sich schließlich zu einem wohlstrukturierten Ganzen fügt, so gewährt auch das ein ganz spezifisches Gefühl der Befriedigung: aus dem Dschungel wurde eine gestaltete Landschaft, eine Art englischer Park (wie etwa die in Goethes Wahlverwandtschaften neu zu gestaltende Gartenanlage): Es ist eine Freude sich darin zu ergehen. (Wofür man sogar einmal sagte: zu lustwan-

---

[44] Ich gehe davon aus, dass kein Engländer dieses Buch kauft. (Erstens können Engländer nicht deutsch. Zweitens mögen Engländer keine Fußnoten.) Falls doch: Liebe Engländer! Selbstverständlich hat auch Newton die Infinitesimalrechnung erfunden (sogar kurz vor Leibniz). Aber Leibnizens Notation und Schriften waren der Startschuss für die nun einsetzende fulminante Entwicklung der höheren Mathematik (die diversen Bernoullis, Euler, etc.) auf dem Kontinent. England schloss erst später wieder zur kontinentaleuropäischen Entwicklung auf. All right?

deln.) Aber nachdem das mit der Infinitesimalrechnung und den endlichen einfachen Gruppen definitiv zu weit[45] führte, folgt jetzt eine kleine Etüde über die Freuden mathematischer Ordnung.

Übungsaufgabe 3
Was ist ein Viereck?

Bitten Sie ein Schulkind oder einen Erwachsenen (aber keinen Mittelstufen-Schüler, der in der Schule gerade mit Planimetrie behelligt wird), mal schnell auf ein leeres Blatt ein Viereck zu zeichnen, bekommen Sie meistens ein

geliefert – ein schlichtes Quadrat. Wenn Sie dann pädagogisch sanft und motivierend fragen: „Sehr schön. Das ist natürlich *auch* ein Viereck. Aber kennst du noch ein anderes?" dann schaut Ihr Proband Sie erst kurz unsicher an und malt dann achselzuckend ob der seltsamen Frage und je nach Temperament

ein   ☐   oder ein

aber garantiert kein „allgemeines Viereck". Sie sagen dann wieder geduldig: „Schön. Sicher, das ist ein Viereck." Und dann, schon *etwas* dezidierter: „Aber genau genommen waren das jetzt Quadrate. Quadrate! Mit vier gleich langen Seiten. Gibt's nicht noch *andere* Vierecke?" (Dass beim Quadrat auch die vier Winkel gleich groß sind, erwähnen Sie nicht, da sie ja schon die vier verschieden langen Seiten als Köder ausgeworfen haben. Mit vier verschieden langen Seiten kann er dann – und er *soll* das ja auch selber entdecken – von alleine auf unterschiedlich großen Winkel kommen.) Da geht dann plötzlich ein Leuchten über sein Antlitz, er sagt: „Jetzt weiß ich, was du meinst!" und er zeichnet

---

[45] Man entdeckte in den 60er-Jahren noch ein besonders wildes Dschungelstück, in welchem man dann etwa auf „Fischers Monster" stieß. Das ist eine endliche einfache Gruppe mit ungefähr 8×10^{53} (also eine 8 mit 53 Nullen) Elementen. So gesehen ist diese Gruppe weder besonders endlich noch besonders einfach. Dieses Gebiet (sogenannte sporadische Gruppen) ist eine Art algebraischer Jurassic Parc.

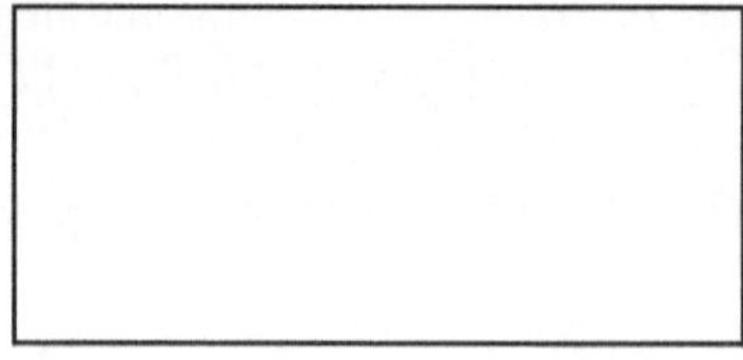

– ein Rechteck. Aber immerhin. Wir sind jetzt schon ein *bisschen* näher am allgemeinen Viereck. (Aber nur ein bisschen.[46])

Weitere didaktische Bemühungen, das allgemeine Viereck, oder wenigstens etwas allgemein*ere* Vierecke ans Licht der Welt zu bringen (gemäß Sokrates' Hebammenkunst), fallen meist auch auf unfruchtbaren Boden. Wenn Sie etwa, durchschnaufend und einen neuen Anlauf nehmend, freundlich fragen: „Wie schaut denn eine Schaukel aus?" bekommen Sie nicht das gewünschte gleichschenklige Trapez

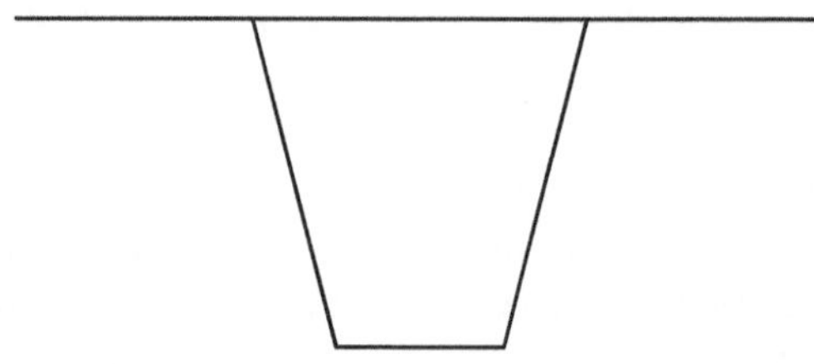

geliefert, sondern garantiert – aber auch das ist eine Schaukel – so etwas:

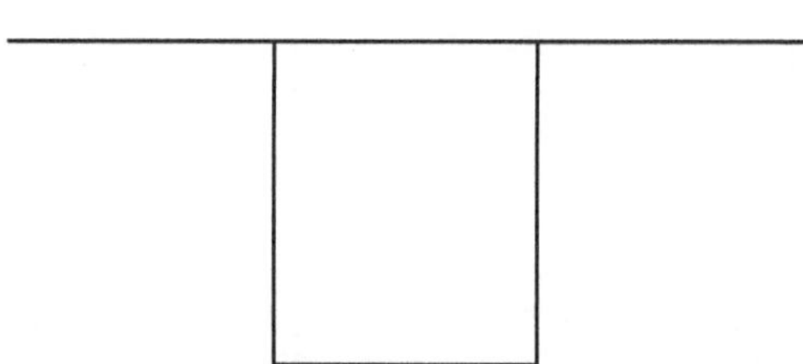

Und wenn Sie dann enttäuscht feststellen, das sei ja auch nur wieder ein Rechteck, kommt die empörte Antwort: „Wieso? Rechteck geht doch so!"

---

[46] Viereck und Quadrat gehen umgangssprachlich ineinander über. So bedeutet laut Wörterbuch auch englisch „square" bzw. französisch „carré" jeweils Quadrat, Viereck bzw. quadratisch, viereckig. (Dass „square" auch noch „gerecht" aber auch „vierschrötig" heißen kann, zeigt nur die Universalität des Vierecks!) Vermutlich intendiert bei dieser laxen Unterscheidung zwischen Viereck und Quadrat das explizit nicht-quadratische Viereck einfach ein Rechteck. Für Freunde des Italienischen: „quadro antico" können Sie mit „alter Schinken" übersetzen. „Quadro" alleine bedeutet aber nicht „Schinken" sondern: Quadrat, Viereck und Gemälde. Die Rahmen alter Gemälde sind nämlich – Rechtecke. (Ein rundes Gemälde ist im Allgemeinen nicht gerahmt, heißt entsprechend quadro auch „tondo", was einfach „rund" bedeutet, und ist vor allem ziemlich selten.) Gemälde in der Form wirklich allgemeiner Vierecke hat nicht mal der expressionistischste Expressionismus hervorgebracht. Das wäre doch ein noch unausgereizter zusätzlicher Freiheitsgrad – kurz: mal *wirklich* was Neues.

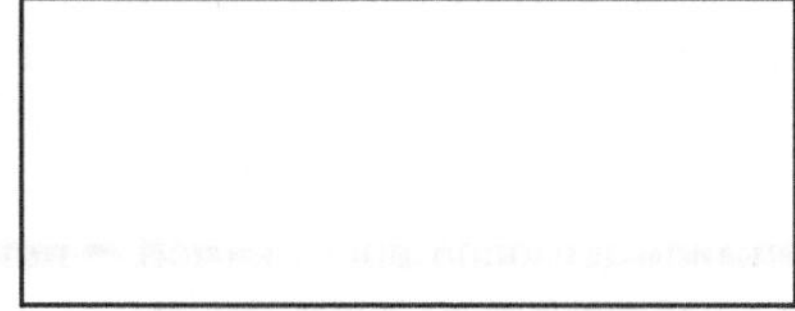

Fragen Sie Ihre Versuchsperson hingegen, wie denn ein Drachen aussähe, überlegt diese verzweifelt, was um Himmels Willen an Fafner und Co. viereckig sein könnte. Und der präzisierende Hinweis: „Kein Drache. Ein Drache mit *n*!" erweckt dann im Kopf Ihres Partners die Vorstellung eines altmodischen Bilderrätsels, etwa

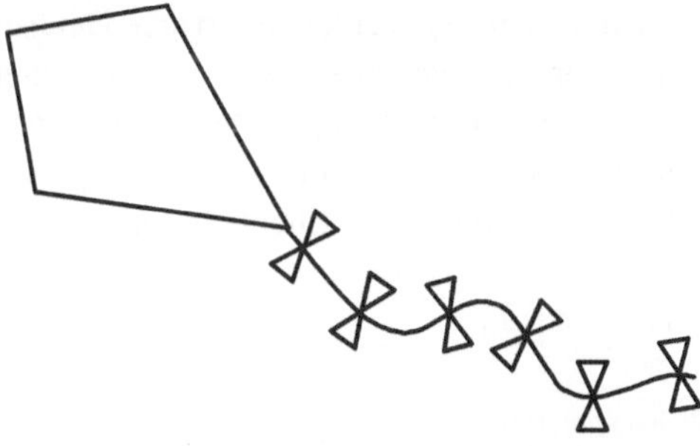

aber nicht die Vorstellung eines Drachens, den Sie meinen:

Die Zeiten, in denen Väter ihren Söhnen im Oktober aus Holzleisten und buntem Papier einen Drachen bauten, sind scheint's auch vorbei.

Und wenn Sie – letzter Versuch! – fragen, wie denn das bayerische Wappen aussähe, denkt Ihr Partner, leicht enerviert: „Erst will er einen Drachen und jetzt soll ich auch noch einen Löwen zeichnen?!" Erst der Hinweis, dass da doch noch irgendwas Blau-Weißes zu sehen sei, führt auf ein erleichtertes: „Ach so, diese blau-weiß karierte Tischdecke!"

Na also! Nur scheint „kariert" auch wieder ein sehr komplexer Begriff zu sein. In einem Lexikon fand ich, kariert bedeute „gewürfelt". Ich kenne „gewürfelt" eher als subtile Charaktereigenschaft („der Franke ist ein Gewürfelter") denn in Verbindung mit einem „gewürfelten Herrenoberhemd". (Die abwaschbare Tapete im Kinderzimmer mit den lustigen bunten Kreisen ist vermutlich „gekugelt". Auf sächsisch „gegugelt", aber das ist wieder was anderes.) Aber – Gott sei Dank – Sprache ist keine Mathematik[47], und deswegen ist es schon in Ordnung, wenn kariert gleich gewürfelt ist.

In einem zweiten Lexikon fand ich dann aber „kariert = rautenförmig gemustert", bin mir aber sehr sicher, dass damit keine richtigen Rauten gemeint sind. (Sonst müsste es ja auch statt gewürfelt gerhomboedert heißen, was dann doch entschieden zu weit ginge.) Ein Lokaltermin im Kaufhaus (betreffs karierte Herrenoberhemden, Strickjacken und Wolldecken; Schottenröcke waren leider nicht auf Lager) ergab dann auch: nur Quadrate, weit und breit nicht eine einzige Raute.

Des Rätsels Lösung lieferte dann ein drittes Lexikon mit dem Eintrag: „Karo: bei franz. Spielkarten, rotes schiefes Viereck". Wenn wir nämlich diese Gleichung (Karo = schiefes Viereck) in die obige Gleichung (kariert = rautenförmig) einsetzen, erhalten wir das schöne Theorem: „Die Raute ist ein schiefes Viereck".

Dieser Satz ist ähnlich schief (nicht grammatikalisch aber mathematisch) wie das berühmte „Der Dativ ist dem Genitiv sein Tod". Zunächst mal ist das rote schiefe Viereck beim Karo ein Quadrat,[48] das aber auch nicht schief ist, sondern im Gegenteil kerzengerade auf der Spitze steht. Und dann ist eine Raute kein Quadrat, wie schief auch immer Sie es hinstellen sollten.

Das heißt, natürlich ist ein Quadrat letztlich *auch* eine Raute. Und *auch* ein Viereck. So wie ein Waldler (ein Eingeborener aus dem Bayerischen Wald) auch ein Deutscher ist. Und auch ein Mensch. Und das ist auch gut so. Aber dass es in Deutschland so unterschiedliche Charaktere und Typen gibt (wie Waldler, Ostfriesen, Markgräfler, Vogtländer oder gar Kölner), sollte man nicht verleugnen. Es ist schön, dass es solch mannigfaltige Typen gibt. Unter Deutschlands Stämmen. Und unter den Vierecken. Und deswegen soll man ein Quadrat, das ein Quadrat ist, auch ein Quadrat nennen. Und nicht Raute. Und erst recht nicht Viereck! Sie sagen ja auch nicht: „Nach einer langen Wanderung im Arbergebiet fanden wir auf einer einsamen Lichtung eine alte Holzhütte. Davor saß ein echter, knorriger Deutscher." Natürlich war das *auch* ein echter, knorriger Deutscher, aber vor allem war das ein echter knorriger Waldler! Also, die Dinge beim Namen nennen: ein Quadrat ist ein Quadrat ist ein Quadrat. Und eine echte, knorrige Raute eine echte knorrige Raute. Und nur, wenn ich fast nichts weiß und nur eine ganz vage Vorstellung habe, dann spreche ich von einem Viereck.

---

[47] Dem Vizepräsidenten des Fußballvereins Bayern München verdanken wir die Erkenntnis: „Fußball ist keine Mathematik" (dicke Schlagzeile in drei Münchner Zeitungen). Der Trainer und ehemalige Mathematiklehrer Ottmar Hitzfeld wechselte nämlich – berechnend wie wir Mathematiker sind – in einem Donnerstagsspiel bei einer 2:1-Führung zwei Spieler aus, um sie für das Samstagsspiel zu schonen. Kurz vor Schluss fiel dann erstens das 2:2, zweitens dem Vizepräsidenten die Kinnlade runter und drittens der Trainer in Ungnade, denn: Fußball ist keine Mathematik! (Aber immerhin zeigen Leute wie Ottmar Hitzfeld, dass sogar aus Mathematikern was Gescheites werden kann.) (Das mit Ron Sommer wollen wir hier besser nicht vertiefen.)

[48] Was man so eigentlich auch nicht sagen kann: Denn sieht man genau hin, stellt man fest, dass beim Karo die Seiten leicht eingedätscht sind (eingedätscht heißt in der Mathematik „konkav"). Für einen Topologen mag das dann immer noch ein Viereck sein. (Topologen sind die plastischen Chirurgen unter den Mathematikern; für sie ist alles aus Silikon und beliebig verformbar.) Aber für ordentliche Menschen (mit Ecken und vor allem Kanten!) ist das Karo kein ordentliches Viereck. Aber immerhin, dass es rot ist, das ist absolut korrekt beobachtet!

Um aber abschließend das mit der Raute und vor allem das mit dem bayrischen Rautenmuster noch klarzustellen: Die Raute hat, wie das Quadrat, vier gleich lange Seiten, die aber nicht, wie beim Quadrat, vier rechte Winkel miteinander bilden müssen.[49] Und bei dem Rautenmuster auf dem bayerischen Wappen und der bayerischen Fahne handelt es sich weder um „gewürfelt" noch um „schiefe Vierecke" wie hier,

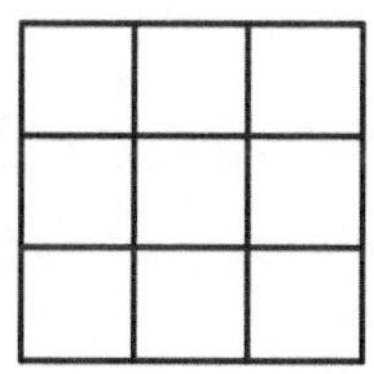

kariert = gewürfelt (Tischtuch)

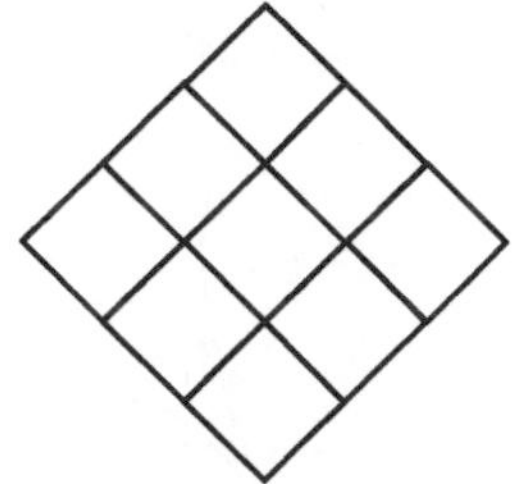

kariert = schiefes Viereck (Herrenoberhemd)

sondern um authentische *echte* Rauten, die obendrein sogar noch schief gestellt sind, also, im Sinne des Wörterbuchs, um schiefe schiefe Vierecke!

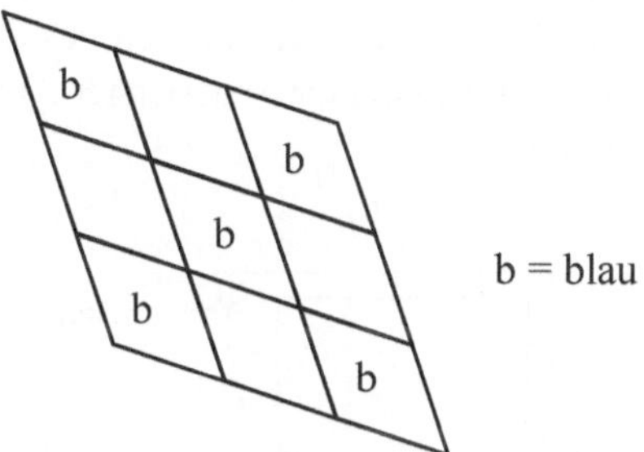

Bayerische Fahne (schematisch)

(Der Verlag hat meinen, auf Grund dieser Abbildung geäußerten Wunsch, dieses Buch farbig zu drucken, abgelehnt, was ich als bayerischer Patriot natürlich sehr bedaure. Aber mathematisch interessierte Menschen sind intelligente Leser. Und ich hoffe, dass die, durch die blau-weiß-Färbung bewirkte, fröhliche Anmutung unserer schönen bayerischen Fahne ihre bezaubernde Wirkung auch so entfaltet.)

So und jetzt bringen wir mal Ordnung in das ganze Durcheinander. Quadrat, Rechteck, Raute, die obige „Schaukel" – das sind alles nur ganz spezielle Vierecke mit irgendwelchen ganz bestimmten Eigenschaften, die noch über die bloße Eigenschaft, einfach nur ein Viereck zu sein,

---

[49] Für Anhänger konstruktiver Methoden: Eine Raute ist ein Quadrat, das Sie erst auf eine seiner Spitzen gestellt haben (wie beim Karo) und auf das Sie dann einmal kurz und trocken mit dem Hammer klopfen. So dürfte die Raute ein rares Beispiel für eine konstruktive Methode mit dem Hammer sein. (Aber nicht zu fest draufhauen, sonst wird aus Ihrem Quadrat mit Kantenlänge a eine Strecke der Länge $2a$.)

hinausgehen. Und was sind die bloßen Viereckseigenschaften? Natürlich dass das Ding genau vier Ecken hat[50] *und* dass diese vier Ecken – wie auch beim Dreieck, Fünfeck oder Sechseck – durch gerade Linien miteinander verbunden sind. Denn so etwas:

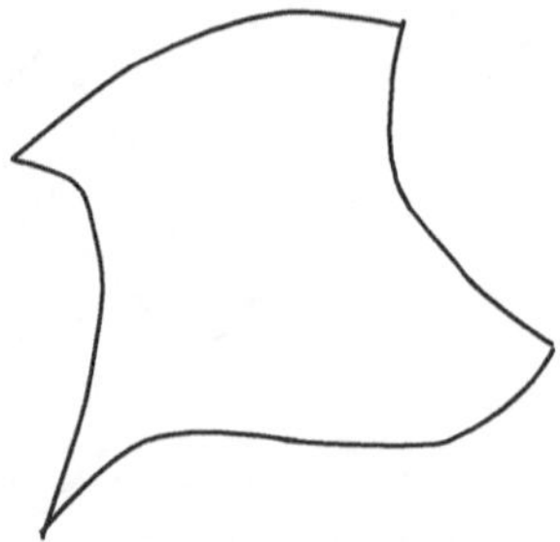

erinnert nicht an ein Viereck, sondern an den alten Schlager: „Mein Hut, der hat vier Ecken. Vier Ecken hat mein Hut." Was für einen alten Hut auch völlig okay ist, ihn aber noch nicht zu einem ordentlichen Viereck macht.[51]

Wie sieht dann also das wirklich allgemeine Viereck aus, das einfach nur ein Viereck sein will? Und sonst gar nichts. (Wie Marlene Dietrich, so sie noch sänge, sänge.) Das allgemeine Viereck wurde am 15. September 1524 entdeckt, als Pierre de Planche-Placer, ein berühmter Handwerker aus Orleans, die Parkettierung des großen Festsaales (32 auf 14 Meter) in Schloss Chambord abschloss und, trotz wochenlanger, sauberster Arbeit mit dem Winkeleisen, die folgende Situation konstatieren musste:

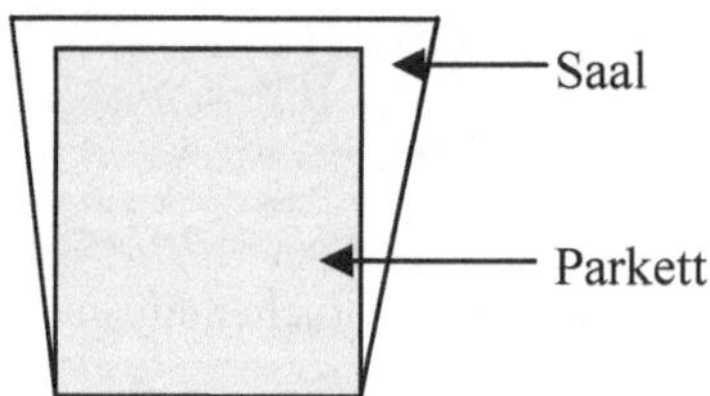

Er sagte aber nicht begeistert: „Voilà, c'est un quadrilatère general!" sondern sprach nur von einem „rectangle defectueux" (was man etwa mit „Rechteck, fehlerhaftes Stück" übersetzen könnte).[52] Und es bedurfte schon einer guten Portion mathematischer Abstraktionskraft und Abstraktionsfreude, um das allgemeine Viereck nicht einfach als verunglücktes Rechteck zu

---

[50] Logo!

[51] Freunde des alten deutschen Schlagers wissen, dass es eigentlich heißt: „Mein Hut, der hat drei Ecken. Drei Ecken hat mein Hut." (Zu singen auf die Melodie von „Ein Mops kam in die Küche. Und stahl dem Koch ein Ei.") Aber ob drei oder vier Ecken ist hier irrelevant. Ich habe mir nur erlaubt, den Originaltext zu einer abzählbar unendlichen Schar möglicher Schlagertexte „Mein Hut, der hat n Ecken. n Ecken hat mein Hut." ($n = 2, 3, ...$) zu verallgemeinern.

[52] Diese Geschichte ist leider nicht verbürgt.

betrachten, sondern stattdessen mit kühnem Schwung ein seltsam schräges, ja geradezu gefährlich rahmensprengendes

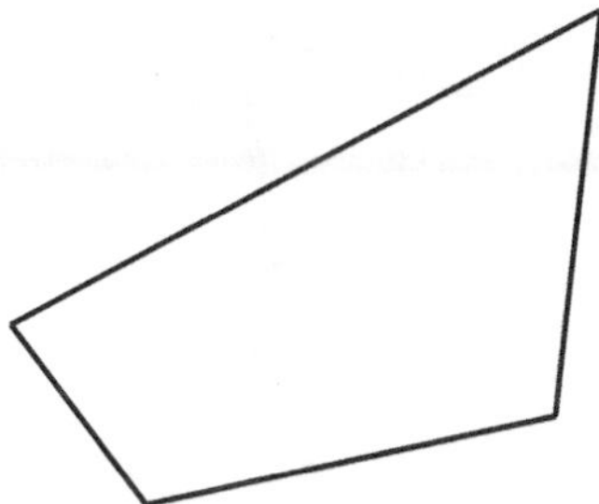

zu zeichnen. Und um dieses Teil dann auch noch nur um seiner Selbst willen zu achten. (Und vielleicht sogar zu lieben!) Jedenfalls: das ist ein wirklich allgemeines Viereck.

Wenn *Sie* jetzt sagen, das sei kein allgemeines Viereck, sondern das Sternbild des großen Wagens ohne Deichsel, degradieren Sie unser schönes allgemeines Viereck auf nur wieder zu einem verunglückten gleichschenkligen Trapez (= Wagen).

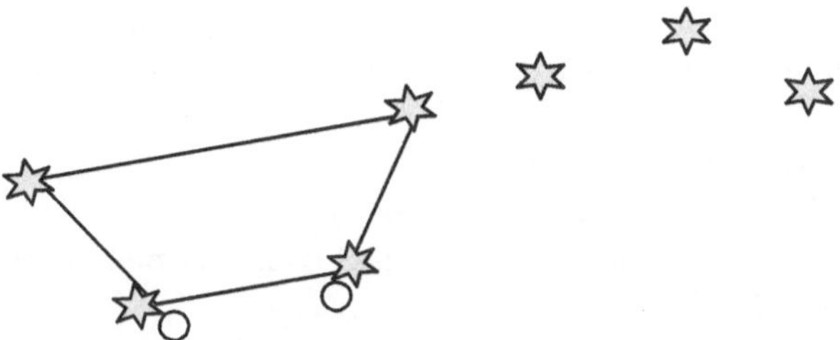

Nein, wir klammern uns nicht kleinmütig an irgendwelche Spezialfälle (die nur mehr oder weniger deformiert sind), sondern nehmen das allgemeine Viereck, das nur vier Ecken und vier geradlinige Seiten hat, als eigenständigen Begriff. Voilà, auch *das*

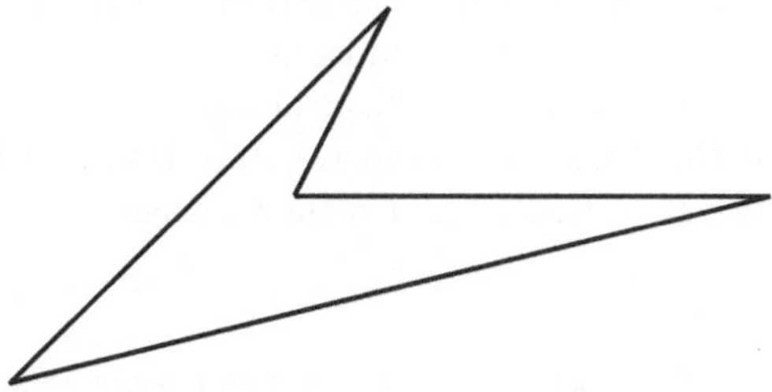

ist ein allgemeines Viereck! Jetzt sind Sie platt.[53] (Und sagen Sie jetzt bitte nicht, das sei kein allgemeines Viereck, sondern nur ein schlecht gezeichneter Stern. Oder einfach ein kaputtes Dreieck.)

---

53 Bitte die Ecken nachzählen!

Warum wirkt so ein allgemeines Viereck

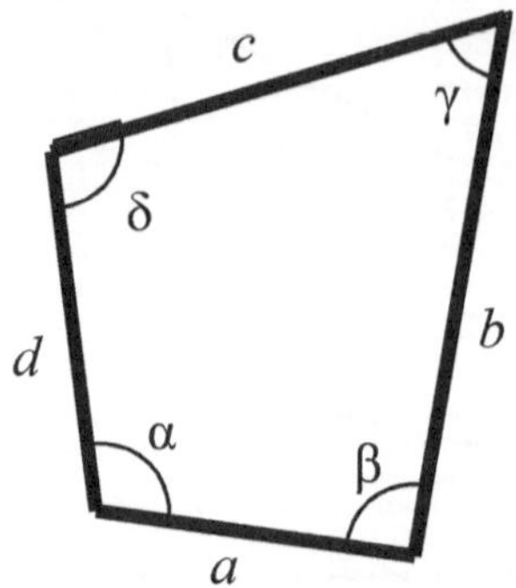

Ein echt allgemeines Viereck mit
Bezeichnung der Seiten und Winkel

eigentlich leicht verstörend? Weil man darin einfach nichts Ebenmäßiges erkennen kann: Jede
Seite hat eine andere Länge. Sie stehen und ragen in alle möglichen Richtungen. Und kein einziger rechter Winkel beruhigt unser Bedürfnis nach Halt und Sicherheit.[54] Es herrscht die
schiere Willkür, ja geradezu Aufruhr.

Um diese Willkür jetzt etwas einzugrenzen, formulieren wir einige Eigenschaften, die diesen steilen Zahn, diesen seltenen Vogel, diesen Spitz-Eumel – was Sie wollen – die jedenfalls
dieses schräge Teil ein bisschen zivilisierter, durchschaubarer und berechenbarer machen.[55]

(1) Wenigstens zwei Seiten sind parallel.
(2) Wenigstens eine Diagonale halbiert die andere.
(3) Wenigstens zwei gegenüberliegende Winkel (zum Beispiel die Winkel α und γ) erge-
    ben zusammen 180°.[56]
(4) Die Summen gegenüberliegender Seiten sind gleich (also $a + c = b + d$).

In den ersten drei Forderungen taucht jeweils das Wort „wenigstens" auf. Das klingt recht
kleinlich. Und das ist es auch. Aber da hilft nichts, da müssen wir jetzt durch! Bei (1) bedeutet
es nur: Ein Paar gegenüber liegender Seiten soll parallel sein. Was mit dem anderen Paar ist, ist
egal. Bei (2) steht: Wenigstens eine Diagonale halbiert die andere. Das reicht. Ob die andere
dann auch die eine halbiert, wissen wir nicht und ist uns auch egal. Ließe man bei dieser Forderung das „wenigstens" weg, stünde da: Eine Diagonale halbiert die andere. Und das bedeutet
üblicherweise (wie bei: eine Hand wäscht die andere), dass dann auch die andere die eine halbiert (bzw. wäscht). Und soviel wollen wir gar nicht verlangen. Also „wenigstens". Bei (3)

---

[54] Jede Schachtel, jeder Schrank, jedes Zimmer strahlt dank 24 rechter Winkel (3 in jeder der 8 Ecken) 24-fache
Solidität aus, gewissermaßen drei mal acht mal Recht und Ordnung. Im allgemeinen Viereck? Nichts!

[55] Physiker würden sagen: Wir reduzieren die Anzahl der Freiheitsgrade. Mathematiker: Wir führen Ansätze von
Symmetrie ein. Kybernetiker: Wir bekämpfen die Entropie mit Information. Mein Schwiegervater, der von morgens bis abends in seinem riesigen Garten werkelte (vor allem Rasen, Bäume, Hecken), pflegte nach dem Frühstück immer zu sagen, er müsse jetzt wieder raus, „die Natur aufräumen". Aber die Natur hat dann doch gesiegt.

[56] Da 2 x 90 = 180 ist der gestreckte Winkel 180° die Summe zweier rechter Winkel. Und der rechte Winkel ist wie
gesagt der Anfang aller Ordnung.

wird's schwierig. Ein Paar von Gegenwinkeln soll also zusammen 180° ergeben, etwa α und γ = 180°. Da aber im Viereck die Winkelsumme 360° beträgt,[57] ist dann wegen

$$\alpha + \beta + \gamma + \delta = 360°$$
$$(\alpha + \gamma) + (\beta + \delta) = 360°$$
$$180° + (\beta + \delta) = 360°$$

auch $\beta + \delta$ = 180°. Man hätte also gleich fordern können: Beide Gegenwinkelpaare ergeben zusammen jeweils 180°. Aber Mathematiker haben von alters her den Ehrgeiz (genauer seit Euklid im Altertum und seit Wilhelm von Occam in der neueren Geschichte), nur genau das zu fordern, was man unbedingt braucht. Und nichts, was man dann noch folgern könnte. (Euklid begründete die so konzise wie stringente axiomatische Methode. Das mit seinem Parallelenaxiom lassen wir hier mal lieber weg. Hat ja aber auch lange gedauert, bis es jemand gemerkt hat! Und Occam erfand das Occamsche Rasiermesser.) Deswegen: *Wenigstens* ein Paar Gegenwinkel!

Mit jeder dieser vier Forderungen wird unser so schön wildes allgemeines Viereck etwas handsamer:

(1) bedeutet, dass es so etwas wie eine „Mittellinie" gibt.

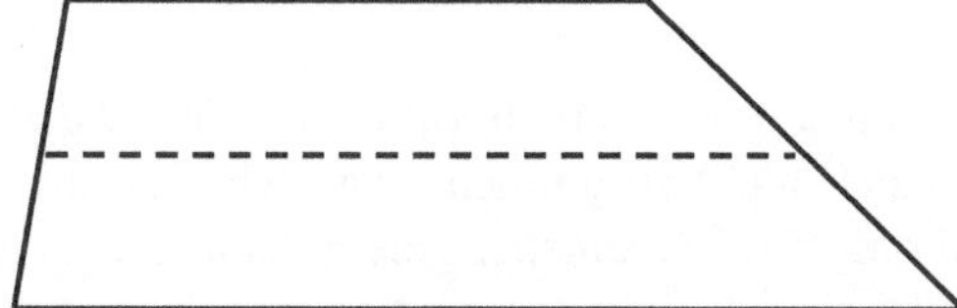

(2) bedeutet, dass die eine Diagonale (und nicht die andere) auch eine Art „Mittellinie" ist. Denn sämtliche „Seitenabstände" parallel zu der anderen Diagonale (und nicht zu der einen) werden durch die eine Diagonale auch halbiert. Alles klar? Gut, das man das auch zeichnen kann:

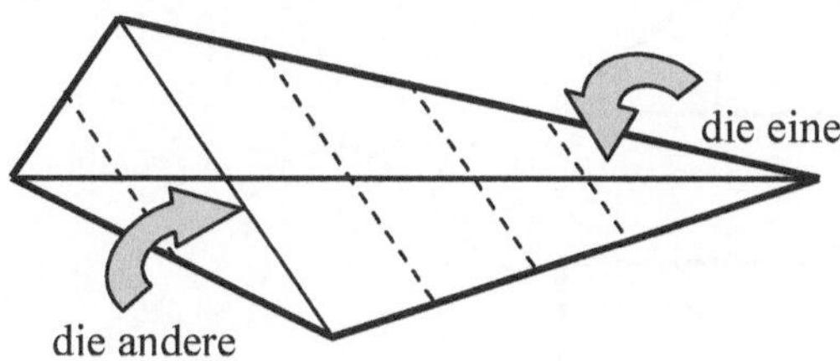

---

[57] Jeder hat in der Schule mal gelernt: Die Winkel in einem Dreieck ergeben zusammen 180°. Wenn Sie ein Viereck haben, zeichnen Sie eine Diagonale ein. Die zerlegt Ihr Viereck in zwei Dreiecke. Und die Winkelsumme im Viereck ist dann 2 x 180° = 360°.

(3) bedeutet, dass dieses Viereck einen Umkreis besitzt (der durch alle vier Ecken geht)

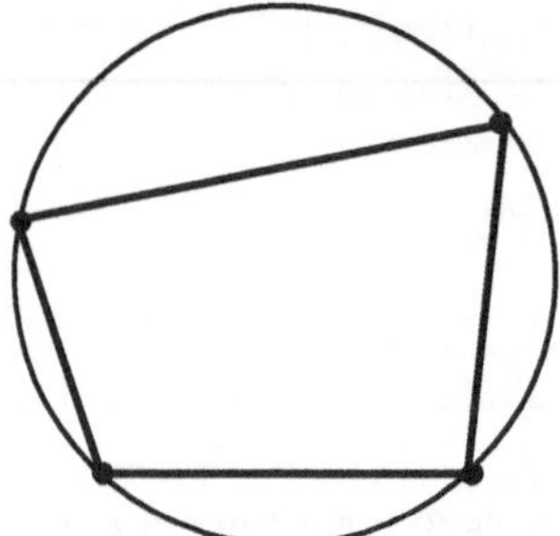

(4) bedeutet, dass dieses Viereck einen Inkreis besitzt (der alle vier Seiten berührt)

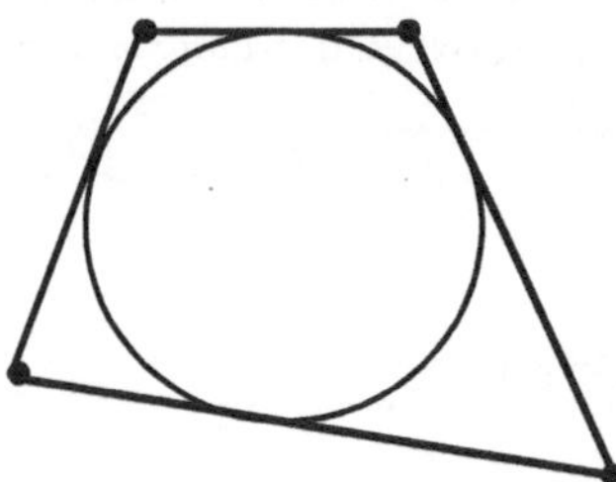

Falls Sie nicht sofort gesehen haben, dass aus $\alpha + \gamma = 180°$ bzw. $a + c = b + d$ das mit dem Umkreis bzw. Inkreis folgt, brauchen Sie sich nicht zu grämen. Das sieht man nicht sofort. (Aber, so Sie auf dem Gymnasium einmal ordentlich Geometrie gelernt haben, dann haben Sie die beiden einschlägigen Beweise sicher schon mal kennen gelernt.)

Machen wir uns klar, dass das mit diesen Kreisen nicht selbstverständlich ist:

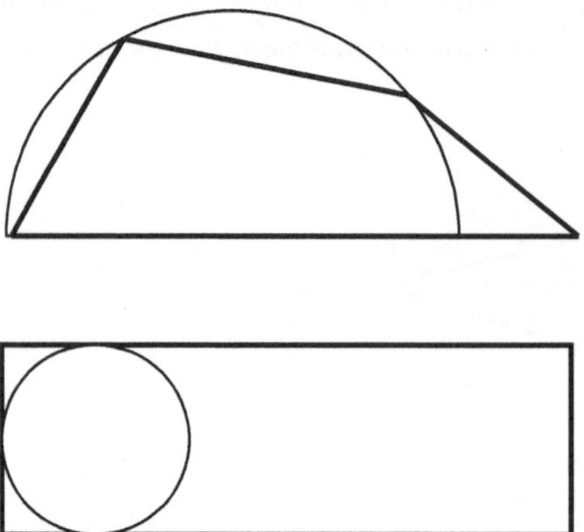

Und freuen wir uns, dass aus so einfachen Anforderungen wie $\alpha + \gamma = 180°$ oder $a + c = b + d$ so schöne Dinge wie Um- und Inkreise entstehen.

Jedenfalls besitzen alle Vierecke mit der Eigenschaft (1) oder (2) schon „eine Art Mittellinie" und alle Vierecke mit der Eigenschaft (3) oder (4) schon „eine Art Mittelpunkt". Und alle vier sehen, im Vergleich zum wirklich allgemeinen Viereck, auch schon entsprechend ansprechend aus. Ein Viereck mit einer Art Mittelachse ist überschaubarer. Und ein Viereck mit einer Art Mittelpunkt ist schön kompakt und läuft nicht so leicht aus dem Ruder.

Und wenn wir jetzt die Grundeigenschaften (1) bis (4) miteinander kombinieren, dann fallen uns all die schönen Vierecks-Spezialtypen, die wir so kennen, fertig in den Schoß, wie im Oktober die prallen Boskop-Äpfel vom Apfelbaum. Oder, eine noch schönere Baum-Metapher: Es entsteht ein begrifflicher Christbaum, mit dem allgemeinen Viereck ganz unten als kräftigem Ständer, dem Quadrat ganz oben als wunderschöner Christbaumspitze (etwa ein singendes Engelchen) und den Spezial-Vierecken als bunten Christbaumkugeln dazwischen (siehe nächste Seite).

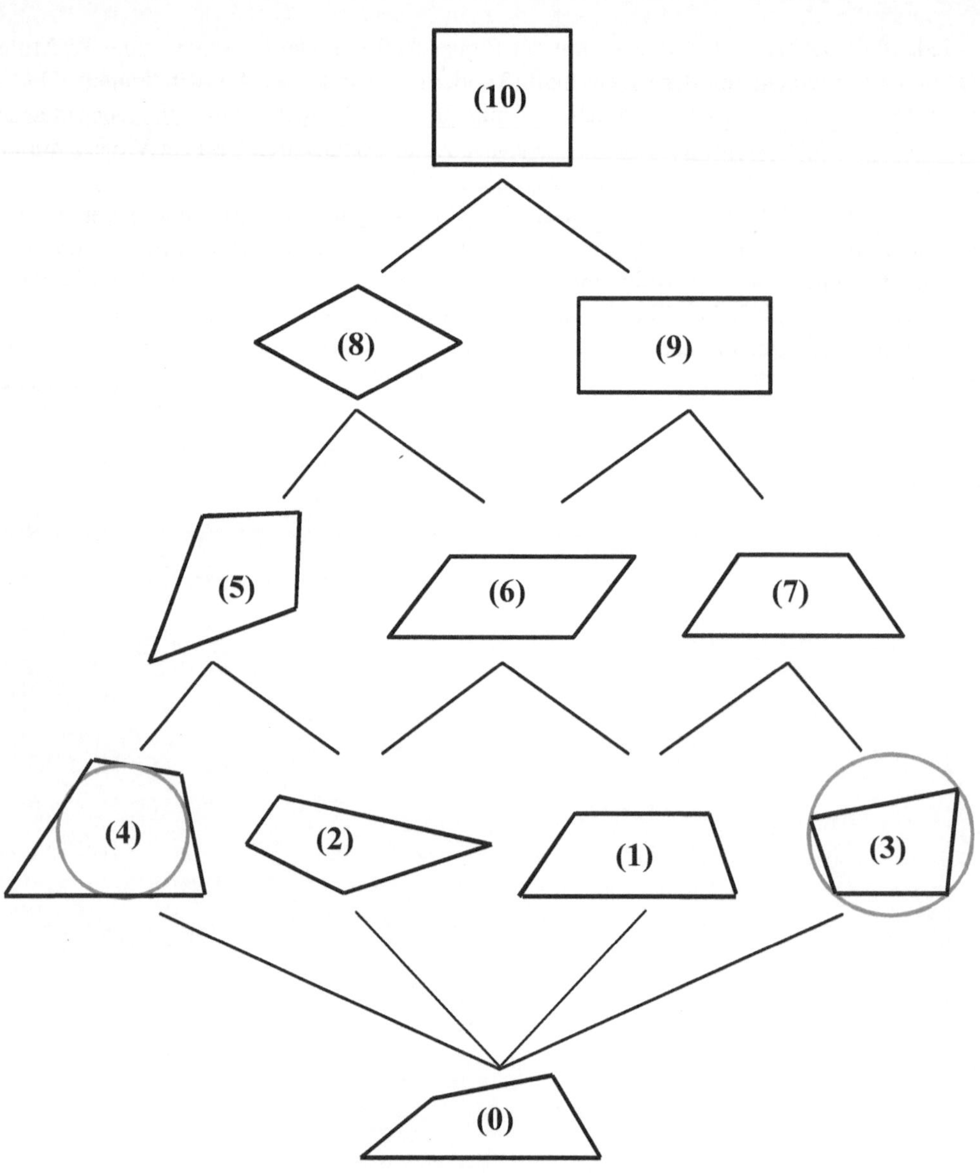

(10)
(8)
(9)
(5)
(6)
(7)
(4)
(2)
(1)
(3)
(0)

Wir haben der Reihe nach, vom Ständer bis zum Engelchen:

   (0) das wirklich *allgemeine Viereck*

   (1) das Viereck mit der Eigenschaft (1) oder *Trapez*

   (2) das Viereck mit der Eigenschaft (2) oder den *schiefen Drachen* (hier liegt man mit „schief" nicht schief, wie vorhin bei Karo = schiefes Quadrat: die Diagonalen stehen zueinander schief)

   (3) das Viereck mit der Eigenschaft (3), das *Umkreisviereck* oder auch *Sehnenviereck*

   (4) das Viereck mit der Eigenschaft (4), das *Inkreisviereck* oder auch *Tangentenviereck*

   (5) der *Drachen* (der mit n, den Sie auch steigen lassen können[58])

   (6) das *Parallelogramm*

   (7) das *gleichschenklige Trapez* (das, auf den Kopf gestellt, die in unserem heuristischen Gespräch intendierte Schaukel ergäbe)

   (8) die *Raute* (und kein schiefes Quadrat, sondern die echte königlich-bayerische Originalraute mit ohne rechtem Winkel)

   (9) das *Rechteck* (oder auch Wohnzimmer) und schließlich als wirkliche Krönung

  (10) das *Quadrat*.

Die Linien zwischen diesen Viereckstypen dienen aber nicht nur dazu, diesen Baum zu zeichnen, sondern bedeuten: kombiniert man die zwei unteren Eigenschaften, so kommt der obere Typ heraus. Es handelt sich also um *logisch* gewachsene Äste. Die unteren vier Christbaumkugeln entsprechen unseren vier Grundeigenschaften. Die nächsten drei Typen kombinieren je zwei dieser Eigenschaften. Die nächsten zwei Typen besitzen drei dieser Eigenschaften und das Quadrat alle vier.

Wer Geschmack daran bekommt hat, kann sich noch überlegen, wo welche Symmetrieeigenschaften gelten. Beim Quadrat ist buchstäblich alles symmetrisch (soweit das einem Ding mit vier Ecken möglich ist: der Kreis ist ein rundes Quadrat und das Quadrat ist sozusagen der Kreis unter den Vierecken), beim allgemeinen Viereck buchstäblich nichts. Und dazwischen ist es mal mehr, mal weniger, mal so (achsensymmetrisch), mal so (punktsymmetrisch), mal beides. Schön ist auch, sich klarzumachen, wie viel Informationen man braucht, um ein solches

---

[58] Vermutlich können Sie, bei gutem Wind, auch einen schiefen Drachen (Typ 2) steigen lassen. Aber leichter zu lenken und vor allem ordentlicher ist eindeutig der echte Drachen vom Typ 5! (Aber mit einem schiefen Drachen können Sie sicher mehr Aufsehen erregen.)

Viereck zu zeichnen. Beim Quadrat genügt es zu wissen, wie groß *die* (eine) Seite ist. Dann braucht man zwei, drei oder vier Bestimmungsstücke. Beim wirklich allgemeinen Viereck sogar fünf, wie man sich mit Hilfe eines Zollstocks leicht überzeugen kann.[59] Auch hier schafft unser Christbaum durch seine fünf Ebenen sofort Klarheit und Übersicht. Das mit den tatsächlich fünf Bestimmungsstücken für das allgemeine Viereck, können Sie übrigens negativ und positiv sehen. Negativ: Hilfe, ich brauche fünf Bestimmungsstücke! Positiv: Hurra, ich habe fünf Freiheitsgrade! Ganz nach Geschmack.

Und insgesamt erkennen wir: Wenn Vierecke nur Quadrate wären, das wäre langweilig. Hätte man nur allgemeine Vierecke, das wäre ätzend. Stattdessen gibt es eine bunte Vielfalt unterschiedlichster Vierecktypen, vom ungeschlacht-allgemeinen bis zum solitären Quadrat, die aber kein zufälliges Begriffs-Sammelsurium bilden, sondern sich aufeinander beziehen und zu einem organischen Ganzen zusammenfügen. Der Begriff Viereck liefert kein unüberschaubares Chaos und keine langweilige Einfalt, sondern ein buntes und vielfältiges, aber gleichzeitig organisch gewachsenes und wohl strukturiertes Begriffsfeld. Und solch eine Mischung aus Chaos und Ordnung, aus bunter Vielfalt und innerer Struktur nennt man auch kurz und bündig: schön.

Wenn Sie also künftig mal das Stichwort „Viereck" hören, sagen Sie bitte nicht mehr drögen Geistes „Klar, Quadrate!" oder „Na ja, halt irgendwie vier Ecken und so." Schließen Sie die Augen. Und vor Ihrem geistigen Auge formt sich eine beschwingte Parklandschaft mit einem munteren Bach, der sich vom allgemeinen Viereck bis zum Quadrat schlängelt, zwischen elf Hügeln mit elf wunderschönen unterschiedlichen Baumgruppen[60], geist- und geschmackvoll einander kontrapunktierend gegenübergestellt und harmonisch aufeinander bezogen, eine Parklandschaft, durch die zu wandeln es nicht nur schön, sondern geradezu eine Lust ist. Und auch so was – einen schweren begrifflichen Acker umzupflügen, zu erforschen, geistig zu durchdringen, nach seinen inneren Gesetzen organisch zu gestalten und in einen lichten Park zu verwandeln – auch so was macht die Mathematik lust-ig. (Wobei „das Viereck" eine Spielwiese für die gymnasiale Unterstufe ist und damit auch für Nichtmathematiker locker nachvollziehbar. Die Äcker der höheren Mathematik sind etwas schwerer zu durchpflügen und das mit dem lichten Park kann sich schon mal ganz schön hinziehen.) Schwer ist leicht was! Aber die Schwere durch Denken in Leichtigkeit zu transformieren ist ein schöner Sieg über die Schwerkraft. Auch das wirkt, wie die Freude am Spiel, befreiend und macht Laune.

---

[59] Wenn Sie Ihren Zollstock dreimal knicken erhalten Sie ein allgemeines Viereck. (Ein Quadrat mit 50 cm Seitenlängen geht erfreulicherweise nicht, weil ein Zollstock bei 50 cm und 150 cm kein Gelenk hat!) Wenn Sie jetzt eine Ecke etwas eindrücken, entsteht ein anderes allgemeines Viereck mit denselben Seiten, aber etwas anderen Winkeln. Um ein allgemeines Viereck eindeutig festzulegen, braucht man also vier Seiten und einen fest vorgegebenen Winkel.

[60] In jedem Park gibt es auch eine etwas verwilderte Ecke. (Für Besucher gesperrt.) Das sind bei uns die konkaven Vierecke. Wenn sie wie in Fußnote 59 vier Seiten und einen Winkel vorgeben, dann kann es neben der ordentlichen konvexen, auch eine unordentliche konkave Lösung geben. Wenn man Diagonalen auch außerhalb eines Vierecks zulässt, gibt's sogar konkave Drachen! Aber diese Parkecke bestellen wir – wie Gärtner zu sagen pflegen – im nächsten Frühjahr.

3.3 Was wirklich lustig ist
oder Fuga coronat opus

Die beiden letzten Kapitel waren, unterm Strich, ein Lobpreis des „Spiels mit musikalischen und mathematischen Zeichen". Als krönenden Abschluss wollen wir unsere Spielereien noch etwas raffinierter und komplexer betreiben und den durch solche Spielereien erlebbaren „Spaß am Spielen" (der dann naturgemäß auch etwas komplexer ausfallen sollte[1]) noch genauer erkunden und verstehen.

Etwas anspruchsvollere mathematische Spielereien waren ja schon unsere sieben mathematischen Zwischenspiele rund um die Primzahlen. Aber diese Zwischenspiele lagen (fürchte ich) für Nicht-Mathematiker schon ziemlich knapp unter der oberen Schranke, unter der so was gerade noch unterhaltsam ist, und nicht nur mehr anstrengend. Für virtuosere mathematische Spiele bedarf es leider auch virtuoseren mathematischen Spielzeugs jenseits der Schulmathematik.

Aber erfreulicherweise ist „schwierige Musik" (auch wenn sie nicht so populär ist wie Chopin mit Clayderman, Liszt mit Lang Lang und Puccini mit La Netrebkova) auch für nichtstudierte Musikliebhaber verständlich. Ein Streichquartettabend mit spätem Beethoven oder die komplette „Kunst der Fuge" von einem Pianisten am Cembalo dargeboten, das ist zwar etwas elitär (und stellt auch ein deutlich kleineres Marktsegment der Klassikbranche dar), aber selbst diese Musik erfordert (im Gegensatz zur algebraischen Topologie) kein Fach-Studium. (Und wir wollen's hier jetzt auch nicht übertreiben und uns nur noch spätem Beethoven, Bachs „Kunst der Fuge" und den letzten Werken Anton von Weberns zuwenden.)

Aber natürlich gibt es so etwas wie, sagen wir mal, weniger schwierige, einfachere, „normale" Musik *und* eher „schwierige" Musik.

Normale Musik, das ist eine Melodie und eine Begleitung. Letztlich eine Gesangsweise (zärtlich, sehnsüchtig, klagend, fröhlich, erzählend) oder eine Tanzweise (gemütlich, pompös, zierlich, elegant, ausgelassen) mit schlichten, gebrochenen („Alberti-Bass"), weit gespannten („Arpeggio") oder auch schon mal auf Bass und Füllstimmen verteilten Akkorden (sogenanntes Umpf-ta-ta). Bei *schwieriger* Musik zerfällt das Notenbild *nicht* sofort in Melodie (im Allgemeinen oben) und Begleitakkorde (im Allgemeinen der Rest), sondern es ist in mehreren Stimmen „was los", bis hin zum Extrem, dass sämtliche beteiligten Stimmen eine eigene Linienführung haben und selber so etwas wie singbare Melodien sind (mehrstimmig, kontrapunktisch): Das Notenbild ist nicht mehr autoritär-übersichtlich (erste Geige = Melodie, alle anderen sind ihre Hiwis, das heißt die zweite Geige spielt nur zur Verschönerung der Melodie darunter gehängte Terzen, die Bratsche macht mit den Füllnoten ihr nudel-nudel und das Cello zupft auf eins den Grundton, auf drei die Quinte), sondern es ist, jedenfalls auf den ersten Blick, „demokratisch-chaotisch", ein unübersichtliches Gewebe eigenständiger Linien.

---

[1] Dieses „etwas komplexer" ist Drohung und Verheißung zugleich!

Als paradigmatisches Beispiel für Nicht-Musiker sei hier der Anfang von Mozarts berühmter „Sonata Facile" präsentiert, die, wie schon der Name so schön andeutet, ein wunderschönes Beispiel für einfache Musik ist.

(Die rechte Hand spielt die erste Geige, die zweite Geige darf hier die erste identisch verstärken; die linke Hand macht mit Daumen und Mittelfinger das nudel-nudel der Bratsche und mit dem kleinen Finger das Cello.) Und jetzt der Anfang des zweiten Teils von Bachs berühmter Fuga Nr. 1 aus dem Wohltemperierten Klavier (im Folgenden W.Kl. I), der hier, wie man unschwer sieht, eher für die „schwierige Musik" einsteht:

Hier hat jede Hand zwei eigene Stimmen zu spielen und im Streichquartett (rechte Hand: erste und zweite Geige, linke Hand: Bratsche und Cello) spielte hier die erste Geige mal *nicht* „die erste Geige", sondern nur eine von vier Stimmen.

Diese Notenbeispiele schauen nicht nur unterschiedlich aus. Das hört sich auch unterschiedlich an:

MB21   Mozart, Anfang von KV 545 („Sonata Facile") und
                Bach, Anfang des zweiten Teils von Fuga Nr. 1, W.Kl. I

Spielt man diese Beispiele vor einem musikalisch eher ungeschulten Publikum[2], ohne diesen Stücken zuvor durch Ansage von Komponist und Werk Respekt zu verschaffen (etwa in
einem Restaurant mit klassischer Life-Musik am Flügel), ist die übliche Reaktion „Nett" (bei
Mozart) bzw. „Was ist jetzt kaputt?" (bei Bach), wobei letzteres eine freundliche Umschreibung der Frage „Soll das etwa auch noch Musik sein?" darstellt. Damit sind wohl die Unterschiede hinreichend deutlich.

Beide Satzweisen existieren aber immer, oft sogar in *einem* Stück, nebeneinander.[3] Aber es
gab auch durchaus unterschiedlich gewichtete Epochen. Die Hochblüte der „schwierigen" Musik liegt (erstaunlicherweise – die Musikgeschichte war kein durchgängiger linearer Fortschritt
vom Einfachen zum Komplexen) schon lange zurück. Das war die polyphone Chormusik der
alten Niederländer im 14. und 15. Jahrhundert. Unsere (zu Recht so genannte) Klassik begann
hingegen als ganz bewusste Gegenbewegung („Zurück zur Natur!") gegen die altmodische,
komplizierte Musik der Bach-Zeit als sogenannter „galanter Stil".

Am schönsten und bewegendsten war das Verhältnis von einfacher und schwieriger Musik,
als Mozart, der ganz frühklassisch galant begonnen hatte, die alte Kontrapunktik für sich neu
entdeckte und eine einfache, natürlich-gefällige Anmutung mit einer komplexen, gearbeiteten
und polyphonen Satzweise verband. Oder wie er es sagte: „Man muss für die Hörer mit den
kurzen Ohren schreiben" (= Kenner, die zu hören wissen und merken, was musikalisch los ist)
„*und* für die Hörer mit den langen Ohren" (= Hörer die sowas spät oder gar nicht merken =
musikalische Esel, die einen Kontrapunkt nicht von einem Kontrabass unterscheiden können).
Die Jupitersinfonie, die Zauberflötenouvertüre, das C-Dur-Quintett … das war, im Vergleich zu
Bach, nicht der Höhepunkt, aber vielleicht der glücklichste Moment der Musikgeschichte.

Soviel ganz kurz zu „einfach" und „schwierig" in der Musikgeschichte. Aber jetzt zurück
zum „musikalischen Humor". (Wobei Musikgeschichte im Detail durchaus *auch* erheiternd
sein kann. Wenn etwa Paganini, gefragt, warum er eigentlich nicht heiratet, antwortet, dass ihn
seine Frau dann ja – so weit käm's noch – umsonst spielen hören könnte!)[4] Komponisten sind
nämlich auch nur Menschen.[5]

---

[2] Eine Fraktion des Publikums, die seit Jahren kontinuierlich und kräftig anwächst. Wie die Nichtwähler. In einem
Programm spiele ich den Anfang von Bachs berühmtem Präludium Nr. 1 (W.Kl. I) und frage, was das denn war.
Da bekommt man manchmal als Antwort weder die richtige Lösung, noch die von mir intendierte Falle „das Ave
Maria", sondern durchaus kabarettistische Volltreffer wie „Für Elise" oder „die Mondscheinsonate" oder „Beethovens Fünfte". (Bei einem, was Bildung und Beruf anlangt, durchaus eher „gehobenem" Publikum.) Aber wenn
man als einziges klassisches Stück nur die Mondscheinsonate kennt (von Klassik-Radio, und natürlich nur den
ersten Satz), dann hört man Bachs Präludium, denkt sich, das sei wohl was Klassisches und antwortet (wegen
Klassik = Mondscheinsonate): „Mondscheinsonate". Was treiben eigentlich unsere Musiklehrer so im Musikunterricht? (Sie treiben vorwiegend Popmusik, was gut gemeint ist, aber, glaube ich, der falsche Weg. Aber das ist eine
andere Geschichte.)

[3] Und das schwierig/nicht schwierig ist hier immer objektiv beschreibend und nicht wertend gemeint. Die „schwierige" und die „nicht schwierige" Satzweise sind also nicht wie Dick (polyphon) und Doof (homophon), sondern
eher (und gerade bei Mozart) wie Yin und Yang.

[4] Paganini hatte völlig recht. *Meine* Familie weiß das Privileg, mich Klavier üben zu hören, bis heute nicht zu schätzen.

[5] Und wenn man die Musikgeschichte von ganz oben betrachtet, als ein fortwährendes Ringen zwischen einfach
und schwierig, naiv und forciert, Showbiz und Innerlichkeit, gesucht und gefunden, musikantisch und intellektuell, gefällig und elitär, dann ist sie von geradezu erheiternder Betriebsamkeit und irgendwie – sehr menschlich.

In Kapitel 3.1 hörten wir ja ein „lustiges" Rondo aus Mozarts erster B-Dur-Sonate. Jetzt hören wir uns das Rondo aus Mozarts letzter B-Dur-Sonate an. Bei der frühen Sonate (Mozart schrieb sie mit 18) war der Humor noch schön anschaulich: die unterschiedlichen Gangarten von Vater und Sohn, das Davon- und Hinterherlaufen, das „Tratzen", Springen, Hinfallen. Jetzt (seine letzte B-Dur-Sonate schrieb Mozart als er 33 war[6]) handelt es sich um ein leichthändiges, changierendes und überraschendes Spiel mit dem musikalischen Material:

MB22   Schluss von KV 570, 3. Satz, kommentiert
MB23   dito ohne Kommentar

Die Beschreibung dessen, was hier heiter stimmt, kann jetzt leider (?) nicht mehr auf außermusikalische Vergleiche zurückgreifen („Vater schreitet und Sohn trippelt"), sondern bedient sich, wie im Kommentar zu hören war, eher eines musikalischen Fachjargons. Aber vermutlich hätte Mozart auch schon sein Jugend-Rondo rein musikalisch, sozusagen aanthropomorphistisch-strukturell (schön!), beschrieben. Falls er es überhaupt beschrieben hätte. (Die eigene Kunst zu reflektieren, kam erst lange nach Mozart auf. Auch deswegen ist ja die Klassik klassisch.) Aber da dieses frühe Rondo durch Bilder veranschaulicht werden kann, ist es eben auch einfacher und unmittelbar verständlich.[7]

Das bedeutet aber nicht, dass der spielerische Humor solch eines späten Mozart-Satzes jetzt bemühter und konstruierter wäre. Er ist nur ein bisschen more sophisticated. Ohne jeden Beigeschmack von „angekränkelt durch des Gedankens Blässe". „Gearbeitete", kontrapunktische Musik kann genauso lustig und musikantisch sein wie „einfache" Musik. (Vielleicht sogar noch lustiger.) Nur erfordert ihre Beschreibung abstraktere, formalere Begriffe, wie eben in unserem Beispiel: diatonisch und chromatisch, Repetition und Skalen, homophon und polyphon, wohlige Terzen und böse Tritoni.[8]

---

[6] Mit 33 fühlt man sich heute noch definitiv jugendlich: Man trägt enge Jeans, isst bei McDonalds (mit 43 funktioniert dann nur noch eins von beiden) und guckt abends im Fernsehen Comedy. Früher nannte man dieses Alter einmal das Jesus-Alter. Und wie auch immer, Mozarts Musik hatte um 1789 durchaus etwas von Alterswerk; ganz nüchtern-sachlich (weil er 1791 starb) und auch vom Charakter her. Mozarts berühmte mittlere B-Dur-Sonate (KV 333) wiederum steht auch stilistisch genau zwischen Jugend- und Alterswerk und repräsentiert Mozart wirklich auf der Höhe seines Erfolges und als „Mann in seinen besten Jahren" (auch wenn er da erst 22 war).

[7] Und umgekehrt. Anschaulichkeit ist für ein unmittelbares Verständnis nicht nur hinreichend, sondern wohl auch notwendig.

[8] Und diese Abstraktionen sind *letztlich* auch wieder von der realen, anschaulichen Welt abstrahiert, so dass auch die reine, absolute Musik letztlich eine strukturelle Essenz und Grammatik der realen Welt darstellt. Auf diesen Zusammenhang zwischen abstrakter, absoluter Musik und realer Welt werden wir noch zurückkommen, aber das wäre insgesamt wohl ein Buch für sich, auch wenn die beiden führenden Fachmänner fürs Ideale da meines Wissens eher unergiebig sind: Plato hielt nichts von Musik (außer Marschmusik!). Und von Kant gibt's da vermutlich auch nicht viel, da er das Gefiedel von Musikanten wohl als eher läppisch, jedenfalls nicht so erhaben wie die ewigen Wahrheiten der Geometrie, erachtet haben dürfte. Da lob' ich mir doch Schopenhauer und Nietzsche, die zeigen, dass es in der Philosophie zumindest musikalisch Fortschritte gab!

Was nun die „schwierige" Musik so schwierig macht (im Vergleich zur „einfachen" Musik) lässt sich in drei Stichworten umreißen. Schwierige Musik ist:

- architektonisch gebaut
- motivisch gearbeitet und
- kontrapunktisch mehrstimmig.

Schwierige Musik läuft also nicht einfach nur dahin als Folge von Wiederholungen (sozusagen mit dem Schema AAAAA) wie in der populären Musik (ob Musikantenstadl oder HipHop) oder als schlichte Aneinanderreihung von Themen wie in der Liedform (ABA), vorherrschend in Adagiosätzen oder Opernarien, oder in der für Schlusssätze so beliebten Rondoform (ABA-CADA). Stattdessen entwickelt sich die Musik nach einem Tonartenplan, der das Stück gliedert. Die Teile beziehen sich aufeinander, man muss – auch wenn man immer nur gerade die just gespielten Töne hört – das bisher Gehörte mit einbeziehen, es entsteht ein gegliedertes, gebautes Ganzes, eben „Architektur". Das schönste Beispiel ist der notorische (Achtung: Schulstoff!) Sonatenhauptsatz, bei dem zwei (meist, aber muss nicht) kontrastierende Themen, A und B nicht einfach aneinander gehängt werden (AB oder ABA), sondern als Material für einen ganzen zweiflügeligen Schlossbau dienen:

$$\text{I A Ü}_1 \text{ B D(A,B) A Ü}_2 \overline{\text{B}} \text{ C}$$

A und B sind die beiden Themen
I ist eine (optionale) Introduktion
    C ist ein (optionaler) eigenständiger Schluss (von „Coda" = ital. Schwanz, was schön zeigt, dass C wirklich ein Anhängsel ist)
    $Ü_1$ und $Ü_2$ sind Überleitungen, wobei $Ü_1$ von der Grundtonart in die (harmonietechnisch) nächst höhere Tonart moduliert, während $Ü_2$ die Grundtonart bewahrt
    D(A,B) ist die aus dem Material von A und B gebildete „Durchführung", die sich im Allgemeinen noch weiter von der Grundtonart entfernt, aber am Ende wieder (beglückend und befreiend) in sie zurückfindet
    $\overline{B}$ ist schließlich B in der Grundtonart ...[9]

---

[9] ... da das Seitenthema in der Reprise auch in der Tonika auftreten muss. Wie wir alle mal gelernt haben. Das steht im Lehrplan. Ehrlich! Wenn man nach der Schule nicht mehr weiß, was die erste Ableitung des natürlichen Logarithmus ist, ist das zwar schade, aber nicht weiter tragisch. Wenn man aber das bisschen, was man in der Schule noch an Hör-Schulung mitbekommt, gleich wieder vergisst, ist das sehr wohl tragisch. Denn dann bleibt gerade die „große" klassische Musik ein Leben lang ein konfuser Wust von Tönen und damit – was keine Struktur hat, ist chaotisch und was chaotisch ist, ist – langweilig. (Etwa im Gegensatz zur Pop- und Rockmusik mit *sehr* klaren Strukturen.)

Das Kernstück, der imponierende Zentralbau dieser zweiflügeligen Anlage, ist die Durchführung, dieses D(A,B), in der der Komponist mal zeigen kann, was er kompositorisch so drauf hat.[10] Hier wird mit den beiden Themen wirklich was gemacht: von Dur nach Moll, von Moll nach Dur, schnelle, überraschende Modulationen, die Themen werden in Motive zerlegt, sie wandern durch mehrere Stimmen, werden umgeformt, neu zusammengesetzt, hintereinander, übereinander[11], mit einem Wort: Das Material wird kompositorisch durch den Wolf gedreht.[12]

Die charakteristische Technik beim Komponieren einer solchen Durchführung, das Zerlegen in, Transformieren von und Zusammensetzen aus elementaren musikalischen Bausteinen, den Motiven, ist nun die berühmte „motivische Arbeit", die spätestens seit den berühmten Streichquartetten Haydns und Mozarts über die Durchführung hinaus zunehmend den ganzen Satz, ja über alle vier Sätze hinweg, ganze Sonaten und Streichquartette durchdringt und von der ersten bis zur letzten Note prägt.

Die dritte „Verschwierigung", der kontrapunktische Satz, ist nun der Ansatz, die (oft wunderschöne aber auf *Dauer* nicht wirklich faszinierende) naive Satzweise von „Melodie plus Begleitakkorde" durch ein Geflecht tendenziell gleichberechtigter Stimmen zu ersetzen. Dabei sollten die einzelnen Stimmen auch wirklich „stimmig" sein, was letztlich bedeutet, dass es auch irgendwie Spaß machen sollte, sie zu singen. (Weswegen das Um-ta-um-ta des Tubaspielers in der Blaskapelle natürlich auch eine Stimme ist, aber eben keine „stimmige".) Jede Stimme sollte zu den anderen Stimmen in einem gewissen Spannungsverhältnis stehen. (Weswegen es auf Dauer langweilig ist, wenn der Alt immer nur in Terzen mit dem Sopran mitläuft. So schön eine Terz – auch und gerade nach 100 Jahren Verdammung durch die Avantgarde – immer noch klingt!) Und trotz aller Spannung sollten alle Stimmen zusammen doch – man verzeihe das traditionell bildungsbürgerliche Wort – *schön* klingen. (Wobei dieses „schön" in der Tat von Gluck bis Webern ein sehr weites Spektrum umfasst. Vielleicht kann man es pointiert so abgrenzen: Einfach vier Stimmen hinzuschreiben und sich bei der Uraufführung überraschen zu lassen, wie das jetzt zusammen klingt, mag sich ja recht kühn anhören, ist aber noch kein Kontrapunkt. Jedenfalls kein „schöner".)

Bei solch einem musikalischen Satz arbeitet man also sehr bewusst und detailliert in zwei Richtungen: natürlich, da ja eigene Stimmen entstehen sollen, von links nach rechts; aber wegen der Spannung und Harmonie mit den Stimmen darüber und darunter, hat man auch immer die vertikale Richtung vor Augen und (hoffentlich auch) Ohren. Und dieses Setzen der Noten von links nach rechts, unter dauernder Berücksichtigung der Nachbarnoten oben und unten, ergibt, da Noten meist dicke schwarze Punkte sind, die Satzweise des punctum contra punctum, den Kontrapunkt.

---

[10] Die Durchführung ist die Kadenz des Komponisten! (Und statt solch einer Durchführung einfach etwas zu wiederholen oder einfach ein drittes Thema dazwischenzuschieben, das wäre so, als ob beim Versailler Schloss zwischen den beiden Flügeln nur der Hausmeisterbungalow stünde.)

[11] Manch einer denkt sich auch: durcheinander.

[12] *Wenn* man will, kann man das durch eine detailliertere Fassung von D(A,B) auch präzisieren. A und B werden zerlegt und diese Teilstücke werden modifiziert, durcheinandergewirbelt (mathematisch: permutiert) und schließlich zu einem Ganzen zusammengefügt. Der versierte Mathematiker hat für so was schnell eine prachtvolle Formel zur Hand, wie etwa $D(A,B) = K^{m+n}(\pi^{m+n}(M_1(A_1),\ldots,M_m(A_m),M_{m+1}(B_1),\ldots,M^{m+n}(B_n)))$, über die Mozart sich königlich amüsiert hätte und mit der man auch noch nicht komponieren kann (*nicht* mal der Computer, der ja immer alles kann, könnte das) – die aber zumindest deutlich macht, dass bei solch einer Durchführung echt was los ist und echt hart gearbeitet wird!

Insgesamt ergeben diese drei „Verschwierigungen" des Komponierens (die großräumige, reich gegliederte Architektur, die kleinteilige motivische Arbeit und die zweidimensionale punctum-contra-puctum Satzweise) ein ganz anderes Bild der kompositorischen Arbeit, als gemeinhin so üblich: Der Komponist (in einer romantischen Sicht der edlen Tonkunst gern ein strahlender oder geheimnisvoller, jedenfalls jugendlicher Held mit wallendem Haar und von weiblichen Wesen jeden Alters angeschmachtet[13]) – der Komponist geht nicht einfach in Wald und Flur spazieren, wo ihm die Natur oder Pan oder der Liebe Gott persönlich (auch beliebt: die Waldvögelein) eine schöne, begnadete Melodie eingeben, für die er zu Hause am Klavier nur noch die Begleitakkorde zusammensuchen muss. (So hat vielleicht noch Luigi Boccherini komponiert. Und Vico Toriani.) Das funktioniert vielleicht gerade noch (wenn überhaupt) für ein nettes kleines Adagio oder Menuett. Aber *spätestens* bei der Durchführung sieht das anders aus. Die Musik ist jetzt, wie man seit (dem späten) Haydn sagt, „gearbeitet". Die Motive sind noch Einfälle, die möglicherweise direkt von ganz oben kommen.[14] Aber ab dann ist das Komponieren eine hoch konzentrierte Arbeit am Schreibtisch, bei der laufend und rückgekoppelt eine großräumige Architektur konstruiert und exekutiert und gleichzeitig das Material seziert, transformiert und komponiert (zusammengesetzt) wird, ein laufendes Konstruieren, Analysieren, Probieren, Kombinieren und auch Jonglieren (mit mehreren Stimmen). Der Komponist sitzt nach vorne gebeugt und hoch konzentriert am Schreibtisch (manchmal auch, aber das gibt man nicht so gerne zu, am Klavier), plant und ändert, probiert und verwirft, formt um und fügt zusammen und kritzelt dabei, motivisch durchgearbeitete oder gar punctum contra punctum gebastelte, seltsame komplizierte Zeichenfolgen aufs Papier. Das erinnert nicht an einen spazieren gehenden Jüngling oder die flotte Skizze eines genialen Zeichners, sondern eher an die Arbeit eines Mathematikers, der aus seinem Material, mit einer strategisch-architektonischen Konzeption im Großen und durch Analysieren, Transformieren und Kombinieren mit „motivischer" Feinarbeit im Kleinen, seine Beweise und Theorien strickt und bastelt.

Dass das naive Bild (Jüngling, Waldvögelein und flotte Skizze) falsch ist, belegen die Komponisten auch selbst. Brahms erklärte ja mit sympathischem hanseatischem Understatement, das Sinfonien-Schreiben sei seit Beethoven auch kein Vergnügen mehr. Und dass (zumindest) das Schreiben von Streichquartetten auch schon vor Beethoven kein Spaß mehr war, macht Mozart klar, wenn er in der Widmung seiner sechs Haydn-Quartette versichert, sie seien „die Frucht einer langen, beschwerlichen Arbeit".

Die schönste Beschreibung der mühsamen Bastelarbeit bei nicht-einfacher, „gearbeiteter" Musik verdanken wir aber Beethoven. Als er Webers Freischütz zum ersten Mal hörte (oder genauer: zum ersten Mal die Partitur las) gratulierte er dem jungen Weber begeistert und riet ihm, künftig mehr solcher schlichter Nummernopern (Chor der Jungfern bzw. Jäger, Arie von Ännchen, Auftritt Teufel etc.) zu schreiben, und zwar ohne lang daran „herumzuknaupeln". Man könnte also statt von einfacher und gearbeiteter Musik auch ganz herzhaft von knau-

---

13 Leider ist dieses so schöne Komponistenbild nicht sehr realistisch. Wie ein neu aufgetauchtes Porträt wieder einmal bestätigt, war ja nicht mal Mozart (immerhin „das Wolferl" bzw. Amadeus, Amadeus!) schön. (Er war göttlich, aber das sieht man ihm leider nicht an.) Die einzigen wirklich schönen großen Meister sind Richard Clayderman und André Rieu. Und *der* Frauenschwarm der Musikgeschichte war Franz Liszt. Franz Liszt wurde Priester und lebte schließlich mit einer dicken, alten, Zigarre rauchenden, russischen Gräfin zusammen, die 30 Bände über das Leben der Heiligen und Märtyrer schrieb.

14 Möglicherweise auch nicht. Jedenfalls nicht gleich göttlich-perfekt, sondern so, dass man selbst an den Einfällen erst noch ziemlich rumbosseln muss (vgl. etwa Beethovens Skizzenbücher).

pelfreier bzw. geknaupelter Musik sprechen. Und bei einem Mathematiker in actu, der gerade über seinen Schreibtisch gebeugt sein Papier vollkritzelt (das, obwohl Mathehefte immer kariert sind, nicht notwendig kariert sein muss), kann man es – es ist ein geradezu onomatopoetisches Wort – wie beim komponierenden Beethoven tatsächlich (man muss sich aber ganz still halten!) auch ganz leise knaupeln hören.[15]

Und auch wenn sogar der extrem geniale und leichthändige Mozart (der sozusagen gleichzeitig an einer Fuge knaupeln und mit dem Handy telefonieren konnte) von einer „langen, beschwerlichen Arbeit“ spricht – natürlich ist die Mühsal des gearbeiteten Tonsatzes etwas anderes als die Mühsal, das Blumenbeet umzugraben, seine Steuererklärung zu verfertigen oder (wenigstens mal an Heilig Abend) sein Arbeitszimmer aufzuräumen. Auch auf diesem hohen Niveau hat das Auseinandernehmen, Umformen und Zusammenfügen des musikalischen Materials wieder etwas von Baukasten, Tangram, Jonglage, Mathematik und Glasperlenspiel. Es ist ein ernstes und hochkompliziertes Spiel[16], aber als Spiel eben auch immer „spielerisch“, leicht und – riskieren wir ruhig das altmodische Wort (denn „unterhaltsam“ oder „vergnüglich“ wären zwar sympathisch unprätentiös, aber bei Bach, Mozart und Beethoven schlicht unangemessen) – und beglückend.

Zur Entspannung und obendrein auch noch zur didaktisch geeigneten Demonstration dieses höheren (nämlich architektonischen, motivischen und kontrapunktischen) Bastelns folgen jetzt wieder zwei kleine kabarettistische Stücke, die dieses Basteln rein spielerisch und mit allgemein bekannten (und deswegen auch ganz famos raushörbaren Themen) betreiben.

Das erste ist nachgerade ein Sonatenhauptmustersatz, den ich zu Mozarts 250. Geburtstag geschrieben habe und der deswegen natürlich die Themen „Happy Birthday to You“ und „Hoch soll er leben, hoch soll er leben, drei mal hoch“ verarbeitet. Sie werden *diese* Themen, auch ohne die obige Sonatenhauptsatzformel, jeweils sicher zu identifizieren wissen!

Das zweite Stück muss wohl ein Jugendwerk Beethovens sein. Ein *Jugend*werk, weil es sich offensichtlich um Variationen über die Melodie „Hopp, hopp, hopp, Pferdchen lauf Galopp“ handelt. (Und weil's auch ein bisschen so klingt, als ob ein Sechsjähriger mit zwei Fingern auf Papas Klavier rumhämmert.) Und ein Jugendwerk *Beethovens*, weil in diesem Stück das Hopp-hopp-hopp-Thema durch allerlei Motive kontrapunktiert wird, die sich, voll entfaltet, in diversen Beethovenschen Orchesterwerken wiederfinden.[17] Auch hier ist das thematische Material zwischen Hopp-hopp-hopp und Schicksalssinfonie unschwer zu identifizieren!

MB24   Geburtstagssonate (für Mozart)
MB25   Hopp-hopp-hopp-Variationen (vermutlich Beethoven, jedenfalls opus
           postumus)

---

[15] *Jedes* Spiel ist ernst und heilig! Man betrachte etwa ältere Männer beim skat- oder modelleisenbahnspielen (und jüngere Männer beim steten Aufrüsten ihrer Computer und Software.)

[16] Schade, dass Troubadix (der notorische Barde der Asterix-Comics) wohl ein Vertreter einer eher schlichten Satzweise war: Heldengesang plus an der altkeltischen Kleinharfe gezupfte Akkorde. (Er ist übrigens ein Beispiel dafür, dass auch einfach strukturierte Musik nicht notwendig allgemein beliebt sein muss.) Hätte Troubadix nämlich Streichquartette geschrieben, dann könnte man, analog zur Geräusch-Sprechblase des Wildschweinbraten vertilgenden Obelix („knurpsel, knurpsel“), bei ihm – oder auch beim nachdenkenden genialen Professor Bienlein in „Tim und Struppi“ – auch die schöne Mental-Sprechblase „knaupel, knaupel“ verwenden.

[17] Im gehobenen Deutsch des Musik-Feuilletons: Dieses Stück antizipiert in nuce das integrale sinfonische beethovensche Œuvre, ist dabei aber seltsam disparat von bestürzend juveniler Faktur und Haptik.

Wenn wir uns hier ausschließlich der „schwierigen Musik", mit komplexer Architektur, motivischer Arbeit und kontrapunktischem Satz widmen, dann betrachten wir damit, um das noch einmal deutlich zu machen, nur *eine* Dimension der Musik. Es gibt auch ganz andere Musik, bei der nicht die Komplexität des Satzes entscheidend ist, sondern ihre unmittelbare rhythmische, klangliche, klangsinnliche oder auch ihre unmittelbare emotionale Wirkung und „Aussage". „Emotionale Wirkung" oder gar „Aussage" sind natürlich höchst unscharfe und schwierig zu fassende Begriffe.[18] Aber das soll uns *hier* nicht weiter beschäftigen.

Natürlich schlägt der erste Satz der Mondscheinsonate jeden Hörer (vor allem beim wunderbaren ersten Mal) in seinen Bann, ohne große Architektur, motivische Arbeit oder gar Kontrapunktik. Und nach einer Bruckner-Sinfonie ist man, trotz hochkomplexer Architektur, motivischer Arbeit und Kontrapunktik, geradezu religiös ergriffen und denkt, jedenfalls erst mal, *nicht* an solch profane (nur) handwerkliche Dinge.[19] Und trotzdem sind gerade für Musiker diese profanen, handwerklichen Dinge (wie Architektur, motivische Arbeit und Kontrapunkt) die wesentlichen Aspekte der Musik!

Bei der Oper hieß und heißt es ja bereits „Prima la musica!", das Entscheidende ist die Musik. Und das gilt nicht nur für die Vokalmusik, sondern auch allgemeiner für reine Instrumentalmusik „mit Ausdruck", wobei hier „Prima la musica" die Vorherrschaft des rein Musikalischen über jeden außermusikalischen „Ausdruck" meint.

Letztlich gilt die berühmte Definition des alten Hanslick[20], Musik sei „tönend bewegte Form". Und sonst – um es mal ordentlich zuzuspitzen – gar nichts. Musik ist zuerst und vor allem nur Form („nur" ausschließlich im Sinne von ausschließlich und ohne jede bedauernde Konnotation), sie ist l'art pour l'art, ein hochkomplexes Spiel mit Tönen. Kein sinnloses Spiel, aber sie findet ihren Sinn zunächst und absolut ausreichend in sich. Sie braucht keinen „Ausdruck", um Sinn zu haben. Dass und wie dieses Spiel mit Tönen zusätzlich in uns Emotionen induziert, wie der Strom den Magnetismus in der Kupferdrahtspule, das ist eine so wunderbare wie wundersame zusätzliche Dimension. Aber zunächst ist große Musik nur Musik, ohne außermusikalische Bezüge, eben: *absolute* Musik.[21] Daniel Barenboim, so lese ich gerade, mein-

---

[18] Die Aussage reicht von simplen musikalischen Schilderungen (meist Sturm und Gewitter) über große Gefühle (Sehnsucht und Liebesschmerz) bis hin zu ethischer (Beethoven), religiöser (Bruckner) und weltanschaulicher (Mahler) Bekenntnismusik.

[19] Wenn man nicht zuvor schon eingeschlafen ist. (Bruckner ist kein integraler Bestandteil des globalen Klassikmainstreams und hat's beim großen Publikum immer noch nicht leicht.)

[20] Seinerzeit berühmter Musikkritiker und -schriftsteller, lauthals bekennender Brahms-Sympathisant und noch lauthalser bekennenderer Wagner- und Bruckner-Antipathisant. So auch (vermutlich) das Urbild für Wagners Beckmesser. Was nicht ganz fair war. Aber Hanslicks Blindheit bzw. Taubheit gegenüber der „Fortschrittspartei" war ja auch nicht gerade fair. Jedenfalls wurde seine Definition der Musik als „tönend bewegte Form" geradezu (und zu Recht) klassisch.

[21] Selbst dezidierte Programmmusik ist als Programmmusik bekanntlich nur dann überzeugend, wenn sie auch ohne ihr Programm überzeugt. Und Perlen der Programmmusik wie die Mitternacht schlagende Kirchturmuhr von Berlioz (grusel, grusel), die Almidyllik verbreitenden Kuhglocken in Straussens Alpensinfonie oder der unerbittlich niedersausende Schicksalshammer bei Mahler (nicht metaphorisch, sondern echte Hardware) empfindet man mit

te zu seiner neuen Einspielung von Schumanns „Frühlingssinfonie": „Ob Sie dabei an den Frühling denken und ich an die Wüste, ist unwichtig. Die Worte bedeuten nichts, die Noten alles."

Chopin, dem man ja wirklich nicht vorwerfen kann, ein gefühlskalter Holzklotz und rationaler Formalist zu sein, bekannte sich dezidiert zu einer Musik, die nur und ausschließlich Musik sein will. Seinen in Paris gefeierten polnischen Kollegen Antoine de Kontski strafte er mit Verachtung (insbesondere ob dessen Erfolgsstück „Das Erwachen des Löwen", ein Stück mit sehr detaillierter und auch sehr lauter Aussage – wirklich vorzüglich geeignet für alle, die sich beim Musikhören auch immer irgendwas vorstellen können müssen: Hast du gehört? Jetzt ist er aufgewacht! Denn was macht der Löwe, wenn er aufgewacht ist? Geht er ins Bad? Setzt er das Kaffeewasser auf? Nein, er brüllt sich erst mal einen ab. Aber wie!). Er strafte ihn mit Verachtung und nannte ihn konsequent einfach „das Tier".[22]

Jedenfalls hießen Chopins Stücke schlicht Prélude, Scherzo, Walzer, Polonaise oder Mazurka (und nicht „das Erwachen des Löwen" wie beim Kollegen Kontski, „Der heilige Franziskus von Paula über die Wogen schreitend" wie bei seinem nicht immer von ihm bewunderten Freund Franz Liszt, oder gar „Chopin" wie bei seinem von ihm unverstandenen Förderer Schumann[23]). Chopins Hausgötter waren Mozart mit seinen Klaviersonaten (deren Sätze auch absolut unliterarische Titel tragen wie: Sonate Nr. 7, erster Satz, Allegro) *und* – viele werden's nicht glauben – Bach. Jawohl, Bach, die „alte Nähmaschine"[24], mit strikter Terrassendynamik, piano/forte ohne aufbrandende Crescendi und verhauchende Diminuendi, ohne jedes Nachgeben oder Beschleunigen beim Tempo und garantiert rubatofrei. Der Erzromantiker Chopin, dessen Leben geradezu ein fertiges Drehbuch für ein aufwühlendes Film-Melodram darstellt (natürlich in schwarz-weiß), spielte und liebte sein Leben lang ganz puristisch Mozarts Klaviersonaten und Bachs Wohltemperiertes Klavier! Und so ist Chopin mit all seinen flirrenden Passagen und schmelzenden Rubati, mit all seinem ritterlichen Stolz seiner düsteren Verzweiflung *im Grunde* einer der ganz großen absoluten Musiker der Musikgeschichte. Und dass sich sogar dieser Bilderbuch-Romantiker als absoluter Musiker in der Tradition von Mozarts Sonaten und Bachs Wohltemperiertem Klavier versteht (die Fuge, darauf kommen wir noch, war für Chopin der Inbegriff der Musik), sollte auch ernsthafte Skeptiker gegenüber einer absoluten Musik, gegenüber einer Musik als tönend bewegter Form, als Spiel mit Tönen, zumindest nachdenklich stimmen.

---

zunehmender Distanz auch zunehmend amüsierter.

[22] Konstki wird dadurch zum Vorläufer des legendären Schlagzeugers der Muppet Show.

[23] Schumann liebte poetische Titel, wofür Chopin leider keinerlei Verständnis hatte. In Schumanns Carneval trägt ein Stück tatsächlich die Überschrift „Chopin". Auf den ersten Blick klingt es auch wie Chopin. Auf den zweiten ist es echter Schumann. Schumanns schöne (manchmal sogar ironische) Titel wären ein erfolgreicher Ansatzpunkt für eine Theorie der musikalischen Semantik. (Man höre etwa aus den berühmten Kinderszenen „Von fremden Ländern und Menschen" und die „Wichtige Begebenheit".)

[24] Eine von Bachs Klaviermusik herrührende Apostrophierung Bachs, die von der genervten Gattin eines französischem Musikschriftstellers und Bach-Enthusiasten stammen soll und in ihrer leicht enervierten Boshaftigkeit zunächst auch durchaus hellsichtig ist. Wer sich auf Bachs Musik nicht näher einlässt, für den schnurren die vielen vielen schnellen kleinen Sechzehntel der virtuoseren Bachchen Klaviermusik tatsächlich mit der kühlen Betriebsamkeit – oder auch mit der Emphase und Leidenschaftlichkeit – einer alten Nähmaschine dahin. (Aber jedes Bachsche Sechzehntel hat seinen Sinn! Und außerdem: Eine Nähmaschine swingt nicht.)

Die beiden kabarettistischen Musikstücke von vorhin waren (hoffe ich) nett, aber eben nur eine allererste, vorsichtige kabarettistische Annäherung, sozusagen „schwierige Musik in homöopathischen Dosen". Aber vielleicht haben ja diese kleinen Spielereien mit dem so schön einfach heraushörbaren motivischen Material ein bisschen Appetit gemacht, „schwierige" Musik auch mal „in großen Dosen" und vor allem etwas bewusster zu hören. Nicht um in der Konzertpause gescheit daherreden zu können (was natürlich auch ein schöner Nebeneffekt wäre[25]), sondern weil's so halt noch mehr Spaß macht. Architektur, motivische Arbeit, Kontrapunkt – „das Handwerkliche" an der Musik – bilden kein bloßes, unschönes Gerüst, das nach Vollendung einer Komposition wieder abgebaut wird, damit sich der Hörer völlig und ausschließlich der „Aussage" des Stückes hingeben kann[26]. Das Handwerkliche *ist* die Musik.

Jedenfalls, falls jemand wirklich Lust auf „bewussteres Hören" bekommen haben sollte – ich wüsste keinen besseren Einstieg, als den, der im traditionellen Klavierunterricht seit praktisch 300 Jahren üblich ist: Kaufen Sie sich Bachs berühmte (jedenfalls unter allen Klavierspielern) Inventionen! Und (so Sie mal leidlich Klavierspielen gelernt haben) arbeiten Sie`s durch (die Inventionen sind keine Virtuosenmusik, Bach hat sie für den Klavierunterricht geschrieben), oder (so Sie nie Klavierspielen gelernt bzw., soll ja vorkommen, es wieder verlernt haben) kaufen Sie sich die CD dazu und hören Sie sich's mal an, natürlich mit den aufgeschlagenen Noten vor sich! (Selbstverständlich sind diese Stücke auch ohne Noten wunderschön, aber *mit* sogar noch ein bisschen schöner. Und lebendiger! Denn man hört *und* sieht dann, nicht *wie's* Bach gemacht hat, sondern *was* er da gemacht hat. Und dieses was, das *ist* die Musik. (Wie er wirklich auf das alles kam, bleibt weiter sein Geheimnis. Und auch das ist auch gut so.)

Die Inventionen sind eine Sammlung von zeimal 15 zwei- bzw. dreistimmigen, relativ kurzen und einfachen „Erfindungen". Und der herrlich komplizierte und langatmige Originaltitel, den Bach seinem Werk gab (damals gab's noch keine Verlage, die den Autoren erklärten, Titel müssten kurz und knackig sein), bringt alles, worum's hier geht, vollständig und klar zum Ausdruck:

---

[25] Etwa: „War das nicht wundervoll, wie dezent die Bratschen am Ende der Durchführung die Umkehrung des Überleitungsmotivs anklingen ließen?" Keiner widerspricht. Und dann legen sie noch nach mit einem: „Karajan nahm das immer etwas plakativ!"

[26] So wird und vor allem wurde Wagner gern gehört, dessen wabernde Orchesterpolyphonie bei vielen eine Art narkotischen Rausch hervorruft, die aber von genialer kontrapunktischer Handwerklichkeit ist. Wagner war schon der notorische alte Hexenmeister. Wenn er wollte, schrieb er auch ganz klaren, altmeisterlichen Kontrapunkt. Eine der schönsten solchen Stellen findet sich am Schluss der Ouvertüre zu den Meistersingern, bei der sich das kraftvolle Meistersingermotiv, das schwärmerische Johannisnachtmotiv und das schwungvoll-festliche Festwiesenmotiv einander überlagern:

MB26 Dreistimmiger Satz aus den Meistersingern

– eine Stelle, bei der einem (sozusagen) gleichzeitig das Herz aufgeht und das Großhirn mit der Zunge schnalzt!

Womit denen Liebhabern des Claviers, besonders aber denen Lehrbegierigen, eine deutliche Art gezeiget wird, nicht alleine 1) mit 2 Stimmen reine spielen zu lernen, sondern auch bey weiteren Progressen 2) mit dreyen obligaten Partien richtig und wohl zu verfahren, anbey auch zugleich gute inventiones nicht alleine zu bekommen, sondern auch selbige wohl durchzuführen, am allermeisten aber eine cantable Art im Spielen zu erlangen, und darneben einen starcken Vorschmack von der Composition zu überkommen.

Verfertigt von
Joh. Seb. Bach, Hochf. Anhalt.-Cöthnischen Capellmeister

Bach wendet sich also an die Liebhaber des Klaviers und das bedeutete eigentlich ganz allgemein an alle Musikliebhaber (die wir ja auch alle sind), aber er wendet sich ganz besonders an die Lehrbegierigen (die wir ja alle ein Leben lang sein sollten – schon allein wegen der Globalisierung!). Er zeigt uns, wie man „gute inventiones" bekommt und darüber hinaus – eine Schwalbe macht noch keinen Sommer und ein schöner Einfall noch kein Stück – wie man solch eine inventio wohl durchführt. Und mit alldem überkömmt uns dann – und deswegen empfehle ich diese Stücke ja so begeistert – ein „starcker Vorschmack" von der Composition. Man kann's nicht schöner sagen! (Schon allein weil „starck" echt stärcker ist denn stark und ein Vorschmack viel mehr Kraft und Würde hat denn ein müde dahintrottender dreisilbiger Vorgeschmack.)

Inventio heißt, man möge sich das bewusst machen, Erfindung. Bach geht also beim Komponieren nicht von irgendeinem wundersamen Einfall aus, der irgendwie vom Himmel fällt (oder von den Waldvögelein etc.). Eine Erfindung muss vielmehr *erfunden* werden und das klingt nun mal weniger nach Musenkuss denn nach Ärmel aufkrempeln, Reißbrett oder CAD-Bildschirm.[27]

Und so beruht etwa der Anfang der berühmten achten Invention auf dem einfachen Konzept, erst einen F-Dur-Akkord aufwärts zu spielen und dann wieder mit einer F-Dur-Tonleiter abwärts den Ausgangston zu erreichen.

---

[27] Wenn Bach schreibt, mit diesen Stücken würde gezeigt, wie man „gute Inventionen bekommt und selbige wohl durchführt", dann betont er mit den Wörtern „Erfindungen" und „wohl durchführen" den handwerklichen Charakter der „Composition". Dem schließen wir uns *hier*, auch weil derselbe oft nicht wahrgenommen oder gewürdigt wird, an. Aber selbstverständlich ist die Grenze zwischen „Einfall" und „Erfindung" fließend und jede wirklich gute Erfindung braucht (ganz ohne CAD-Bildschirm) erst einmal auch einen „genialen" Einfall. Sagen wir's so: Die ersten vier Noten der Schicksalssinfonie waren ein genialer Einfall, der Rest geniale Arbeit. Und auch Mathematiker und Naturwissenschaftler kommen beim knaupeln ohne gelegentliche geniale Einfälle nicht weiter. Aber diese kommen sicher nicht von den Waldvögelein, sondern sie entstehen – wie das berühmte Beispiel des Kohlenstoffringes zeigt, der dem Chemiker Kekulé im Traum erschien – im Unterbewusstsein, das letztlich doch wieder sehr frei, kühn und virtuos nächtens mit den vom Bewusstsein angesammelten Zeichenreihen weiterspielt. Das „Spielen mit Zeichenreihen" geschieht nicht nur routiniert-korrekt, sondern erfordert auch öfter einen raffinierten, neuen oder gar kühnen Zug. Damit wäre der „kreative Einfall" ins „Spiel mit Zeichen" eingebettet. Mit der Konsequenz, dass das „Handwerkliche" jetzt ein sehr weites Spektrum umfasst: von ordentlich und routiniert über geschickt und raffiniert bis brillant und schlechthin genial. Verachtet mir die Meister nicht!

Das ist schon mal ein perfekt gespannter Bogen, also ein kleines abgeschlossenes Ganzes, das aber dank der Kontraste Sprünge/Schritte und aufwärts/abwärts gegliedert ist und innere Spannung besitzt.

Diese Gegensätze lassen sich aber noch steigern, indem man mit den Akkord-Zwischentönen A und C sozusagen zwei Terrassen einzieht, die, erst aufwärts und dann abwärts, als Zwischenstationen benutzt werden. Man springt aufwärts immer eins höher und ruht sich abwärts auf ihnen aus:

Das ergibt ein perfektes Thema: ein großer Bogen, der etliche kleine Bögen zusammenfasst, Einheit und Vielfalt, Ruhe und Bewegung.

Weil aber ein F-Dur-Akkord abwärts mit einem F-Dur-Akkord aufwärts ganz prima zusammenpasst

klingen auch der zweite und der erste Takt gleichzeitig gespielt gut zusammen. Und Bach kann deswegen die linke Hand einen Takt später einsetzen und dasselbe wie die rechte Hand spielen lassen:

– es klingt „schön" zusammen, und wegen der Gegensätze Sprünge/Schritte bzw. abwärts/aufwärts besteht zwischen den beiden Stimmen auch Spannung, kurz: der erste Takt ist ein perfekter Kontrapunkt des zweiten Taktes.

Das war die Inventio! Ende der Blaupausen-Phase. Dieser Zweitakter[28] mit der impliziten Möglichkeit, die eine Hand versetzt die andere imitieren zu lassen, ist die Keimzelle des ganzen Stückes. Bach macht daraus wirklich das ganze Stück! Und das ist keine Inventio mehr, sondern die handwerkliche Kunst, selbige (eben diese Inventio) „wohl durchzuführen".

Wer sehen und hören möchte, wie das Material des Stückes aus dieser Keimzelle entsteht, der möge sich die nächste Einspielung anhören, die die folgende Tabelle des motivischen Materials wiedergibt.

---

28 Ältere Leser werden sich hier nostalgisch an die Autolandschaft der 50er-Jahre erinnern, insbesondere an den DKW („Das kleine Wunder") mit seinem futuristisch langen Heck und einem Zweitakter-Motor. Zumindest was die Vielfalt der Autotypen und -hersteller anlangt, waren die heute geradezu rituell als muffig und trostlos diffamierten 50er-Jahre deutlich bunter als heute.

Und er möge sich dann die ganze Invention anhören und dabei die Noten (siehe nächste Seiten) mitlesen (wobei man, und das genügt völlig, das auf und ab, die Sprünge und Schritte ohne weiteres verfolgen kann, ohne die Notenschrift im Detail zu beherrschen). Wer das jetzt aber nicht sehen und hören möchte, der darf MB27 überspringen und sich die zweite Einspielung auch einfach so anhören. Diese seit Generationen alle Klavieranfänger entzückende kleine F-Dur-Invention gibt nämlich auch so (ohne Noten und Tabelle des motivischen Materials) einen starcken Vorschmack von der Composition und macht auch so einfach Spaß![29]

MB27   Erläuterung zum motivischen Material
MB28   Bachs berühmte F-Dur-Invention

---

[29] Aber, auch wenn ich mich hier wiederholen sollte, *mit* Noten und Materialtabelle macht es eben noch mehr Spaß. Es sollte aber noch klargestellt werden: wir haben hier nur das motivische Material untersucht. Die selbst in diesem kurzen Stück steckende Architektur (Gegensätze zwischen entspannten und eher durchführungsartigen Teilen, Tonartenplan und entsprechende Modulationen) und die weiteren kontrapunktischen Details wurden hier nicht behandelt.

Inventio 8
(BWV 779)

Die übereinandergelegten beiden ersten Takte dieser F-Dur-Invention waren jetzt ein erstes konkretes Beispiel für kontrapunktischen Satz und imitatorische Stimmführung. Und es gäbe jetzt ganz hervorragende dicke Lehrbücher des Kontrapunktes. Aber wir wollen's mit diesen beiden Takten auch gut sein lassen und nähern uns dem Kontrapunkt im Folgenden nicht schulmäßig sondern mit zwei weiteren kabarettistischen Beispielen.

Für einen speziellen Auftritt brauchte ich einmal schnell was „musikalisch Gehobenes" zum dreijährigen Jubiläum der Euro-Einführung. Es reichte also nicht, Beethovens Europa-hymnen-Melodie[30] einfach einen lustigen Text unterzuschieben, es durfte schon, wie Verkäufe-rinnen gerne sagen, „was besseres" sein. Und „was Besseres", das bedeutet in der Musik im-mer: polyphon. Und was bastelt man da zusammen? Also natürlich, wegen Euro und Europa, diese Europahymne. Dann, da ein „Jubiläum" auch nur ein vornehmerer Ausdruck für Ge-burtstag ist, natürlich „Happy Birthday to You". Und schließlich noch (für eventuelle Euro-skeptiker, die gerne nostalgisch-schmerzlich an unsere gute, alte Deutschmark zurückdenken) den schönen alten Schlager „Auf Wiederseh'n, auf Wiederseh'n, es war so schön mit dir!". Es ergibt sich ein kleiner, dreistimmiger kontrapunktischer Satz, dessen drei Stimmen wieder ganz prima heraushörbar sind (das „Auf Wiederseh'n" erklingt in der Mitte doppelt so schnell wie am Anfang und am Ende). Nur der Text ergibt, aber das ist bei polyphoner Vokalmusik so üb-lich, ein ziemliches Kuddel-Muddel.

MB29   Euro-Jubel-Hymne für drei obligate Stimmen und Continuo

Gelegentlich habe ich – wir kommen zum zweiten kabarettistischen Stück – in meinen Kaba-rettprogrammen unbekannte, aber doch verdienstvolle Komponisten präsentiert (sogenannte „Kleinmeister"), die ich natürlich erfunden habe, samt abenteuerlichen Biografien und für sie typischen Werken. Insbesondere präsentierte ich im Bach-Jahr 2000 einen weiteren, bis dato unentdeckten komponierenden Bach-Sohn (Bach war ja auch in dieser Hinsicht sehr fruchtbar), den ... (wir kürzen das ab) ... ein schweres Schicksal ... (wir kürzen immer noch) ... zur Aus-wanderung und jedenfalls ... jedenfalls landete er schließlich in Buenos Aires und erfand dort 1766 – den Tango, der allerdings zunächst noch ein bisschen nach mitteldeutschem Barock und Leipziger Thomaskantorei klang. Es folgt erst einmal – zur Demonstration der unterschiedli-chen Satzweise – ein gemeiner, völlig unpolyphoner Schrumm-schrumm-Tango.

---

[30] Das ist die berühmte Melodie des Chorfinales aus Beethovens Neunter, die ja informell auch als Hymne der Euro-päischen Union gehandelt wird. Als das offiziell werden sollte, stieß das allerdings europaweit auf wenig Begeis-terung. Die Sehnsucht, die nationale gegen eine supranationale Identität einzutauschen, hält sich außerhalb Deutschlands eben in Grenzen. (Aber seit dem Sommermärchen 2006 darf ja sogar unbeschwert Flagge gezeigt werden und so wurden Poldi und Schweini die patres patriae unseres modernen Deutschlands.) Weltweit bekannt wurde diese Beethovenmelodie dank des spanischen Anti-Heldentenors (sogenannter Schmusetenor) Julio Iglesias als „Song of Joy". Was der Mann sonst so singt, geht mich nichts an. Aber für diesen weichgespülten Beethoven möge Apoll Iglesias im Jenseits mit ewiger schwerer Heiserkeit und Stimmbandentzündung schlagen! Hörer der bayerischen Rundfunkwerbung kennen diese Melodie auch mit dem erfrischenden Text „Freue dich auf Pfan-niknödel". Dieter Bohlen kassiert GEMA-Gebühren und ist durch das Urheberrecht geschützt. Beethoven kann umsonst und beliebig verramscht werden. (Was auch dazu führt, dass man in gehobenen Restaurants auf der Her-rentoilette sein Geschäft mit der Eroica aus der Berieselungs(sic!)-Anlage verrichten muss. Da dann *doch* lieber Clayderman). Jedenfalls ist beim Urheberschutz irgendwas schief gelaufen.

Als Vorübung für tangounerfahrene Leser: Den populärsten aller guten alten Tanzboden- oder auch Schrumm-schrumm-Tangos kennt man unter Musikern vorzugsweise mit dem folgenden Text. Bitte laut und streng im Rhythmus sprechen!

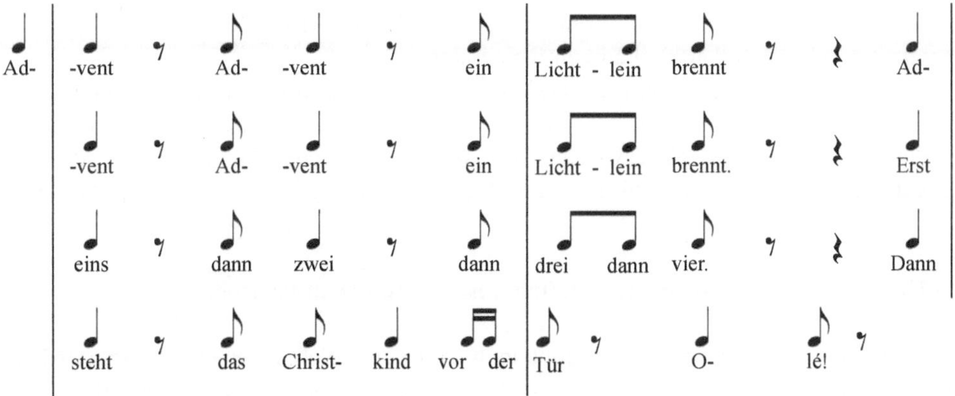

(Das „Schrumm-schrumm" bezieht sich auch auf die so charakteristische Stelle „O-lé!", aber vor allem auf die absolut gleichförmige, aber trotzdem mit Leidenschaft zu spielende 4/4-Akkord-Begleitung des Orchesters bzw. der linken Hand des Pianisten.)

Aber immerhin wird in MB30 versucht, der drögen Gesangsweise „Happy Birthday to You" einen feurigen Tango abzuringen. Und darauf folgt dann die Bastelarbeit, aus einem leicht veränderten, berühmten Bach-Motiv (der Anfang der Gavotte der Französischen Suite in G) ein barock-polyphones (Bach-Sohn!) und gleichzeitig leidenschaftlich-tangoeskes (Buenos Aires!) Werk zu formen, eben einen sehr frühen Tango des genialen Tangoerfinders Johann Gottlieb Bach.

MB30   Schrumm-schrumm-Tango (absolut unpolyphon)
MB31   Präludium, Fugato und Toccata, Juan Amadeo del Rio Buenos Aires (um 1766)

Wer aber polyphone und kontrapunktische Musik näher und vor allem ernsthaft kennenlernen möchte, dem kann ich nur die Fugen des Wohltemperierten Klaviers empfehlen. Insbesondere die späten Fugen des zweiten Bandes (der nicht so häufig gespielt wird) sind oft wahre Wunder! (Als Schnupperangebot für Polyphonieskeptiker und W.Kl.II-Ersthörer empföhle sich: die schwebende Entrücktheit der E-Dur-Fuge, die wunderbar gelöste Leichtigkeit der Fis-Dur-Fuge und der geradezu kosmische Grant der a-moll-Fuge[31]).

---

[31] Beim Verfertigen dieser Fuge war Bach offensichtlich wieder mal ziemlich schlecht gelaunt (Leipziger Magistrat, Lateinschüler, schlecht geübte Orchestermusici, etc.). Aber mit dieser a-moll-Fuge überhöht Bach seine persönliche schlechte Laune in der Tat zu einer Art von geradezu kosmischem Grant. Um diese Fuge anschlagstechnisch und agogisch richtig vorzutragen (oder auch zu hören), empfiehlt es sich, bei den so charakteristischen ersten vier unwirsch herausgeschleuderten Vierteln den Text „Leck mich am Arsch" mitzusingen (auf der Bühne natürlich nur innerlich) Mit souveräner Größe und nicht nur Magistrat, Schüler und Orchestermusici betreffend, sondern die ganze Welt in einem Aufwisch!

Auf, gerade für den kontrapunktischen Satz so wichtige und auch typische, technische Details wollen wir hier, wie versprochen, nicht näher eingehen. Aber einige besonders geheimnisvolle Begriffe aus der polyphonen Trickkiste (Begriffe, auf die man schnell trifft, wenn man sich mit polyphoner Musik und insbesondere mit Werken wie Bachs musikalischem Opfer oder der Kunst der Fuge beschäftigt) lassen sich gerade für Musikfreunde, die der Mathematik zugeneigt sind, schnell und erfrischend einfach erklären.

Zum Beispiel ist die berühmte Verkleinerung bzw. Vergrößerung nichts anderes als das Originalthema, das metrisch mit ½ bzw. mit 2 durchmultipliziert wird, also das Originalthema in halben bzw. doppelten Notenwerten. Bei Beethovens Freude-Thema ließen sich Original und Verkleinerung bzw. Original und Vergrößerung auch (es klingt nicht toll, aber es ginge) gleichzeitig spielen:

MB32   Beethovens Freude-Thema (mit Verkleinerung und Vergrößerung)

(Von den Noten her sind beide Überlappungen natürlich gleich. Aber vom Charakter her doch völlig unterschiedlich, die eine Fassung ist eher quirlig, die andere etwas majestätisch.)

Und schließlich gibt es zu einem Thema noch (und jetzt wird's tatsächlich etwas geheimnisvoll) die Umkehrung, den Krebs und die Umkehrung des Krebses (was ja schon ein bisschen nach dem „Wendekreis des Krebses" klingt[32]). Aber auch diese Begriffe sind ganz einfach, nämlich mit elementarer Geometrie, zu erklären.

Die Notenschrift ist ja (im Gegensatz zur Schreibschrift) zweidimensional. Es gibt eine links-rechts-Richtung für die Zeit und eine oben-unten-Richtung für die Tonhöhe. Damit gibt es also auch zwei Spiegelachsen und dementsprechend drei durch Spiegeln entstehende Formen eines Themas (mit der Ausgangsform natürlich vier)[33].

Beim Vergleich dieser Fuge mit der identisch beginnenden Chorfuge aus Händels Messias tut sich dann mit einem Blick der ganze Unterschied zwischen Bach und Händel auf. Beide Komponisten (von Ort, Zeit, Religion und musikalischer Ausbildung her praktisch aus demselben Umfeld stammend) verwenden für ihre zwei Fugen dasselbe Motiv. Doch sie könnten unterschiedlicher nicht sein! Dort große repräsentative Musik für den öffentlichen Raum. Hier ganz persönliche, geharnischte Innerlichkeit, ins allgemein Menschliche gesteigert.

[32] Für autofahrende Geografie-Ignoranten: Der „Wendekreis des Krebses" hat nichts mit dem Radius zu tun, den ein Krebs benötigt, um umzukehren. Und warum nicht? Weil der Krebs ja gar nicht umkehren muss, sondern einfach rückwärts geht! (Sog. Krebsgang, vergleiche oben MB33.) Beim Steinbock ist das natürlich nicht so einfach. Aber der „Wendekreis des Steinbocks ist auch nicht der minimale Radius, den ein Steinbock zum Wenden bräuchte, sondern der maximale (= Wendepunkt) südliche Breitengrad für die Zenitstellung der Sonne. Der Roman heißt im Original auch „Tropic of Capricorn" und nicht „The Capricorn's U-turn". (Der Zusammenhang zwischen den beiden Tieren ließe sich etwas kryptisch, aber konzis durch Krebs + 6 mod 12 = Steinbock darstellen.)

[33] Mathematisch sensible Leser können beruhigt sein: Die Umkehrung des Krebses ergibt dasselbe wie der Krebs der Umkehrung. Nicht-Mathematiker sind da ohnehin arglos und schöpfen auch demgemäß keinen Verdacht, dass dem etwa nicht so sein könnte. Doch Mathematiker wissen: Nichts auf dieser Welt ist selbstverständlich! Aber die alten Polyphoniker wussten sicher schon intuitiv, dass mit diesen vier Formen des Themas implizit eine Gruppe gegeben ist. Aber sie kannten natürlich noch keinen Gruppenbegriff (und schon gar nicht die „Kleinsche Vierer-

Als konkretes Beispiel nehmen wir hier den Anfang eines (jedenfalls bei uns in Bayern) berühmten (aber so Sie schon mal in Ruhpolding geurlaubt haben, werden Sie ihn auch kennen) Schuhplattlers (das ist ein Ländler, also ein Tanzstück im mäßig bewegten Dreivierteltakt; aber darauf kommt's bei der Umkehrung des Krebses wirklich nicht an). Das sieht dann so aus wie in der nächsten Abbildung und hört sich so an:

MB33   Thema und Krebs
MB34   Thema und Umkehrung
MB35   Thema und umgekehrter Krebs

Ganz einfach. So viel zur „technischen" Einführung in die Polyphonie und den Kontrapunkt.

Thema   Krebs

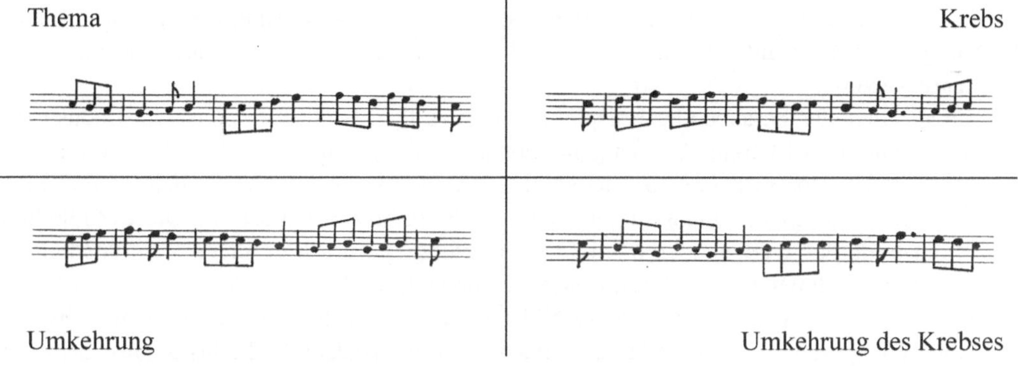

Umkehrung   Umkehrung des Krebses

Zum Schluss dieses Abschnitts sollte aber noch festgehalten werden: Der Kontrapunkt wurzelt in der mittelalterlichen Musik-Gelehrsamkeit der Ars antiqua und Ars nova, als die Musik noch zusammen mit der Astronomie, der Arithmetik und der Geometrie das Quadrivium der sieben freien Künste bildete. Die ganz große Blütezeit der Polyphonie lag im 14. und 15. Jahrhundert. Der Kontrapunkt der Barockzeit (und damit auch der der Bachschen Musik) ist daraus hervorgegangen und war dann als grundlegende Kompositionslehre der Kirchenmusik über Jahrhunderte hinweg eine Art kanonisierte, abgeschlossene und ehrwürdige Wissenschaft wie die Himmelsmechanik, Thermodynamik oder Funktionentheorie bei den Astronomen, Physikern oder Mathematikern, eine „Wissenschaft" mit Lehrbüchern, anerkannten Kapazitäten (wie Padre Martini, Albrechtsberger oder Salieri) und Vorlesungen, die man als ernsthafter Komponist sozusagen für wenigstens zwei Semester belegen musste.[34]

---

gruppe", nicht zu verwechseln mit der revisionistischen Viererbande). Vielleicht wär das mit der polyphonen Gruppe ja eine Anregung für formalistische moderne Komponisten? (Meine Lieblingsautobahnausfahrt ist übrigens Untergruppenbach an der A6. Nur falls Sie da mal vorbeikommen.)

[34] Sogar Schubert meinte, immerhin nach seiner grandiosen C-Dur-Sinfonie, dass es für ihn allmählich Zeit wäre, jetzt mal „zwei Semester Kontrapunkt" zu belegen (natürlich bei Salieri; genau, der aus dem Mozart-Film; wie alt wurde eigentlich dieser Salieri?). Nun ist Schubert so ziemlich der einzige Komponist, der, wegen seiner überwältigenden melodischen und harmonischen Fantasie, den Kontrapunkt *nicht* nötig hatte. Aber anscheinend spürte er: Um weitere 20 Jahre Sonaten und Sinfonien schreiben zu können, kann man sich nicht nur auf seine Fantasie verlassen. Und es wäre wirklich spannend zu spekulieren: Wäre einem Schubert mit einem Diplom im Kontrapunkt seine Souveränität und Kreativität abhanden gekommen? Oder hätte Schubert der Welt, ähnlich Mozart, noch ei-

Aber auch wenn man seine Scheine in Kontrapunkt 1 und Kontrapunkt 2 mit Bravour gemacht hatte, war man deswegen noch lange kein großer, kontrapunktischer Komponist. Nur korrekter Kontrapunkt ist noch keine große, inspirierte Musik. Der Kontrapunkt ist keine Rezeptsammlung, mit deren Hilfe man dann schöne große Fugen sozusagen in Serie produzieren könnte. Das sollte man, gerade weil der Kontrapunkt gerne als schwierige aber machtvolle Geheimwissenschaft gesehen wird, bei dieser Thematik immer vor Augen haben.

So war etwa auch die ominöse Umkehrung des Krebses schnell und einfach zu erklären. Aber mit Hilfe solcher Konzepte auch richtige, nämlich lebendige und schöne Musik zu schreiben, ist noch etwas anderes. Eine Zeichenreihe zu spiegeln, ist nämlich noch keine Kunst, sondern erst mal nur eine Fleißarbeit. Bei Wörtern kommt dabei meist auch nur ein Blödsinn heraus (Nnisdölb, zum Beispiel). Und bei Melodien ist es zunächst genauso.[35] Aber eine Melodie von vornherein so anzulegen, dass sie *und* ihre Spiegelung klingt und lebt, und sie dann kontrapunktisch so zu verarbeiten, dass sie im gesamten Stimmengeflecht in beiden Richtungen schlüssig aufgeht, das ist keine Fleißarbeit, sondern große Kunst und manchmal fast schon Hexerei.

Ein wirklich atemberaubendes Beispiel liefert etwa Paul Hindemith in seinem Ludus tonalis. Das Präludium ist bereits für sich genommen, ein hinreißendes Musikstück. Und niemand ahnt beim ersten Hören, dass es bereits so abgefasst wurde, dass es, wenn man es rückwärts spielt und rauf und runter vertauscht, ein neues Stück ergibt. Aber in der Tat: Dieses Präludium taucht am Ende des Werkes noch einmal auf, allerdings zweifach gespiegelt, als Postludium, und ist wirklich ein neues, in sich schlüssiges, eigenwertiges, hinreißendes Stück. Das ist nicht selbstverständlich! (Wir sagen nur: Nnisdölb! Und der war obendrein nur an einer Achse gespiegelt.) Wie gesagt, zu studieren und zu bewundern in Hindemiths Ludus tonalis, dem – in mehrerlei Hinsicht – Wohltemperierten Klavier der Moderne. (Ein viel zu selten gespieltes Werk, das den traditionellen Musikliebhabern bereits zu modern ist und unseren Berufsavantgardisten schon wieder zu spießig. Es ist aber, ohne jede Effekthascherei und Pose, ganz einfach ganz große Musik. Aber das wird sich schon noch herumsprechen.)

---

nen wundersamen, kontrapunktisch vertieften Spätstil schenken können? Vermutlich letzteres. Aber durch seinen (auch in dieser Hinsicht tragisch) frühen Tod hat Schubert Salieris Kontrapunkt-Kursus einfach umgangen und die Nachwelt darf jetzt müßig spekulieren.

[35] Hier hatte die serielle Musik der klassischen Moderne eine gewisse inflationäre Wirkung. Allein durch die Wörter „Zwölfton", „seriell" und eben die „Umkehrung des Krebses" wurde beim gemeinhin gutmütigen bürgerlichen Musikliebhaber, der auch immer gerne seine Fortschrittlichkeit demonstrieren möchte, eine prophylaktische Demutshaltung bewirkt. („Das ist sicher alles irgendwie irrsinnig schwierig. Es ist ja fast schon Mathematik!") aber das Festlegen, Abarbeiten und Spiegeln von Zwölfton- oder auch anderen Reihen ist per se, wie gesagt, erst mal eine Fleißarbeit. Und so was einfach hinzuschreiben und sich überraschen zu lassen, wie's denn dann so klingt, ist eben keine Kunst. Eine Wertung ist hier schwierig. Beruhigend ist, dass Schönberg alle neuen Schüler, die bei ihm mal schnell lernen wollten „modern zu komponieren", erst mal für mindestens ein Jahr mit dem (wie man früher so schön sagte) „gründlichen Studium der alten Meister" behelligte (vor allem natürlich Bach, Beethoven, Brahms und Reger). Aber die klassische Moderne ist mittlerweile auch schon wieder ziemlich alt und die moderne Moderne hört sich ja, ganz ohne Reihen, oft schon wieder richtig nett an.

Alberner Exkurs

Aber das Stichwort „Ludus" und die Tätigkeit des Umkehrens einer Zeichenfolge erlauben es, hier (zur Erholung) auch mal kurz auf gewisse Spielarten eines mathematisch-musikalischen Humors einzugehen, die weder abstrakt – und schon gar nicht konkret von irgend einer „Bedeutung" sind, sondern einfach die Freude am schlichten Herumspielen mit einem gegebenen Material demonstrieren (und zwar auf durchweg alberne Weise und dezidiert unprätentiösem Niveau). Aber wir sind ja hier unter uns und können hier auch ruhig mal ein bisschen blödeln.

Ich glaube nämlich, Mathematiker und Musiker sind für solche harmlos-verspielten Scherze ganz besonders inkliniert. Da sich aber auch Nicht-Mathematiker und Nicht-Musiker über fröhliche Wortverdrehungen und -zerlegungen durchaus amüsieren können, zeigt sich sogar aus dieser Nonsense-Perspektive, dass Mathematik und Musik keine exotischen Sonderbegabungen sind, sondern ganz normal-schlechthin menschlich (hier sogar allzu menschlich).

Da gäbe es zum Beispiel die Schüttelreime. Vom einst populären

Da sagt der Herr von Finkenstein
Die Harzer Käse[36] stinken fein!

über das schon raffiniertere

Im Ballet, da sieht man Beine schweben
Im Schlachthof eher Schweine beben.

bis zu wirklich virtuosen vierfachen Schüttelungen wie (zum Verständnis: Felix Mottl, 1907 – 1911 Direktor der Münchner Hofoper und berühmter Wagner-Dirigent) das unter Musikern berühmte:

Was gehst Du bloß in Mottls Tristan
Und hörst Dir dieses Trottels Mist an?
Nimm lieber meines Mittels Trost an
Und nimm Dich eines Drittels Most an!

Na, was sagen Sie jetzt? Sollten Sie jetzt wirklich sagen, das klinge doch ziemlich gekünstelt, dann haben Sie völlig Recht. Aber *nichts* verstanden! Das ist ja gerade das Schöne! (Es gibt ganze Sammlungen höchst erstaunlicher Schüttellyrik. Und selbst so unterschiedliche Geister wie der famose Eugen Roth und der grandiose Friedrich Torberg waren begnadete Schüttler.)[37]

---

[36] In dem Maße wie der Harzer Käse aus dem öffentlichen Bewusstsein schwindet, schwindet leider auch ein einst allgemein bekannter Vers wie dieser aus unserem kollektiven Gedächtnis (sogenanntes Volksgut, Abteilung Unsinnsverse). Aber wir halten hiermit dagegen!

[37] Die Süddeutsche Zeitung präsentiert (ich glaube nun schon im dritten Jahr) unter der Überschrift „Gemischtes Doppel" jeden Freitag einen Bonsai-Schüttelreim, wie etwa heute: Unter dem Foto eines hübschen jungen Liedermachers mit Gitarre „Liebesdichter" und unter dem Foto einer im Dunkeln leuchtenden Taschenlampe „Diebeslichter". Es ist schön zu wissen, dass man nicht der Einzige ist, der solch absolut nutzlosen Unsinn ästimiert: Offensichtlich hat diese Rubrik eine treue Lesergemeinde! Schön ist aber auch die Vorstellung, dass am Donnerstag-Nachmittag plötzlich auf allen Redaktions-PCs die Eilmeldung blinkt: „Wir brauchen für morgen noch ein

Aus reiner Freude am Zerlegen und Zusammensetzen finden kombinatorisch belastbare Gemüter es auch schön, wenn eine Geschichte etwa anfängt mit „Die bulgarische Schwerathletin Anna Bolika und ihr chinesischer Fitness-Trainer Do Ping Pong ..." (sehr nahe liegend) oder (schon besser) „Der Kölner Gelegenheitsarbeiter und Berufskarnevalist Franz Branntwein und seine Lebensgefährtin, die kolumbianische Nackttänzerin Mari Huana ..."

Natürlich ist das höchst albern, aber wenn man da mal anfängt, *kann* man gar nicht mehr aufhören![38] Das gibt's sogar als Spiel: „Was ist der Vorname vom ...?", wobei der zu findende vordere Wortteil gar kein echter Vorname sein muss. Unerreicht ist der Vorname vom Reh. Na? Das Kartoffelpü, natürlich![39]

Der unangefochtene Gipfel sinnfreier Wortbasteleien ist aber das Palindrom (umgedreht Mordnilap, was auch seinen Reiz hat, aber leider kein Palindrom ergibt). Das Umkehren eines Wortes ergibt meist – auch bei gutem Willen (der Mord von ebengerade war bereits ein seltener Glücksfall) – nur irgendeinen Schmarren. (Wie etwa den vorhin entdeckten Nnisdölb.) In raren Glücksfällen können allerdings Neubildungen entstehen, die tatsächlich richtige Wörter sein könnten, einen verborgenen Sinn erahnen lassen[40] und jedenfalls um ihrer selbst Willen geachtet (und vielleicht sogar geliebt) werden *könnten*. Vier meiner Lieblinge wären etwa: mirp, der Znirp, Flodur und gniesig. (Zu: prim, Prinz, Rudolf und – mein Münchner Stadtteil – Giesing; gniesig ist natürlich keine orthographische, sondern eine phonetische Umkehrung mit kleinen Freiheiten betreff i und ie, versteht sich). „Der Znirp ist heute ziemlich mirp, während Flodur –

Gemischtes Doppel"! Und wie dann Dutzende höchstqualifizierter Redakteure, statt leidenschaftliche Leitartikel oder vernichtende Verrisse aufs Papier zu schleudern, bleistiftkauend vor einem leeren Blatt Papier sitzen. Und schier darob verzweifeln, dass Wiener Schnitzel – Schniener Witzel leider leider nicht geht. Tipp: Seien X, Y beliebige Buchstaben und x, y beliebige Buchstabenfolgen. Sei SCHÜTT die Abbildung SCHÜTT (Xx , Yy)) $\rightarrow$ (Yx , Xy), sei Dud die Menge aller Dudenwörter und Dud x Dud die Menge aller Dudenwörterkombinationen, dann muss man lediglich

SCHÜTT(Dud x Dud) $\cap$ Dud x Dud

bestimmen. Dann hätte man schon mal alle Gemischtes-Doppel-Kandidaten beisammen! (Zum Beispiel ist (Butter, Milch) $\in$ Dud x Dud und SCHÜTT (Butter, Milch) = (Mutter, Bilch) wäre auch in Dud x Dud enthalten; ob „Mutter Bilch" auch sinnvoll – etwa für die Fabel von „Gevatter Dachs und Mutter Bilch" – ist wieder eine andere Frage.) Man könnte da unschwer ein kleines Programm schreiben. Bräuchte aber *viel* Rechenzeit! Aber jetzt sehen Sie mal, was für eine intellektuelle Leistung hinter den Diebeslichtern steckt! (Sehr reizvoll – aber nur kombinatorisch – wäre auch ein *doppeltes* gemischtes Doppel, wie: Der Hosenloden für die Lodenhosen.)

[38] Der Hamburger Leichtmatrose Kai Mauer und die vielversprechende Nachwuchsdisseuse Mimi Kry ... Der Münchner Kleinaktionär Rudi Mentär und seine Haushaltshilfe Resi Denz ... Die bayerische Funktionentheoretikerin Resi Duum ist vielleicht zu speziell, aber die slowenische Chemikerin Mari Bor und die große alte Dame der ungarischen Leporidaeologie Ester Hasi ... es gäb noch einiges!! (Etwa, da im Amtsdeutsch Vornamen auch nachgestellt werden, der nicht besonders gute Gefäßchirurg Tom Häma, die brillante Instrumentalsolistin Monika Mundhar, und die begnadete Köchin in meinem Stammwirtshaus Trudel Zwetschgens. Nun isses aber gut.)

[39] Kartoffelpü, das: kleines, freches, aber sehr scheues kartoffelförmiges Koboldwesen aus der Gattung der Pü-Kobolde. Lebt in Küchenschränken und ernährt sich aus angebrochenen Kartoffelpüreepulverpackungen. Nachtaktiv. (Und das Gegenteil von Reformhaus ist natürlich das Reh hinterm Haus.)

[40] Unübertroffen bezüglich Wort-Neubildungen, die einen verborgenen Sinn erahnen lassen, ist Christian Morgenstern: „Die rote Fingur plaustert und grausig gutzt der Golz!" Ich bin überzeugt, wenn man ganz ganz tief in den Deutschen Wald eindringt und sich dann ganz ganz ruhig verhält, sieht man, auf dem toten Ast einer mächtigen, alten, bemoosten Tanne sitzend – den Golz. Und was macht er, der Golz? Er gutzt!

ein finsterer Riese der altgermanischen Mythologie – sich wieder mal ziemlich gniesig fühlt."[41]

Das ist alles schon recht nett. Aber die große Herausforderung beim Palindrom besteht darin, Wörter zu finden, die umgedreht nicht nur etwas Sinnvolles ergeben (wie rot und Tor, Tennis und sinnet oder Idee und Edi[42]) – oder wenigstens etwas poetisch potentiell Sinniges wie den gniesigen Flodur – sondern die umgedreht genau wieder sich selbst ergeben, die also mit ihrer Umkehrung identisch sind. Anna und Otto kennt man natürlich (Ada und Odo gäb's auch noch). Aber es gibt noch relativ viele viel verblüffendere Beispiele. Verblüffend, weil jedes Palindrom einen Fixpunkt der Inversionsabbildung[43] bildet. Und Fixpunkte sind etwas Besonderes! $f(x) = x^2$ etwa hat bekanntlich nur die beiden Fixpunkte $x = 0$ und $x = 1$ (denn $0^2 = 0$ und $1^2 = 1$).[44] So gesehen ist es dann doch erstaunlich, dass es eine ganze Reihe solcher Fixpunkte (= Palindrome) gibt, neben Anna, Otto, Esse, Radar, stets, Kajak etc. noch den Rentner, das Reittier, und – wirklich überraschend – den von Schopenhauer entdeckten Reliefpfeiler und den von unseren Kindergartenkindern entdeckten Legovogel.

Ist x übrigens irgendeine Zeichenreihe und bezeichnet man deren Umkehrung mit σ(x), so gilt natürlich: wenn x irgendeine Buchstabenfolge ist und y ein Palindrom, so ist auch xyσ(x) ein Palindrom. Beweis: σ(xyσ(x)) = σ(σ(x))σ(y)σ(x) = xyσ(x). Denn da y ein Palindrom, ist σ(y) = y, und die Umkehrung von der Umkehrung ergibt wieder die Ausgangszeichenreihe, also σ(σ(x)) = x. (Beispiel folgt gleich!) Wenn Sie jetzt fragen, wozu man solch einen bescheuerten Lehrsatz braucht, antworte ich ganz kühl: Weil man kraft dieses Satzes mit x = Edi und y = s sofort erkennt, dass Edis Idee ein erstes zusammengesetztes Palindrom ist! Der Ottorotor[45] bleibt leider im Ansatz stecken[46] aber Ufotofu (leichte, eiweißreiche Kost für etwas längere Reisen) ist absolut korrekt. Und intelligibel.

Fleißige Tüftler haben ganze Palindrom-Sätze geschmiedet! Diese sind zwar meist von einer etwas bemühten Semantik, aber einem Rat wie „Eine Hure bei Liebe ruhe nie!" kann man

---

[41] Auch ein längerer banaler Text kann umgedreht eine geradezu atavistisch-schamanisch-kultische Wirkung entfalten. Man lese etwa laut, innerlich engagiert und gemäß den musikalischen Vortragszeichen:

(mf)	Mureh.
(f)	Mlumudnu!
(ff)	MLUMUDNU!!
(p, morendo)	mluni ...

[42] Manchmal trifft man leider nur knapp daneben. So ergibt der exotische Leguan nur einen ganz banalen (und obendrein leicht verstörenden) Naugel. Taktik ergibt übrigens KitKat.

[43] „Fixpunkt der Inversionsabbildung" ist die mathematisch-gehobene Umschreibung für „umgedreht (Inversion) kommt wieder das selbe (Fixpunkt) heraus". Mathematiker reden so.

[44] Die Funktion $f(x) = x$ hat natürlich sehr viele Fixpunkte. Aber das ist ein unfaires Beispiel. Diese Funktion wird von Nichtmathematikern oder Anfängern auch stets mit einer gesunden Skepsis betrachtet. Vom Standpunkt des Calvinismus her, gehörte sie auch glatt verboten. Denn $f(x) = x$ als Funktion zu betrachten ist so, wie wenn Nichtstun auch eine Arbeit wäre. Jedenfalls haben ordentliche Funktionen, bei denen auch ordentlich was geschafft wird, nur wenig Fixpunkte.

[45] Das ist sicherlich die Bezeichnung für einen Hubschrauberrotor, der durch einen Ottomotor angetrieben wird.

[46] Wenn ein gewisser Otto Rotoren verkauft, ist er der Rotor-Otto (wie der Hühner-Hugo in Düsseldorf). Und wenn er mir einen bestimmten Otto-Rotor anbietet, ist das dann Rotorottos Ottorotor. Das ist zwar Quatsch, aber ein schönes langes Palindrom gemäß unserem obigen Satz!

nur unschwer widersprechen. Und selbst einem „Ein Neger mit Gazelle zagt im Regen nie" muss man letztendlich beipflichten: Wenn es wirklich so richtig vom Himmel bladdert (tropischer Regenguss in Zentralafrika) ist das *mit* einer Gazelle sicherlich kurzweiliger denn ohne. Und dieses so denk- wie merkwürdige Palindrom ist natürlich eine wunderbare dreifache Iteration unseres obigen Satzes mit dem palindromatischen Kern ELLE:

(EIN(NEGER(MITGAZ(ELLE)ZAGTIM)REGEN)NIE)

(Und auf σ(MITGAZ) = ZAGTIM muss man erst mal kommen!) Es gibt noch viele weitere Palindrome und ganze palindromische Texte – eine halbe Seite lang! Ein Buch soll angeblich 10.000 Palindrome enthalten. Vermutlich sind sie computergeneriert, was schade wäre. Ein Palindrom erzeugt man nicht. Man findet es in raren glücklichen Momenten gleich einem Bergkristall auf einer Hochtour. Und es gibt sogar eine absolut anwendungsresistente, wundersame mathematischer Palindrom-Theorie, die viele seltsame, aber höchst ansprechende abstrakte Grafiken induziert.[47]

Was aber war der allererste Satz, der auf dieser Welt gesprochen wurde? Nun, nachdem Gott Adams Gefährtin Eva erschaffen hatte, musste Adam sich natürlich erst mal vorstellen, Und wenn wir mal davon ausgehen, dass im Paradies, die Endzeit der Menschheit antizipierend, auch schon Englisch gesprochen wurde, und dass Adam kein troglodytischer Haudrauf war, sondern ein wohlerzogener Gentleman, dann sagte er natürlich: „Madam, I'm Adam!" Die Weltgeschichte begann mit einem Palindrom![48]

Was den Humor, nicht in der Musik, sondern unter *Musikern* anlangt, will ich hier nicht zu ausführlich werden. Sagen wir es so: Er zeichnet sich durch einen sehr unbefangenen Umgang mit allem Zotigen aus[49] und durch eine harmlose Freude an albernen Wortspielen, Verdrehungen und insbesondere Textunterlegungen, alles vereint und mit vollendeter Leichtigkeit demonstriert in Mozarts Briefen. Eine bayerisch-barocke Steigerung beider Aspekte bot Max Reger, der als großer Kontrapunktiker seinen palindromatischen Nachnamen natürlich als schönes Omen empfand. Und der bei Einladungen, bei denen die Bewirtung nach seinem Geschmack eher unzureichend war[50], im Gästebuch anklagend mit „Rex Mager" zu unterschreiben pflegte.

Aber wenigstens zwei sehr bezeichnende und unser großes Thema (natürlich aus jeweils *sehr* spezieller Sichtweise) erhellende Musikerscherze möchte ich hier doch präsentieren. Der erste gehört zur Gattung der – wir hatten das ja schon vorbeugend erwähnt – Zoten. Und alle, die eine diebische Freude beim Aussprechen (und sei es auch nur stumm) von Begriffen aus dem Genitalbereich empfinden, werden und sollen jetzt auch ihre Freude haben. Aber das *Genitale* ist *hier* nur das Turngerät fürs *Geniale*: nämlich für ein brillantes, in seiner formal-

---

[47] Kröber, Karl G.: Ein Esel lese nie (2003). Dieses Buch ist allerdings vergriffen. Das ist einerseits schade, nämlich für alle, die jetzt neugierig geworden sind. Andererseits sehr erfreulich, da dies wieder einmal demonstriert, dass auch solche Themen, die nicht gerade den öffentlichen Diskurs bestimmen, durchaus ihre Leser finden.

[48] Für Lateiner begann die Weltgeschichte natürlich nicht auf Englisch, sondern mit einem römisch-lakonischen: „Ave Eva!" Und am Ende der Weltgeschichte? Da sind wir alle – tot.

[49] Angeblich besonders bei Orchestermusikern. Und da, angeblich, besonders beim Blech.

[50] Reger neigte nicht nur satztechnisch, modulatorisch und kontrapunktisch gelegentlich zu Unmäßigkeit, sondern auch beim Essen und Trinken.

216

abstrakten Gewitztheit alles Niedere und Gemeine ganz entschieden unter sich lassendes Wortspiel. (Obendrein habe ich diesen Witz von einer Orchestermusiker*in* erzählt bekommen. Aber Orchestermusiker und auch -innen verbringen viel angespannte Wartezeit in engen Garderoben und finsteren Gräben – da muss auch schon mal ein freies Wort erlaubt sein.) Also: „Was ist der Unterschied zwischen einem (Vorsicht, jetzt kommt's) Scheidenkrampf und einer (das ist jetzt wieder harmlos, zumindest von der Thematik her) Quadrupelfuge? – Wenn du beim Scheidenkrampf drinnen bist, kommst du nicht mehr raus. Und wenn du bei einer Quadrupelfuge draußen bist, kommst du nicht mehr rein!"

Mustergültig bringt dieser kleine Scherz zwei wirklich *sehr* weit auseinander liegende Dinge erstaunlich nah zusammen. Und letztlich reduziert sich das Ganze ganz formal, elegant und konzis, auf eine schlichte, kreuzweise Buchstabenvertauschung (kein exakter Schüttelreim, aber doch eine Schüttelung), nämlich drinnen – raus und draußen – rein (mit der vom Mittelhochdeutschen her gerechtfertigten Lizenz i und ei gleichzusetzen, vergleiche min – mein). Und für alle, für die Kunst immer auch noch einen Inhalt vermitteln muss, für die bietet dieser Scherz auch noch die, wenn man so will, kritische Botschaft, dass mit einer Quadrupelfuge (und das gilt fürs Komponieren, fürs Anhören und vor allem fürs Spielen) nicht gut Kirschen essen ist! Ich weiß nicht, welcher gelangweilte Posaunist (mit 234 Takten tacet) sich diesen Witz einmal ausgedacht hat. Aber er steht in schönster Tradition zu Mozart und Reger. (Haydn, Beethoven, Brahms, Wagner, Strauß und Hindemith waren übrigens auch keine Kinder von Traurigkeit.) Als besonders verwegener Schüttler gilt übrigens der Pianist Arthur Schnabel, was ihm kraft des Reimes „Schnabel nur" auf „Nabelschnur" ja quasi schon in die Wiege gelegt ward. Zwei weitere Musikernamen mit Schüttelpotential: (Über ein *sehr* junges Wunderkind am Klavier) „Er ist noch nicht mal stubenrein und spielt schon fast wie Rubinstein!" (Und der Seufzer eines Orchestergeigers) „Bei einem Stück von Richard Strauss, da kriegt man nie die Strichart raus." Ein völlig offensichtlicher und dennoch verblüffender Schüttelreim der Premiumklasse!

Dass aber Musiker bei einer so erhabenen Tätigkeit wie der Exekution einer Quadrupelfuge auf so blöde Ideen kommen können, ist eigentlich das Bezeichnendste an diesem Witz. Es gibt in dieser Hinsicht aber noch einen viel schlimmeren (nein, nicht schlimm was das Zotige anlangt, sondern nur von der Fallhöhe her). Eine der schönsten und geliebtesten Melodien unserer ganzen Musikgeschichte ist das zarte Ländlerthema aus Schuberts Unvollendeter:

MB36   (aus Schuberts Unvollendeter, erster Satz)

Und zu dieser traumhaften Melodie gibt es den unter Orchestermusikern geläufigen schönen Text (bitte singen!) „I-da, wo gehs-te hin, wo komms-te her, wenn komm-ste wie-da?" Dieser Text zu dieser Melodie, das ist natürlich ätzend, grässlich, voll daneben und „absolutely inadequate".[51]

---

[51] In Amerika singt man auf diese Melodie „This is the symphony, which Schubert wrote and never finished." Dieser Text ist für alle, die sich wirklich nicht merken können, dass diese 15 Noten zu Schuberts Unvollendeter gehören, eine ganz vorzügliche und auch vom Verband der amerikanischen Musikerzieher empfohlene Merkhilfe, die auch absolut korrekt getextet wurde. Aber gleichzeitig ist dieser Text im Vergleich zu unserer Ida (ganz abgesehen davon, dass er sich nicht mal reimt) von einer geradezu trostlosen Nützlichkeit. Ida hingegen erscheint völlig unerwartet, ohne jede Notwendigkeit, unvermittelt aus dem Nichts, stellt beiläufig die Sinnfrage: „Woher kommen wir? Wer sind wir? Wohin gehen wir?" und verschwindet wieder, ohne darauf billige Antworten geben zu wollen,

Aber weil Musiker von Berufs wegen praktisch den ganzen Tag mit Verzückung und Verzweiflung beschäftigt sind, brauchen sie vielleicht, auch zum Ausgleich, solch einen ganz und gar albernen Humor.[52] Und solch ein Scherz soll weder Schuberts Musik noch Schubert lächerlich machen oder gar, wie man's heute gerne tut, dekonstruieren. (Genauso wenig wie sein nach Happy Birthday gewandtes As-Dur-Impromptu.) Solch ein Scherz gründet sich sogar zuletzt auf eine tiefe Vertrautheit mit und Liebe zu Schuberts Musik. Es geht hier lediglich um den Spaß, einen herrlich blöden Text wirklich punktgenau auf eine gegebene Melodie abzubilden. Genauso beim berühmten Schluss von Liszts zweiter Ungarischer Rhapsodie. Sie wissen schon, die schnellen Achtel, erst in zwei drängenden Schüben die Cis-Tonleiter aufwärts und dann in schnippischen Terzsprüngen wieder bergab, die durch die Vorschläge noch etwas leicht Zickiges bekommen. Und dazu der glorreiche Text:

(drängend)	„Dú mit Deine Céllobeene spiél mir mal die Stéll' alleene!"
(zickig)	„Néin die Stélle spiél ich nicht! Dénn die Stélle kánn ich nicht."

MB37   (aus Liszts zweiter Ungarischer Rhapsodie)

Beide Themen sind rhythmisch und von der Sprechmelodie her wie für diese Texte gemacht! Und Sie werden diese beiden blöden Sätze, den mit der doofen Ida und den mit den doofen Cellobeenen, rhythmisch und agogisch gar nicht mehr anders sprechen können. Diese perfekte Übereinstimmung von Musik und Text *und* die Diskrepanz der emotionalen Sphären machen diese spielerische Kombination von Noten und Silben so erfrischend lustig. Das Unterlegen einer Melodie mit einem (neuen) Text nannte man übrigens schon in der alten Musik, Jahrhunderte vor der Erfindung von Kabarett und Comedy, Parodie (von Para-Ode). Und der Kirchenmusiker Bach hatte keinerlei Hemmungen, Musik aus geistlichen Kantaten mit neuen, oft eher albernen weltlichen Texten (zum Beispiel für eine Festkantate zum Geburtstag seines Fürsten!) zu parodieren. Oder auch umgekehrt. Ein Musiker kennt da nix!

Musiker wissen (schon allein durch tägliches Üben und Proben), dass Musik *gemacht* wird. Und auch schon von Komponisten erst Mal *gemacht* werden musste. Die Ergriffenheit bei der Aufführung ist eines. Architektur, Harmonielehre, motivische Arbeit und Kontrapunkt sind ein anderes. Und durch den ganz selbstverständlichen Umgang mit Musik als Handwerk ist so eine

---

so rätselhaft wie sie gekommen. Nicht ohne ihr Erscheinen durch den kühnen Reim „wie-da" (auf I-da) auch noch ästhetisch beglückend abzurunden. Hier tun sich die wahren psychologischen Abgründe zwischen amerikanischem Pragmatismus und europäisch-deutschem Idealismus auf. (Klingt, möchte man fast fragen, Ida nicht schon fast wie Ideal?) Und man ahnt wieder einmal: Nützlichkeit ist der natürliche Feind jeglicher höheren Betätigung, sei es polyphone Musik, abstrakte Mathematik, Schach spielen, höherer Blödsinn, Sudoku oder Wirtschaftswissenschaften.

[52] Wie Mediziner. Besonders, angeblich, bei Chirurgen und Urologen. Wobei der Medizinerhumor, naturgemäß, weniger albern denn schwarz ist. Chirurg zu Oberschwester Erika (mit Mundschutz und am offenen Patienten, versteht sich): „Schwester, kennen Sie den? Kommt ein Mann zum Urologen und sagt ..." Gut, dass man als Patient anästhesiert ist. Aber eine schöne Synthese aus fröhlichem Musiker- und schwarzem Medizinerhumor ist die (verbürgte) Ankündigung: Zur Aufführung gelangt der Bach-Choral „Näher mein Gott zu Dir". Es singt der Münchner Ärztechor.

Haltung (die aus der Sicht des enthusiastischen Konzertsaalgängers zu solchen ja geradezu „frivolen" Scherzen führen kann) durchaus nahe liegend.

Musik, absolute Musik, ist (letztlich sogar bei einem Wunderwerk wie Schuberts Unvollendeter) immer *auch* handwerklich gemacht. (Wobei wir in diesem Buch ja gar nicht auf solch hoch-emotionale Musik abheben, sondern primär von absoluter, gearbeiteter, kontrapunktischer Musik sprechen, die von vornherein objektiv und formal gedacht ist.)

Alle, die solcherlei Scherze nur als Sakrileg sehen können, laufen ein bisschen Gefahr, die Musik als bloßes Gerüst für große Gefühle und Botschaften zu verkennen. Und zu missachten! Eine Tendenz des musikliebenden deutschen Bürgertums um 1900, das sich die deutsche Innerlichkeit auf die Fahnen geschrieben hatte[53] und das bei Musik immer gleich an „Erlösung" dachte, während Musiker da erst mal nur an die „*Auf*lösung" von D7 nach T oder C4 → C3 denken. (Vom dissonanten Dominantseptakkord in die konsonante Tonika bzw. vom dissonanten Quartvorhalt in die konsonante Terz. *So* trocken ist Musik!)

Man muss ja nicht gleich den Parsifal mit der Carmen austreiben – wie's Nietzsche so demonstrativ tat – aber nach der wundersamen deutschen Hoch- und Spätromantik taten ein bisschen Scarlatti und Rossini, Satie, Hindemith und Strawinsky schon ganz gut. Die volle 180°-Wende vollzog ja ohnehin schon Schönberg, der höchst- und spätestromantisch expressionistisch-ekstatisch begann und mit seiner extrem handwerklichen, mit kontrapunktischen Spiegelungen und „Krebsen" gesättigten Zwölftontechnik endete.[54]

Musik ist nicht nur Gefühl und auch nicht nur Handwerk. Aber „das Handwerkliche" ist keine bloße Dienstleistung fürs Emotionale und für diverse „Botschaften", sondern, wenn es gut gemacht ist, *ist* das Handwerk die Musik: nämlich Musik und nur Musik, Musik um ihrer selbst willen, Musik nur aus sich heraus, Musik als „tönend bewegte Form", als abstraktes Spiel mit Tönen.

Dass eine Quadrupelfuge irgendwie schwierig ist, dürfte nach unseren obigen Ausführungen also klar sein. Aber was ist eigentlich eine Quadrupelfuge? Oder erst mal: Was genau ist eigentlich eine Fuge? Denn wenigstens dieser Begriff soll zum krönenden Abschluss unserer „Einführung in die eher mathematisch-knaupelnde Kunst der Komposition" noch etwas näher betrachtet werden. Auch und vor allem, weil sich mit „der Fuge" für unsere Frage, was denn an der Mathematik schon lustig sei, ganz besonders verständlich eine weitere und letzte Dimension auftut.

Die Fuge ist die strengste *und* freieste aller musikalischen Formen, die das meiste handwerkliche Können und die meiste Phantasie erfordert. Eine Fuge besteht nämlich letztlich nur

---

53 Vergleiche die Wagner-Begeisterung Thomas Manns und seine „Bekenntnisse eines Unpolitischen", aber natürlich auch seinen „Doktor Faustus".

54 Wobei bei Schönberg sogar noch die Ekstase motivisch gearbeitet und sogar sein schon verdammt sprödes Bläserquintett gefühlt war (auch wenn's nur schwer nachzuvollziehen ist).

aus einem einzigen Thema. Und sie ist streng kontrapunktisch mehrstimmig[55] gesetzt, mit der Vorgabe, dieses Thema durch das für die Fuge charakteristische Hintereinandereinsetzen-Lassen „durchzuführen". Das sind etwa im Vergleich zu einer Phantasie oder Rhapsodie sehr enge Vorgaben. Aber wie der Komponist solch ein Thema erfindet und dann daraus ein ganzes Stück formt, darin hat er völlig freie Hand. Und dass aus solch einer strengen Vorgabe wirklich ein lebendiges, mitreißendes Musikstück wird, erfordert immense gestalterische Phantasie.

Schon der Entwurf solch eines Fugenthemas ist ein kleines kreatives Wunder. Dieses Thema muss sich für die kontrapunktischen „Bastelarbeiten" eignen, aber gleichzeitig so charakteristisch sein, dass es von seiner Anmutung her (melodisch, harmonisch, rhythmisch, agogisch) ein ganzes Stück trägt. Und es muss die nötige Fortspinnungspotenz und kinetische Energie besitzen, um sich auch wirklich fort- und ausspinnen[56] zu können, und um den langen Atem zu entwickeln, der nötig ist, um bis zur letzten Note vorwärts zu drängen und erst nach einem großen weitgespannten Bogen zur Ruhe zu kommen. Bei einer wirklich großen Fuge vollzieht sich das mitunter – besonders bei Reger – mit der Urgewalt und Majestät eines bremsenden schweren Güterzuges. Man könnte fast esoterisch-kitschig sagen: So ein Fugenthema ist der Keim für ein ganzes Leben, es muss „seinen Weg gehen" und „sich selbst verwirklichen".

Der so charakteristische Fugenanfang (an dem man eine Fuge auch immer sofort erkennt) funktioniert nun so:

- Die erste Stimme fängt allein mit dem Thema an.
- Wenn die n-te Stimme ($n \geq 1$) mit dem Thema fertig ist, setzt die $(n+1)$-te Stimme mit dem Thema ein, während die n-te Stimme das Thema so fortspinnt, dass es sowohl zum Thema in der $(n+1)$-ten Stimme als auch zu den Fortspinnungen der Stimmen $i = 1,\ldots,(n-1)$ passt.
- wenn N die Gesamt-Stimmenzahl ist, ist mit $n + 1 = N$ der letzte Einsatz erreicht.

Tut mir leid, wenn Sie solch eine mathematische Notation nicht goutieren sollten – aber einfacher ist's nicht zu haben, wenn's denn kurz und exakt sein soll. Aber graphisch lässt sich das Ganze erfreulicherweise doch recht übersichtlich darstellen. Der typische Fugenanfang sieht nämlich, wenn etwa die Stimmenzahl vier ist und diese vier Stimmen in der natürlich-absteigenden Reihenfolge[57] Sopran, Alt, Tenor, Bass einsetzen, so aus:

---

[55] Allgemein n-stimmig, wobei meistens $3 \leq n \leq 4$. Es gibt aber durchaus Fugen mit $n < 3$ oder $n > 4$. (Wobei $n < 3$ natürlich $n = 2$ bedeutet, da eine einstimmige Fuge allenfalls als ziemlich uneigentlicher Randfall zu betrachten wäre.)

[56] Dieses „Ausspinnen" ist zunächst durchaus ernst gemeint: Etwas, das erst verborgen, latent angelegt ist, wirklich voll entfalten und ausführen. Die ironische Konnotation aus dem Bairischen („Geh spinn di aus" – wenn jemand einen sehr phantasievoll-verrückten Vorschlag macht) ist aber gar nicht so schlecht. Eine gute Fuge ist auch immer etwas Phantastisches und nicht einfach *nur* vernünftig zu bewerkstelligen.

[57] Es gäbe viele Möglichkeiten für die Reihenfolge der einsetzenden Stimmen, etwa auch Tenor, Alt, Sopran, Bass oder … . Wir wollen nicht alle Möglichkeiten auflisten, ist doch ihre Anzahl nach einer bekannten Formel („Permutationen") $n! = 1 \cdot 2 \cdot \ldots n$, also bei einer vierstimmigen Fuge schon $1 \cdot 2 \cdot 3 \cdot 4 = 24$.

Wobei ——— das Thema darstellt und ~~~~ *irgendeine* Fortspinnung (diese Fortspinnungen sind natürlich nicht gleich).

Das Schwierige ist dabei, dass eben alles miteinander „gut" klingen muss. So muss sich das Thema im Bass mit den jeweils unterschiedlich fortgeschrittenen Fortspinnungen des Soprans, Alts und Tenors vertragen, und diese drei sich natürlich auch untereinander! Das ist alles höchst kunstvoll, klingt aber (bei einer guten Fuge) ganz natürlich und selbstverständlich.

Dieses Nacheinandereinsetzen erinnert etwas an einen Staffellauf. Oder, bei einem kurzen Thema in der (verbreiteten) Sopran-Abwärts-Reihenfolge und bei flottem Tempo (wie bei Barock-Fugen sehr häufig), an ein Hals-über-Kopf-Davonstürzen. Es hat etwas „fluchtartiges" und daher, nämlich von ital. fuga – die Flucht, rührt auch der Name. Ich fände eine Herkunft von „sich zusammenfügen" und „gefügt" auch nicht schlecht, insbesondere für nicht-kurzatmige Presto-Fugen, die es ja auch gibt: der Komponist fügt die Stimmen zusammen. Solch eine vernünftig gefügte Fuge (wobei hier auch eine Redensart wie „mit Fug und Recht" mitschwingt) wäre dann eine Art musikalisches Gegenteil von Unfug. Und eine sehr schlichte Melodie (ohne kontrapunktische Dimension, Fortspinnungspotenz und kinetischer Energie) mit einer simplen akkordischen Begleitung, wie etwa die notorische „Ballade pour Adeline", wäre dann, als absoluter Gegensatz zur Fuge, eine musikalische Un-Fuge.

Dieses charakteristische Hintereinandereinsetzen am Anfang eines Stückes ergibt allerdings erst ein Fugato (fast bei jeder Schluss-Gigue einer Suite, häufig in Schluss-Sätzen von Streichquartetten; am berühmtesten: der letzte Satz der Jupitersinfonie). Eine ganze Fuge wird erst daraus, wenn ein ganzes Stück aus diesem Thema und seinen kontrapunktischen Fortspinnungen gebaut wird, indem mehrere solche Fugato-Einsatzfolgen (eine sogenannte Durchführung des Fugenthemas) auftreten, natürlich mit wechselnder Stimmenzahl und Einsatzreihenfolge.[58]

Setzt bei einer Durchführung das Thema in der $(n+1)$-ten Stimme ein, bevor das Thema in der n-ten-Stimme fertig ist, spricht man von einer Engführung. Es können im Verlauf der Fuge mehrere Engführungen auftreten. Manchmal sogar verschärfte Engführungen (sozusagen eine „Sehr-Engführung") bei denen der Einsatz noch früher erfolgt.

       normaler Einsatz   Engführung   „Sehr-Engführung"

---

[58] Erfahrene Konzertgänger pflegen während einer Fuge gerne bei jedem Themeneinsatz den Zeigefinger leicht anzuheben und dabei wissend mit dem Kopf zu nicken. Das ist für Danebensitzende etwas irritierend. Und wenn der Pianist sieht, wie bei jedem Themeneinsatz der halbe Saal nickt, wird er verrückt. Oder verliert zumindest den Faden. Deswegen stehen Flügel auf der Bühne auch so, dass der Pianist, wenn er geradeaus schaut, nicht ins Publikum sieht. Er sieht höchstens den für den Brandschutz abgestellten, in der Gasse sitzenden, diensthabenden Feuerwehrmann. Aber der nickt nur einmal. (Wenn er einschläft.)

So eine Engführung geht schon in Richtung Kanon, da das Thema hier abschnittweise und zeitversetzt kontrapunktisch „zu sich selber" passen muss.[59] Jedenfalls verdichtet sich das Stimmgeflecht bei einer Engführung ganz enorm und bei einer Sehrengführung im Abstand von nur zwei Achteln gewinnt das dann eine Intensität, dass man (beim Spielen und Hören) fast die Luft anhält.

Im Verlauf einer Fuge können auch diverse kontrapunktisch-polyphone Satz-Künste angewandt werden, etwa das Thema in der Verkleinerung oder in der Vergrößerung. Ein ganz besonderer Effekt entsteht, wenn das Originalthema zur ersten Hälfte seiner Vergrößerung passt. Bei größeren Werken tauchen auch Spiegelungen des Themas auf (die Umkehrung, der Krebs und die Umkehrung des Krebses).

Zwischen den Themendurchführungen gibt es erholsamere Zwischenspiele.[60] Aber nicht nach dem Motto: Und jetzt spielen wir zur Abwechslung mal acht Takte Polka! Die Zwischenspiele müssen schon motivisch und motorisch aus dem Thema und seinen Fortspinnungen hervorgehen und gleichzeitig kontrastieren und passen.

Gegen Ende der Fuge beruhigt sich dann meist das verwickelte, dichte, bei schnellen Fugen auch ein bisschen hektische Treiben der N Stimmen. Der Bass bleibt dann gerne für einige Takte auf miteinander verbundenen fetten Pfundnoten („Ganze") sitzen (sogenannter Orgelpunkt, besonders wirkungsvoll – nona – bei der Orgel; manche Flügel haben aber extra für diesen Zweck ein extra Bass-Halte-Pedal; klingt toll!). Das Stimmengewusel oben drüber wird allmählich ruhiger und klarer, der Tenor bringt vielleicht ein letztes Mal das Fugenthema zum Klingen, und wenn dann schließlich alle Stimmen in dicken Ganzen mit einer großen Fermate darüber angekommen sind, oft mit einem majestätischen Langsamer- und Lauterwerden, dann strahlt dieser per aspera ad astra erreichte große Schlussakkord (oft der einzige reine Akkord

---

[59] Kanons sind verschärfte Fugen, da der Komponist sozusagen nur noch einen kontrapunktischen Freiheitsgrad hat – nämlich eine Stimme zu schreiben – aber die massive Randbedingung, dass diese Stimme zeitversetzt zu sich selbst passen muss, also etwa dreistimmig:

$$\text{------------------}\sim\!\sim\!\sim\!\sim\!\wedge\!\wedge\!\wedge\!\wedge\!\wedge\!\wedge\text{----------------}\sim\!\sim\!\sim\!\sim\!\sim\!\wedge\!\wedge\!\wedge\!\wedge\!\wedge\!\wedge$$

$$\text{----------------}\sim\!\sim\!\sim\!\sim\!\wedge\!\wedge\!\wedge\!\wedge\!\wedge\!\wedge\text{-----------------}\sim\!\sim\!\sim\!\sim\!\sim$$

$$\text{--------------}\sim\!\sim\!\sim\!\sim\!\sim\!\wedge\!\wedge\!\wedge\!\wedge\!\wedge\text{------------}$$

(Die untereinander stehenden Abschnitte der Kanonmelodie müssen jeweils zueinander passen!) Das führt dann zu so schönen Titeln wie „Kanon in der Gegenbewegung auf der Unterquinte unter Beibehaltung der Terz im Abstand von eineinhalb Takten", wohinter sich etwa ein ganz entzückender kleiner Regerkanon zur Melodie „Suse liebe Suse was raschelt im Stroh" verbirgt. Kanons sind kontrapunktisch-kombinatorisch geradezu ein Fest!

[60] Manchmal auch nicht. In der berühmten Eröffnungsfuge des W.Kl. I zeigt Bach gleich mal, was fugentechnisch eine Harke ist und führt das Thema permanent, ohne auch nur ein einziges Zwischenspiel, durch, was zu 24 Themeneinsätzen in 27 Takten führt. Das gibt, da dieses Thema eineinhalb Takte lang ist, die rekordverdächtige Themendichte von (1,5 x 24) : 27 = 1,333 … [Themeninkarnationen / Takt]. Der Wert von 1,5 wird nur deswegen verfehlt, weil Bach gegen Ende dieser Fuge etwas lax wird, und sie in drei Takten ohne jeden Themeneinsatz ganz schlicht auslaufen lässt. Dafür bietet diese Fuge zusätzlich eine Fülle numerologischer Anspielungen: Die 24 Einsätze stehen für die 24 Tonarten, die die neue „wohltemperierte" Stimmung alle gleichzeitig erlaubt. Das Stück zerfällt in zwei Teile mit 10 und 14 Einsätzen, wobei numerologisch 10 = J und 14 = B + A + C + H. Das Thema besteht auch noch aus 14 Noten, so dass auch dadurch das Werk mit dem Namen seines Schöpfers signiert wird. Keine Angst! Wenn Sie das beim ersten Anhören dieser Fuge nicht alles heraushören sollten, müssen Sie deswegen noch lange nicht unmusikalisch sein! (Aber, wenn man so was weiß, macht das Anhören noch mehr Spaß!)

während des ganzen Stückes) eine solche Ruhe und Kraft aus, dass man nach so einer Fuge immer Bäume ausreißen könnte.

Zwei einander recht ähnliche Begriffe wären noch zu klären. Zwei Stimmen stehen im *doppelten Kontrapunkt*, wenn sie vertauscht (oben mit unten) auch „gut" klingen und auch so auftreten. Eine *Doppelfuge* hingegen besteht aus zwei Fugenthemen, die hintereinander als zwei „normale" Fugen durchgeführt werden und im Schlussteil (hier oft im doppelten Kontrapunkt) gemeinsam. Allgemein ist eine *m*-Tupel-Fuge eine Folge von *m* Einzelfugen und einer (krönenden) kontrapunktischen Zusammenfassung aller *m* Themen in einem Schlussteil.

Damit wären wir nun glücklich doch noch bei unserer Quadrupelfuge angelangt. Dass solch eine *m*-Tupel-Fuge aber nicht notwenig gigantisch groß und schwierig sein muss, zeigt etwa die C-Dur-Fuge aus Hindemiths Ludus Toualis: Eine Tripel-Fuge, die geradezu schlicht wirkt, kurz, nicht schwierig zu spielen und von wundersam innigem, abgeklärtem Charakter. Fugen-Weltmeister ist jedoch unangefochten Max Reger, der seine großen Variationswerke immer mit gewaltigen Fugen, oft gleich Doppelfugen, abzuschließen pflegte. Bei seinen Orchestervariationen tritt im Schlussteil dieser Doppelfugen immer noch zusätzlich zu den beiden Fugenthemen als drittes Thema das (den Variationen zugrunde liegende) Ausgangsthema vom Anfang des Gesamtwerkes hinzu, was das Ganze dann immer überwältigend abrundet und apotheotisch gesteigert majestätisch-prachtvoll beschließt. Fuga coronat opus!

Um aber die Idee der Fuge auch dem kontrapunktischen Denken ferner stehenden Kreisen zu erschließen, habe ich einmal in einem Programm zu Ehren Bachs eine Bachfuge (keine zu schwierige, aber doch eine mit allerlei schönen Fugentechniken) in der Manier von Wilhelm Busch betextet. Hören Sie sich's einfach mal an. Am besten fünfmal. (Erst viermal, wobei Sie sich auf jeweils eine der vier Stimmen konzentrieren können. Und dann ein fünftes Mal. Für den Gesamteindruck!) Aber wenn Sie diesen glorreichen Text jetzt wirklich gründlich studieren, genügt auch einmal hören. Dieser Text ist nämlich so auf die vier Stimmen verteilt, dass immer geschildert wird, was in den einzelnen Stimmen der Fuge gerade so läuft. Also:

Die Fuge fängt meist harmlos an,
verdichtet sich allmählich dann.
Den Themeneinsatz hört man mal,
mal nicht, na ja, is' auch egal.
Ganz eng geführt liegt Schicht auf Schicht
man hört den Wald vor Bäumen nicht.
Noch dichter wird's ab Seite drei,
manch einer wünscht, es wär vorbei.

Eng, groß, gespiegelt, umgekehrt
– den Hörer all das wenig stört.
In der Vergröß'rung hört man's gut!
Gespiegelt man's kaum merken tut.
Am schönsten ist der Orgelpunkt.
Er brummt und summt und summt und brummt.
Allmählich wird's ein einz'ger Brei
(dem Hörer ist's längst einerlei) –
hurra – die Fuge ist vorbei!

Jetzt wissen Sie, was eine Fuge ist! (Und wenn Sie die letzten Abschnitte aufmerksam gelesen haben, wissen Sie jetzt sogar, was eine k-stimmige m-Tupel-Fuge im n-fachen Kontrapunkt ist. Das weiß nicht jeder!)

„Fuga coronat opus". Bei Regers monumentalen Schlussfugen gilt das geradezu greifbar. Aber diese Weisheit stammt aus den alten großen Zeiten der polyphonen Musik: der Renaissance und dem Barock. Die Fuge war damals sozusagen die kompositorische Königsdisziplin. Aber gleich nach dem galanten Zwischenspiel der Nach-Bach-Zeit begannen Haydn, Mozart und Beethoven schon wieder, große Werke, insbesondere Streichquartette, mit einer Fuge oder einem fugierten Satz abzuschließen und zu krönen. Am berühmtesten (dank Reich-Ranickis legendärem Literarischen Quartett) dürfte wohl die Schlussfuge aus Beethovens drittem Rasumowsky-Quartett sein. Alle Literaturfreunde bitte mitsingen:

Und Beethovens „Große Fuge" war ursprünglich als krönender Schluss-Satz für sein wirklich großes B-Dur-Quartett op. 130 gedacht. Dort sollte sie eigentlich auch gespielt werden![61] Aber als eigenständiges (von op. 130 abgetrenntes) Werk op. 133 krönt sie jetzt in gewissem Sinn Beethovens Streichquartett-Werk als Ganzes.

Bach aber realisierte das „Fuga coronat opus" gleich dreifach. Mit seinem gesamten Werk, das seinen Glanz durch seine kontrapunktische Meisterschaft – sogar bei Tanz-Suiten oder einer Kaffeekantate – erhält. Durch das Wunder der 48 Fugen seines Wohltemperierten Klaviers. Und schließlich dadurch, dass Bach am Ende sein Lebenswerk auch tatsächlich mit zwei höchst kontrapunktischen Fugen- und Kanonwerken beschloss und somit sein Werk in der Tat mit der Fuge „krönte": Mit seinem musikalischen Opfer und eben der Kunst der Fuge – Bachs letztem und (wie sich's für eine ordentliches letztes Werk gehört, natürlich auch) unvollendetem Werk und Vermächtnis.[62]

---

[61]   Der Verleger bat Beethoven, statt dieser Fuge doch was Netteres als Schluss-Satz zu schreiben. Das ist auch (einigermaßen) gelungen. Trotzdem gehört diese Fuge als ursprünglicher Schluss-Satz auch am Schluss von op. 130 gespielt. Otto Schumann schreibt in seinem Kammermusikführer so schön, es käme ja auch keiner auf die Idee, den Turm des Straßburger Münsters abzureißen und 500 Meter weiter wieder aufzubauen, mit der Begründung, das Kirchenschiff sei ohnehin schon anstrengend genug und den Turm sollten sich die Touristen doch besser am nächsten Tag extra anschauen.

[62]   Fugen waren damals eigentlich schon längst aus der Mode. Der Zeitstil, dem Bachs Söhne anhingen, war bereits der erwähnte „galante Stil", der, im Sinne von Rousseaus „Zurück zur Natur!" auch musikalisch zurück, zu einfacher und „natürlicher" Satzweise strebte. Damals kam zum ersten Mal die Meinung auf, Polyphonie sei altmodisch, gekünstelt, nur gelehrt und nicht lebendig. Bachs Söhne komponierten keine Fugen mehr und apostrophier-

Die Fuge ist reinste absolute Musik, Musik um der Musik willen, nur Musik, eben die berühmte „tönend bewegte Form", ohne Texte wie bei Opern und Kantaten, ohne „Programm" wie bei sinfonischen Dichtungen oder Charakterstücken, ohne stimmungsmäßige Vorgaben wie bei einer Sinfonie – zwei kontrastierende Thémen („männlich" / „weiblich") mit einer aufgewühlten, kämpferischen Durchführung, ein arioses Adagio als zweiter Satz, ein tänzerisches Menuett oder polterndes Scherzo und ein fröhliches Kehraus-Allegro zum Schluss – ohne vorgegebenen Bewegungsduktus und eine vorgegebene emotionale Anmutung wie bei den Tanzsätzen der Suite. Die Fuge ist der Inbegriff des rein Musikalischen, die Idee der Musik an sich (um es gleich zweifach zu überhöhen) oder, wie es (wir haben es schon angedeutet) Chopin sagte: „Sich genau auf die Fuge zu verstehen heißt, mit dem Grundelement allen Denkens und aller Folgerichtigkeit in der Musik vertraut sein." Und die Fuge wirft den Komponisten auf das einfachste und rein musikalische Material zurück – ein Thema, sonst nichts – und fordert von ihm für eine rein musikalische Ausarbeitung und Gestaltung ein Höchstmaß an Kunstfertigkeit und Phantasie.

Und deswegen wurde und wird die Fuge in der Tat als Königsdisziplin der Musik empfunden. In ihr gibt es keinen Sturm und keinen Donner (Standardrequisiten der Programmmusik), kein Schicksalsgrollen und kein Liebesschmachten (und auch keine brüllenden Löwen), keine Arien und keine Tanzrhythmen, keine schwelgerischen Harmonien, keine machtvoll aufgetürmten Klänge und keine prickelnden virtuosen Passagen. Es geht nur um die Musik. Keine Inhalte, keine Effekte. Nur durch die Musik – *sola musica* hätte Luther gerufen – werden wir, nicht erlöst, aber fasziniert, (verdammt) gut unterhalten und – ja – „beglückt".

<hr>

Wir haben uns dem vergnüglichen, spielerischen Aspekt der Musik (als musikalischem „Humor der dritten Art") mittlerweile ausgiebig gewidmet: mit den musikalischen Spielereien in Kapitel 3.1 und im Verlauf dieses Kapitels, ganz speziell auch mit den fröhlichen Wortverdrehereien unseres „albernen Exkurses" und mit den spielerischen Freuden mathematischer Kalküle und Zeichenreihen in Kapitel 3.2. Das waren alles ganz unmittelbare, geradezu handwerkliche Freuden: der Spaß am geschickten Zerlegen, Umformen und Zusammenfügen, am verfeinerten und komplexen musikalischen (und mathematischen) „Basteln". Aber diese spielerische Freude hat tatsächlich noch eine tiefere Dimension: Es gibt einen musikalischen (und mathematischen) „Humor der vierten Art".[63]

---

ten ihren Vater in ihren Briefen auch gerne als „die alte Perücke" (so sind sie, die Herren Söhne). Nun, die „alte Perücke" hat die Zeiten überlebt und Bachs Söhne blieben – Bachs Söhne. Die Söhne von Bachs Söhnen übrigens betrachteten ihre Väter dann als „verzopft". (Trotz allen Spotts: Die Musik von Philipp Emanuel Bach wird viel zu selten gespielt!)

[63] Klingt irgendwie geheimnisvoll. Wie eine „Begegnung der dritten Art" oder die dank Einstein populäre „vierte Dimension". Aber so wie die Zeit, die zu den drei Raumdimensionen dazukommt, nicht einfach eine vierte Raumdimension ist, so ist auch dieser „Humor der vierten Art" wirklich etwas ganz anderes, eine neue Dimension. Aber weiter wollen wir den Vergleich mit der Raumzeit nicht strapazieren. Schon allein, weil der Humor (vermutlich) tensorfrei ist.

Erst einmal gilt es festzustellen, dass die Freude am komplexen Spiel mit abstrakten Entitäten (um Musik und Mathematik einmal etwas prätentiös zu umschreiben) keine Negierung der
realen Welt und keinen Eskapismus darstellt. *Alle* Menschen, auch Komponisten und Mathematiker, kennen die Mühsal der Existenz. Viele kannten und kennen sogar die verschärfte
Mühsal der täglichen Existenzsicherung.

Die „Mühsal der Existenz" ist eine historische Menschheitsinvariante. In der Altsteinzeit
gab es Hunger, Kälte, tagelange anstrengende Jagden. Und den Säbelzahntiger. In der Jung-
steinzeit gebot uns Gott persönlich, hinfort mühsam und gebeugt unsere steinigen Äcker zu
bestellen und unser Brot „im Schweiße unseres Angesichts" zu essen. Heute kämpfen wir nicht
mehr mit dem Säbelzahntiger und steinigen Äckern. Dafür sind selbstverständliche Dinge auf
einmal sehr schwierig geworden: das Berufsleben (zwischen Job kriegen und Job behalten) und
das Familienleben (zwischen Partner finden und Partner behalten), die Kindererziehung (zwischen Kinder kriegen und sie – Hotel Mama – wieder loswerden), die Altersvorsorge (zwischen Minirente und Schrottimmobilie) und das Alter selbst (zwischen Golfplatz (teuer) und
Pflegeplatz (noch teurer)).

Der Säbelzahntiger von heute ist das Finanzamt, die Bank, die Globalisierung oder der be-
lastbarere junge Kollege. Und die tägliche Plackerei neolithischer Bauern ist heute der tägliche
Zwang, perfekt funktionieren und immer jung, dynamisch, schlank und strahlend optimistisch
(oder gar „gut drauf") sein zu müssen. Und während man früher noch in der Dorfgemeinschaft,
rund um ein frisch erlegtes Wildschwein, wirklich zusammen fröhlich feierte, lebt heute letztlich jeder alleine. Bis hin – wir haben nicht nur die Dorfgemeinschaft, sondern auch die Ge-
meinschaft mit unseren Göttern aufgekündigt – bis hin zu unserer ganz großen fundamentalen
Einsamkeit, die sich on the long run (und erst recht danach) auch nicht mit unserem Jugend-,
Schönheits- und Gesundheitswahn („Wollen auch Sie gesund sterben?") kaschieren lässt.

Der Mensch steckte und steckt immer tief in der Mühsal seiner Existenz. Und wenn er es
trotzdem vermag, nicht darin zu versinken, sondern mit größter Hingabe und Konzentration,
ohne jeden Nutzen und Vorteil völlig überflüssige komplexe und abstrakte Spiele wie Musik
und Mathematik zu treiben, ist das eigentlich das Verblüffendste und das Schönste, was sich
zur menschlichen Existenz sagen lässt: Nie ist der Mensch mehr Mensch als wenn er spielt.[64]

Damit wird das reale Leben weder verdrängt noch abgewertet. Aber aus all dem Trubel und
all der Plackerei den Kopf herauszustecken, frei durchzuatmen und erhobenen Hauptes nutzlose schwierige Dinge um ihrer komplexen Schönheit willen zu treiben, transzendiert und kom-
plettiert erst dieses reale Leben, in dem man ja trotzdem, ob man nun will oder nicht, glücklich
oder unglücklich, immer mit Haut und Haar drinsteckt.

Konzentriert zweckfreies Tun ist natürlich ein weites Feld. Manche spielen auch Skat (die
zweite große Leidenschaft von Richard Strauss). Oder gehen bergsteigen. (Ab 4+ nicht so gut

---

[64] Dass darüber hinaus die Musik Gefühle ausdrücken und wecken kann und dass darüber hinaus die „überflüssigen,
abstrakten Spiele" der Mathematik verdammt nützlich sein können – Mathematiker lösen auch mit hochgekrem-
pelten Ärmeln reale Probleme aus allen möglichen Bereichen – daran sollte hier kurz erinnert werden. Musik und
Mathematik, die abstrakteste aller Künste und die abstrakteste aller Wissenschaften (und nicht umsonst an den
mittelalterlichen Universitäten im Quadrivium vereint) sind anscheinend eine Art Essenz, Struktur und Syntax unseres Fühlens und Denkens. Aber diese Entsprechung zwischen abstrakten Zeichenreihen einerseits und unserer
emotionalen Innenwelt und realen Außenwelt andererseits ist eine wunderbare weitere Dimension, die *hier* nicht
weiter vertieft werden soll.

für Pianistenfinger.) Oder versuchen mit Hingabe, kleine Bälle in eigens dafür gegrabene kleine Löcher zu bugsieren.

Was die Mathematik und die Musik hier auszeichnet, ist, dass man, wenn man sie betreibt, wirklich neue eigene und definitiv komplexere, schönere und aufregendere Welten schafft (oder sie, was aufregend genug ist, nachschaffend erkundet). Eine mathematische Theorie oder ein Streichquartett, das *sind* neue komplexe Welten und eigenständige Schöpfungen. Gerade das adelt ja auch abstraktere musikalische Formen im Vergleich zu Musik „mit Programm" a la Pastorale-Schluss-Satz („das war jetzt der Donner!"), Symphonie Phantastique oder Straussens Alterssünde, seiner Alpensinfonie (vom notorischen „Erwachen des Löwen" oder vom „Gebet einer Jungfrau" gar nicht zu reden). Ein bisschen spielt man dabei als Mathematiker und Musiker „schöpfend" (und auch nachschöpfend) tatsächlich „Lieber Gott". In Zeiten, da die Schriftsteller noch Dichter hießen, nannte man die Tonsetzer auch gerne Tonschöpfer und eine Beethoven-Sinfonie galt, völlig zu Recht, als eine Schöpfung in Tönen.[65]

Jede mathematische Theorie, jedes musikalische Werk ist ein eigener kleiner Kosmos. Und als Abbild, Plan oder Essenz des ganz großen, realen Kosmos kann ich mir rational auch nur einen mathematischen Text vorstellen (so wie im Kleinen Keplers drei Formeln immerhin schon die Planetenbahnen unseres Sonnensystems beschreiben).[66] Und emotional ganz große Musik von Duprais, Josquin, Palestrina, Bach, Mozart, Beethoven, Hindemith, Bartok, Penderetzky, Ligeti oder Pärt. Am schönsten als Filmmusik zu einem *ganz* großen Kameraschwenk über die *ganze* Raumzeit, vom Urknall (ganz links?) bis heute (ganz rechts oder wo auch immer). (Für den Vorspann, aber *nur* für den Vorspann, von mir aus auch das Rheingold-Vorspiel.)

Eine schöne mathematische Theorie und ein großes musikalisches Werk, das ist tatsächlich „wie wenn die ewige Harmonie sich mit sich selbst unterhält" (Goethe über Bachs Musik).

---

[65] Das mit dem „schöpferisch ein bisschen lieber Gott spielen" gilt allerdings (Gott sei Dank!) wirklich nur spielerisch, mit Papier und Bleistift. Und nicht realistisch mit Plasma, harter γ-Strahlung und bösartigen kleinen schwarzen Löchern. Solche handfesten Schöpfungsspiele spielen nur unsere Physiker an ihren Fusionsreaktoren und – in der Tat mit kleinen schwarzen Löchern – am riesigen neuen CERN-Zyklotron in Genf. Bonne chance! (Wird sich da auch mancher brave Genfer Bürger denken.) Und im Vergleich zu einem schönen zahlentheoretischen Satz oder einem Beethoven-Quartett sind die neuesten Schöpfungen unserer Gen-Laboratorien (Modell Minotaurus) auch nicht gerade beglückend.

[66] Naiv optimistisch, wie wir Naturwissenschaftler meist noch sind, bin ich überzeugt, dass man, falls unsereins „mit Gottes Hilfe" (wie man so schön und in diesem Fall fundamental richtig sagt) tatsächlich dereinst ins Paradies gelangen sollte, dass man dort als erstes den Baum der Erkenntnis besichtigen darf und promovierte Naturwissenschaftler (auf Antrag) auch noch die Gesetzestafeln zur globalen Regelung der Schöpfung. Ich hoffe, sie sind nicht im heutigen Allerwelts-Scientific-Englisch verfasst. (Und ich bin mir sicher, sie sind auch nicht im Soziologenslang deutscher Geisteswissenschaften geschrieben.) Als guter Katholik könnte ich mir allenfalls vorstellen, dass sie in Latein abgefasst wurden. (Und Ratzinger redigierte die letzte Ausgabe.) Nein, es sind einfach zwei Steintafeln (DIN A 2) auf denen (nicht englisch, nicht deutsch, nicht lateinisch) mit vielen Buchstaben, Ziffern und mathematischen Symbolen (die wir heute noch gar nicht alle kennen) die Weltformel eingemeißelt ist. Auf der zweiten Tafel unten stehen noch zwei Lemmata, die via Grenzwertbetrachtungen den Anfang und das Ende näher regeln. In den letzten fünf Zeilen werden die Naturkonstanten festgelegt. Aber nicht mit fünf oder zehn Stellen hinterm Komma, sondern als Lösungen algebraischer (oder auch nicht-algebraischer) Gleichungen, die uns zeigen, *warum* das Plancksche Wirkungsquantum den Wert hat, den es hat. Sollten, was die Weltformel anlangt, die Stringtheoretiker doch recht haben, lachte ich mich (so man das dann noch kann) schief. Über Details kann man da sicher noch streiten. Aber im Prinzip – so viel erkenntnistheoretischer Optimismus muss sein – im Prinzip wird es genau so sein. Genau so!

Goethe war weder musikalisch (Schubert!) noch mathematisch (Newton!!) besonders begabt. Aber kluge Gedanken zu denken und erhellende Bilder zu sehen und diese treffend und schön zu formulieren, darin war er einfach gut.

Der kleine Mensch hat, wenn er Mathematik und Musik treibt, frei von aller Mühsal des Tages, von allen Zwecken und Plänen für eine halbe Stunde Teil am Gespräch, das die ewige Harmonie mit sich selber führt. Er hat Teil – ich möchte das nicht im Stil zeitgenössischer Wellness-Philosophie ein Schnupperangebot fürs Transzendente nennen – er hat Teil am Schöpferischen und Göttlichen (für Mutige: an der Schöpfung und an Gott).

Vielleicht ist es das, was Bach letztlich meint, wenn er etwa im Titel seiner Goldberg-Variationen (die in der Tat einen ganzen Kosmos spielerischer Abwandlungen und Kontrapunktierungen bilden), wenn er darin schreibt, dieses Werk habe er für die Liebhaber der Musik zu dero *Gemüths-Ergötzung* verfertigt. Dass in „ergötzlich" der Stamm „Gott" steckt, gibt die Etymologie leider nicht her. (Wäre aber gar nicht so abwegig.) Die völlige Losgelöstheit von alltäglichen Kümmereien und Kümmernissen, diese völlige Hingabe an ein hochkomplexes Spiel, diese Teilhabe am ernsten und heiteren, intensiven und leichten Gespräch „der ewigen Harmonie mit sich selbst", das ist es, was des Menschen Gemüth ergötzet. (Wo immer dieses Organ – das Gemüth – auch sitzen mag.[67]) Und das ist das Letzte und Entscheidende, was an Musik und Mathematik, an solch zweckfreiem, komplexem und formalem Spiel, schon lustig ist. (Auch wenn, um das auch hier noch mal festzuhalten, Fugen und Formeln ganz bestimmt nicht *nur* lustig sind. Und nur selten komisch.) Johannes Kepler aber, lange vor Bach (und Goethe), ein Kenner und Liebhaber der damaligen hochpolyphonen Musik, schrieb, diese Musik erlaube es dem Menschen jene Zufriedenheit zu kosten, die Gott, der Schöpfer, in seinem eigenen Werke findet.

Die alten Germanen stellten sich das Paradies wohl als großes fröhliches Gelage vor (mit Freibier für alle). Für uns heute, mit unserem so verfeinerten Lebensgefühl, ist das Paradies wohl eher ein unbegrenzter Wellness-Urlaub mit ayurvedischen Anwendungen, Fußmassage und täglicher Gurkenmaske (all inclusive). Im Mittelalter aber verstand man unter dem Paradies[68] vor allem so etwas wie „Gottesnähe": die Seligkeit, der Glorie Gottes und seines Friedens teilhaftig zu werden und Gott in seiner Herrlichkeit zu schauen.

Der Nähe Gottes teilhaftig zu werden ist für uns heute eine recht nebulöse Vorstellung. (Dann lieber doch die immerwährende Wellness-Kur!) Aber nachdem Bach mit seiner Musik unser Gemüt immer noch höchst erfolgreich und nachhaltig zu ergötzen vermag, er aber gleichzeitig all seine Musik (auch all inclusive, also auch seine „Tanzmusik"-Suiten und seine eher bürgerlich-derb-fröhliche – in der Schweiz könnte man sagen: währschafte – Ratsherrenkantate) all seine Musik „allein zum Lob und Preis des Herrn" geschrieben hat[69], sollten wir solch eine Dimension der Musik (Gemüthsergötzung als Gottesnähe) zumindest nicht gleich von vornherein ausschließen.

---

[67] Die Vorsilbe Ge- hat apotheotische aber auch ridiküle Kraft (vergleiche Gemüth, Gemächt; Geblüt, Geschmeiss; Gewalt, Gedöns). Ist dieses Ge- nur ein grammatikalisches Präfix oder steckt dahinter eine indogermanische Wurzel, die auch in dt. gemein, lat. communis steckt und auch da schon die unterschiedlichen Konnotationen gemeinsam, Gemeinde und alltäglich, unbedeutend, niedrigstehend (wie die gemeine Stubenfliege) besitzt? (Torberg schriebe hier: Meine Sorgen möcht' ich haben!)

[68] Vergleiche etwa Dante: Comedia, Gesänge 68 – 100.

[69] Andernfalls sie nach Bach „ein teuflisch Lärmen und Geplärr" wäre.

Vielleicht bedeutet ja „Gottesnähe" in unserer gottlosen Zeit einfach, näher bei dieser Welt zu sein, so wie sie in ihrem Innersten ist (oder auch, wie sie eigentlich sein sollte) und vor allem einfach, näher bei uns zu sein, so wie Gott uns gemeint hat (oder um es mit Ödon von Horvath wieder ganz brav-säkular, ohne dieses Wort „Gott" zu sagen: „Eigentlich bin ich ganz anders, ich komm nur so selten dazu.") Aber wir wollen jetzt nicht länger versuchen, das Geheimnis der „Gemüthsergötzung" zu ergründen, als Teilhabe am Göttlichen in dieser Welt oder in uns, religiös oder säkular. Wichtig ist: es gibt sie.

Wer nämlich ein Talent für solcherlei Gemüthsergötzung besitzt, die Fähigkeit zu und die Lust an solch abstraktem Spiel, der besitzt auch die Fähigkeit in solch einem Spiel aufzugehen, loszulassen, die eigene reale Existenz abzustreifen, neben sich zu stehen und sich selbst objektiv, nüchtern, ergriffen oder amüsiert als Teil eines großen, ganzen Welt-Spiels zu sehen.

Guiseppe Verdi (wirklich kein Komponist, dem man einen übertriebenen Hang zum Abstrakt-Formalen nachsagen könnte) hat ein langes Leben lang, für blutvolle lebendige Opernfiguren auf den Leib geschneiderte, wunderschöne Melodien erfunden. Zum Mitsingen schön! (Wenn man nur so hoch käme.) Wissen Sie, was dieser Fürst der schönen und leidenschaftlichen Melodie, was der alte Verdi als seine allerletzte Opernnummer komponierte? Keine leidenschaftliche, ergreifende Abschiedsarie (mit seiner glorreichen orchestralen Riesenharfe als Begleitung). Seine letzte Oper (unter Kennern auch seine allerbeste, obwohl die anderen ja weiß Gott auch nicht schlecht waren) war der Falstaff. Und die letzte Szene des letzten Aktes seiner letzten Oper (also an wirklich prominenter Stelle in seinem Lebenswerk) ist – eine Fuge. Eine Chorfuge mit dem Text: „Tutto il mondo el burla!" (Die ganze Welt ist verrückt, eine „Burleske", eine wohl letztlich doch nicht so ernste Veranstaltung.)

Das ganze Getriebe und Gewimmel dieser Welt und ihrer Menschen gestaltet Verdi altersweise lächelnd als Fuge. Und diese abgeklärt-amüsierte musikalische Sicht auf unsere Welt hat Wagner sogar noch kabarettistisch-komödiantisch zugespitzt. Denn bevor Hans Sachs am Anfang des dritten Meistersinger-Aktes seinen großen altersweisen Rezitativ anstimmt „Wohin ich forschend blick in Stadt- und Weltchronik … Wahn, überall Wahn!", illustriert Wagner diesen Wahn wirklich handgreiflich mit einer prachtvollen Prügelei aller Protagonisten am Ende des zweiten Aktes. Und mit welcher musikalischen Form gestaltet Wagner diesen allzumenschlichen burlesken Weltenwahn? Natürlich auch mit einer Fuge!

Diese beiden Fugen[70] wirken natürlich schon unmittelbar witzig durch die Fallhöhe zwischen der altehrwürdigen, „gelehrten" Form der Fuge und der eher burlesken Form des dicken Falstaff bzw. der nicht gerade ehrwürdigen Umgangsformen der sich prügelnden Nürnberger Handwerkerschaft. Aber vor allem stehen sie für eine abgeklärte, humorvolle Sicht von ganz oben auf diese Welt als ein gigantisches Uhrwerk von großen, sich umkreisenden Himmelskörpern bis hinunter zu uns kleinen, einander umkreisenden und vor allem um uns selbst kreisenden Menschenkindern. Ein im tiefsten Sinn spielerisch-heiteres Modell dieser Welt: Der Mensch ist ein fundamental burleskes Wesen, das heftig mit den Beinen strampelt, um nicht im Sumpf seiner Pflichten und Sorgen, seines „Wollens und Wähnens" zu versinken. Und der sich gleichzeitig erhobenen Hauptes, selbstbewusst und frei, würdevoll und lächelnd als Teil dieses einen großen Weltspiels begreifen kann. Indem er dieses Spiel, seine Gesetzmäßigkeiten und

---

70 Ausgerechnet von *den* beiden Vertretern der hochromantischen Oper! Von wegen Romantik und Oper hätten mit Fugen nichts am Hut!

Freiheiten und seine grundsätzlichen, von ihm unabhängigen Regeln, seine Motorik und Kraft erkennt und akzeptiert, kann er sich in, neben und über diesem Spiel sehen.

Die Fuge ist dabei, durch ihre Mehrstimmigkeit, ihre Gesetzmäßigkeiten und durch ihr kinetisches Fortspinnungspotential, ein wunderschönes, tönendes Symbol dieses Weltspiels. Die Mehrstimmigkeit signalisiert unmissverständlich: Die Welt zerfällt *nicht* in ein Ego (nämlich mich), das die schöne Melodie singen, und einen Rest, der dieses Ego dabei geschmackvoll begleiten darf. Die Architektur, die wiederkehrenden Einsätze und kontrapunktischen Bindungen aber halten das disparate vielstimmige Gewusel teils miteinander, teils gegeneinander, aber immer zusammen. Und schließlich lässt die motorische Kraft der sich weiter und weiter fortspinnenden Stimmen Lebendigkeit, das Nichtstehenbleiben, Weiterdrängen und Sich-Weiterbilden alles Lebendigen[71], kurz das Leben (und ironisch unsere emsige Betriebsamkeit) Klang werden. (Und manchmal lässt eine Fuge durch ihr selbstverständliches, in sich ruhendes „ewiges" Weiterlaufen *und* durch die große Stille nach Orgelpunkt und Schlussfermate eine Ahnung der Ewigkeit anklingen.)

Kurzum: Die Fuge ist ein wunderbares Modell des Kosmos im Allgemeinen und unseres Erdenwaltens im Besonderen. Indem ich jede einzelne Stimme spiele und höre, bin ich völlig in diese Welt verstrickt. Indem ich sie auch als Ganzes spiele und höre, stehe ich gleichzeitig darüber und sehe das ganze Getriebe von ganz oben und auch, wie ich da ganz unten mitwusel und rumrödle. Diese zutiefst spielerische Haltung gegenüber der Welt – inklusive meiner selbst – das ist der Ansatz für jeden Humor, der wirklich lustig ist. Tutto il mondo è burla. Und das hat nichts Resignatives. Im Gegenteil. Ganz im Gegenteil meine Damen und Herren. Das hat, wenn man's zu Ende denkt, sehr viel mit existenzieller Freiheit und Würde zu tun.

So. Und jetzt gehen wir wieder zehn Etagen tiefer (mindestens) auf die Brettlbühne. Als *ganz* kleine (und ganz schlicht nur gut gelaunte) Anwendung dieser hehren Sichtweise habe ich die Fuge einmal in einem Kabarettprogramm zum Thema Auto als (sehr spezielles und stark eingeschränktes) „Bonsai-Weltmodell" benutzt. Wobei die Musik des Auto-*Fahrens* natürlich nicht die Fuge ist, sondern – insbesondere im Stadtverkehr – der Tango. Dieses dauernde Hin und Her zwischen Gaspedal und Bremse, das sich perfekt im Tango-Grundschritt widerspiegelt: man beginnt so optimistisch wie schwungvoll („Freie Fahrt für freie Bürger!") und sofort raumgreifend (bitte mittanzen; die Herren beginnen mit links): Schritt – Schritt … doch schon verfällt man in einen skeptischen, quasi auf der Stelle tretenden Wie-ge-schritt … und richtig! … Schritt-Seit-zu – man steht schon wieder. Die Ampel ist rot. Der Leidenschaft folgt – stante pede! – die Frustration.

Ganz anders der Auto-*Verkehr* am frühen Morgen. Wir sehen (von ganz oben, wie ein Vogel) die Stadt und ihre (noch leeren) Straßen. Das erste Auto kommt (um 5 Uhr 58) gut gelaunt aus seiner Garage und zieht fröhlich und unbeeinträchtigt (das Fugenthema alleine nach dem ersten Einsatz) seiner Wege. Das zweite Auto kommt (um 6 Uhr 02) hinzu und … Ich habe das Ganze als feierliche Verkehrskantate mit Rezitativ, Aria, Fuge und Schlusschor durchkomponiert. Die Fuge ist eine reizende kleine Spielfuge von Johann Pachelbel (Orgellehrer von Bachs großem Bruder, der wiederum Johann Sebastian am Clavichord unterwies. Pachelbels ebenfalls komponierender Sohn Wilhelm Hieronymus besorgte gelegentlich in Nürnberg Wein für Bach

---

71 „Weiterbildung" hier ausnahms- und erfreulicherweise mal nicht im Sinne der achthundertsiebenunddreißigsten öffentlichen Aufforderung zur permanenten beruflichen Weiterbildung wegen der Globalisierung und Sie wissen schon.

in Leipzig. Das trägt zwar nicht wirklich zum Verständnis bachscher Musik bei. Ist aber schön zu wissen.). Der Schlusschor ist, wie man unschwer feststellen kann, von Verdi. Diese Nummer ist etwas albern (es handelt sich ja auch nur um ein Weltmodell im Maßstab von 1 : 1001^{1001}), aber das Publikum geht dabei im Kabarett (auch weil man schon bisschen was getrunken hat, was Sie jetzt vielleicht auch mal tun sollten) immer fröhlich mit und singt sogar an den entsprechenden Stellen beherzt (was Sie jetzt auch machen dürfen) mit.

MB39   kleine Verkehrskantate (mit Fuge) von Pachelbel / Verdi

Wer im morgendlichen Berufsverkehr nicht nur als reiner Wille agiert („Ich will hier weiter!"), sondern sich als nur einen von unendlich vielen (vorhergehenden und noch folgenden) Themeneinsätzen begreift, die alle zusammen unweigerlich in die nächste Engführung rauschen, hat sich von seinen niederen Trieben („Platz da. Ich bin der Mittelpunkt der Schöpfung!") emanzipiert, der steht 1) als Autofahrer herum und 2) als Mensch neben sich, sieht sich als Teil dieser allmorgendlichen Verkehrsburleske und kann deswegen sich und sein vergebliches Trachten (im Berufsverkehr, in der Firma, in der Familie) als kleinen und unbedeutenden Teil eines großen Ganzen erkennen.

Nach dieser konkreten kabarettistischen Anwendung unserer Überlegungen als praktische Lebenshilfe (zumindest für Ihren nächsten Staufrust im Stadtverkehr) möchte ich mich aber doch mit einem richtigen, nicht-kabarettistischen Originalstück verabschieden: ein eher unscheinbares und ziemlich unbekanntes Stück, das obendrein auch noch gut 400 Jahre alt ist. Es stammt aus der großen Zeit Englands[72] mit Königin Elisabeth[73], Sir John Drake[74], William Shakespeare und John Bull. John Bull war damals allerdings nicht die Karikatur des typischen Engländers, sondern ein reisender Klaviervirtuose („der Franz Liszt des 17. Jahrhunderts") und ein Vertreter der Virginalmusik. Das Virginal wiederum war eine besonders in England beliebte Art des Spinetts. Eine der eifrigsten Virginalistinnen war übrigens die jungfräuliche Queen.[75] Mit

---

[72] „Merry old England"

[73] Elisabeth I., natürlich.

[74] Ein geadelter Seeräuber. Damals konnte man noch durch ehrlich-fröhlichen Raub und Totschlag (auch deswegen *merry* old England) zu Macht und Vermögen gelangen. Später musste man dafür dann Banken gründen. Seitdem sind die Zeiten auch nicht mehr so lustig.

[75] Königin Elisabeth II. spielt in ihrer Freizeit nicht Klavier, sondern mit ihren hässlichen Hunden. Deswegen war Englands große Zeit auch die von Königin Elisabeth I. Das Wort „Virginal" rührt übrigens nicht von der „jungfräulichen" Königin her. Das war Virginia. Der Staat, nicht die Zigarre. (Obwohl man sich Elisabeth durchaus mit ihrem Buddy John Drake zusammen Rum trinkend und Zigarre rauchend vorstellen kann. „Das Virginal" wäre wiederum ein schönes Wort für ein kleines Metallrohr, in dem man seine Virginia aufbewahrt.) Die offiziellen Ethymologien für das Virginal sind mannigfaltig und reichen von lat. virgula, die Docke (mit ck, was immer eine

dieser Musik war England das erste Mal die führende Musiknation Europas.[76] Und diese Virginal-Musik wäre auch heute noch ein wunderbares Betätigungsfeld für alle professionellen und insbesondere auch nichtprofessionellen Klavierspieler: Eine höchst abwechslungsreiche, intelligente, frische aber nicht zu virtuose Musik, die trotzdem alles hat, was man sich als Klavierspieler wünscht. (Und die uns wieder einmal lehrt, dass die alten Zeiten nicht nur Vorläufer unserer grandiosen Gegenwart waren, sondern komplette, eigenständige und eigenwertige Kulturen. Sie waren keine Vorläufer, nur anders.)

Das Stück stammt von einem gewissen Giles Farnaby, von dem man eigentlich nicht viel mehr weiß, als dass er 1565 geboren wurde und es 1589 zum Baccalaureus musicae brachte. An der Universität Oxford! (Na ja, viele andere gab's ja auch noch nicht.) Er war also ein gelehrter Musikus. (Laut Ricordi-Edition sogar ein „dottore in musica".)

Aber durch dieses Stück wissen wir doch ziemlich viel über Herrn Doktor Farnaby. Dieses Stück heißt nämlich „His Humour", was man aber nicht mit „Sein Humor" übersetzen darf, sondern was (gemäß dem Übersetzer der Universal-Edition) „Seine Stimmungen" heißt. Noch schöner wäre wohl „seine Launen".[77]

Das Stück (siehe die beiden nächsten Seiten) beginnt gleich (allegretto, leggero) in bester Laune, fast übermütig tändelnd. Aber nach 2 x 8 Takten Übermut packt Mr. Farnaby plötzlich der Weltschmerz (meno mosso, lamentoso): eine Folge von 6 Halbtonschritten aufwärts (Takt 8b – 12) und dann auch sehr chromatisch (Bass!) wieder abwärts (Takt 12 – 15). Und Chromatik galt schon in der alten Madrigalmusik als sicheres Zeichen für „schmerzlich". Aber nach einer versonnenen Fermate wischt er das einfach weg und verfällt (piu mosso, giocoso) in eine fast polternde Fröhlichkeit (Takt 16 – 24): Das Motiv ist – wie sich's für einen ordentlichen Komponisten gehört – aus dem Anfangsmotiv abgeleitet und springt munter imitierend dreimal von der rechten in die linke Hand und wieder dreimal zurück von links nach rechts. Nach diesen acht lustigen Takten geht's unserem Meister scheint's wieder besser. Aber er lässt's jetzt nicht weiter krachen, sondern – immerhin ist er Doktor der Musik – er macht aus den schmerzlichen sechs chromatischen Schritten eine klare, kraftvolle sechsstufige diatonische Tonleiter (Takt 25 – 30), ein sogenanntes Hexachord[78] kontrapunktiert mit einem Quartmotiv, das natürlich auch aus dem Anfangsmotiv hervorgeht. Und jetzt zeigt er auch noch, dass er seinen Doktor in Musik (vermutlich) auch summa cum laude gemacht hat und unter der allfälligen Umkehrung des Hexachords veranstaltet er erst mit dem Kontrapunkt von eben ein lupenreines, enggeführtes dreistimmiges Fugato (Takt 31 – 33) und dann setzt, nach diesem Akt voll Kraft und Klarheit, dreimal hintereinander ein ruhiges, wellenförmiges, geradezu „mittiges" Motiv ein (Takt 33 – 36), das den Rest des Hexachords abwärts kontrapunktiert. Er hat, zwischen Weltschmerz und Hallodri schwankend, jetzt anscheinend wieder sein inneres Gleichgewicht gefunden. Und diese neu gewonnene innere Ruhe wird, fast hymnisch, als Schlussphrase gesteigert und wiederholt: Das Wellenmotiv wird „entschleunigt" und setzt enggeführt in breitem Tempo (Takt 37 – 42) dreimal vollständig und dreimal verkürzt ein. Die Wirkung ist ein Ausbund an Ruhe und innerem Frieden.

Docke sein mag) bis zum Jungfernregal der Orgel (was immer auch ein Jungfernregal – ein Regal voller Jungfern? – sein mag). Jedenfalls bedeutet Virginal *nicht*, dass schon damals junge und auch ältere Jungfern das Rückgrat des häuslichen Musizierens bildeten. Die großen Virginalisten waren auch alle Männer! (Ein schöner Satz.)

[76] Und auch gleich das letzte Mal.

[77] Und am schönsten wäre natürlich à la Schumann „Seine Grillen".

[78] Genauer Hexachord durum, auf G beginnend: ut-re-mi-fa-so-la. Eine in der mittelalterlichen Musiktheorie wichtige und von damaligen Komponisten häufig benutzte Sechstonfolge. Und schon wären wir bei Guido von Arezzo (1026)... Die Musikgeschichte beginnt definitiv *vor* Bach und Bach war nicht ihr Anfang. Vielleicht ihr Höhepunkt.

Allegretto
leggiero
p
pp
mf
1.
2.
Meno mosso (lamentoso)
p
(espr.)
f
pp
f
Più mosso (giocoso)
p
più f
f

trrrr
pesante
["Hexachord"]
poco a poco cresc.
ff (marcatiss.)
(non legato)
(legatiss.)
mf
Allargando
f

Wir sehen, wenn wir dieses Stück hören, plötzlich einen Menschen aus einer 400 Jahre fernen Welt lebendig vor uns. Er hatte scheint's einen schwierigen Tag hinter sich: vormittags gut gelaunt, nachmittags Weltschmerz, abends (vielleicht) feucht-fröhliche Stunden in der Kneipe. Am Tag danach schreibt er dieses Stück, insbesondere bringt er seinen „Weltschmerz" zu Papier. Er ertrinkt nicht darin, er kotzt sich nicht aus, er schreibt auch kein pathetisches Oh-Welt-Stück. Er bastelt nur acht für damals ziemlich chromatische Takte. Und dann verwandelt er diese chromatische Folge (und seinen Schmerz) in ein klares, kraftvolles Dur-Hexachord – ein kleiner ironischer Triumph über seine schmerzlichen Empfindungen und obendrein auch noch eine augenzwinkernde Referenz vor der zeitgemäßen Kompositionslehre. Und nach dem energischen Fugato und dem kraftvollen, ruhigen Strömen der Schlusstakte steht er am Ende vor uns als jemand, der mit sich und der Welt im Reinen ist. Aber nicht als selbstgerechter Philister, sondern als jemand, der die Nöte und Wechselfälle des Lebens kennt, der aber dadurch, dass er einen Tag später zwei Stunden lang mit seinem Federkiel ein kompliziertes Gefüge von kleinen Punkten und Strichen auf zwei Seiten Notenpapier kritzelt (wobei er aus nur einem Motiv und zwei banalen Tonleitern durch kleines, feines Modifizieren, Transformieren und Imitieren, Hin- und Herschieben und Kombinieren seine Stimmungen als artifizielles Spiel mit Zeichen und Tönen gestaltet) – der aber, indem er *das* tut, nicht mehr Objekt seiner Stimmungen ist, sondern darüber steht und über seine eigenen Stimmungen (und ihre Schwankungen) lächeln kann. Und deswegen ist uns der Mann, von dem wir nicht mal ein Porträt kennen, plötzlich lebendig gegenwärtig und sogar ziemlich sympathisch: Der Mann hat scheint's – insofern kann man den Titel des Stückes *doch* wörtlich nehmen – Humor!

Natürlich ist das keine „große" Musik, „keine ewige Harmonie, die sich mit sich selbst unterhält" wie bei Bach und keine große Bekenntnismusik wie bei Beethoven. Dieses Stück pflegt andere Tugenden. Es ist unprätentiös, nur 42 Takte kurz. Aber es ist fast überall kontrapunktisch und an *jeder* Stelle „gearbeitet". Jedes Achtel lebt und hat seinen Sinn! Dieses Stück ist, in einer nicht so häufigen Kombination aus geistreich, lebendig und bescheiden, von spielerischer Leichtigkeit. Leichtigkeit aber entsteht aus Humor. Und Humor entsteht aus Leichtigkeit. Und beides aus dem Spiel.

„Humor" ist keine Stimmung" sagt Ludwig Wittgenstein[79] „sondern eine Weltanschauung". Nun war Wittgenstein vermutlich nicht besonders komisch. Aber er verstand verdammt viel von Zeichenreihen und Kalkülen. In der Tat: Humor ist die Weltanschauung einer spielerischen Haltung gegenüber dieser Welt. Deswegen hat der spielerische Umgang mit der Welt, deswegen haben abstrakte Spiele mit abstrakten Zeichen, deswegen haben Mathematik und Musik – geradezu inhärent – Humor. Und deswegen machen sogar Algebra und Fugen Spaß. Und *das* ist es auch – und ich hoffe, dass ich auch Mathematikskeptiker mit dem Umweg über die Musik für meine Sichtweise erwärmen konnte – *das* ist es auch, was neben allem anderen zu guter Letzt und ganz am Ende an Mathematik schon lustig ist.

---

[79] Wegen Humor ≠ Stimmungen wäre also die korrekte Übersezung (nach Wittgenstein) des üblicherweise mit „Seine Stimmungen" übersetzten Titels „His Humour": „Seine Stimmungen zuzüglich seines durch deren Darstellung in der Objektebene induzierten Humors auf der Metaebene". Ich werde diese endlich präzise Übersetzung der Universal-Edition für ihre nächste Virginalistenausgabe vorschlagen. Damit dieses Stück endlich mal wirklich populär wird! Und schade, dass Wittgenstein in Cambridge forschte. In Oxford wäre er vielleicht über seinen Kollegen Dr. Farnaby gestolpert und wir wüssten ganz genau, was mit „His Humour" der Fall ist.

235

Damit wären wir auch tatsächlich am Ende angekommen. Ich hoffe, Sie haben nicht alles in einem Zug gelesen[80] und hatten auch da, wo's mal schwieriger und zäher war (wäre Humor eine einfache Angelegenheit, wäre er nur komisch, aber nicht besonders lustig), unter'm Strich auch Ihren Spaß. Auf jeden Fall: Vielen Dank für Ihre Geduld! Bleiben Sie der Mathematik und der Musik gewogen. Sie werden ein Leben lang Ihren Spaß daran haben. Selbst in einem Alter, wo Sie sich schon längst fragen, was eigentlich am Fernsehen (bzw. – sogar Jüngere werden älter – an YouTube) noch lustig ist. So, und jetzt als Abschiedsständchen dieses wunderschöne, 400 Jahre alte Stück. Oder (um mit Schumann zu sprechen): „Das Ende vom Lied. Mit gutem Humor!"

MB40   Giles Farnaby (1565 – 1640): His Humour

---

[80] Nicht im Sinne von „Deutsche Bahn". In solch einem Zug kann man auch nicht mehr in Ruhe lesen. Aber das war jetzt definitiv der letzte Kalauer. Versprochen.